人、语言和人性

这本不拘一格的合集是史蒂芬·平克专门为大众读者撰写的认知科学科普书，收录了他的13篇精彩文章，深入浅出地展示了他擅长和关注的重大学术主题，包括儿童的语言发展、心理意象、形状识别、大脑的计算结构、动词的意义和用法、语言和认知的演变、先天-后天之争、暗讽和委婉语的逻辑。每一篇文章都围绕一个上述学术主题展开，并在文中与科学与人文学界的顶级学者，如斯蒂芬·杰伊·古尔德、诺姆·乔姆斯基或理查德·道金斯，进行了学术争论。

平克作为这个时代最负盛名的学者之一，不仅因为其对学术的孜孜探寻，也因为他把涉及每个人生活最重要的个体认知研究，以易于理解的语言与公众分享，并把握和驾驭了这些涉及人性的严肃问题。

科学可以这样看

Language, Cognition, and Human Nature, First Edition

语言、认知和人性

〔美〕史蒂芬·平克（Steven Pinker）著

向梦龙　陈曦　唐禾 译

重庆出版社

图书在版编目(CIP)数据
语言、认知和人性 / (美) 史蒂芬·平克著 ; 向梦龙, 陈曦, 唐禾译. -- 重庆 : 重庆出版社, 2025. 7.
ISBN 978-7-229-19924-1
Ⅰ. B84-49
中国国家版本馆CIP数据核字第2025ZM3025号

语言、认知和人性
YUYAN RENZHI HE RENXING
〔美〕史蒂芬·平克(Steven Pinker) 著
向梦龙　陈曦　唐禾 译

策划编辑:连　果
责任编辑:苏　丰
责任校对:刘小燕
封面设计:邱　江

重庆出版社 出版
重庆市南岸区南滨路162号1幢　邮政编码:400061　http://www.cqph.com
重庆出版社有限责任公司品牌设计分公司排版
重庆三达广告印务装璜有限公司印刷
重庆出版社有限责任公司发行
全国新华书店经销

开本:710mm×1000mm　1/16　印张:22.5　字数:460千
2025年7月第1版　2025年7月第1次印刷
ISBN 978-7-229-19924-1
定价:88.00元

如有印装质量问题,请向重庆出版社有限责任公司调换:023-61520678

Advance Praise for *Language, Cognition, and Human Nature*, *First Edition*
《语言、认知和人性》一书的发行评语

平克是一个明星，科学世界有他很幸运。

——理查德·道金斯（Richard Dawkins），
《泰晤士报文学增刊》（*The Times Literary Supplement*）

史蒂芬·平克是认知科学领域集大成者。他的独特之处体现在他的兴趣广度和知识深度。最妙的是，他优雅而诙谐的写作对专家和普通读者同样适用。

——霍华德·加德纳（Howard Gardner）教授，
哈佛大学，认知与教育专业

平克是这个领域（认知科学）的知识巨人，是我们时代最重要的心理学家和思想家之一。书稿非常杰出，是他职业生涯的一顶恰如其分的皇冠。不过，我相信他还会作出更多的贡献。虽然我之前已阅读过书稿中的几篇论文，但仍有缺漏。即使是那些阅读过的文章，重温亦会有新收获。

——戴维·巴斯（David Buss），
《进化心理学：心智的新科学》
（*Evolutionary Psychology: The New Science of the Mind*）作者

平克机智且敏锐地向我们介绍了他最重要的一些科学贡献。书稿将引起学术界以及大众粉丝的极大兴趣。

——戴维·C. 纪瑞（David C. Geary），
《男性，女性：人类性别差异的进化》
（*Male, Female: The Evolution of Human Sex Difference*）作者

平克是学院派心理学家的翘楚，他不仅是杰出的写作者，还是深刻的思想家，有能力把握人类本性和人类进化的重大问题。本书是了解他思想的入门读物，对大众读者也具有普遍的吸引力。

——迈克尔·科波利斯（Michael Corballis），
《心理学评论》（*PsycCritiques*）

目 录

1 □ 序言

1 □ 1 语言学习的形式化模型

58 □ 2 心理表象媒介的计算理论

76 □ 3 人类语言规则与联结

92 □ 4 人类物体识别何时使用以观察者为中心的参照系?

100 □ 5 自然语言和自然选择

149 □ 6 论元结构的习得

168 □ 7 人类概念的本质

202 □ 8 为什么“先天与后天之争”不会消失?

215 □ 9 语言官能:有何特殊之处?

255 □ 10 心智是如何运作的?

277 □ 11 生命与心智的深刻共性

285 □ 12 间接言语的原理

327 □ 附录A 引诱、贿赂、威胁和求助场景

331 □ 13 认知生态位

序言

撰写科普书的学者经常会遇到学术与科普写作的协调问题。如何在白话与学术语言之间自如切换?心生嫉妒的同行会拒绝你给学术期刊的投稿吗?抑或反对你进入各种高端学会?在科普书写作上收获了名利后,你还有做研究的时间和欲望吗?

当牛津大学出版社邀请我写一部学术作品时,我立即想到了这些有关聚光灯与象牙塔之间的矛盾。如大多数自视甚高的教授,我也认为自己的学术研究既有趣又重要,并为这一邀请感到兴奋。当然,如果我不认为自己的论文具有跨界吸引力,我不会同意出版以误导读者,或是让大学图书馆再堆上一本厚厚的书。人们不会将本书与科普书混淆,但对我而言,学术作品和科普作品并无明显界限。

在《时髦的学术写作》(*Stylish Academic Writting*)一书中,文学家海伦·索德(Helen Sword)诠释了它为何能像《美国最受欢迎的律师》《工程师的时尚指南》那样在"世界最薄之书"榜单上占有一席之地。她分析了发表在学术期刊上的500篇论文的文风——听起来,这完全是自虐。索德发现,每个领域都有不少文章优雅且华丽,包括了语言和心智科学(我是幸运的)。罗杰·布朗(Roger Brown),我的研究生导师之一,是语言习得领域的奠基人,也是一位天才文体家。作为学生,我欣赏他朴实的文风,也钻研过他给我论文留下的铅笔旁注。虽然我有能力模仿华丽的作品,但罗杰激励我开发自己的学术文风:清晰、有力,不时出彩。在第二本书出版后,一位编辑称我的写作功底好,鼓励我转向更大众的风格。结果催生了《语言本能》(*The Language Instinct*)一书的问世,此书是我连续出版的六本科普图书中的首本,也成为了我职业生涯的转折点。

我发现,学术作品可以写得时尚流行,科普作品也能变得知性严谨。科普作品可以拓展人们思维的广度和深度,一般期刊论文或学术专著鲜有这样的机会。学术作品要求表达清晰以避免含糊术语遮掩错误的理论,详细的实验叙述可以避免实验设计的缺陷。事实上,它的标准的确高于科普作品。一篇期刊论文需要两至三位被随机选出的审稿人审查,他们匿名且不情愿地做了这份工作。一本科普读物会被数以万计的读者阅读,他们一旦发现任何逻辑漏洞或不准确之处,会兴奋地说:"抓住你了!”在写作科普书时,我总会给自己提出高标准——如果没做好在学术同行面前的辩护准备,就不发表任何观点。

至于科普写作是否会对学术生涯带来影响的问题,我决不允许自己有这样的心态,因为它会给我制造产出二流工作的借口。当然,这并不意味着我最近经历的同行审阅轻松愉快。在学术期刊发表论文是我学者生涯中最令人不快的经历,为了卑微地满足某个匿名审阅人的心血来潮,不但要花费时间和脑力去“劣化”论文,还可能在做出一切努力后仍然遭到拒稿。

这可不是什么特例,2009年,《心理科学展望》(*Perspectives on Psychological Science*)杂志推出了一个特别板块,让社会科学家们表达自己对同行审阅流程(同行评议)的看法。多位作者抱怨这一流程中的系统性偏倚以及不合时宜的拖延(平均而言,从实验构想到得见天日延时可达6年)。其中,两位作者戴维·特拉菲莫夫(David Trafimow)和斯蒂芬·莱斯(Stephen Rice)假想了古代的一位伟大科学家经历今天的同行审阅流程,收到了拒稿信:“亲爱的埃拉托色尼(Eratosthenes),很抱歉将这个坏消息告诉你,但审稿人达成了一致的否定意见,基于独立审稿后,我不得不表示同意。”更好玩的是一段病毒式传播的网络视频,视频修改了电影《帝国的毁灭》(*Downfall*)中的地堡场景,将其变成了希特勒收到了可怕的第三方审稿人决定后的反应。在这些因素的刺激下,最近,我选择将一篇理论性论文投给了网上论坛“www.edge.org”,而非学术杂志。论文在24小时内(而非1年)按照我的写作方式成功发表,不用讨好第三方审稿人。事实上,我的稿子将面对更严格的科学审查,我的科学同行们会在众目睽睽之下全力为我挑错。

尽管如此,我还是忍受着同行审阅。学术研究能驱使我使用最新的方法,跟踪本领域最新的发现,还能为我提供实证发现和解开科学谜团所带来的不可替代的乐趣。本书记载了我过去及最近为认知科学的研究史作出的贡献。

我选择收录本书的研究兼容并包、不拘一格,覆盖了我科研生涯中的大部分主题:“语言习得的模型、视觉认知的主题(特别是心理表象和形状识别)、动词的意义和句法、语言的规则与不规则现象以及它对认知机制的意义、直接言语和间接言语的社会心理学。”除却两篇论文,我排除了报道原始实验数据的论文,因为大众读者对这些数据兴趣不大,且这些论文寿命短暂,价值只体现于当时的研究中。

我通常喜欢撰写大的理论性论文——有时是为了概述某个理论;有时是为了分析某个重要思想(进化、认知体系、先天与后天);有时是为了与其他思想家辩论,如斯蒂芬·杰伊·古尔德(Stephen Jay Gould)、诺姆·乔姆斯基(Noam Chomsky)、杰里·福多尔(Jerry Fodor)、理查德·道金斯(Richard Dawkins)和H.保罗·格赖斯(H. Paul Grice)。书中遴选的论文一些得到了高频率引用;一些则为我的个人所好。这些论文鲜为人知，既因为我将其发表在了鲜为人知的地方，也因为其他人也许并不如我那般认为它们有意思。

为了在科学多样性、长远意义、书稿页码之间找到平衡，本书的出版经历了严格的挑选，截稿时才发现我与自己导师斯蒂芬·M.科斯林(Stephen M. Kosslyn)共同发表的论文无一入选。在科学道路上，他对我影响至深。怀着感激和崇敬之情，谨以本书献给我的导师。

1 语言学习的形式化模型

科学家经常被问到是什么将他们引向了自己的研究领域，有创意的科学家会提供一些童年往事为缘由，如斯蒂芬·杰森·古尔德(Stephen Jayson Gould)感谢父亲在他5岁时带他参观了美国自然历史博物馆的恐龙。我并不妒忌这样的迷人故事，但我认为大多数科学家的职业选择不能套用这类故事作解释。有多少科学家会在孩童时代就意识到这些专业将成为他们的使命——真菌学、结晶学、摩擦学、凝聚态物理学？当然，我相信，没人会在童年就梦想成为心理语言学家。尽管有时，我也想编造一些我是如何爱上研究语言的故事，但真相往往隐藏在偶然发生的平凡事件中。我认为，多数情况下，这些平凡事件才是上述问题的真实答案。

1976年，我刚进哈佛大学读研究生，当时的我认为语言学不过是我所选的认知心理学专业中的诸多主题之一。当时的哈佛大学刚刚拒掉了大部分认知心理学家的终身教职，所以认知学专业只剩下了寥寥几门公共课程，语言习得是其中之一。我发现，语言习得方面的文献令人泄气——很多研究指向儿童所说的可爱事物，但解释儿童如何习得语言的理论含糊且松散，与我熟悉的视觉与记忆的计算模型完全不同。这些研究只是玩弄着像"先天知识""通用认知学习机制"，或"亲代输入"之类的概念，没人真正知道自己谈论的到底是什么。与此同时，一门教授逻辑推理的课程布置了一篇短论文作业，要求我们研究鲜为人知的数学家戈尔德(E. M. Gold)提出的"计算的数学理论"，这一理论试图将语言学习的问题形式化。我在本科时曾修过这门课程，明白这个术语的意思，它的证明并不复杂。既然没有别的选择，我合并了这两个主题，写了一篇关于语言学习的数学和计算模型的课堂论文，解释它如何能使儿童的语言习得理论变得具体和精确。经过两年时间和三次修改，它成为了我首篇独撰发表的论文。

此后，虽然我仍认为语言学是我的副业并继续将视觉表象(Visual imagery)作为自己的学位论文研究方向，但一个声音一直提醒我，我对于语言的思考很有意义。事实上，我的第一份工作、第一本书，以及我的整个研究生涯都集中在了这篇论文探究的思考上。在检视了现存的语言习得的所有模型后，我发现它们都有缺点，于是我发展了自己的理论——语言可学习性和语言发育理论以及语言可学习性和语言认知理论，并试图用实验和语料分析对其验证。

这篇论文不但塑造了我的职业生涯，还塑造了我的心智，让我意识到先天性机制在认知中的重要性。我们并未否定学习的重要性，先天性机制重要的原因在于发现能促成学习的先天性机制是解释学习的唯一途径。正是理解了这一逻辑，才激发了我对人性本质的终身兴趣——不仅是促成语言的那部分人性，还有构成认知、情绪、美学和暴力的人性基础。这篇论文还流露了我对那个普遍假设的不满：因为学习和文化很重要，故而心智应被视为一块白板——四分之一个世纪后，我将这个假设用于了自己的书名"白板"(The Blank Slate)。

我惶恐地重读了这篇35年前的论文，我认为论文的立论仍然扎实。今天的很多认知科学家提出要警惕戈尔德定理，避免以简单方式将其应用到儿童语言习得领域。事实上，这些问题我在文中早已提出。论文还解释了语言习得的近似、概率和贝叶斯模型，它们在今天常被描述为新生事物。我仍然支持论文中对通用学习机制、先天性语言习得能力、分布分析法、人工语法实验，以及语义学、语用主义和简化亲代输入的分析。尽管该论文向语言习得领域推出了"可学习性方法"，并在20世纪80—90年代激起了不小的反响，但我仍然感到失望，因为我在论文最后引用的罗杰·布朗的警告真实应验了——今天的语言习得领域就像在20世纪70年代一样，已变得非理论化和非机制化了。

这篇论文灵机一动地使用了词语"googol"(原义 10^{100})，比谢尔盖·布林(Sergey Brin)和拉里·佩奇(Larry Page)共同选定它作为他们的搜索引擎的名字(改变了拼写形式，google)早了几十年。1977年，我撰写该论文的首稿时，这个词语尚不流行，以至于我的老师约翰·麦克纳马拉(John Macnamara)在旁注如此评论：

古戈尔(Googol)这头小恶兽的尾巴长着很多零，
它完全帮不上语言学习者的忙。
虽然它的多零之尾看起来纯良无害，但你还是看得出，
它在尾巴里包了一根刺，就像蜜蜂尾刺一样致命。

一、引言

儿童如何学会说话是认知科学最重要的问题之一，这个问题既有趣味也有科

学价值。有趣是因为它是归纳之谜(The puzzle of induction)的一种:人类如何能在有限观察的基础上形成有效概括。在本例中,特指基于人类生命早期几年内听到的有限语言数量令人说话并理解社群语言的概括。语言习得,是这一归纳之谜特别有前景的范例,仅实证经验对理论构建的限制研究就能促进某一特定领域的学科发展,因为语言学习的任何可信理论都必须满足极为丰富的经验条件。这种理论必须能解释所有正常儿童都能成功学会语言这一事实,也必须符合我们对语言的认知以及儿童学习语言所经历的各阶段的认知。

逐个摆出这些条件并检验人们在满足这些条件方面已取得的进展颇具指导意义。第一,既然所有正常儿童都能学会社群语言,那么一种可信的理论必须能提出习得某种自然语言的机制。这一标准非常严格:尽管语言的规则高度复杂且抽象,然而儿童仍能统一学会它们,不同于象棋、算术以及其他复杂技能的学习。如果某个理论能解释语言能被习得这一事实,我们可以说它首先满足了可学习性条件(Learnability Condition)。第二,该理论提出的解释儿童成功学会语言的机制不能只适合习得某一特定语言。例如,一个提出英语中存在先天性语法的理论就不满足该标准,这个标准可被称为等势条件(Equipotentiality Condition)。第三,某个可信理论提出的机制必须允许儿童在正常所需的时间范围内学会他的语言,大约为三年时间。第四,该理论机制不能要求儿童获得无法获取的信息输入类型或信息量,我们可分别称其为时间和输入条件(Time and Input Conditions)。第五,该理论应能预测语言习得的中间阶段,且与儿童语言研究的实证结果相符。第六,该理论描述的机制不应过分与儿童已知的认知能力不符,例如知觉分辨(Perceptual discrimination)能力、概念性能力、记忆能力、注意力等,这可被分别称为发育和认知条件(Developmental and Cognitive Conditions)。

显然,今天尚无一种语言学习理论能完全满足(即便是涉及)这六个条件。心理学研究大体上关注的是后三个条件,且大部分研究的方向是对条件本身作进一步详述或说明。例如,一些研究关注于儿童学习语言时可获得言语的本质、儿童早期词语组合的本质,以及不同年龄语言和认知能力的相似点。少数研究尝试构建能解释这些结果的理论,如亲代言语对儿童的作用、早期句子中词语组合方式的产生原因,以及认知发育与语言发育相互作用的方式。还有一些涉及了等势条件,如语言学习的语言学研究,试图区分普遍性特征与只在特定语言中发现的特征。

然而,试图解释语言习得本身(可学习性条件)的研究获得的结果模糊得令人失望。语言习得被归结于各种原因,从“先天性图式论”(Innate schematisms)到“通用多用途学习策略”——它被描述为只是认知发育、知觉发育、运动发育或者社会发育的副产物;它依赖于“输入的规律性”“语义关系”“知觉目的”“形式因果性”“语用知识”“动作图式”等。某一理论提出的机制是否足以解释人类的语言学习则通常被悬置不答。

但是,仍有几种研究涉及了可学习性标准。这些理论试图说明何种学习机制能以何种方式取得成功,可以学习何种类型语言以及需要何种类型的输入。有一种被称为语法归纳法(Grammatical Induction)的研究,源于数理语言学和计算理论,将语言视为形式对象,试图证明的定理涉及的是原则上何时才可能在一个句子集的基础上学会一门语言。第二种研究源于人工智能和认知模拟,内容包括给计算机编程以学习语言和模拟人类语言的习得过程。第三种研究源自转换语言学,描述了一种能习得某类转换语法的学习模型。不过,以上研究在心理学文献中鲜于被引用,发育心理语言学的研究者也几乎都对此感到陌生。本文试图改变这种局面,我会试着评论性地综述这些语言习得的形式化模型,重点关注它们对人类语言学习的现实意义。

即便我接下来讨论的模型仍不能完全满足前述的六大条件,但语言学习的形式化模型仍很可能对我们理解儿童如何学会说话带来帮助。这里有两个原因。首先,发育心理语言学传统上关注的是描述语言习得过程的理论,与之相比,一个强大到可以解释语言习得事实的理论可能更有希望接近于终极的可信理论。接下来我们会看到,可学习性标准极为严格,当某个理论无法通过该标准时尤为明显。此外,涉及儿童语言机制的理论本身不足以通过儿童可观察的语言行为来确证。这是因为儿童的知识、动机、记忆以及知觉、运动和社交技能的发育是与他对社群语言的学习同时进行的。

其次,形式化模型的第二个潜在优点是其给理论家带来的启示,这种启示能反向阐明该领域中很多已存在的概念性和实质性问题。尽管经历了15年的激烈辩论,但我们仍不了解学习自然语言所需的先验知识(如果存在);不知道不同类型的输入是否会让语言学习者的任务更难或更易、可能或不可能;不知道语义信息如何影响语言的句法学习。部分原因是,我们对语言学习的机制知之甚少,故而不知如何将模糊的概念(如语义信息)转化为可以在习得过程中起到因果作用的信息结构。构想清晰、机制性的语言学习理论,也许是唯一能清晰表达这些问题而足以使之接受评估的方法。认知科学的其他领域似乎达成了这一共识:机制性理论能在理解心智能力方面产生大量的概念性优势,如长时记忆、视觉表象和问题解决能力。

本书剩余内容分为8个部分。在第2部分中,我会介绍数理语言学的词汇和概念,这是语言可学习性研究的基础。第3部分和第4部分介绍戈尔德解释语言可学习性的开创性定理及其引发的后续研究。第5部分描述了“启发式”(heuristic)语言学习模型,其中一些模型可对人类语言习得进行计算机模拟。第6部分和第7部分讨论了语言学习的"语义学"和"认知学"方法的基本原理,重点关注的是约翰·安德森(John R. Anderson)基于语义的学习者计算机模拟。第8部分描述了由亨利·汉堡(Henry Hamburger)、肯尼思·韦克斯勒(Kenneth Wexler)和彼得·库利科弗(Peter Culicover)构建的模型,该模型能学习语言的转换语法。最后,在第9部分中,我讨论了发育心理语言学研究的意义。

二、语言的形式化模型

之前,我在讨论语言可学习性时提到了数理语言学,本部分定义了数理语言学的基本概念。读者可以在格罗斯(Gross)、霍普克罗夫特(Hopcroft)、乌尔曼(Ullman)的文献中找到更透彻的解释。

语言和语法

为了用数学术语刻画语言,我们需要以符号(Symbol)或词汇(Vocabulary)的有限集作为出发点。在英语的例子中,符号指英语单词或语素(Morpheme)。这些符号的任一有限序列被称为符号串(String),符号串的任一有限或无限集合被称为语言。在语言之中的符号串被称为句子(Sentences);不在语言之中的符号串被称为非句子。

可以通过直接列出句子穷举式地刻画句子数目有限的语言。然而,众所周知,自然语言和计算机语言尽管都被记忆/存储器(Memory)有限的主体所使用,但它们都是无限语言。所以语言必须具备一些有限的表征,比如指明句子属于某种特定语言的指南或程序。语法(Grammar)作为生成一种语言中所有句子(而不是非句子)的规则集,就是这样的一种表征。任何能被一个规则集生成的语言(即任何非完全任意的语言)都被称为递归可枚举(Recursively enumerable)语言。

语法有四个组成部分。首先是词汇,今天我们将词汇称为终极符号表(Terminal vocabulary),以区分语法中被称为辅助符号表(Auxiliary vocabulary)的第二个组成部分。辅助符号表由另一个有限的符号集构成,这些符号本身也许不出现在句子里,但它们可以指代多组符号,如英语的"名词""动词"和"介词短语"。语法的第三个组成部分是重写规则(Rewrite rule)的有限集,每一条重写规则都能通过重写动作用一个符号序列代替另一个符号序列,如英语语法中有一条重写规则是用符号"Article noun"(冠词+名词)替代符号"Noun phrase"(名词短语),另一条规则是用符号"Grow"(生长)替代符号"Verb"(动词)。第四个组成部分是一个特殊的符号,被称为初始符号(Start symbol),通常用S表示,初始符号可以启动生成一个句子的规则操作序列。如果一条重写规则可以将"S"重写为另一个符号串,如果任一规则可以再用另一个符号串替代这个新符号串的部分或全部,持续运行这一程序,一条规则停止后另一条规则接手直至辅助符号用完,则生成了句子。语言就是所有以此方式生成的符号串的集合。

语言的类别

对于语法和其所生成的语言,有一种自然的分类方式。首先,不同类别语言的语法使用的是不同类型的重写规则。其次,这些不同类别的语言需要不同的计算结构,使用不同的工作记忆及不同的记忆读取方法以产生或识别各自的句子。最后,人们证明的关于语言和语法的定理往往能适用于整类以这些方式刻画的语言。关于语言可学习性的定理尤其指涉了这些类别,下面我作简要讨论。

这些语言类别可以归入一种层级体系(也称乔姆斯基层级,Chomsky hierarchy)中,每一类别实际上包含了所有层级在其之下的语言。我前面提到过最大的一类——递归可枚举语言,这类语言的语法可以生成所有的成员句。不过,这类语言并非全都有判定程序(Decision procedure),即一种确定某个给定符号串是否为该语言句子的方法。具有判定程序的语言被称为可判定(Decidable)或递归(Recursive)语言。遗憾的是,尚无通用的方法可以知道一种递归可枚举语言最终是否可判定。但是,可判定语言中有一个非常大的子集被称为原始递归(Primitive recursive)语言,其可判定性是已知的。这类语言是可能被枚举的,即存在一种被称为"语法之语法"(Grammar-Grammar)的有限程序,能逐一列出该类别中的每条语法,不纳入任何未在该类别中的语法。(不难看出为什么这对可判定语言类别来说不可能,人们永远无法确定某种给定语言是否可判定。)

可以通过限制语法被允许使用的重写规则的形式来进一步分解原始递归语言。上下文有关(Context sensitive)语法包含了一种规则,每当单个辅助符号旁侧出现特定相邻符号时,这种规则就用一个符号串将该辅助符号替代。上下文无关(Context free)语法的规则是不管单个辅助符号出现在何处,都可以用一个符号串将其替代。有限状态(Finite state)语法的规则可以只用另一个辅助符号外加一个终极符号来替代单个辅助符号。在讨论对应的句子生成程序时,这些辅助符号通常被称为状态(States)。最后,有些语法没有辅助符号,因此这些语法只能生成有限数目的符号串。所以它们被称为有限基数(Finite cardinality)语法。这一层级总结在表1.1中,表中按照范围由广至窄的顺序列出了语言的类别。

表 1.1 语言的类别

类别	能否从信息提供者处习得?	能否从语篇中习得?	是否包含自然语言?
递归可枚举	否	否	是*
可判定(递归)	否	否	?
原始递归	是	否	?
上下文有关	是	否	?
上下文无关	是	否	否
有限状态	是	否	否
有限基数	是	是	否

*假设

自然语言

几乎所有关于语言可学习性的定理以及大部分语言学习的计算机模拟研究都参考了乔姆斯基层级的类别。不过,除非我们明确知道自然语言在该分类层级中的位置,否则这没有心理学意义。显然,自然语言不是有限基数语言,人们总通过在一个旧句子前添加如“he insists that”(他坚称)这样的短语生成新句子。要证明自然语言不是有限状态并不困难:乔姆斯基论证,有限状态语法无法使用任意数目的嵌套结构(Embedding)生成句子,而自然语言是允许的[如,“he works”(他工作)、“either he works or he plays”(他不是工作就是玩)、“if either he works or he plays, then he tires”(如果他不是工作就是玩,那他就疲倦了)、“since if either he...”(因为如果他也不是……)]。

要证明自然语言不是上下文无关相对困难一些,但并非不可能。遗憾的是,尚不清楚该层级中多高的位置才能容纳自然语言。乔姆斯基和其他大多数语言学家(包括他“生成语义学派”的对手在内)使用了各种转换语法(Transformational grammar)来刻画自然语言。这些转换语法通常利用上下文无关语法生成被称为深层结构(Deep structures)的带括号符号串,然后借助被称为转换(Transformation)的重写规则对该深层结构的元素进行变换、删除或复制,以产生句子。既然转换语法的构建和评价需要依靠多种标准而不仅是其生成一种语言的句子的能力,那么其在层级中的位置是不确定的。虽然这一问题尚无定论,但彼得斯(Peters)和里奇(Ritchie)令人信服地证明了这类生成自然语言所需的转换语法可以被置于上下文有关类别中,如乔姆斯基之前的猜想。因此,在本文后续部分,我将把所有现存的及可能的人类语言集作为上下文有关类别的子集。

三、语法归纳法：戈尔德定理

语言学习的语法归纳法

人们说话时很可能并不是一边说话一边在头脑中参照某张所说语言的句子列表，那么，学会某种特定语言就意味着学会了某种能产生并识别该语言句子的特定规则集。因此，对一种语言的学习必须包括归纳出规则集，并使用该社群的语言行为作为证据验证这些规则。在后续内容中，我会把这样的规则集视为语法。当然，这并不意味着我相信人类在逐个说出句子之前会在大脑里依次重写规则。既然每一条语法都能被转化为从左至右读的句子的生成程序或识别程序，那么“归纳一种语法”也就等同于习得了产生和识别该语法所生成句子的能力。讨论语法的好处是让我们得以关注某种特定语言（与另外某种语言相比）的习得过程，无须从整体上了解语言产生或理解过程的详细性质（所有语言生成程序或识别程序的普遍特征）。

解决这一归纳法问题最直接的方法是寻找某种算法——这种算法可以通过一个语言句子的样本产生该语言的一条语法，然后将该算法的某个版本应用于儿童。这很可能是最通用的可信解决方案，儿童无须具备任何关于将学习的特定类型语言的先验知识（除非该语言属于乔姆斯基层级的某一类别）。我们甚至可能无须要求儿童具备专门的语言习得能力。因为语法只是计算程序或规则集的另一种称谓，所以如果某个算法能从一个句子样本中产生一种语言的语法，那么它也能为另外一种数据（经过恰当编码）产生一个规则集——比如可以对实验室概念获得任务中的范例和非范例进行正确分类的规则。这种情况下，也许可以说，儿童通过一种通用的归纳法程序学会了语言，这种程序可以直接从环境中“捕获”以计算规则形式存在的规律性。

遗憾的是，我们需要的这种算法并不存在。数理语言学有一个基本定理，它规定：对于任一个有限的符号串集，都有无限多的不同语法可以将其生成。每一条语法都将对不在该符号串集的符号串作出不同的预测。比如由单句“the dog barks”（狗在叫）组成的样本，其来源语言可能包括：1）所有的三单词符号串；2）所有的冠词—名词—动词序列；3）所有具有一个名词短语的句子；4）该单句；5）该句子外加1976年7月4日《纽约时报》上的所有句子；6）所有的英语句子。当样本包含了不止一个句子时，只要样本中的句子数目有限，其可能归属的语言类别范围就会缩减，但仍然无限大。故而，任何学习者都不能总是通过观察有限的句子样本就能产生该语言的一条正确语法。

有限时间内语言识别

戈尔德(1967)利用被他称之为有限时间内语言识别(Language identification in the limit)的范式解决了这个问题。此范式工作流程如下:“将时间划分为具有明确起点的回合式试验(Discrete trials)。施教老师从乔姆斯基层级中一个预先决定的类别里‘选择’一种语言(目标语言)。在每一回合,学习者只能接触一个符号串。在该范式的某个版本中,学习者迟早能接触目标语言的全部句子,可称这一样本为语篇(Text),或者正信息呈现(Positive information presentation)。学习者可以同时接触语法成立的句子和语法不成立的符号串,两者都做了恰当的标记。这相当于允许学习者从一位母语信息提供者处接收反馈,判断给定的符号串是否为可接受句子,所以可以称之为信息提供者(Informate)或完全信息呈现(Complete information presentation)。学习者每查看一个符号串,都必须猜测目标语法是什么。一直持续这一过程,允许学习者随时改变自己的想法。如果在有限的时间之后,学习者始终猜测同一个语法,且该语法正确地生成了目标语言,就能说他在有限时间内识别了该语言。”值得注意的是,基于此定义,学习者无法知道他何时,甚至是否获得了成功,因为他无法保证后续符号串不会迫使他改变想法。

实际上,戈尔德提出了疑问:一位完全普通的学习者在这种情况下会有怎样的表现?层级里有没有什么语言类别,成员全都能在有限时间内被识别?他成功证明了语言可学习性取决于可获得的信息:如果学习者能同时获得句子和非句子(信息提供者呈现),那么原始递归语言类别及其所有子类别(包括自然语言)都是可学习的;如果学习者只能获得句子(语篇呈现),那么语言类别中只有有限基数语言是可学习的。

这些定理的证明很直观。学习者可以使用一种最通用的策略:枚举该类别中的每一个语法,与样本符号串不符则剔除并移至下一个(见图1.1)。有了信息提供者呈现,如果某个错误语法不能生成该语言的句子,甚至是产生了被信息提供者指出不属于该语言的符号串,则会被剔除。既然正确的语法(无论它是什么)在枚举列表中有确定的位置,则会在有限时间之后被猜想出来且不会再有任何理由改变这一猜想。原始递归语言是层级最高的可学习性语言,因为它是层级最高的可判定语言,也是层级最高的语法及判定程序可被枚举的语言,两者都是该程序运行所必需的性质。

语篇呈现的情况则不同。在这里,有限基数语言具备极佳的可学习性——学习者能直接猜测该语言是目前已在样本中出现过的句子的集合,当该语言中的每个句子至少出现一次后,学习者就猜对了。不过,假设这一类别包含了所有的有限语言和至少一种无限语言(就像层级高于有限基数语言的语言类别一样)。如果学习者猜测该语言仅是样本句子的集，那么当目标语言为无限语言时，学习者就必须无限次地改变想法。如果学习者只猜测了无限语言，那么当目标语言是有限语言时，他猜测的就是错误的语言且永远不会被迫改变想法。如果非句子也可以获得，那么当任何一条过度概括的语法生成的句子出现并被标记为非句子时，该条语法会被剔除。正如戈尔德所言，“语篇的问题在于，如果你猜测的是一种太大的语言，那么样本永远不会告诉你猜错了”。

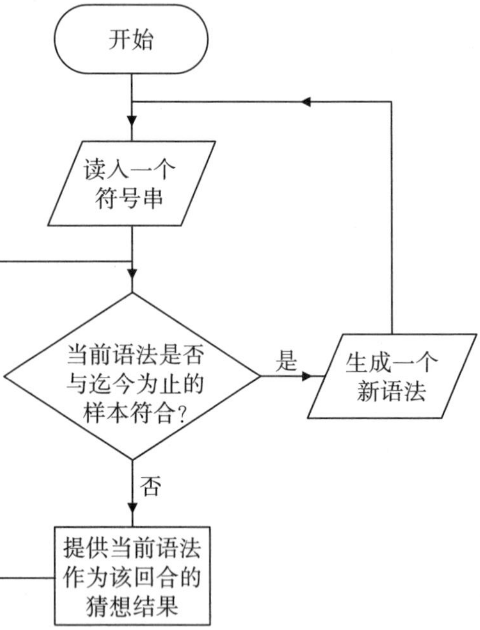

图 1.1　戈尔德枚举程序流程图。注意这里无“停止”符号，学习者持续尝试符号串并猜测语法。如果学习者某一时刻进入了左环路，并不再离开，他就在有限时间内识别了该种语言

戈尔德定理的意义

儿童是从语篇或信息提供者处学习语言的吗？现有的证据强烈提示道，儿童说话不合语法时通常不会得到纠正，即使被纠正他们也会不屑一顾。间接提示什么是非句子的证据，儿童也少于接触。布朗(Brown)和汉隆(Hanlon)发现，父母对孩子的合语法句子和不合语法句子的反应并无差异。因此，儿童似乎是处于一种语篇场景中，在此场景中戈尔德的学习者一定会失败。事实上，其他模型也会失败——因为没有什么学习程序能比枚举某一类别中所有语法的程序更强大。

更令人沮丧的结果是，学习大多数语言会耗费海量的时间。能使学习者获得最大通用性的枚举程序所要求的代价是：学习者必须测试海量的语法后才可能猜

中正确的语法。例如，在思考所有使用7个终极符号和7个辅助符号（状态）的有限状态语法时（学习者在深入思考更复杂的语法前必须先思考这一步），学习者必须测试超过一古戈尔（googol，10^{100}）条候选语法。学习者的尴尬境地让人想起了豪尔赫·路易斯·博尔赫斯（Jorge Luis Borges）笔下的“巴别塔的图书馆员”（librarians of Babel）——图书馆员需要在一座巨大的图书馆里寻找一本解答了人性之谜的书，可这座图书馆容纳了所有由可能的字母组合成的书籍。戈尔德已证明没有通用程序比他的学习者枚举程序更快。这是因为，对于任一个有限样本，都有无数的语法与之相符。假设存在一种竞争程序，能比枚举程序提前一个回合猜对某种语言，在这个时点的枚举程序势必也猜出了另一种语言。事实上，目前的这个句子样本可能由很多不同的语法产生，包括枚举程序猜错的语法。如果目标语言恰好是那另一种语言，则枚举程序的猜测为真，竞争对手的猜测为假。因此，对于每一种能被竞争程序比枚举程序更快识别的语言，都存在一种反之亦然的语言。结论就是，每一种形式的枚举程序（如每一种枚举顺序）的学习速度从整体上看与其他所有形式皆相等。

戈尔德的模型可以被视为企图构建某种或任一种满足可学习性条件的模型。但戈尔德已经证明，即使某一模型不受心理学条件（如发育、认知和时间条件）的制约，也无法确立其可学习性（除非人们要求学习者接收负信息违抗“输入条件”）。更重要的是，无论是否被设计为儿童建模，并无一种模型的表现比戈尔德模型更好。既然儿童很可能确有习得其社群语言的程序，那么戈尔德的学习范式本身必然具有某些妨碍可学习性的特征，比如成功学习的标准或信息的获取情况。在第4部分，我将综述由戈尔德定理引发的研究，这些研究试图确立在何种条件下可能从一个句子样本中获得语言可学习性。

四、语法归纳法：其他结果

以语篇为来源的语法归纳法

本部分将描述4种从句子样本学习语言的方法。人们可以限制样本句子的呈现顺序、放宽成功标准、确定句子样本的统计学分布或约束学习者的猜测，从样本中学习语言。

句子的呈现顺序

在第3部分，我们假定样本符号串能以任何顺序呈现给学习者。戈尔德证明，如果能知道样本句子是以某种方式按照时间进行排序，那么所有的递归可枚举语言都能通过一个正样本学会。具体来说，假定“老师”在时间点t选择将要呈现的句子时参考的是一个原始递归函数，该函数以时间t为输入变量，产生一个句子作为输出结果。本例中的原始递归函数指的是用唯一的自然数与该语言中每一个句子相联系的原始递归语法。学习者只需在有限时间内识别老师使用的是哪一个函数，方法与第3部分(图1.1所示)讨论过的学习者识别原始递归语法的方法相同。这足以生成目标语言中的句子(但不足以识别它们)。虽然很难相信儿童听到的每一个句子都可以被从其开始学习语言算起的已用时间一一确定，但我们在第6部分将看到，有一种学习程序可以让儿童从语义信息中受益。

还有一种有用的排序类型被称为有效近似排序(Effective approximate ordering)。假设到某一时间点，每一个等于或小于给定长度的语法句都已在样本中出现。假设学习者对于任意长度的句子，都能计算出其对应的时间点。那么，在此时，学习者就能计算出所有等于或小于该长度且不在该语言中的符号串，即还未出现的符号串。这相当于获得了非句子，学习因此可以发生。一般地，尽管随着语言学习的进步儿童的确会接触到越来越长的句子，但很难设想他们能利用这一程序，因为短句被全部排除的时间点永不存在。克拉克(Clark)和勒韦(Levelt)提出，更普遍的情况是，发育期儿童所接触语言的系统性变化可能包含了有助于语法归纳任务的信息。例如，样本中先出现的句子相较于后出现的句子，总是被更少的规则生成或总是只需更少的推导步骤。那么，如果任何候选语法在生成早期句子时相较于后期句子使用了更多的规则或步骤，学习者或许会将其剔除。不过，尝试在父母言语中识别这种排序的研究令人失望，儿童接触的语言在句法层面或其他任何层面是否具备足够良好的顺序使利用排序的策略生效仍有待揭示，我将在第9部分更深入地探讨这一问题。

放宽成功标准

或许不应要求学习者精确地识别出目标语言。例如，我们可以要求学习者逼近(Approach)目标语言。对逼近性的定义如下：1)样本中的每一个句子最终都被归入学习者猜测的语言；2)任何错误语法都将在某个时间点被永久剔除；3)正确语法将被无限次地猜出[最后这个条件定义强逼近性(Strong approachability)]。强逼近性和可识别性(Identifiability)的区别在于，前者不要求学习者一旦猜出正确语法就将其坚持到底。费尔德曼(Feldman)证明，原始递归语言在有限时间内可以从一个句子样本中被逼近。

还可以为了让学习者识别一种近似目标语言的语言而削弱成功标准。沃顿(Wharton)提出了一种方法：定义一种度量标准，评价对象是使用给定终极符号表的语言集，人们能以之度量任意两种语言间的相似度。那么，如果学习者被要求识别任一种与目标语言具有给定相似度的语言会怎样？沃顿证明，学习者只使用一个语篇就能以任意的准确度近似估计任一种原始递归语言。此外，总能给学习者施加一种准确度，起到令学习者精确选择目标语言的作用。但是，没有办法知道这种准确度水平的阈值(如果有办法知道，戈尔德定理就是错的)。沃顿和费尔德曼证明，既然儿童不能精确复制出其社群语言，那么通过适当地重新定义可学习性条件，戈尔德型的学习者将变得可行。

我们还有第三种方法放宽成功标准。与其寻找符合样本的唯一语法，不如从无限的候选者中寻找最简单的语法。费尔德曼将给定样本对应语法的复杂度定义为该语法本征复杂度(Intrinsic complexity)(如重写规则的数目)与该语法生成该样本的派生复杂度(Derivational complexity)(如生成该样本句子所需的平均步骤数目)的联合函数(如两者之和)。然后，他描述了一个程序，该程序按照本征复杂度的递增顺序枚举语法，从而找到与正样本相符的最简单语法。但需要指出的是，当样本越来越大时，这样的程序无法识别甚至无法强逼近目标语言。原因很简单："存在一个有限复杂度的语法，将从给定的词汇表中生成所有可能的符号串。如果目标语言比这一普遍语法(Universal grammar)更复杂，它将永远不会被考虑到，因为该普遍语法总是与语篇相符且总比目标语法更早被枚举。"因此，给儿童配上奥卡姆剃刀(Occam's Razor)，不能帮助他学习语言。

贝叶斯语法归纳法

如果某个语法明确规定了所含规则将被使用的概率，可称其为随机(Stochastic)语法。它生成一个具有可预测的统计学分布的句子样本，这就构成了一个额外的信息源，学习者可以利用该信息源尝试识别一种语言。

霍宁(Horning)思考了以固定概率应用重写规则的语法。在给定一条语法的情况下，通过将生成一个句子所使用的所有重写规则的概率相乘，有可能计算出这个句子的概率。人们可以用同样的方法计算出与该语法有关的句子样本的概率。在霍宁的范式中，学习者还知道任何语法将被选为目标语法的先验概率(Priori probability)。学习者以先验概率的近似递减顺序枚举语法，并计算出每一条语法所对应样本的概率。接下来，他可以使用贝叶斯定理的等效形式在给定此样本的情况下确定一条语法的后验概率(Posterior probability)。学习者总是会猜到具有最高后验概率的语法，霍宁展示了这种算法如何为任何语篇收敛到最可能的正确语法。

约束猜测空间

霍宁的程序使用了先验知识来处理学习者将遇到特定类型语言的似然性，从这一点来说，该程序近似于乔姆斯基抽象描述的一种语言习得机制的随机性版本。乔姆斯基在讨论与任何有限样本相符的语法之无限性时，提出有一种加权函数(Weighting function)能表示儿童在面对一个有限样本时对猜测语法的选择。该加权函数为语法赋上了一种“分散”的概率分布，使包含自然语言基本性质的候选语法被赋上高数值，而那些非此形式(但同样正确)的语法则被赋上了极低的数值甚至是零值。通过以此方式对语法加权，儿童对自己将遇到某种特定类型语言(某种自然语言)的概率做出假设。如果他构建的加权函数导致当样本增加到特定大小时，只有一种高权重的语法与之相符，那么从一个语篇获得可学习性是可能的。举一个假想的例子，如果儿童只给具有完全可区分(Disjoint)词汇的语言集(如印地语、依地语、斯瓦希里语)赋上高值，那么即便只有一个句子也足以学会一种语言。在戈尔德的范式中，学习者如果给某些语言赋上零权重且这些语言被选为目标语言，学习者将不能学习。但在上述的儿童例子中，无须为此担心。我们只需要展示该儿童怎样才能学会人类的语言，如果该儿童只是因此无法学会一些外来语言(Gerrymandered or exotic languages)，并不会令人惊讶。

关于通过约束学习者的猜测集以避开戈尔德结论的做法，需要指出两点。首先，我们无法讨论一种只用区分语言类别的计算理论化“断裂线”(Lines of fracture)就能约束的通用规则归纳策略。相反，我们要相信一种至少是弱形式的先天论。根据该先天论，“儿童使用这一假设处理数据：这些数据抽取自一种先前就明确了类型的语言”。其次，对于加权函数是否存在以及应采取何种形式的问题，我们是在窃取论点(以假定正确的论点得出结论)。仅约束学习者的猜测是不足的，甚至是严重不足。请看图1.2，在维恩图(Venn diagram)中，圆A表示被赋上高先验值的语言集，圆B表示与学习过程某一给定时间点的样本相符的语言集。为了确保可学习性，随着样本越来越多的部分纳入考虑，两圆重合部分的语言集必须减少到只有

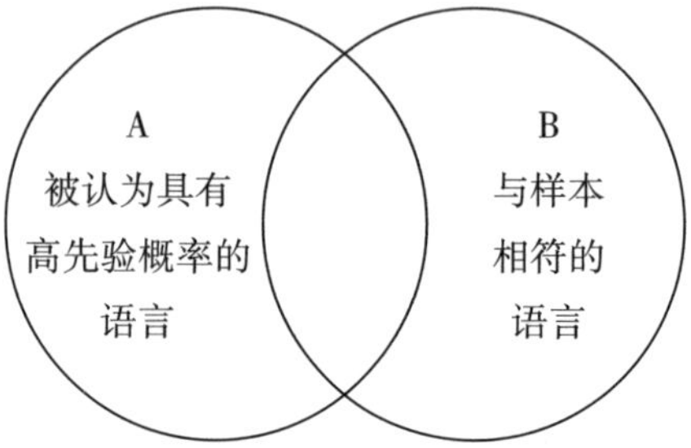

图1.2　通过约束学习者猜测集获得可学习性

一个成员。圆B一定不能完全包围圆A,不能与之重合,与其重叠的部分不能太大(先验集合太宽),也不能与之不相交(先验集合太窄)。指定一种具有这些性质的先验语言类别相当于转换语言学的解释充分性(Explanatory adequacy)要求。在第8部分,我将回顾一项尝试以这种方式证明可学习性的研究。

我们已经介绍了几种在学习者只能获取语法成立句子的制约因素下实现可学习性的方法。然而,按下葫芦浮起瓢。本部分讨论的学习程序仍然要求海量的时间。同时,这些程序的执行方式还违反了发育和认知标准。首先,儿童不会整体地采纳或剔除语法,更可能的是增加、替代和修改单个规则。其次,认为儿童能记住他们听到的每一个句子是不合情理的,但如要用"语言样本"检验某个语法,他们就必须这么做。下面,我将回顾一些关于时间条件的研究;在第5部分,我将回顾更直接地指向发育和认知条件的研究。

减少学习时间

高效枚举

我们之前讨论过的学习者们生成语法的过程是相当盲目的,他们使用"语法之语法"从所有可能的符号组合中创造规则。这种盲目过程将产生大量在检验样本之前就能被证明不合要求的语法。例如,除了辅助符号的名字之外,可能完全等价于其他语法的语法;这些语法的一些规则还未产生一个句子就突然停止,一些规则可以随意编造句子且不影响其他规则产生的句子;它们可能多余或模糊,或者缺乏某个已知在该语言中出现过的词语。沃顿证明,如果学习者拥有一种"质量控制监视程序"(Quality control inspector),在用样本进行检验前就剔除掉那些错误语法,将节省大量的检验时间。此外,如果有单个语法未能通过质量控制检验或与样本不符,学习者能剔除整个语法集而不是一个语法,也能节省更多的时间,此技巧有时也称语法覆盖(Grammatical covering)。为了评估效率,霍宁和沃顿将多种枚举技术运用到计算机程序上,他们发现"质量控制"和"覆盖"策略比盲目的枚举效率更高。事实上,这些高效枚举算法的表现依然不乐观。例如,一台IBM 360计算机用几分钟的运算时间推导了一个具有2个辅助符号和2个终极符号的有限状态语法。但自然语言大约有10~100个辅助符号,使用n个辅助符号的语法数量为2^{n^3}。显然,我们需要效率更高的策略。

先验概率排序

霍宁程序使用先验概率度量猜测语法的空间,在无信息提供者的情况下学习一种语言,减少了识别语言所需的平均时间。既然霍宁的学习者必须按照先验概率递减的近似顺序枚举语法,则最可能被选择为目标的语法也是最先被猜测的语法。因此,无数不可能的语法无须考虑。同样,如果学习者可以在"非自然语法"之前枚举"自然语法",那么相较于使用任意枚举顺序的情况,他会学得更快。遗憾的是,这仍然不够快。尽管按照先验概率进行了近似排序,但霍宁程序即使学习最简单的语法也需要巨大的运算量,如他所言,"尽管这种枚举程序……形式上是最佳策略,但其阿喀琉斯之踵是效率"。同理,自然语言集可能十分庞大,从新生儿的角度看,自然语言集的所有成员近乎具有等概率,枚举法不是语言学习的捷径。也许,在合理时间范围内使用枚举法学习语言的问题无解。我会在下一部分介绍枚举程序的替代品。

五、启发式语法构建

语言学习的算法式方法和启发式方法

语言学习的问题与其他许多计算问题一样,也可以尝试用算法式或启发式技术解决。我们前面讨论的枚举式程序就是一种算法式方法,因为它能在有解的前提下保证给出一个解[1]。遗憾的是,它太耗费时间,作为儿童模型极不可信。启发式语言学习程序在这些方面可能具有更好的前景,它有两个方面与枚举式程序不同——首先,学习的语法不是被整体获取或抛弃,而是随学习过程逐条规则地建立;其次,输入的句子不仅有助于做出语法是否与样本相符的二元判决,样本句子的某些性质还能被当作一种提示指导规则的构建过程。因此,启发式语言学习程序被初步推定为人类语言习得理论的候选对象。这种逐步习得语言的方式与儿童学习语言的做法相似,且它有潜力在适量的时间内完成学习,这得益于对样本句子详细性质的利用而非穷举一个类别的语法。

研究者已提出了很多获得有限状态语法和上下文无关语法的启发式程序。下面的例子可让读者一睹启发式程序的风采。所罗门诺夫(Solomonoff,1964)提出了一种从一个样本推导递归式上下文无关规则的启发法,需借助于信息提供者提供负信息。递归规则(毋与之前讨论的"递归语法"混淆)将一个符号重写为一个包含原符号的符号串,例如规则:A→BAC。递归规则非常重要,因为它们可以被连续应用无数次,使该语法能生成无限个句子。例如,英语的一条递归规则可以将符号形容词"A"重写为序列"very A"。所罗门诺夫的学习程序会删除一个可接受的样本符号串两侧的子符号串,并确定剩下的符号串是否合乎语法。合乎语法,则反复地用之前被删除的子符号串把该符号串夹在中间,检验每一个多层符号串的语法性。如果皆合乎语法,一条递归式规则则被构建成功。例如,假设原样本中有符号串XYZ,学习者会检验Y,如检验成功会接着检验XXYZZ、XXXYZZZ,依次类推。如果大量的这种符号串皆在语法上成立，规则 A→XAZ 和 A→Y 则被创造出来。

启发式方法的注意事项

关于启发式方法有几点事项必须注意，以免人们在用启发式程序代替枚举式程序时认为可以不劳而获。首先，我前面提到过，当目标语言集由乔姆斯基层级中某个类别的语言构成时，皆无程序能比戈尔德程序表现更优，无论是总体的成功率还是学习速度。如果启发式程序只耗费合理的时间就成功学会了某些语言，那它们在学习一些别的语言时必然会耗费大量的时间或完全失败。因此，我们必须再次放弃通用规则学习程序的概念，这种通用学习程序只受处理限制或内存限制种类（隐性定义了计算程序的类别）的约束。其次，启发式程序不仅要求学习者接受关于目标语言的假设，还要求接受关于样本内句子的假设。也就是说，使用罕见或不典型的句子集作为规则构建的基础能欺骗启发式程序。思考所罗门诺夫的启发法，如果目标语言不允许超过三层的嵌套，学习程序就会因构建了一条允许无数层嵌套的规则而犯错。另一方面，如果样本是一个缺乏多层嵌套句子的语篇（在所罗门诺夫的例子中，这种多层嵌套句子由信息提供者提供），学习程序会因构建过于狭隘只能生成原始符号串 XYZ 的规则而犯错。当然，在自然语言的例子中不会有这样的麻烦。儿童不仅可以“假设”目标语言是一个相对受限的集合（即自然语言）的成员，还可以“假设”他的样本是目标语言的一个明确子集以更好地学习语言。无论其精确功能最终可能是什么，学习语言的儿童所接触言语中的方言被发现在不同文化和不同学习环境中具有毋庸置疑的一致性性质。

但是，我们需要警惕算法式程序和启发式程序的区别。枚举程序保证能成功学习一整门语言，任一种启发法最多只能习得一部分语法。不过，人们无法确定一大堆启发法是否足以习得目标语言的全部或者一大部分。人们无法知道适合简单句式或小样本（如前面提到的关于构建上下文无关和有限状态规则的研究）的启发法能否成功应用到更复杂更现实的任务上。换句话说，在致力于满足发育、认知或时间条件的过程中，我们也许牺牲了最初的目标：可学习性。

启发式语言习得过程的计算机模拟

由于人们无法证明某个启发法能否成功学会一种语言，所以几位研究者将启发式策略编入了计算机程序，以观察启发法应对样本中习得规则的效率。以计算机程序的形式构建一种学习模型还给设计者提供了自由，可以根据人类语言学习者已知或猜测的特定特征对程序作修改。因此，理论家们可以尝试满足我们的几个条件，也更有利于他们将此模型作为人类语言习得的理论。

凯利程序

卡隆·凯利(Kalon Kelley,1967)编写了语言习得的第一个计算机模拟程序。满足发育标准是他的优先考虑,所以他的程序设计着力于模拟儿童语言发育的极早阶段。

凯利程序使用了一种启发法,我们可称其为词类位置学习法(Word-class position learning)。此方法假设一种语言的词语归属于不同类别,且每一类别都能与句子中的绝对或相对序数位置相联系。在凯利编写该程序的时期,有一种影响力很大的理论断言能用这种方式刻画儿童的早期语言,即"支点语法论"(Pivot grammar)。下面举例展示这种启发法的工作机理:

(a)He eats grass.

他吃草。

(b)He mows grass.

他除草。

(c)She eats grass.

她吃草。

(d)She eats apple.

她吃苹果。

一个使用词类位置启发法的学习程序会推断出"he"和"she"属于一个词类,因为这两个词语都作为句子的第一个词语出现(或因为它们都出现在词语"eats"之前)。同样,"eats"和"mows"可以置于另一个词类,"grass"和"apple"可以置于第三个词类。学习程序还能推断出,句子可以由第一、二、三个词类的词语顺序相接而成。现在,使用这种启发法的学习程序可以在只听到四个句子后产生或识别八个句子。

凯利程序配置了三个猜测集,分别对应了儿童使用的单词语、双词语和三词语说话的阶段。程序在程序员指定的任意时点从一阶段行进到下一阶段。第一阶段的策略是计数样本句子中各种"实义"词语的出现频次,这些词语被"成人"明确地标记为实义词。它保留下最常见的实义词,并可以将其作为单词语句子生成出来。第二阶段是寻找双词语类(被称为"事物"和"动作")。凯利假设儿童可以根据一个词语被说出时的非语言上下文判断该词语能否指代一件事物或一个动作。为了建模这一假设,他的程序任意性地猜想某个词语是两种词类中的一种,并可以访问其"正确"的分类。猜想如果正确,则被加强为一种猜测;如果错误,则被弱化。同时,该程序把各词类排在彼此先后的频数制成表格记录,由此猜测可以生成词类频繁序列(Frequent sequences)的规则(如,S→事物 动作;S→事物 事物)。就像那些将词语分配给不同类别的猜测一样，这些规则根据其与输入句子相符的频率增加或减少其强度。第三阶段该程序保留双词语词类，并增加由第二阶段的双项序列（如，事物—动作）构成的类别。与之前相似，它搜集关于这些词类彼此出现在句子不同位置频率的证据，进而猜测生成词类频繁序列的规则（如，S→事物-动作 动作）。该程序还有一个特点，它有能力学习单个句子成分的“功能”（如，哪一种成分是主语，哪一种成分是谓语）。该程序通过做出任意的猜测并用“正确”的答案检验以学会这些句子成分的功能。

评估

虽然凯利程序是一次勇敢的尝试，但它在很多方面仍然不理想。第一，儿童似乎不受成人言语中句法形式频率的影响，而各输入形式的频率正是凯利学习程序的命脉。第二，“正确”的句子结构描写式在该程序中的作用不大。凯利打算用其类比儿童的知觉：试图理解在某个动作语境下被说出的词语是“动作”词语，理解句子中被关注物体的部分是“主语”……但在该程序中，这被简化为猜测一个词语的类别或功能以及检验猜测是否正确的琐碎过程。我将在第6—8部分深入讲述更系统地用计算机模拟知觉和语用线索的研究。第三，该程序使用的启示法不足以超越三词语阶段，我们将看到，自然语言无法被词类序列刻画。仅满足发育条件的模拟是否真有意义，引起人们质疑。事实上，各样的临时模型都能轻易解释语言发育的早期阶段，难点在完整的成人语法的习得。

分布分析法启发法

当被用于学习自然语言时，词类位置启发法在过于微观的水平分析句子，这是它的主要问题。用句子中的相邻词类实际上无法说明自然语言的规律。请看下列句子：

(a)That dog bothers me.
那条狗让我心烦。
(b)What she wears bothers me.
她的穿着让我心烦。
(c)Cheese that is smelly bothers me.
发臭的奶酪让我心烦。
(d)Singing loudly bothers me.
唱歌太吵让我心烦。
(e)The religion she belongs to bothers me.
她皈依的宗教让我心烦。

在各句中,词语"bothers"前分别是名词、动词、形容词、副词、介词。显然,一位机敏的学习者可能会做出概括:在所有句子中,"bothers"都前置一个名词短语。但需要注意的是,某些置于"bothers"之前的词类并不适用于这种概括,否则会导致错误(如,Loudly bothers me)。

更通用的启发法应寻找比句子中的序数位置或相对于邻近项的位置更灵活的上下文,并应更广泛地定义类别。这样,每一类别才能包括词语串或子类别,而不是只包括单个的词语,凯利程序的第三阶段就朝向这个方向。我们将这种启发法称为分布分析法(Distributional analysis)程序,其利用的原理是:对于上下文无关语言,一种语法类别的不同实例(成员)在同一个语言上下文中具有可互换性。因此,我们通常认为位置在同一词语串之前(之后或嵌套其内)的不同词语串均属于同一类别。如果在另一种上下文中也发现了该类别中的某个成员,那么该类别的其他成员也能被插入那里。因此,在上述句子(a~e)中,分布分析法学习程序会识别出所有位置在"bothers me"之前的符号串都归属于一个类别,且该类别中的一个成员后接短语"bothers me"可以构成一个句子。如果学习者接着遇到了新句子"That dog scares me"(那条狗吓到了我),他可以将"scares me"和"bothers me"放入一个类别,"scares"和"bothers"放入一个子类别。如果他再遇到新句子"Sol hates that dog"(索尔恨那条狗),他可能会将所有的名词短语放入短语"Sol hates"之后的第一个类别。通过此过程,学习者能在不同的抽象水平构建范畴,并记录将这些范畴合并成句的不同方法。

分布分析法的问题

要使用分布分析法学习自然语言,存在几点障碍。第一,它需要大量的最小对比(Minimally-contrasting)句子集作为输入。我们知道美国儿童的确会听到很多由具有共同成分的句子构成的密集集合,但我们不知道这种模式是否普遍,也不知道这种模式是否能提供足够的语法成分,能唯一性地确定儿童可以掌握的每一条规则。第二,对自然语言样本的分布分析充斥着出错的可能,因为很多词语属于一个以上的词类,还因为一个句子中任一个词语子序列都可能被很多不同的规则生成,如以下句子(a~d):

(a)Hottentots must survive.

霍屯督人必须活下来。

(b)Hottentots must fish.

霍屯督人必须钓鱼。

(c)Hottentots eat fish.

霍屯督人吃鱼。

(d)Hottentots eat rabbits.

霍屯督人吃兔子。

这可能会诱使分布分析法学习者将异性词(Heterogeneous words)(如"must"和"eat")合并至一类中,导致产生"Hottentots must rabbits"等类似的错误。

第三,要确定给定项的上下文,存在可能性的组合爆炸问题。假设在一个句子中,除兴趣项之外的词语有n个,则有2^n-1种不同方法确定该项的"上下文"——它可能是右边的词语、左边的词语、旁侧的两个词语等。选定一个待概括的项存在多种可能性,比对遍及大量句子集的项和上下文可以使用多种方法,两者结合起来会令学习者手忙脚乱。不过,通过限制学习者可能考虑的上下文类型,人们可以牺牲第一、第三个障碍去解决第二个障碍。极端保守的学习者只有在所有剩余词语都相同的情况下,才会把两个不同句子中的两个词语合并到同一类别。这能较好地消除可能性爆炸的问题,并减少犯过度概括(Overgeneralization)错误的机会,但需要一个高度重叠的句子样本以避免犯下概括不足(Undergeneralization)的错误(例如,认为每一个句子都由不同的规则生成)。西克洛希(Siklóssy,1971)建立了一个依赖于此策略的模型,大胆的学习者可能会利用句子间微弱的相似性。不过,这对样本的要求更少,犯错的风险更高,且可能需要检验更多的相似性。很难看出这一连续体中是否存在某个"理想"的平衡点。目前,尚无人报道自己成功实现了对"纯"分布分析法学习者的形式化或计算机模拟。相反,研究者被迫使用了各种备用技术以改善分布分析法学习者模型。

一种"自动语言机"

克莱因(Klein)和库平(Kuppin)(1970)发明了所谓的自动语言实地考察工作程序(Automatic linguistic fieldworker),目的是通过与一位活的人类信息提供者互动以复制一位人类实地考察工作者在语法学习方面的功能。尽管该模型的初衷并不是为儿童建模,但他们所称的"自动语言机"(Autoling)是启发式语言学习法最具野心的应用,且成为了后续儿童语言建模研究的原型。

分布分析法的使用

该程序的核心是一个分布分析法学习程序。每读入一个句子,程序会尝试使用之前构建的语法对句子作句法分析。初始,每条规则仅生成一个句子,但随着新旧句子出现重叠,这种分布式启发法会将词语和词语串合并成类并定义可生成类别及词语序列的规则。在诸多检测句子间相似上下文的方法中,自动语言机最依赖的两种是:识别不同项左边的相同词语串、交替对项作匹配和错配。

概括规则

一旦规则被构建出来，自动语言机还具有对其作概括的启发法程序。例如，第一条规则生成的符号串包含了第二条规则生成的子符号串（如，X→ABCD 和 Y→BC），第一条规则会被重新表述以用第二条规则左边的符号替代表示（如，X→AYD，这是所罗门诺夫启发法的一种版本）。又如，一条规则生成了一个由多个相同子符号串构成的符号串（如，X→ABCABC），可转换为一对递归规则（如，X→ABC；X→XABC），每一次类似的概括都增加了被该语法接受的句子的范围。

驯服概括

在用这些方法构建规则的过程中，自动语言机强行对数据进行了过度概括。如不对其检查，它会很快接受或生成大量的错误符号串。自动语言机有三种机制规避这种趋势。第一，它每创造一条规则，就用其生成一个测试符号串并询问信息提供者该符号串在语法上是否成立。不成立，这条规则将被放弃。此后，自动语言机会再次尝试，以一种稍不同的方式部署它的启发法程序。第二，如该机制反复失败，自动语言机会尝试创造一条转换规则。现在，它要求信息提供者提供这个错误符号串的正确形式，两者比对，尝试将正确符号串与错误符号串分解为相似的成分作分析。随后，生成一条将错误符号串转换为正确符号串的规则，置换或删除最具包容性的共同成分。与之前一样，它使用这条新的转换规则生成一个测试符号串，并要求信息提供者判断其语法是否成立，不成立则放弃该规则作再次尝试。第三，如果全都失败，整个语法将自毁，启发程序回到本次学习之初，重新分析已保留的可接受句子集。

评估

自动语言机的初衷并非为儿童建模而设计，它距离这个目标差得很远。它的工作方式与儿童完全不同。它会重复扫描句子，大量利用负反馈和信息提供者的纠正系统性地测试每一条新规则，记住它听到的每一个句子，出现严重错误时会放弃尝试并再次从零开始。事实上，它生动说明了围绕启发法构建的语言学习模型的缺陷。自动语言机就像鲁布·戈德堡（Rube Goldberg）的机械作品一样华而不实，它需要配置一套启发法（我只提到了少数几个）并周期性地检查和再检查重叠或闲置的规则、各种清理例行程序、列表记录各种失败尝试……即便拥有所有这些机制，自动语言机作为语言学习程序能否成功仍存在很大的疑问。克莱因和库平确实展示了该程序成功从人工语言（如一个结构良好的算术表达式集）中归纳出语法的记录。但在举例说明其学习自然语言的能力时，他们展示的语法太不简约，该语法在第二次尝试中被构建，生成了一个有限的英语片段以及各种类似“need she”和“the want take he”的胡言乱语。克莱因和库平没能以任何方式说明自动语言机能或不能学习什么。因此,自动语言机(我敢说,以及任何通过大量临时启发法模拟语法习得的尝试)似乎并非有前景的语言学习理论。它不但违反了发育、认知和输入条件,也完全不能满足可学习性条件——设计学习模拟程序的首要动机。

六、语义学和语言学习

我尽可能地推迟了讨论语义学在语言学习中的作用,是为了最大限度地推动纯语义学模型向前发展。不过,既然前文介绍的枚举式和启发式的语言学习模型皆不可信,语义学和语言学习开始被列入讨论。

语言学习的"认知理论"

语言学习的语义学方法基于两个前提。首先,儿童在学习一种语言时,不仅学习了一个可接受句子的集合,还学习了如何将意义表达在句子中。其次,儿童不是孤立地听句子,而是融入语境——在这种语境中,他们通常能通过非语言手段领会句子想表达的意义。也就是说,他们能理解自己所听到的句子中的物体或动作指的是什么,且能听懂父母在说话时试图交流的是什么。(凯利将这一前提的一个版本整合进了他的模型。)发育心理语言学中有一种极具影响力的理论(通常称"认知理论")声称,儿童通过从非语言语境中推测句子意义以学习句法,然后找到规则并将该意义转化为句子,反之亦然。支持认知理论的理由有三:第一(鲜于被提到),语义信息可以代替非句子的信息,以使各类语言具有形式上的可学习性;第二,某些经验证据表明儿童和成人在学习句法规则时皆使用了语义信息;第三,人们认为这一任务比单独从符号串集中推导语法更"容易",因为句子意义对应的心理表征与句子的句法结构相似。我将依次讨论支撑语义学方法的各个理由。

语义信息的可学习性

约翰·安德森描述了一种语义学版本的戈尔德语言习得场景,将克拉克(1973)之前的猜测进行了形式化。首先,他假设"句子意义"无论是什么,都能用一种形式化的符号记法表示,因此能通过"哥德尔化"(Gödelization)的数学技巧将句子意义与自然数集一一对应。其次,他假设自然语言是一种能将句子与其意义映射的函数,等价于将符合语法规则的符号串映射到自然数,反之亦然。(相比之下,我们一直在假设自然语言能将符号串映射到"语法成立"和"语法不成立"的二元判决函数,即"1"和"0"。)再次,他假设儿童能从语言语境推测获得一系列成对的句子和意义。儿童的任务是在有限时间内识别出一种将句子映射给其意义的函数。

戈尔德(1967)证明过,如果学习者最终能获得所有的数字—符号串对,那么,将符号串映射到数字的原始递归函数是可学习的。对戈尔德而言,数字代表了从语言学习初始算起的回合数或时间,但在安德森的模型中,数字对应的是句子意义。学习者枚举原始递归函数,用句子—意义对的样本检验每一函数,如果其与样本相符则被保留(见图1.1)。通过这种方法,学习者将在有限时间内识别该函数(从而学会该语言),错误函数会因为将一种意义与一个不在样本中的符号串匹配而遭到剔除。

虽然在这一版本中,学习者不需要非句子的信息也能获得成功,但戈尔德的其他结论仍然有效。学习者需要花费海量的时间才能获得正确的函数,但总的来说,不存在比逐个枚举函数更快或更成功的方法。通过适当限制学习者的猜测空间,可以减少学习时间,而通过使用启发式程序利用单个意义—句子对的性质,可以进一步减少学习时间。不过,与之前一样,这种学习者不是通用的规则学习者——它做了关于目标语言句法的隐含假设,关于将意义映射到符号串的方式的假设,关于给定时间点的样本中意义—句子对的代表性的假设。它无法学习任何违背这些假设的语言,正如乔姆斯基(1967)指出,儿童使用语义学习句法的假设在某种意义上比只使用句子学习句法的假设更强,而非更弱。

认知理论的证据

认知发育和语言习得

人类学习句法的基础是他们对句子意义的概念化或知觉——有两种证据支持这一观点。第一种证据包括了语言发育和认知发育之间的各种关联性,人们认为这些关联性说明儿童可获得的非语言心理表征约束了他将做出的语言假设。例如,儿童早期的双词语或三词语似乎反映了特定的语义关系——主体—动作、持有者—被持有等。同样,作为各种语法规则的基础,语义函数的"认知复杂度"已被证明可以大略预测儿童掌握这些规则的顺序。据发现,一些句法简单的规则(俄语中的条件句)直到其底层语义函数(本例中指意义)被掌握后才能被习得。

语义学和人工语言的学习

第二种证据来自一组要求成人受试者学习人工语言的实验,即他们必须学习用一种由实验人员虚构的语法去分辨语法成立和不成立的测试符号串。早期的该类型实验给受试者展示的是各种由无意义字节组成的符号串,受试者即便学习最简单的语法也非常困难。不过,有一组著名的实验,默泽(Moeser)和贝格曼(Bergman)(1972,1973)给一些受试者展示符号串样本,而给另一些受试者展示匹配有几何图的符号串样本,使几何形式的形状、颜色和空间关系对应句子中的词语和语义关系(这些图被用以充当符号串的语义指称对象)。在被展示了3 000个符号串后,只看到符号串的受试者完全不能区分语法成立和不成立的测试符号串,而另一组受试者则显得不那么困难。这一发现导致许多理论家得出结论:如果人类除了句子之外还能利用语义信息,那么,学习句法规则会容易许多。

不过,安德森(1974,1975)指出,基于语义的语言学习者(包括默泽和贝格曼的研究对象在内)在学习语言时借助了特定的假设,他们假设目标语言使用了句法结构来表达语义关系。例如,他指出自然语言规定,形容词修饰的是其所属名词短语中的名词所指称的对象,而不是同一句子中另一个名词短语中的名词。也即,没有任何一种自然语言会用"the blue stripes and the red rectangle"(蓝条纹和红色矩形)这样的短语指称美国国旗。即便这种语言的句子也许与英语的这个句子一模一样,可用该语言表达的语义关系也和可用英语表达的语义关系一模一样,也是如此。安德森做了一个实验,实验中第一组受试者看到的是由一种人工语法生成的英语单词(指称形状、颜色和空间关系的单词)符号串;第二组受试者看到的是同样的符号串,但匹配了图片,使句子中每一个形容词修饰的是其所属短语的名词;第三组看到的是同样的符号串和图片,但匹配方式使每一个形容词修饰的是另一个短语中的名词。实验发现,只有第二组获得"自然语义"的受试者才能区分语法成立和不成立的测试符号串。因此,安德森声称,获得语义信息本身并不能帮助人类学习句法,必须获得以某种假设方式对应了目标语言中句法结构的语义信息才行[2]。这种对应关系将在下一部分得到解释,我将讨论基于语义的语言学习启发法。

使用语义的启发法

自然语言习得任务最重要的真相:构成语言规则的单位是抽象的,且这些单位无法以任何简单方式从样本符号串推导。分布分析法的问题是,这些单位或"成分"(Constituents)不会以句子重叠的模式独一无二地呈现在样本中。但是,如果一个句子的语义表征以一种直接的方式对应了该句子的句法描写,语义信息可以起到与分布规律性相同的作用。在上下文无关或上下文有关的语言中,句子的句法结构可以被描述为一种树形结构。每一个结点代表一个成分,从一个结点发散的分支集代表应用一条规则将该成分改写为一个更低阶成分的序列。同样,对应知觉和句子意义的心理表征结构也常被表示为树形或类似的模式结构。这种树形结构顶部的结点通常对应逻辑命题(Logical proposition),分支对应该命题被分解为主语和谓语,以及主语和谓语继续分解为概念和关系或者子命题的过程。如果这种表示句子意义的树形结构与句子的成分结构部分同构,那么很可能存在一种方法,使儿童能利用这种意义结构识别句子的成分结构。安德森(1974,1975,1977)精确地展现了这种启发法的工作原理。下面,我将解释这种启发法的运作方式。在第7部分,我会展示安德森如何用一个语言学习者的计算机模型实现了这种启示法。

使用语义描述成分:树形结构拟合启发法(Tree-fitting Heuristic)

这种启发法由以下假设为前提:学习语言的儿童知道句子中所有"实义"词的意义,即知道每个词语对应意义结构中的概念结点。学习者将意义结构中的概念与句子中的词语作匹配,并试着将该意义的树形结构拟合到句子上,必要时重新排列结点和分支的空间位置但保留结点间的所有链路。学习者掌握了句子的树形结构,就能推导出句子的成分以及语法的规则如何将主要成分重写为次要成分的序列。

举例对这种启发法作说明。假设儿童看到了一只白猫在吃一只老鼠。他的知觉系统可能会构建这样的命题:"X is a CAT"(X是一只猫)、"X is WHITE"(X是白色的)、"Y is a MOUSE"(Y是一只老鼠)、"X EATS Y"(X吃Y),这些命题可被描述为如图1.3(A)所示的树形结构。假设儿童同时听到了单词串"the white cat eats a mouse"(这只白猫吃了一只老鼠)。通过将单词"white"(白色)与概念"WHITE"(白色)匹配(其他单词同理匹配),颠倒其分别与"CAT"(猫)和"MOUSE"(老鼠)的链路顺序并理清链路的连续序列,该儿童获得此句子的树形结构如图1.3(C)所示。他接着假设存在某规则规定一个句子可被分解为两个成分,规定第一个成分可以被分解为一个含有单词"white"的类和另一个含有单词"cat"的类,规定第二个成分可以被分解为单词"eats"和另一个含有单词"mouse"的类。此外,儿童可以构建规则,将句法成分转化为语义命题,反之亦然。此例中,他可以假设句子的第一个主要成分指称某个个体,该个体是一个隐含命题的主语,该成分的第一个词类指称该个体的某种性质……

这种启发法的问题是,将一个语义结构拟合到一个词语串上的方法通常很多,但通常只有一种方法对应将句子正确分解为句法成分的过程。例如,并无规定阻止我们举例的这名儿童构建图1.3(D)和(E)中的句法树代替图1.3(C)中的句法树。安德森提出了两种机制,该启发法可以凭借它们"知道"将语义树拟合到符号串上的最佳方法。第一,学习者必须知道语义树的哪一个结点是句法树中的最高结点,目的是区分图1.3(C)和(D)所代表的可能性。这相当于知道了该句子的主命题,即该句子的主要话题是什么以及主张的主要事情是什么。安德森提出,儿童在与成人正常互动时被传递了这种语用信息。换句话说,一个句子被说出时所处的社会和沟通语境清楚表明了成人希望传达的信息。对于树形结构拟合启发法,这意味着语义结构中的一个命题被标记为"主命题",其结点为语义树最高结点。一条链路与根结点相连的结点被置于下一层,两条链路与根结点相连的结点被置于再下一层,依次类推。因此,如果主命题关心的是猫会对老鼠做什么,这种启发法会将图1.3(C)描述的树形结构拟合到这个符号串上。另一方面,如果句子表达的是这只吃鼠的猫为白色[如,“white is the cat that eats the mouse”(那只吃鼠的猫是白色的)],该启发法会将图1.3(D)描述的树形结构拟合到符号串上。

第二,分支之间不允许交叉。因此,图1.3(E)描述的树形结构会被禁止。任何上下文无关的规则集都不能生成这样的树形结构,实际上这一制约因素意味着阻止启发法构建不能推导出上下文无关规则的树形结构。因此,这一被安德森称为“图变条件”的制约因素,将阻止这种学习程序学习使用特定规则将意义结构转换为句子的语言。例如,它无法通过单词串“the cat eats white a mouse”学习一种能表达图1.3(A)中语义结构的语言。它也无法学习安德森实验中的受试者没能学会的“非自然语义”语言。这种启发法无法学习:允许一种成分中的元素干扰另一种成分中元素序列的语言,如图1.3(F)所示。正如安德森的论证,这个例子显著地说明了,基于语义的启发法必须假设其面对的语言只能以特定方式将意义映射至句子中。这种情况下,树形结构拟合启发法“假设”这种语言满足了图变条件。安德森相信,自然语言在大多数情况下都服从这一制约因素,儿童和成人在使用这种树形拟合启发法时都心照不宣地如此假设。我将在第7部分作更详细的讨论。

使用语义概括规则

一旦学习者将句子分解成各个成分且猜测了相应的重写规则,就必须对不同句子中推导出的规则合并——否则,每个句子对应一个规则集,这种做法显然不会强于记住所有句子的学习者。规则合并对于分布分析启发式算法而言是个特别麻烦的步骤,由于大多数短小的子符号串存在句法模糊性,自然语言的句子会无数次诱使你合并不相似的成分。克莱因和库平的程序试验性地合并了具有重叠成分的规则,使用新合并的规则生成一个句子并将该句子提交给信息提供者,得到许可后再宣布该次合并永久有效。但这种限制过度概括的方法并不合乎实际——儿童接触不到这样的信息提供者;即便能接触到,这种语言自动机策略也不能达到要求的效果。一条合并规则通常能生成多个句子甚至无限个,所以知道一个符号串可接受并不意味着该规则生成的所有符号串都可接受。

不过,语义表征中的信息也许能被用来决定哪些规则可合并。首先,安德森提出,不同句子中处于同一位置的单词,如果其概念在语义结构中承担了相同角色,则它们可以被合并为同一类别。例如,假设该学习程序在处理完图1.3(C)中的意义—句子对后,遇到了句子“The green snail nibbles the leaf”(这只绿色蜗牛在啃叶子)以及图1.4(A)和(B)所示的语义结构。将语义树形结构拟合到图1.4(C)符号串上并推导出对应规则后，该学习程序可以利用图1.3(A)和1.4(A)的语义表征间的相似点合并两个规则集。例如，图1.3(A)的概念“EATS”对应主命题谓语的“关系”分支，图1.4(A)的概念“NIBBLES”也一样。该学习程序接着可以将对应单词合并为一类，以同样方式合并“white”和“green”“eat”和“nibbles”，依次类推。

现在，该学习程序必须认识到，这两个句子中的高阶成分也能合并，如包含了“the white cat”和“the green snail”的成分。至于何时合并高阶成分，安德森提出了标准：它们必须能分解为相同的子成分，它们必须承担相同的语义角色。本例中，两者皆满足：两种成分中的词类皆被合并，且两种成分皆是各自主命题的主语。一旦两个句子中所有的对应成分皆被合并，该学习程序会得到一条语法，能生成16个不

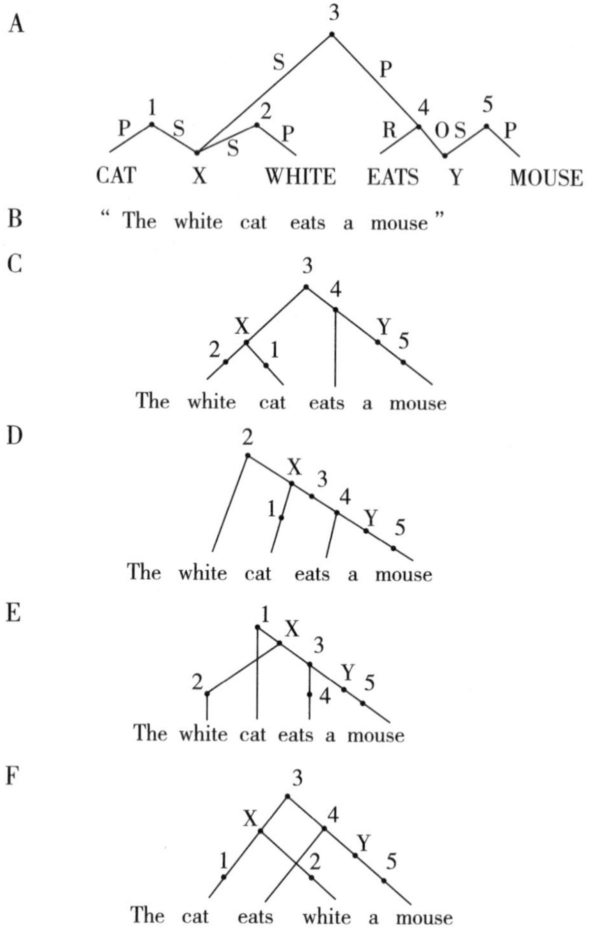

图1.3　使用不同方式通过树形结构拟合启示法被拟合到符号串（B）上的语义结构（A）（在这一语义结构的形式论中，S=主语，P=谓语，R=关系，O=宾语，X和Y代表个体，大写字体的词语对应单词的概念）

同句子："the green cat eats a leaf"（这只绿猫吃了一片叶子）、"the white snail nibbles a mouse"（这只白色蜗牛啃了一只老鼠）……安德森称这种启示法为"语义归纳句法等价法"（Semantics-Induced Equivalence of Syntax）。他认为，这种启发法利用了自然语言总是用相同句法结构表达一种给定高阶成分内特定语义关系的趋势。我将在第7部分讨论这种说法在英语中是否成立。

值得注意的是，从整体上看，这种语义归纳句法等价法在保守性方面与分布分析法不相上下。两者都试图在对方不会合并的情况下进行合并。分布分析法启发法不会做出图1.3和1.4中句子的概括，因为它们没有共同的实义词。相反，它必须等到如"the green snail eats a mouse"（这只绿色蜗牛吃了一只老鼠）这样的句子出现。语义归纳等价性启示法遇到句子"the white cat eats slowly"（这只白猫吃得很慢）时，不会把"slowly"与"the mouse"合并（分布分析法会），因为"MOUSE"和"SLOWLY"在语义结构中的角色不同。从这些例子中可以清楚地看出，语义归纳等价性启示法会做出更明智的概括。

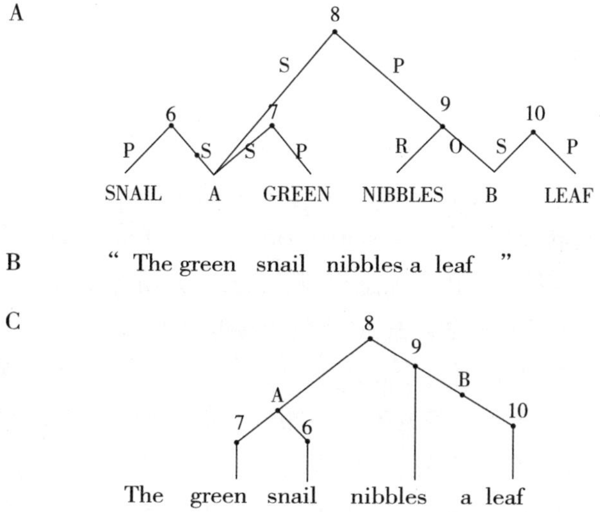

图1.4 语义结构（A）、符号串（B）和树形结构（C）与图1.3共同说明了语义归纳等价性启示法

七、安德森的语言习得系统

基于语义的启发式语言习得过程的计算机模拟

利用句法—语义关系的启发法，如那些只利用句子性质的启发法一样，经常被实现为计算机程序。在某种意义上，这些程序是施莱辛格（Schlesinger）和麦克纳马

拉类型的非形式化认知理论的化身。正因如此,它们可以作为试验场以检验这些理论的充分性,检验其是否满足可学习性条件。同时,它们还能有助于更精确、更明白地说明这些理论牵涉的机制。遗憾的是,这些程序多数仍未躲开困扰克莱因和库平模型的同一种综合征:对于学习者和其可获得信息的不合理假设、临时和不简约的学习机制,以及可疑的学习成功。例如,法本斯(Fabens)和史密斯(Smith)的程序(1975)会根据环境的许可与否修改其规则,布朗和汉隆(1970)证明这种做法也许与句法的学习无关。其他一些程序回避了这种机制,但只学会了粗糙、结构不良的自然语言片段,还经常生成很多非句子。在这些尝试中,安德森的"语言习得系统"(Language Acquisition System,LAS)是个例外。前面介绍过,安德森仔细界定了他的程序所使用的特定启发法以及使这些启发法生效的自然语言性质。这一程序还能习得自然语言结构良好的无限子集,它的语义表征具有独立的理论化动机,且在极大程度上避开了心理学意义上不切实际的策略。基于这些理由,在许多已报道的模拟研究中,我只讨论安德森的研究。

LAS的工作机理

基本体系

LAS为语义表征定义了一种形式论,安德森用该形式论充当长时记忆的信息表征理论——"人类联想记忆系统"(The Human Association Memory system,HAM),其语法使用"扩充转移网络"(Augmented Transition Network,ATN)的形式。很多人认为,这是一种可信的人类语言加工模型。在LAS使用的ATN中,生成规则的规则相当于一条与上下文无关的语法,但能被轻易地合并到一个从左至右的句子识别程序或生成程序中。LAS有一个相当于句子产生过程的子例程,使用ATN将一个语义结构转换为一个句子。它还有一个相当于句子理解过程的子例程,使用ATN将一个句子转换为它的语义结构。最后,它还有一个学习程序,能使用由语义结构和句子构成的对,逐步建立ATN。这里重点关注的是最后这个程序。

如凯利的程序以及克莱因和库平的程序一样,LAS由句子理解过程驱动。它试图使用当前的语法从左至右理解一个句子,如果失败则修改这条语法的各个部分。如果一条特别的规则让该学习程序在一定程度上理解了一个句子,这条规则将得到扩展。LAS还会忘记其听到的确切句子,在其被理解的过程中改变语法。这些特征使LAS与我讨论过的其他模型相比,更符合心理学方面的实际情况。

树形结构拟合启发法的使用

当读入第一个句子—意义对时,LAS并无语法能将其解读,它必须完全依靠树形结构拟合启示法建立该语法的第一部分。一般而言,代表学习者对这个句子被说出时情境的知觉的HAM结构并不适合被马上拟合到这一符号串上。它包含了太多与句子无关的命题，主命题很难确定。因此，这一程序被迫运算出一个被称为“原型结构”(Prototype Structure)的中间表征。如果命题的概念在句中无对应的词语，原型结构会被忽略并标记出主命题(与假设的语用线索一致)。树形结构拟合启示法试图拟合到此词语串上的正是这一原型结构，而不是意义结构本身。一旦该启示法成功推导了一个可接受的树形结构，LAS将构建ATN弧，每一条弧对应一个从左至右的成分序列(构成一个高阶成分)，以及将这些句法成分映射到语义对应项的相应规则。

基于语义的等价性启示法的使用

当读入后续的句子—意义对时，LAS试着使用所有的规则理解这些符号串。它使用语义归纳等价性启发法，把对应概念在各自的HAM结构中承担同样角色的词语统一为一个单独的类别。同样，对于任两条同时将同一个语义角色分配给各自句子成分的弧(如高阶成分)，它都会将之合并。这些机制在第6部分已有讨论。此外，如果两条弧中，一条恰是另一条的子序列，只要两者所指定的是相同的语义角色，LAS会将其合并。例如，假设LAS归纳出了一条对图1.3中“the mouse”序列作句法分析的弧，假设该弧被一个后续句子迫使构建了一条分析“the mouse that nibbles the house”的弧。那么，旧弧将被新弧自动吞并(将最后4个单词标记为“备选”)。通过这种方式，LAS可以构建递归规则，使其生成无限语言。在本例中，它将构建一条低级弧分析“the house”。这一子符号串已能被新构建出的分析“the mouse that nibbles the house”的高级弧进行句法分析了(因为“mouse”和“house”很可能被合并，且最后的4个单词被标记为备选)。最终，它将合并这两条弧，得到对应规则“名词短语→the 名词 that nibbles 名词短语”的递归弧。现在，它可以生成句子“the mouse that nibbles the cat that eats the mouse that nibbles the house”，依次类推。

最后，LAS拥有一种特殊的启发法程序，它可以利用该程序处理所谓的“语法语素”，如冠词、助动词、关系代词等，这些语法语素在语义表征中没有直接的对应项。我将在下一段讨论这种启发程序。

LAS的学习能力

LAS的学习表现如何？在安德森展示的几个例子中，LAS主要面对的是一些人工语言或自然语言的一些片段(全为上下文无关)，它们可以被用来描述各种颜色和大小的二维形状的排列。在所有例子中，LAS在读取了10~15个意义—句子对后，都成功习得了该语言(包括英语和法语的无限大子集)的一条语法。例如，它可以处理像“the large blue square which is below the triangle is above the red circle which is small”这样的句子，以及其他一些使用了这些语法结构的句子。安德森推测：LAS

可以使用一个不违背图变条件和语义归纳句法等价性条件的语义系统,学习任何上下文无关的语言。

评估LAS

毫无疑问,LAS是一次令人印象深刻的努力。安德森证明,具有基于语义的启示法的学习者能以一种可信的方式成功学习大量的自然语言。此外,LAS的学习能力还有扩展的可能性。如像威诺格拉德(Winograd,1972)的程序一样构建LAS,使之与另一个说话者对话,而不是被动地接收句子,它拥有的表征结构很可能被用来习得疑问句、条件句、祈使句等的规则。如果它拥有一种更像儿童的语义表征系统,将外界划分为行为者、行为和行为接受者,拥有者与被拥有者,物体和位置……那么,其语言能力应能深入年幼儿童。逐渐充实这种语义系统,它也许能生成一种类似儿童语言发育过程的阶段序列,这将成为语言学习形式化模型的独特成就(在凯利的有限研究之外)。当然,这一切仍有待证明。

当然,与详述LAS的各种可能扩展方式相比,本部分更关注LAS能力的局限性。安德森声称,"LAS的弱点……足够小,以至于我认为类似LAS的学习机制在增添一些校正程序后完全可以充当语言学习的基础"。如果这是真的,它将支持一种看法——儿童的知觉和认知表征是丰富的,足以支撑语言习得的数据结构,先天性语言特有数据结构的需要将被排除。为此,我将详细地检验LAS的能力,尤其是他的中心观点:大部分句法规则都能从语义水平上的差异推导出来,而余下的规则可通过其他几种启发法推导而得。

自然语言服从图变条件吗?

图变条件为树形结构拟合启发法所依赖,它实际上规定了自然语言必须具备上下文无关的性质,这是安德森明确支持的结论(尽管遭到语言学家的反对)。有大量的自然语言句式存在交叉的分支,安德森必须找到理由排除这些反例,以确证树形结构启发法无所不能。第一类例子是"Respectively"(分别)结构。如图1.5(A)和(B)所示的句子的语义结构无法在分支不交叉的情况下被拟合到这些符号串上。第二类例子可以在用格标记(Case marker)而非语序(Word order)指明语义角色的语言(如俄语、拉丁语)中找到。在这些语言中,属于第一个短语的元素可以干扰第二个短语中的元素序列,前提是该侵入元素被恰当地标记为从属其短语。安德森同时引用了这两种反例,并声称它们是非典型句式,也许能通过正常语言归纳机制之外的特殊策略习得。尽管第一类反例似乎可以自圆其说,但LAS中缺乏习得格屈折(Case-inflection)规则机制这一事实很难无视。这种机制在英语之外的语言中很常见,它能自然地形成具有交叉分支的句式。

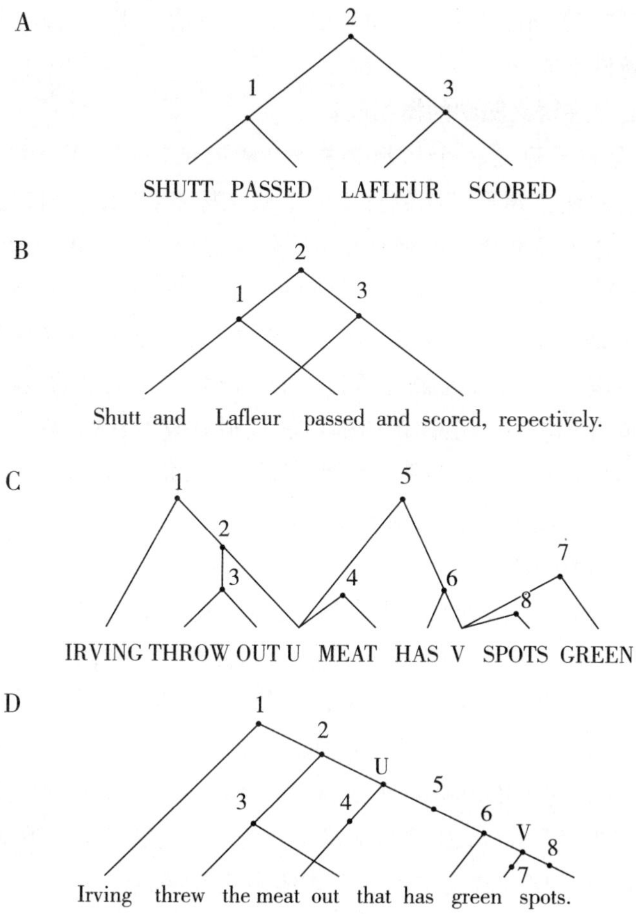

图1.5 对图变条件的违反

第二类反例包含了不连续元素,这些元素在句子中形成了交叉的句法依存关系。例如,在句子“Irving threw the meat out that had green spots”(欧文扔掉了那块长绿斑的肉)中,短语“the meat”与“that had green spots”同属一种成分,词语“threw”与词语“out”同属一种成分。图1.5(C)和(D)展示了这些分支如何交叉(在某些分析中,相似的交叉依存关系可以发生在助动词和时态语素上)。安德森让树形结构拟合启发法避免必须应对这样的句式,理由是它们涉及了超出其管辖范围的“无意义语素”。但这并不完全正确——在图1.5(D)的句子中,如果用语素“up”“around”或“down”替代语素“out”,会表达不同的意义。尚不清楚语素“out”会被如何映射到这一语义结构上——如果“THROW-OUT”被表示为一个单一结点,语素“out”通过某种其他方式被引入句子,树形结构启发法则不必非得应对这一语素。作为自然语言一种假定的普遍原则,图变条件可以在这一点上受到批评:表示各类型句子意义的HAM结构并非被先验地指明,而是根据需要编造出来。因此,很难用目前的例子证明这一条件不成立。

自然语言允许语义归纳的概括吗?

除了能为句子建立一个树形结构外,树形结构拟合启示法还拥有一种功能——这种启示法给树形结构的分支贴上语义标签,语义归纳句法等价性启示法使用这些标签作为标准合并那些推导不同句子的规则。这些启示法能很好地服务于LAS,但这只是因为英语语法的子集和安德森所选择的HAM结构的子集之间几乎所有的特征都一一对应。例如,规定句子由一个名词短语和一个动词短语构成的语法规则对应了HAM命题被分解为一个主语和一个谓语的过程;将谓词短语分解为一个空间介词和一个名词短语的语法规则对应了HAM谓语被分解为一个关系和一个宾语的过程,依此类推。下面,我将证明,每当句法和语义发生分歧,LAS就会犯错——要么过度概括;要么概括不足。

语义归纳的概括不足

LAS能生成比它见过的句子更多的句子,这种能力来自它能将一种成分类型的不同范例合并为单个类别的能力。因此,人们会期望LAS认为,英语中所有的名词短语都由同一个规则集生成,无论这个名词短语所在的句子是什么类型或者它在句子中处于什么位置。事实上,LAS即使在面对英语的受限子集时也没有这么做。例如,它无法识别句子中使用词语"above"和使用词语"below"的主语名词短语是否等价。这是因为概念"above"和"below"在语义水平上被完全一致地表示在命题中,此命题的主语被程序理解为空间两个物体中位置更高的一个。在句子"the suqare is above the circle"(正方形在圆形上面)中,短语"the square"(正方形)对应于底层命题中的主语;在句子"the square is below the triangle"(正方形在三角形下面)中,"the square"对应于底层命题中的宾语。由于这个原因,这个短语的两个现次(Occurrency)被错误地当作了不同的句法单位。

虽然安德森针对这个特别的问题提出了一种解决方案,但在尝试不同的语言子集时,相关问题仍然会出现。这是因为自然语言频繁地使用相同的成分表达不同的底层逻辑功能(这是人们开发转换语法的主要动机之一,因为转换语法在深层和表层结构之间具有差异)。因此,语义归纳等价性启发法可能永远认识不到下面的问题:

(a)The cop frightens the thief.

警察吓唬了小偷。

(b)The cop is frightened by the thief.

警察被小偷恐吓了。

(c)The cop tends to like thieves.

警察往往喜欢小偷。

(d)The cop who arrests thieves...

逮捕小偷的那个警察……

(e)The cop who thieves frighten...

那个被小偷恐吓的警察……

在本实例中,不同句子中的短语"the cop"都是同一种句子成分类型的范例,只是在不同句子中的功能不同——要么作为底层命题的主语或宾语;要么作为主命题的一部分或次级命题之一。LAS会为不同类型的句子开发临时的规则,它可能无法推断出主动句中的主语名词短语也可作为被动句、"tend"型句等的主语出现。

解决此问题有一个有趣的方法,假定有不同的心理谓词对应一个动词可进入的不同句法句式。因此"FRIGHTEN""IS-FRIGHTENED-BY""TENDS-TO-FRIGHTEN"和"IS-EASY-TO-FRIGHTEN"等都对应有心理谓词。既然具有所有这些结构的句子的主语在语义水平上也是其底层命题的主语,则LAS有充分的理由将其合并。遗憾的是,这带来了另一个问题:学习者如何才能知道何时使用何种类型的心理谓词编码某种情况。例如,学习者怎么知道在听到"It is easy to frighten the cat"(吓唬那只猫很容易)时要使用"FRIGHTEN"谓词,而在听到"That cat is easy to frighten"(那只猫很容易吓到)时要使用"IS-EASY-TO-FRIGHTEN"谓词?这一"编码问题"及其可能的解决方法将在第9部分作进一步的讨论。

语义归纳的过度概括

依赖语义标准,LAS还会出现过度概括。例如,表达一个实体的形状为正方形的命题在句子中可被表示为"the square"(正方形)或"the square thing"(正方形物体),但表达一个实体的颜色为红色的命题却只能被表示为"the red thing"(红色物体)。由于上述两个命题具有相同的格式,LAS会过度概括而接受"the red"(红)。为解决这个问题,安德森为LAS定义了一种名词短语的先天性模式,名词短语必须包含至少一个名词是规定之一。如果这种名词短语的一般形式确实是先天性的,那么安德森提出的格式存在局限,因为很多名词短语缺少名词——如句子"Jogging exhausts me"(跑步让我筋疲力尽)、"It is a total bore"(这太讨厌了)和"That he chortles is irritating"(他哈哈大笑令人心烦)中的主语名词短语。

还有一个相似的过度概括问题源于以下事实:具有相似语义表征的动词具有不同的格结构,即这些动词在其出现的句子中要求配备不同数量和排列的名词短语。因此,动词"give"所出现的语义结构可以带一个主语和两个宾语,分别对应给予者、礼物和接收者。使用这一结构,LAS可以构建规则,对动词后接连续两个名词短语的句子"Rockefeller gave Brown a million dollars"(洛克菲勒给了布朗一百万美元)作句法分析。当LAS再遇到像"The IMF transfered a billion dollars to Ghana"(国际货币基金组织将十亿美元转给了加纳)或"Rockefeller donated a Wyeth to the museum"(洛克菲勒捐赠了一张怀斯的画给博物馆)这样的句子,它会将"give""transfer"和"donate"合并为单个类别,因为它们在各自的语义表征中具有相似的角色。如此,则会产生错误的句子"Rockefeller donated the museum a Wyeth""The IMF transferred Ghana a billion dollars",等等。安德森提出有一种启发法也许能帮助LAS学习动词的格结构:将所有与此动词具有因果关系的概念都放在原型结构(Prototype structure)中的同一嵌套层次。但是,这对当前的例子并无帮助,因为这些不同的动词与名词短语之间具有相同的因果关系,却具有不同的格结构。在英语中,我们能找到很多类似的例子:"throw"对比"propel","show"对比"display""teach"对比"instruct"……

学习语法语素

语法语素(如冠词、屈折变化、连接词、关系代词等)给LAS带来了很多麻烦,因为它们在语义结构中无对应项。安德森辩称,至少从形式化的意义上看,在缺乏语义信息的情况下学习给这些语法语素排序的规则并不困难。因为语法语素以有限长度的子序列出现,所以它们构成了一种有限基数语言。根据戈尔德定理,这种语言既无法通过信息提供者习得,也无法通过语义对象习得。不过,这一辩解并不正确,因为一个语法语素的符号串是否可接受取决于上下文。既然相关的上下文可以无限长,那么这位有限基数学习者需记忆的格就有无限多。因此,该学习者面对的并非一种有限基数语言。例如,在下面的句子(a)中,符号串"to which"的出现次数在语法上能成立,仅因为后面在句子出现了动词"give",它能组成一个以"to"开头的介词短语。但如句子(b~d)所示,这个动词可以放在任意远的距离之外,导致要学习的上下文数量无限。

(a)The museum to which he gave a million dollars is in Chicago.

那个他赠予了一百万美元的博物馆在芝加哥。

(b)The museum to which it is obvious he gave a million dollars is in Chicago.

那个他显然赠予了一百万美元的博物馆在芝加哥。

(c)The museum to which I think it is obvious he gave a million dollars is in Chicago.

那个我认为他显然赠予了一百万美元的博物馆在芝加哥。

(d) The museum to which I think without any justification whatsoever it is obvious he gave a million dollars is in Chicago.

那个我毫无理由地认为他显然赠予了一百万美元的博物馆在芝加哥。

因此,学习关于这些语法语素类的规则,即便在形式上也不会微不足道。于是,安德森提出的解决这一问题的启发式解决方法值得检验。

LAS面对的是一种语法语素很少的语言,只有冠词“the”及“a”、系动词“is”和关系代词“which”。空间介词被视为实义词,如“above”,因为它们直接对应了语义表征中的结点。为了省事,语句“to the left of”被压缩为单个词语“left-of”。对于这种简单语言,LAS只使用一种启示法也能过关;如果遇到一个或多个语法语素,就将它们与紧靠在右边的实义词看作一类,创造出一种新的成分。

语法语素启发法的问题

虽然这种启发法可以很好地防止LAS犯错,但它也阻止了其做出重要的概括。例如,LAS无法认识一个句子主句中的谓词短语的语法与关系从句中的谓词短语的语法等价的情况,因为后者嫁接了词语“which”。这似乎也是LAS无法将其对代词性形容词(pronominal adjective)(如,“red square”)的分类与其对表语形容词(predicate adjectives)(如“the square is red”)的相同分类合并起来的原因。事实上,该启发法在应对更大的自然语言子集时会出现问题。看安德森曾列出的句子:

The woman that he ran after is nimble.

他追赶的那个女人很敏捷。

在这样的句子中,LAS会创建出无意义的成分“after is nimble”,导致很多错误句子产生(如“The woman he loved after is nimble.”)。

处理语法语素的“校正程序”

安德森的确为上述的某些问题提出了解决方法。例如,通过使LAS合并具有相同子成分的弧来解决问题,不论其中一条弧是否被另一条弧完全包括。不过,这一步骤仍然不能在一般情况下做出需要的概括——它无法帮助LAS发现主句与其他种类从句之间的相似性,如那些主语被删除的从句。举例,在下面的句子(b)中,如括号所示,没有成分能对应句子(a)中的“the monster devoured”。然而,人们可能想要学习者概括出:凡是能在(b)这样的主句中表达的内容,都能在(a)中这样的关系从句中表达。

(a)The cookie that the monster devoured is huge.

那只怪兽吞吃掉的饼干很巨大。

(b)(The monster) [devoured (the cookie)]

(那只怪兽)[吞吃掉(饼干)]

安德森还提出,冗余词类如果具有足够的共有成员,则可以被合并,如我们例子中的谓词和代词性形容词。不过,这只会带来更多麻烦。在自然语言中,多数名词都可以作为动词和形容词使用,直接将这些类型合并起来显然是一场灾难,因为多数形容词和动词无法作为名词使用。

最后,安德森提出,如果学习者可以利用口语中介词后常见的停顿提示成分边界的正确位置,则能避免如句子“The woman he loved after is nimble”中的错误句法分析。遗憾的是,自然口语中很多的停顿并不代表短语边界,所以,这种启示法的作用并不大。

结论

综上,在仔细检查了LAS的学习机制后,我们并不能证实安德森提出的这种机制足以学习自然语言的论断。在前文介绍的大量例子中,这种基于语义的启示法原则上不足以学会英语的重要特征。实际上,安德森提出的所有扩展LAS的建议,顶多只适用于一些小的范围以及纠正特定错误,显然不能应用到更大的自然语言子集中。

所有的这些批评并不是贬低安德森的贡献的重要性。在传统的心理语言学文献中,讨论语言学习的“认知”理论所使用的术语非常模糊,以至于评价也显得困难。安德森将理论实现为计算机程序,表明这一理论依赖于何种假设,能解释语言学习的哪些方面以及哪些方面超出了它的范围。在本书第9部分,我将进一步讨论LAS以及人类语言学习理论其他模型的意义。

八、一种学习转换语法的理论

自然语言给LAS造成最大困扰的特征,恰好是那些无法轻易被上下文无关语法处理的特征,正是这些特征推动了转换语法的发展。这些特征包括:不连续成分、“respectively”型结构、各种动词的格结构和补足语结构、语义角色和句法成分结构的分歧、“语法语素”的位置以及横跨相关句法构式的概括等。充分的语言习得理论必须能解释具有这些特征的语言的习得过程。亨利·汉堡、肯尼思·韦克斯勒和库利科弗构建了一个数学模型,往这一方向迈出了一大步,模型吸收了一些关于语言学习者的合理假设。他们证明该模型能学习某种类型的转换语法。

该理论的核心是假设学习者先天就被约束为持有特定的猜测,因此只能习得特定类型的语言。我前面提到过,这一假设也许能帮助一位枚举式语言学习者,在只获得一个句子样本的前提下学会一种语言。这一假设的弱形式还隐含在语言学习的启发式方法中,并被安德森接受,他声称学习者“假设”目标语言服从图变条件和语义归纳句法等价性条件。汉堡等人持有的观点最为强势,这一最初由乔姆斯基(1962,1965)提出的观点认为,先天性的语言特有的制约因素导致儿童只考虑一类范围非常狭窄的转换语法。汉堡、韦克斯勒和库利科弗的贡献是以一种精确的方式定义了制约因素,并证明了它们为什么有助于可学习性,且为自然语言归入他们所定义的类别提供了理由。

汉堡等人以乔姆斯基转换语法的一个版本为出发点,在该语法中,一个上下文无关的基础规则集生成了一棵深层结构树,在结构树上进行转换操作可以产生一个句子。基础规则可以通过句子重写句子,即通过反复应用其中一条重写"S"符号的规则以生成任意大的深层结构。"S"的每一现次都刻画了深层结构的一个层次(Level)。转换规则首先被应用在最低的层次(如嵌套最深的子句子),然后是倒数第二低的层次,依此类推。

来自语篇的转换语法的可学习性

最初,韦克斯勒和汉堡(1973)试图证明在有限时间内可以从一个句子样本中识别出转换语法的一个受限类别(见第4部分"约束猜测空间")。他们做了一个众所周知的过强假设:所有语言具有的基础规则相同,转换规则不同。显然,基础规则具备了先天性,学习者需要在有限时间内识别并生成目标语言的转换集。随后,他们证明了这不可能。因此,在之后的尝试中,他们与安德森及那些"认知"理论家假设:儿童同时接触了符号串及其意义,并必须学习将两者互相转化的规则。

语义表征和不变性原则

在汉堡等人的模型中,句子的意义由一个树形结构表征,该结构与句子的深层结构具有相同的成分分解层级,但对成分的排序没有从左至右的特殊要求(这种结构类似于安德森的"原型结构")。既然深层结构的成分在不同语言中的排序不同,那么学习者的首要任务就是学习一种基础规则,这种规则定义了学习者所学语言需用到的排序方法。韦克斯勒和库利科弗指出,可以使用很多简单的方法完成这个任务(安德森的树形拟合启发法即这样一种方法)。与安德森一样,他们提出假设,在所有的自然语言中,深层结构将保留语义结构中结点的层级连接,只有线性顺序不同(例如:分支不可以交叉,链路不可以断开再重新连接到别处)。随后,他们证明,在对深层结构中某种类型的成分进行排序的所有可能性组合中,只有遵守不变性条件(Invariance Condition)(与安德森的图变条件相似)的才能在自然语言中被找到(他们检验过的语言超过200种),这说明了不变性条件的合理性。

学习程序

此后,学习者必须猜测一个转换集或称转换部分(Transformational component),它与基础规则结合能生成目标语言。此过程非常简单,学习者会经历无限次数的试验,每呈现一个意义—句子对则猜测一条语法。对于每个意义—句子对,学习者会将自己掌握的转换规则应用到对应的深层结构(根据对应的意义结构计算获得),并输入符号串与结果作比较——两者匹配,学习者保留语法不修改并继续操作下一个意义—句子对;两者不匹配,学习者随机在两个行动步骤间作选择(随机抛弃产生错误符号串的任意转换操作;或者猜测一个能将深层结构转换为输入符号串和剩余部分的转换操作集,随机选择其中一个转换操作纳入该语法)。汉堡等人证明,学习者通过对目标语言所用(以及学习者所猜测)的转换施加一些恰当的制约因素,将为该语言收敛到一条正确的语法(随时间推移,学习者猜出一条正确语法的概率将无限接近1)。这一证明过程长且复杂,此处略去。不过,我将概述汉堡等人提出的制约因素如何发挥作用保证了可学习性。当然,这也是乔姆斯基声称可学习性因素支持语言习得强先天论的关键。

证明可学习性

我在第4部分介绍过,只有在猜测空间中的语法与符合样本的语法之间的交集随学习进程变得越来越小(见图1.2)时,限制学习者的猜测空间才能产生可学习性。汉堡等人需要证明,当学习者猜想了一个错误的转换部分时无须等待任意长的时间才能发现自己的错误,即不用等到遇见一个不能被该转换部分恰当地转换为对应句子的语义结构。反之,学习者完全不必等到样本中出现任意复杂的意义—句子对时才知道他的转换部分是错误的,因为在概率上他不得不等待一个任意长的时间才能遇到一个任意复杂的意义—句子对。更简单地说,如果学习者遇到一个错误的转换部分,该部分必须在一个复杂度不超过某个特定界限(复杂度通过深层结构中的S结点或层次的数目衡量)的句子—意义对上发生错误。

非约束的转换语法不能满足这一条件。在转换语法中,每一次转换都由深层结构中一个特定的符号构型(Configuration)触发,或称结构描写式(Structural description)。如果一个结构描写式对该语法中的一次转换可以有任意的复杂度,那么,学习者必须等到一个该(任意)复杂度的意义—句子对出现在样本中才会有机会猜测这一转换。如此,学习者随样本的增加猜测一条完整、正确语法的概率,以概率1收敛将不能被证明。故而,汉堡等人为转换提出了制约因素:转换所拥有的结构描写式指称的符号不可以超过深层结构的两个相邻层次。思考图1.6中的深层结构—句子对(该例已被乔姆斯基极度简化),假设学习者的转换部分还未正确地彼此映射，学习者可以猜测类似下面的转换（假设其他的转换正确地排列了语法语素）：

A

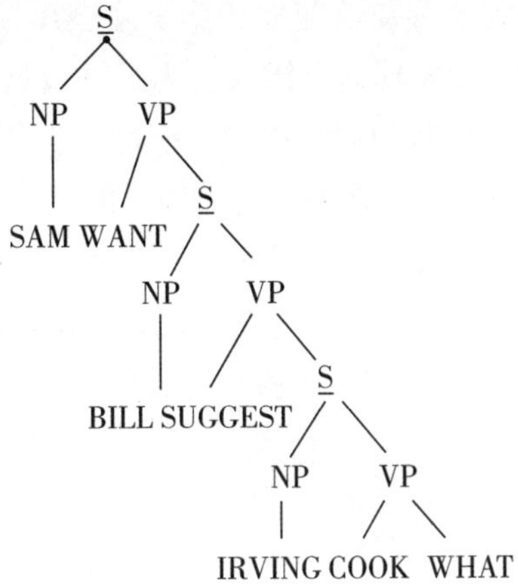

B “What does Sam want Bill to suggest Irving cook?”

图1.6 深层结构（A）和符号串（B）解释了二分原则

NP VP NP VP NP VP what→ what NP VP NP VP NP VP.

这一转换会被汉堡等人提出的制约因素禁止，因为左边的符号横跨了深层结构中的三个层次。相反，学习者可能猜测类似下面的转换：

NP VP what → what NP VP

从最深的层次开始向上依次应用这一转换会产生同一个符号串。（此例中，学习者无须等到遇见一个复杂的对就能猜测到这次转换，一个只有唯一层次的疑问句已完全足够。）汉堡等论证，英语和其他语言中的所有转换都服从这一条件，他们称其为二分原则（Binary Principle）。虽然他们提出该原则的理由很勉强，没有此原则他们将无法证明可学习性，但他们同时指出，乔姆斯基（1973）曾独立提出了一个相同的制约因素——邻接条件（Subjacency Condition），他基于描述性理由对此进行了解释。也即，似乎存在独立的证据，证明二分原则适用于自然语言。

冰冻原则

然而，二分原则尚不足以确保错误的转换部分能对一个复杂度不超过特定界限的意义—句子对犯下指示性的错误。根据定义，语法的基础规则可以在单个层次内只生成有限数目的结构。结合二分原则，这似乎会确保限定复杂度的输入数据足以穷尽所有能触发转换的结构描写式。遗憾的是，每当在一个层次应用一次转换时，都可以改变另一个层次内的符号构型，为转换创造了新的潜在结构描写式。因此,一系列从深层结构任意低的层次启动的转换可以改变另一个层次内的符号构型(见图1.6),为转换创造了新的潜在结构描写式。如果一个学习者的转换部分只有被应用到这种被改变的构型上才会出错,那么该学习者直到遇见该任意复杂度的结构时才会发现这个错误。为了补救这一情况,库利科弗、韦克斯勒和汉堡(1975)提出了一个新的制约因素——冰冻原则(Freezing Principle),此制约因素禁止将某次转换应用于只能由先前应用过的另一次转换所创建的符号构型。图1.7的例子显示了该制约因素的作用方式。假设学习者必须将图中深层结构(A)转换为符号串(C),且他已拥有了一个将两个语素C和B颠倒的转换,如(B)所示。现在,他必须创造出一个能将语素A和B颠倒的转换。例如,下面的转换将完成这次颠倒:

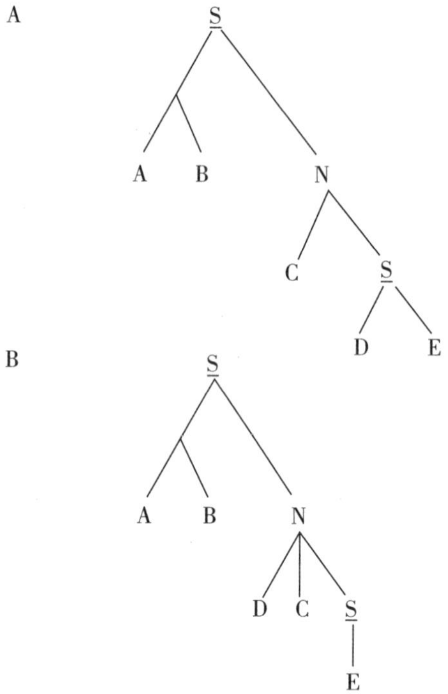

C　　“B A D C E”

图1.7　深层结构(A)和符号串(C)说明了冰冻原则

ABDC→BADC

不过,冰冻原则禁止这一猜测,因为它指称了符号序列DC,此序列不由一条基础规则生成,而由另一次转换创造。学习者可以猜测下面的转换[3]:

AB→BA

有了二分原则和冰冻原则,汉堡、韦克斯勒和库利科弗不仅证明了学习者将收敛到一条正确的语法,还证明了学习者可以无须考虑任何具有超过两个层次的嵌套句子的结构(如,3个S结点)就能实现这一点。

当然,汉堡、韦克斯勒和库利科弗必须证明他们提出的制约因素不会阻碍他们的学习者习得任何自然语言。韦克斯勒、库利科弗和汉堡(1975)以及库利科弗和韦克斯勒(1977)的论文使用了多个英语句式来支持自然语言服从冰冻原则的观点。此外,韦克斯勒还论证了,某些情况下,在解释为何某些类型的句子被判断为语法不成立时,冰冻原则比语言学文献中提出的其他制约因素更有力。

评估

值得一提的是,在评估这个由汉堡等人建立的模型时,我稍微改变了他们的重点。他们的主要目标是发展一种"解释充分性"的语言理论,该理论不仅能说明各种语言现象,还能解释为何必须是这种方式而非其他方式。因此,汉堡、韦克斯勒和库利科弗认为自然语言遵从不变性、二分和冰冻原则的原因是,不遵从就不具备可学习性。他们的语言学习者模型是他们证明这一观点的手段。

此外,他们认为自己的学习模型是向一个充分的语言学习理论发展的第一步。正因如此,他们可以仅声称自己的模型至少具备"最小限度的可信性"。它不要求关于非句子的信息,不必非得记住整个样本,对句子的要求是复杂度不超过两层句子,学习时使用了语义信息,一次处理一个句子,以及逐条规则地改变语法。简单说,它并未违背人类语言发育的某些显而易见的事实。然而,既然该模型只说明了一种语言学习理论的边界条件(例如:他们声称儿童的猜测受到的约束不能超过该模型),那么很多特征在被视为超过"最小限度的可信性"之前必须先被充实完整。首先,目前并无迹象表明该模型模拟的学习者会集中在一个相当于人类童年的时间跨度内学习语言。其次,让儿童枚举转换集并在头脑里掷骰子决定哪些保留哪些放弃的做法低效且不可信。现在需要一种理论,能说明儿童的猜测如何被涉及的意义—句子对以更直接的方式引导,也能说明如何在从左至右加工句子的过程中运算这些猜测。再次,未排序的深层结构未必是儿童表征系统的候选理论(此点将在本书第9部分讨论)。最后,这种转换部分被习得后是如何被用来产生并理解句子的,我们并没有得到多少建议。

事实上,汉堡、韦克斯勒和库利科弗模型是一项独特和出色的成就。它是唯一能学习复杂自然语言的模型,且未公然违抗我们了解的关于儿童和其学习环境的事实。他们比其他人更清晰地阐明和解释了转换语言学的两大核心原则:语言可学习性因素可以决定竞争语言理论之间的优劣;语言可学习性因素表明我们需要对儿童的语言学习能力施加某种类型的强先天性制约因素。如他们所言,"乔姆斯基在心理学和语言学之间重新架设的桥梁是一条双向道”。

九、对发育心理语言学的意义

迈向一种语言学习理论

在我考虑过的语言学习模型中，有两种有潜力的人类语言习得理论原型值得验证。安德森的LAS程序粗略地满足了认知、输入和时间条件，但不能满足可学习性和等势性条件。汉堡、韦克斯勒和库利科弗的转换模型满足了可学习性和等势性条件（显然）以及输入条件（可能），但不能满足认知和时间条件。我希望这样的提法不会乏味——我们需要一种能将两者结合的最佳理论。它必须纳入一种符合心理学现实的理解过程，就像安德森的系统那样，因为语言习得被视作由这种理解过程驱动时最可信。同时，该模型的语义结构必须足够丰富，且猜测程序能受到足够的约束，以使任何自然语言具备可学习性都能得到证明（就像汉堡等提出的模型）。如此，当该模型扩展到越来越多的语言领域时，不会被一大堆临时的、半生不熟的启示法所掩埋。当然，发展这样一种理论的阻力是，语言本身就缺乏适宜的理论。语言的适宜理论应该既能原则性地解释各种领域和语言中的语言现象，又能以一种合理的方式被整合到一个理解模型中。这里，我并不准备提出一种综合了前人理论最佳特性的新理论。相反，我会尝试指出语言学习的形式化研究对发育心理语言学的意义。

发育心理语言学和语言习得机制

今天的发育心理语言学家们对语言习得模型的看法受到了20世纪60年代的一种研究框架——语言习得机制（Language Acquisition Device，LAD）的强烈影响。“语言习得机制”这一称谓有两种不同的意义，我认为对它们作区分非常重要。在第一种意义中，儿童被理想化为“一种抽象机制”，他们可以在某种未知语言样本的基础上构建该语言的规则，描述该“机制”的工作方式被认为是语言学和心理学的一大目标。作为类比，我们可以设想一位对电解质调节过程感兴趣的生理学家将大脑理想化为“一包盐水”，然后他能继续研究细胞膜的结构、离子浓度等。当然，从这个意义上看，我整篇论文讨论的核心即语言习得机制。不过，还有第二种更强的意义，在此意义上，LAD被用来描述一种特定的语言习得理论。从这个意义上看，儿童具有一种先天性的心理官能，该官能包括了关于转换语法的高度特定知识，儿童利用这种知识从周围的言语中提取深层结构，并一次一条地利用转换规则，最终得到一条该语言的转换语法。继续用生理学作比方，这种意义上的LAD等同于生理学家认为大脑通过一种具有各种性质的专门结构（“一包盐水”）完成了电解质调节。为了支撑该理论，学者们提出：儿童以由片段和半语法式的表达式构成的言语样本为基础学习语言；儿童的早期言语显示出他们掌握了高度抽象的句法关系；儿童的语言进程似乎反映了转换的积聚过程。后来，人们发现：儿童听到的言语符合语法规则且结构简单；儿童也许在句子本身之外利用了语义信息；与抽象的句法关系相比，儿童的早期言语可以被更好地分解为“认知”或语义关系；多数情况下，儿童先学习转换过程复杂的句式，再学习更简单的句式。因此，这个方法很快失宠。结果，LAD作为一种理论遭到了发育心理语言学家的放弃。我认为，一种粗略的共识取代了它的位置：语义和语用信息与简化的亲代言语使儿童通过通用认知技巧而非特殊的语言专有能力学习语言。同时，LAD作为一个待解决问题的更普遍意义也遭到了剔除。在我看来，发育心理语言学中大部分争论的目的已不再是为最终说明句法习得的机制。我将在后面论证，很多争论的主旨都发生了重大改变。

先天论对经验论：两种极端提议

什么样的机制是解释语言学习的充分必要机制？就这个问题，存在两种普遍的提议：一种是经验论，一种是先天论。今天，语言可学习性研究的正式结果为我们提供了依据，可以明确地排除它们。

极端的经验论认为：从人类可以习得的规则类型分析，语言特有的先验制约因素不应存在。在这种情况下，有人指出，学习者只要观察了足够数量的句子，就能通过“通用多用途学习策略”“发现程序”或类似能“从环境提取规律性”的“离散程序加概括程序”的“学习算法”学会语言。我之前提过，戈尔德的枚举程序是通用学习算法习得语言最强大的实现。然而，它在原则上也不足以基于一个句子样本习得规则。如果削弱“习得”的标准（只要求对目标语言的逼近或近似），那么学习是可能的，但学习所耗费的时间不在人类的寿命范围之内。

极端的先天论认为：自然语言性质的先天性知识以及深层结构的知识，使儿童可以从一个句子样本中学习一门语言。在汉堡和韦克斯勒的一个早期模型中，他们给学习者的猜测施加了严格到不切实际的制约因素（如，所有语言共有相同的深层结构规则）。遗憾的是，他们随后发现语言在一个句子样本的基础上是不可学习的。当然，存在一种不同的先天性制约因素得以确保可学习性仍有可能，但在这种理论被提出之前，它仍是一种推测。

语言习得的认知理论的问题

上述程序不能从句子样本中归纳出语法，这强烈地提示了语言学习过程用到了语义和语用信息。安德森和汉堡等提出的模型获得了中等水平的成功，也增加了这一结论的可信度。事实上，尽管认知理论在发育心理语言学中非常流行，但鲜有人讨论我一直强调的该理论的基础——儿童内在表征的精确本质。认知理论要求儿童可以获得一种表征结构的系统。为了促进语言学习，该表征结构在格式上与句法结构应足够相似、灵活和普遍，才能被儿童的认知能力和感知能力基于非语言信息运算。在我们拥有一种能满足这些条件的儿童心理表征理论之前，认知理论仍是一个未经证实的假说。遗憾的是，设计一种具有这些必需属性的表征系统可不是件容易的工作。有两个问题（我分别称其为“编码问题”和“格式问题”）使“认知条件”与“可学习性和等势性条件”发生了冲突。

编码问题

语言可以使用很多种方式描述某种情境，人类可以使用很多种方式理解某种情境——这两个事实造成了编码问题。人们可以可信地认为儿童使用很多不同的表征结构理解某个给定情境，但其中只有一种结构才会恰当地转换为儿童同时听到的那个句子。除非心灵感应，否则儿童是如何成功地将一种情境恰好编码为成人所说句子的底层结构的？

思考一个早期例子。安德森假设，当儿童看到某事件，他的大脑会构建一个类似图1.3(A)的结构，如“一只白猫在吃老鼠”。儿童（以及模型建立者）是幸运的，因为在本例中他同时听到的句子恰好是“The white cat eats a mouse”（这只白猫吃了只老鼠），此句话的意义对应了图中的结构。但如果句子是“The mouse is being eaten by the cat”（这只老鼠正被这只猫吃）、“That's the second mouse that the cat has eaten”（那是这只猫吃的第二只老鼠）、“Some cats don't eat mice”（有些猫不吃老鼠）、“What's that white cat doing with the mouse?”（那只白猫在拿这只老鼠干吗?）……会如何？换个角度，假设句子不变，如果儿童构建的认知结构包含的命题认为老鼠“不见了”，或者猫和老鼠在玩游戏，或者老鼠很轻松地让猫吃它……会如何？在任一情况下，儿童均会面对这样的任务：尝试将一个意义结构映射到一个与其只具有微弱联系的符号串上。因此，语义表征只能为如何猜测新规则提供极少的线索或误导的线索。[4]

前面介绍过，如果安德森为解决概括不足的问题而增加了给定动词对应的可用心理谓词数量，必然会遇到这个问题。汉堡等人的确遇到了相似的问题。在他们的模型中，同义句的底层结构很可能是相同的——如主动句和被动句，两者除了被动句会触发转换的标记（因为，每一次转换都必须被某种深层结构构型所触发）

之外，底层结构是一样的。同样，我们不知道的是，成人当前运用的转换标记，儿童如何知道何时将其插入自己的语义结构。

解决编码问题的可能方案

我看到有三种可能的方案或能解决编码问题，三者结合能减少与典型语言学习情境相关的不确定性，确保儿童将这些情境编码恰好对应于成人所说句子的独特表征。第一种方案依赖于一种假说：儿童的表征系统没有成人那般强大和灵活，只能用少数几种方式表示一种给定的情境。因此，在前述的例子中，儿童不可能将该场景编码为表达“老鼠没在吃猫”“所有猫都吃老鼠”等类似的命题。儿童随着生理发育，表征能力很可能会逐渐增加，父母递送给他的句法结构的范围也会逐渐增加。如果父母根据子女的认知能力“微调”了自己的言语，使用一些儿童极可能用到的句法结构（其语义信息对应的表征符合给定年龄段的儿童），那么成人的句子意义与儿童对该情境的编码之间的相似度可能强于我们之前的假设。

第二种方案假设儿童的社会知觉灵敏，足以发现不同句子中的句法手段提示的所有语用或沟通差异。即儿童从对话语境中知道了成人预先假定的是什么，他或她唤起注意的是什么，主张是什么……例如，儿童不能只看见那只猫在吃老鼠，还需要知道成人言语所指的是那只正在吃老鼠的猫，而不是那只消失在猫嘴里的老鼠，或者其他多种可能性。（安德森在发展LAS时使用了这一原理，他将每一个语义结构中的其中一个命题标记为这个句子的“主命题”。）如果这一推理过程正确，则语言和学习者都被施加了强条件。严格来说，语言的句法不允许同义现象：任何两个语义无差别（如说明了同样的命题）的“基础”结构（如安德森的原型结构或汉堡等的深层结构）必须存在某种程度的语用差异。反过来，该儿童的语用和知觉能力必须能区分导致不同句法机制被使用的情境类型。

第三种方案为儿童配备了一种策略，利用句子的某种简单性质，缩减对成人所表达内容的可能解读方式。安德森介绍了一种这样的策略：LAS检测一个句子的词语集，只保留句子的意义结构中那些所含概念对应了这些词语的命题。在本例中，儿童也许总会构建一个命题，主语对应句子中的第一个名词，然后选择（或者创造，如有必要）一些既对应了动词也符合该场景的知觉的心理谓词。因此，当听到主动句时，儿童会构建一个命题，用猫作为主语，将“EATS”作为谓语的一部分；当听到被动句时，命题会将老鼠作为主语，将“IS-EATEN-BY”作为谓语的一部分。[5]人们甚至可以推测，这样一种策略还能解释贝弗（Bever，1970）的经典发现：某年龄的儿童同时将主动句与被动句的第一个名词的指称对象理解为动词指定行为的施事者。儿童可能已将第一个名词对应的概念设置为命题的主语。不过，如果在他们发育过程中的这个阶段，缺乏如“IS-EATEN-BY”这样的心理谓词，很可能会默认地错误选择像“EATS”这样的谓语。

我已清楚地作了表达:对语言学习形式化理论(安德森和汉堡等提出的理论)的要求及意义的思考,导致人们给发育心理语言学家深入钻研的几种现象赋予了更准确的角色。具体来说,我认为,认知发育的句法学习、成人言语对儿童学习语言过程的“微调”、某个情境的语用知识以及知觉策略的主要作用是:确保儿童编码某个情境的表征结构,同时也是成人同一时间所说句子的底层结构。

格式问题

一旦我们满意地看到儿童将该情境编码为独一无二的表征且对应了成人句子的意义,那么我们必须确保这一表征具有合适的格式以支持学习过程所需的结构分析和概括。

举一个涉及该问题的极端例子,假设知觉发育和认知发育的研究迫使我们得出结论:儿童的内在表征只是知觉特征的列表。使用一种基于语义的概括启示法,学习者可以毫不费力地合并类似“cat”(猫)和“mouse”(老鼠)这样的词语,因为两者都是物体,毛茸茸、活生生、四条腿……但学习者无法将类似“flutter”(挥动)或“clang”(叮当响)这样的名词合并,因为它们没有共同的知觉特征。此外,“fallacy”(谬论)或“realization”(认识)也不能,它们甚至没有知觉特征。这种困难会随着抽象句法结构的增多而加剧,因为没有知觉特征的结合体可以对应名词短语、关系从句……这种表征格式的问题在于,即使它足以产生知觉,也不适合句法学习。它不能提供一种语法单位:这种单位可以表明如何将一个句子分解为正确的单位以及如何推广到横跨不同句子的相似单位上。

换句话说,这里需要的是一种表征理论。在该理论中,表征的元素更紧密地对应了语法的元素。例如,在安德森的理论中,一个表征由一个“主语”和一个“谓语”构成,谓语又相应地由一个“关系”和一个“宾语”构成。它们完美地对应了将一个句子分解为一个名词短语和一个动词短语,进而将动词短语分解为一个动词和另一个名词短语的句法规则。此外,句法相似的句子被说出时的不同情境所编码的命题具有相同的格式,无论它们是否表示了毛茸茸的东西、正方形的东西、事件、动作、抽象的数学概念……汉堡等假定认知表征具有一种非常适合语言学习的格式:未排序的深层结构。这是他们的模型在习得句法规则方面比LAS更成功的原因之一。总之,这些理论家假定,思维语言的句法与自然语言的句法相似。

但是,这样的解决方案也会产生一些问题。有可能,理论家们使用的“认知”表征的格式太适合于句法规则学习,以至于该表征也许不再适用于知觉理论或认知理论。举一个假想的例子,在标准的转换语法中,像“Jim put mustard and relish on his hot dog”(吉姆在他的热狗上放了芥末和作料)这样的并列句派生自一个具有两部分的深层结构，树形结构分别对应了命题“Jim put mustard on his hot dog”（吉姆在他的热狗上放了芥末）和“Jim put relish on his hot dog”（吉姆在他的热狗上放了作料）。不过，当一个基于独立证据（如，在反应时、回忆概率）的认知或知觉表征理论被应用到这一情境时，也许并不需要两个独立的命题。该命题中的一个论元（Argument）被分为两个部分，对应了两个连在一起的名词［这正是安德森和鲍尔（Bower）的研究所使用的方式］。像这样的情况如果既普遍又有说服力，则会损害汉堡等的假设：未排序的深层结构作为认知表征是可信的。

重要的是，按照这种思路，即使安德森的语义结构借用自他的长时记忆理论，仍然比其他记忆表征理论更类似于语言深层结构。它们整合了一些特征，比如主谓二分法（binary subject-predicate division）、区分每一命题的标记以及结点的层级排列。事实上，很多这些特征并无好的经验证据支撑，而其他一些特征基于其他理由也可能存在缺陷。麦克马斯特（McMaster）等评论：“风险在于，（设计者）定义语义的方式将使之与句法相似。实际上是在提供高水平的句法信息。这让推测语法的人更轻松，却让学习过程变得不切实际……[6]”

格式问题的意义

“语言学习研究对心理表征形式的理论的需求”与“其他认知过程的研究对此理论的需求”可能存在冲突。面对这一情况，我们有两个选择。一个选择是为使语言学习成为可能，心理表征的格式必须与句法结构相似。例如，福多尔（1975）就发表了这一观点[7]。第二个选择是假定至少有两种表征格式，一种适合于知觉和认知，一种适合于语言学习。同时假定存在一种转换程序——该程序在学习语言时能将前一种格式的表征转换为后一种格式的表征。安德森和汉堡等人已整合了这一假设的一个版本。在LAS中，语义结构并不完全适合规则学习，所以有一种程序将它们转换为“原型结构”。在汉堡的模型中，深层结构并不完全适合作为认知表征，所以有一种程序让它们可以凭此从“语义结构”中派生。最终，语言学习的认知理论必须假定有一种或多种表征格式普遍地适合于认知，尤其适合于语言学习。如果必要，还需具备能将一种表征转换为另一种表征的程序。

回顾先天论和经验论

人们常常认为，如果儿童对规则的学习确实基于认知表征结构，那么先天论的传统理由必然遭到削弱。根据这一逻辑，其他的认知过程已经用到了认知结构，比如认知、推理、记忆等，故而人类必须具备一种语言特有的先天记忆结构集变得不再重要。然而，这一结论是草率的。很难看出，由某种认知或记忆理论推动的表征结构类型能适用于学习句法规则的任务。如果上述讨论为真，那么语言学习的要求就会强制规定:认知结构要么本身就类似语言,要么存在有一种先天性程序将它们转换为类似语言的结构。如果人们继续考虑限制这些结构如何进入规则猜测的先天性制约因素(如安德森的图变条件和语义归纳等价性条件以及汉堡的二分和冰冻原则),一定会得出结论:语言学习的认知理论如与乔姆斯基的先天性假设有关,那么其最成功的应用恰巧证实了这种先天性假设。[8]

语言学习和其他学习形式

可以猜测,如果某人希望建立人类归纳法其他实例(如视觉概念学习、行为模式的观察性学习或科学归纳法)的模型,他将被迫与语言学习者模型的设计者一样提出相同的先天性制约因素。当然,一定有人会争辩,语言学习的这种制约因素是归纳法的普遍要求,不只是自然语言归纳法特有。尽管现在对这种观点进行评估还为时尚早,但目前已有的其他类型归纳法的计算机模型并不支持这一观点。在任何一种情况下,表达数据和猜测的表征结构都被先天性地定制以满足待归纳的特定领域规则的要求。看一下温斯顿(Winston,1975)的著名程序,它被设计为通过观察范例和非范例以归纳块状结构(Block-structure)的类别,如拱门和桌子。该程序命题结构的单位可以标示单个块、三角形、矩形块,或者任何块;连接项可以指称少数几种空间关系(如相邻、支撑、接触)和少数几种逻辑关系(如部分—整体、子集—超集)。此程序不能理解距离、角度、颜色、数量、其他形状、分离或含义。这就消除了一种危险:程序接受程序员试图教给它的假设以外的假设。同样,索洛韦(Soloway)和赖斯曼(Riseman)设计的通过观察比赛样本归纳棒球规则的程序(1977)配备了在一般竞技体育中发现的规则和活动的先天性知识。兰利(Langley,1977)设计的通过观察运动物体行为归纳物理定律的程序被限制为只考虑与物体的位置、速度、加速度的参数值有关的论断,并故意只输入在给定试验回合中物体所"置身"的特定模拟宇宙内才有意义的物体性质。这些制约因素不是意外的捷径,归纳法被称为"可耻",是因为任一有限的观察集都能支持极大数量的概括。化解这种耻辱的一种办法是,约束归纳者在某个特定任务中允许考虑的归纳类型。

儿童接触的亲代言语

人们常常争辩,学习语言的儿童所接触的亲代言语的性质具有特殊性,减少了学习过程中先天性制约因素的需要。既然人们提出这些观点时,并未涉及对从特殊言语中获益的特殊学习机制的讨论,那么它们似乎指向一种假设:语言学习任务的某些形式化性质使短小、简单、符合语法的句子更适合于规则学习。但本文讨论过的模型违背了这一假设,不同的模型实际上对于输入内容提出了不同的要求。

思考将少数不符合语法的符号串散布到样本句子中可能会出现的情况。如果样本中出现了一个错误的符号串,戈尔德的枚举式学习程序就会遭遇失败——抛弃自己的正确猜测且永不回收,无休止地改变自己的决定。另一方面,霍宁的贝叶斯学习程序可以轻松容忍有杂质的样本,因为它不强制整体接受或剔除语法,而是从中选择一条具有最高先验概率的语法。汉堡的模型也会无视这种偶尔错误的输入数据而收敛——无论学习过程的哪个时间点出现了错误语法(被错误符号串误导),以下事件的发生概率皆非零——它将在一定的试验次数之内猜测出一条正确语法。

同样,很难说句子的长度或复杂度对不同模型具有统一的影响。费尔德曼(Feldman)描述了一种要求对样本句子以近似长度递增的方式进行排序的程序,而戈尔德的程序完全不关心句子的长度。在汉堡等的模型中,与某些人的直觉相反,学习是通过复杂句完成的。事实上,短小简单的句子也许真会促进人类的学习,因为儿童的注意力和记忆广度有限——相对于长词语串,他们更可能将短词语串保留足够长的时间进行加工。同理,相对于复杂概念化,他们更可能对一个事件的简单概念化进行成功的编码。因此,短小简单的句子可能为规则猜测做好了准备,但没有在猜测过程本身中扮演任何正面(或负面)的角色。

其他模型对输入的其他特征也很敏感。克莱因和库平的自动机依赖于分布分析法,它需要依靠最小对比句子集。安德森的LAS要将成分与同样的语义对应项合并,它需要具有相似或重叠命题结构的句子集。

总之,语言学习者可获得的输入内容的各方面用途完全取决于他使用的学习程序。除非能详细指明某些学习机制,否则认为亲代言语的某些特征有助于规则学习是没有根据的。

结论

在一次题为"来自语言习得前沿的讲话"的演讲中,罗杰·布朗(1977)提出了警告:

> 发育心理语言学家享受研究知名度的巨大增长……但奇怪的是,这或许终是泡影。心理学曾掀起过比这更大的研究狂热:克拉克·赫尔(Clark Hull)的行为原则、威权性格的研究,当然,还有认知失调理论(Dissonance Theory)。所有的例子,后续进展几乎停滞……在大型研究实践中,我们尚未克服但可以克服的一种危险是:频繁相互冲突的大量理论和数据在认知上会变得丑陋,变得令人厌恶以至于被迅速抛弃,但问题仍未解决。

我相信,克服这种危险的一种办法是,效仿认知科学的其他分支,将问题放在语言学习过程精确模型的背景下研究。我希望在本部分已说明了这样做的必要性:欲通过发育学的数据和资料推导语言学习的真正机制,需先寻找语言学习的可能机制。

注释

1. 严格来说,它们不是一般有效程序意义上的“算法”,因为它们计算出一个解后不会停止,而是继续无限次运算。

2. 当然,在这个特殊情况中,关于语义和句法的假设无须具有先天性,因为受试者已具有的英语知识可能已约束了他们的猜测。

3. 正如该例子所示,二分和冰冻原则往往通过阻止大部分树形结构进入转换的结构描写式来减少语法中规则的上下文有关性。这不是巧合,因为一般而言,上下文无关的规则比上下文有关的规则更易被学会。可见卡普兰(Kaplan,1978)的论文,他论证了邻接(如二分)原则导致的上下文有关性的减少有助于高效的句子句法分析。

4. 丹·斯洛宾(Dan Slobin)指出,儿童在学习语言的形态学时也面临相似的问题。自然语言规定,句子所指对象的特定语义特征(如数字、人、性别、生命、与说话者的密切、完备性等)必须以前缀、后缀、交替元音形式等方式被标记出来。然而,这些特征绝不是儿童可以编码的关于一个事件的全部内容。如物体的颜色、绝对位置和质地、时刻、温度等,尽管儿童一定能感觉到,但却被语言的形态学所忽略,故而不应被编码为儿童必须学习映射到符号串的语义结构的一部分。更糟糕的是,不同语言的形态学规则选择这些特征的不同子集进行强制标记,从而加深了对于下列事项的分歧:应该将哪些特征一对一映射到形态学标识上,选择哪些特征集以多对一的方式合并到特定的标记中。因此,儿童的规则猜测能力中必须存在某种机制,凭借这种机制,儿童对一个事件形成的多个可能概念被缩减为仅被语言标记的语义特征,最终缩减为仅被他的目标语言标记的语义特征。

5. 该例子遵循的是经过改良(我建议的“增加谓词”)的安德森模型。在汉堡的模型中,每当深层结构命题的主语不是句子的第一个名词时,儿童可以把“转换标记”插入他的深层结构中。

6. 这一讨论假设:被假定为认知表征的语言特有结构是总体语言所特有的,而非特定语言所特有。

7. 讽刺的是,在另一种情况下,安德森在检验一般心理表征的命题理论时并未提到这一论点。

8. 人们可以对这一结论提出异议,这只能证明各种先天论假设是可学习性的充分条件而非必要条件。但汉堡和韦克斯勒曾说(1975):"欢迎任何认为这些假设是非必要条件的人试试在不依赖这些假设的情况下,构想出能与我们媲美的证明。"

参考文献

Anderson, J. (1974) *Language Acquisition by Computer and Child.* (Human Performance Center Technical Report No. 55.) Ann Arbor, University of Michigan.

Anderson, J. (1975) *Computer Simulation of a Language Acquisition System: A first report.* In R. Solso(ed.), Information Processing and Cognition: The Loyola Symposium. Washington, Erlbaum.

Anderson, J. (1976) *Language, Memory, and Thought.* Hillsdale, NJ: Erlbaum.

Anderson, J. (1977) *Induction of Augmented Transition Networks.* Cog. Sci, 1, 125–157.

Anderson, J. (1978) *Arguments Concerning Representations for Mental Imagery.* Psychol. Rev., 85, 249–277.

Anderson, J. and G. Bower. (1973) *Human Associative Memory.* Washington, Winston.

Bever, T. (1970) *The cognitive Basis for Linguistic Structures.* In J. Hayes (ed.), Cognition and the Development of Language. New York, Wiley.

Biermann, A. and J. Feldman. (1972) *A Survey of Results in Grammatical Inference.* In S. Watanabe(ed.), Frontiers in Pattern Recognition. New York, Academic Press.

Bowerman, M. (1973) *Learning to Talk: A Cross–sectional Study of Early Syntactic Development, with Special Reference to Finnish.* Cambridge, UK, Cambridge University Press.

Braine, M. (1963) *The Ontogeny of English Phrase Structure: The First Phrase.* Lang., 39, 1–14.

Braine, M. (1971) *On two models of the internalization of grammars.* In D. Slobin (ed.), The Ontogenesis of Grammar. New York, Academic Press.

Bresnan, J. (1978) *A realistic transformational grammar.* In G. Miller, J. Bresnan and M. Halle (eds.), Linguistic Theory and Psychological Reality. Cambridge, Mass., MIT Press.

Brown, R. (1973) *A First Language: The Early Stages.* Cambridge, Mass, Harvard University Press.

Brown, R. (1977) *Word from the Language Acquisition Front.* Invited address at the meeting of the Eastern Psychological Association, Boston.

Brown, R, C. Cazden and U. Bellugi (1969) *The child's grammar from I to Ⅱ.* In J. Hill (ed.), Minnesota Symposium on Child Psychology, Vol. Ⅱ. Minneapolis, University of Minnesota Press.

Brown, R. and C. Hanlon. (1970) *Derivational complexity and order of acquisition in child speech.* In J. Hayes (ed.), Cognition and the Development of Language. New York, Wiley.

Bruner, J. (1975) *The Ontogenesis of Speech Acts.* J. Child Lang, 2, 1–19.

Chomsky, N. (1957) *Syntactic Structures.* The Hague, Mouton.

Chomsky, N. (1962) *Explanatory models in linguistics.* In E. Nagel and P. Suppes (eds.), Logic, Methodology, and Philosophy of Science. Stanford, Stanford University Press.

Chomsky, N. (1965) *Aspects of the Theory of Syntax.* Cambridge, Mass, MIT Press.

Chomsky, N. (1973) *Conditions on transformations.* In S. Anderson and P. Kiparsky (eds.), A Festschrijft for Morris Halle. New York, Holt, Rinehart and Winston.

Clark, E. (1973) *What should LAD look like? Some comments on Levelt.* In The Role of Grammar in Interdisciplinary Linguistic Research. Colloquium at the University of Bielefeld, Bielefeld, W. Germany.

Cross, T. (1977) *Mothers' speech adjustments: The contribution of selected child listener variables.* In C. Snow and C. Ferguson (eds.), Talking to Children: Input and Acquisition. New York, Cambridge University Press.

Culicover, P. and K. Wexler. (1974) *The Invariance Principle and Universals of grammar* (Social Science Working Paper No.55.) Irvine, Cal, University of California.

Culicover, P. and K. Wexler. (1977) *Some syntactic implications of a theory of language learnability.* In P. Culicover, T. Wasow, and A. Akmajian (eds.), Formal Syntax. New York, Academic Press.

Derwing, B. (1973) *Transformational Grammar as a Theory of Language Aqusitin.* Cambridge, UK, Cambridge University Press.

Fabens, W. and D. Smith. (1975) *A model of Language Acquisition Using a conceptual base.* (Technical Report CBM-TR-55, Department of Computer Science.) New Brunswick, N.J., Rutgers-The State University.

Feldman, J. (1972) *Some decidability results on grammatical inference and complexity.* Information and Control, 20, 244-262.

Fodor, J. (1966) *How to learn to talk: Some simple ways.* In E Smith and G. Miller (eds), The Genesis of Language. Cambridge, Mass, MIT Press.

Fodor, J. (1975) *The Language of Thought.* New York, Thomas Crowell.

Fu, K. and T Booth. (1975) *Grammatical inference: Introduction and survey.* IE EE Transactions on Systems, Man, and Cybernetics, SMC-5(1), 95-111; SMC-5(4), 409- 423.

Gold, E. (1967) *Language Identification in the Limit.* Information and Control, 16, 447-474.

Gross, M. (1972) *Mathematical Models in Linguistics.* Englewood Cliffs, N.J., Prentice-Hall.

Hamburger, H. and K. Wexler. (1975) *A Mathematical Theory of Learning transformational grammar.* J. Math. Psychol., 12, 137-177.

Harris, Z. (1964) *Distributional structure.* In J. Fodor and J. Katz (eds.), The Structure of Language. Englewood Cliffs, NJ, Prentice Hall,

Hopcroft, J and J. Ulman. (1969) *Formal Languages and Their Relation to Automata.* Reading, Mass., Addison Wesley.

Horning, J. (1969) *A Study of Grammatical Inference.* (Technical Report No. CS 139, Computer: Science Dept) Stanford, Stanford University.

Kaplan, R. (1975) *On process models for sentence analysis.* In D. Norman and D. Rumelhart (eds.), Explorations in Cognition. San Francisco, W. H. Freeman.

Kaplan, R. (1978) *Computational Resources and Linguistic Theory.* Paper presented at the Second Theoretical Issues in Natural Language Processing Conference, Urbana, Ⅲ.

Kelley, K. (1967) *Early Syntactic Acquisition.* (Report No. P-3719.) Santa Monica, Cal, The Rand Corporation.

Klein, S. (1976) *Automatic inference of semantic deep structure rules in generative semantic grammars.* In A. Zampoli (ed.), Computational and Mathematical Linguistics: Proceedings of 1973 Intemational Conference on Computational Linguistics, Pisa. Florence, Italy, Olschki.

Klein, S. and M. Kuppin. (1970) *An Interactive Program for Learning transformational grammars.* Computer Studies in the Humanities and Verbal Behavior, Ⅱ, 144-162.

Klein, S. and V. Rozencvejg. (1974) *A Computer Model for the Ontogeny of Pidgin and Creole Languages.* (Technical Report No. 238, Computer Science Dept.) Madison: University of Wisconsin.

Knobe, B. and K. Knobe. (1977) *A method for inferring Context-free Grammars.* Infomation and Control, 31, 129- 146.

Kosslyn, S. and S. Schwartz. (1977) *A Simulation of Visual Imagery.* Cog Sci, 1,265 -296.

Langley, P. (1977) *BACON: A Production System that Discovers Empirical Laws.* (CIP Working Paper No 360.) Pittsburg, Carnegie Mellon University.

Levelt, W. (1973) *Grammatical inference and theories of language acquisition. In The role of Grammar in Interdisciplinary Linguistic Research.* Colloquium at the University of Bielefeld, Beclefeld, W. Germany.

Macnamara, J. (1972) *Cognitive Basis for Language Learning in Infants.* Psychol Rev., 79, 1-13.

Maratsos, M. (1978) *New models in linguistics and language acquisition.* In G. Miller, J. Bresnan and M. Halle (eds.), Linguistic Theory and Psychological Reality. Cambridge, Mass, MIT Press.

McMaster, I., J. Sampson and J. King. (1976) *Computer acquisition of natural language: A review and prospectus.* Intern. J. Man-Machine Studies, 8, 367-396.

MceNeil, D. (1966) *Developmental psycholinguistics.* In F. Smith and G Miller (eds.), The Genesis of Language. Cambridge, Mass, MIT Press.

Miller, G.(1967) Project Grammarama In The Psychology of Comunication. Hammonsworth, NY: Basic Books.

Moeser, S. and A. Bregman. (1972) *The Role of reference in the Acquisition of a Miniature Artificial Language.* J. verb Leam. Verb. Behav., 12,91-98.

Moeser, S. and A. Bregman. (1973) *Imagery and language acquisition.* J. verb. Leam. verb. BchaV, 12, 91-98.

Newell, A. and H. Simon. (1973)*Human problem solving.* Englewood Cliffs, NJ, Prentice Hall.

Newport, E, H. Gleitman and L. Gleitman. (1977) *Mother, I' d rather do it myself: Some effects and non-effects of maternal speech style.* In C. Snow and C. Ferguson (eds.), Talking to Children: Input and Acquisition. New York, Cambridge University Press.

Norman, D. and D. Rumelhart. (1975) *Explorations in Cognition.* San Francisco, W. H. Freeman.

Peters, S. and R. Ritchie. (1973) *On the Generative Power of Transformational Grammars.* Infor.

Sci, 6, 49–83.

Postal, P. (1964) *Limitations of phrase structure grammars.* In J. Fodor and J. Katz (eds.), The Structure of Language. Englewood Cliffs, NJ, Prentice Hall.

Putnam, H. (1971) *The "Innateness Hypothesis" and explanatory models in linguistics.* In J. Searle (ed.), The Philosophy of Language. London, Oxford University Press.

Reeker, L. (1976) *The computational study of language acquisition.* In M. Yovits and M. Rubinoff (eds.), Advances in Computers; VL IS. New York, Academic Press.

Rochester, S. (1973) *The Significance of Pauses in Spontaneous Speech.* J. Psycholing. Res., 2, 51–81.

Schlesinger, 2. (1971) *Production of utterances and language acquisition.* In D. Slobin (ed.), The Ontogenesis of Grammar. New York, Academic Press.

Siklossy, L. (1971) *A Language Learning Heuristic Program.* Cog. Psychol, 2, 279–295.

Siklossy, L. (1972) *Natural language learning by computer.* In H. Simon and L Silossy (eds.), Representation and Meaning: Experiments with Information-processing Systems. Englewood Cliffs, NJ, Prentice Hall.

Sinclair de-Zwart, H. (1969) *Developmental psycholinguistics.* In D. Elkind and J. Flavell (eds.), Studies in Cognitive Development: Essays in Honor of Jean Piaget. New York, Oxford University Press.

Slobin, D. (1973) *Cognitive prerequisites for the development of grammar.* In C. Ferguson and D. Slobin(eds.), Studies in Child Language Development. New York, Holt, Rinehart and Winston.

Slobin, D. (1978) *Universal and particular in the acquisition of language.* In Language Acquisition: State of the Art. Conference at the University of Pensylvania, Philadelphia, May 1978.

Snow, C. (1972) *Mothers' Speech to Children Learming Language.* Child Devel., 43, 549–565.

Snow, C. and C Ferguson. (1977) *Talking to Children: Language Input and Acquisition.* New York: Cambridge University Press.

Solomonoff, R. (1964) *A Formal Theory of Inductive Inference.* Infor. Control, 7, 1–22; 224–254.

Soloway, E and E. Riseman. (1977) *Levels of Pattern Description in Learning* (COINS Technical Report 77–5), Computer and Information Science Dept, Amherst, Mass, University of Massachusetts.

Van der Mude, A. and A. Walker. (1978) *On the Inference of Stochastic Regular gammars.* Infor. Control, 38, 310–329.

Wexler, K, P Culicover and H. Hamburger. (1975) *Learning-theoretic foundations of Linguistic Universals.* Theoret. Ling., 2, 215–253.

Wexler, K. and H. Hamburger. (1973) *On the insufficiency of surface data for the learning of transformational languages.* In K. Hintikka, J.Moravcsik and P. Suppes (eds.), Approaches to Natural Languages. Dordrecht, Netherlands: Reidel.

Wharton, R. (1974) *Approximate Language Identifcation.* Infor. Control, 26, 236–255.

Wharton, R. (1977) *Grammar Enumeration and Inference.* Infor. Control, 33, 253–272.

Winograd, T. (1972) *A Program for Understanding Natural Languages.* Cog. Psychol, 3, 1–191.

Winston, P. (1975) *Learning structural descriptions from examples.* In P. Winston (ed.), The

Psychology of Computer Vision. New York, McGraw-Hill.

Woods, W.（1975）*What's in a link*: *Foundations of semantic networks.* In D. Bobrow and A. Collins（eds.）, Representation and Understanding: Studies in Cognitive Science. New York, Academic Press.

2 心理表象媒介的计算理论

我对心理表象的研究始于对一个悖论的担心。作为20世纪70年代心理表象研究的标志性实验，罗杰·谢泼德(Roger Shepard)证明人们在思维里旋转三维形状(心理旋转)就像在视线里旋转一样容易。我的导师斯蒂芬·科斯林(Stephen Kosslyn)曾设计过一个表象(Image)的计算模型，将表象表征为一个二维像素矩阵中由填充单元格构成的图形(Patterns of filled cells)。他在一篇论文中提出，可以通过在矩阵中增加一个维度的单元格，来扩展这一模型以解释三维形状的表象，进而推出今天被我们称为体素(Voxel，即体积像素)的三维阵列。

读到这段评论，我立即想到了一个问题。三维空间的三维表征似乎不会因将景象投射到二维表面(如视网膜)而产生透视效果。毕竟，在电脑的存储器(或大脑的神经元)里，并没有一束光照到这些被填充的体素上，所以也不会有光线以某种方式从这些数字上反射并聚焦到脑袋里一个小人的视网膜上。然而，人类的心理表象似乎的确具有透视效果，描绘的景物就像从某个观察方位看到的一样。在意识的眼里，凭空想象的铁轨似乎能在远方会聚，后退的物体似乎会缩小，而被遮挡的表面是不可见的。

当博士论文证明了心理表象确实具有三维性质和透视性质之后，我面临着一个难题，即何种心理表征可以兼具这两种性质。本篇不起眼的理论性论文吸收了20世纪中叶两位主要视觉理论家J. J. 吉布森(J. J. Gibson)和戴维·马尔(David Marr)的观点，是我解决这个难题的最佳尝试。我借用马尔的概念“二又二分之一维表征”(2 1/2-D representation)被我的同事肯·中山(Ken Nakayama)沿用到了“可视表面表征”(Visible surface representation)理论，而“以对象为中心的参照系”的思想依然活跃在伊威·比德曼(Irv Biederman)有影响力的“几何离子”(geon)形状识别理论中。本篇论文还介绍了认知科学的另外两个基础思想。一是“表象之争”，一方是谢泼德和科斯林，一方是认知心理学家泽农·派利夏恩(Zenon Pylyshyn)以及诸多哲学家和人工智能研究者。二是心智的计算理论，这是认知科学的重要思想，也是我们理解心智与物质关系的重要桥梁。

一、前言

正如最近一本书的书名《心灵的新科学》(*The Mind's New Science*)所示,心智领域产生了一门新科学。在过去的25年,被称作"认知科学"的领域彻底改变了我们对心理过程的理解。这门学科的核心是一条"中心法则",地位相当于物理学中的"原子论学说"、医学中的"疾病细菌学说",以及地理学中的"板块构造学说"。这条中心法则即"心智的计算理论"(Computational Theory of Mind)——心理过程是对符号或程序的形式化操控,包含了一系列由神经组织的信息加工能力提供的基础过程。心智的计算理论促成了"认知科学"领域的飞速发展,因为它给之前的模糊概念赋予了精确的机械论含义,如"记忆""意义""目标""知觉"……它们都是解释智能必不可少的概念。它还促进了实验室中的心理过程实验研究,因为计算化的理论使实验者可通过评估"该理论在模拟各种任务时其机制要求的计算步骤的数量、类型、存储量"预测人们在执行该任务时的难易度。

心理表象是从这一心智科学的新研究方法中受益最多的主题之一。本世纪大部分时间,哲学家和心理学家都主张:说好听点,心理表象的常识观念在科学上无用;说得不好听,它逻辑不清或具有误导性。不过,表象计算模型的建立将此问题作了推进——现在,对表象的争辩已变为实证性地探讨哪种理论正确,而非从逻辑上讨论哪些概念合乎逻辑。在本文中,我将讨论如何通过计算式思维解决一个明显的表象悖论:"心理图像"(Mental picture)暗指一种二维媒介,可人的表象却可包含三维物体。具体地说,我提出了一种理论,涉及表象发生的大脑机制,解释了如何将三维空间信息输入此机制并从中读取。我还展示了该理论如何兼容其他空间能力的计算需求,如图形识别(Pattern recognition)、知觉稳定性(Perceptual stability)、注意力和多感官协调(Intersensory coordination)。

二、背景:表象的阵列理论

从柏拉图时代开始,视觉记忆就被喻为物理图像。虽然从字面意义上解读这一"图像比喻"会得出荒谬的结果,但斯蒂芬·科斯林证明,对于这一比喻,存在一种符合现代计算心理学原理的合理解释。简单来说,这一"阵列理论"以下列原则为基础,用一种二维的单元格(Cell)阵列刻画构成我们对视知觉和表象体验的基础结构,每个单元格映射视野中的一块局部区域。"物体和景象"以与该物体或景象形状同构的填充单元格图形被描述在阵列中。填充阵列单元格的信息来自知觉产生过程中的眼睛,也来自想象过程中被标记的层次结构式的长时记忆(LTM)档案,对应于物体及其组成部分。除非定期更新,否则阵列中来自记忆的信息会快速消退。被填充入单元格的元素可被认为是本原元素(Primitive element),代表光亮度、颜色、纹理以及视野中小块局部区域边缘的存在和方向。图形匹配程序可以在这种阵列图形上运行,以构建其中描述的物体或景物的符号描写式;转换程序可以通过在单元格间移动元素以改变图形,模拟平移、转动、大小缩放等。图2.1根据这种阵列理论展示了这一表象系统的总体组织结构。

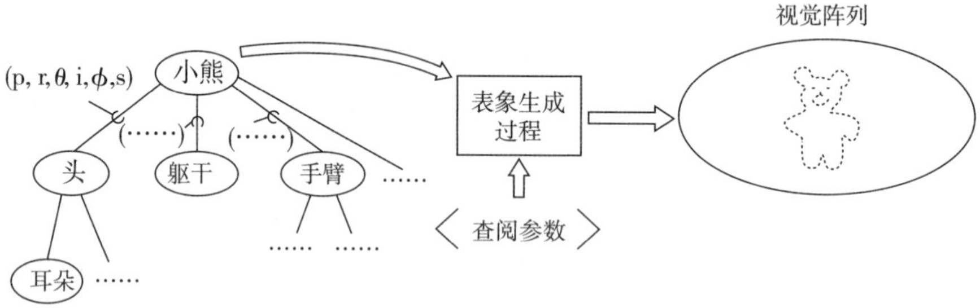

图2.1　表象的阵列理论。左边是一个形状的LTM表征,括号中的信息说明了某个部分相对于整体的位置

阵列理论的证据

有四类实验证据支持此阵列理论。

第一类证据,如果在表象和知觉中确实存在一种支撑空间图形的固定媒介,那么人们应能获得该阵列内在空间性质的稳定量度,如形状、大小、质地、各向同性(Isotropy)、同质性、维数(Dimensionality)和大脑功能定位(Brain locus)。既然本理论假定表象和知觉只使用了一个阵列,那么受试者在想象图形时对该阵列性质的估测应与其感知这些图形时所做的估测相似。同时,应能获得一些证据,证明视觉表象用到了大脑的某些视觉区域。如同人们的预计,科斯林、韦伯(Weber)、马尔姆斯特伦(Malmstrom)估测了表象的最大尺寸;芬克、科斯林、库尔茨曼(Kurtzman)估测了表象和知觉对象(Percept)的视野分辨率随偏心度发生的衰减;科斯林、布鲁恩(Brunn)、凯夫(Cave)、沃勒克(Wallach)测量了具有不同方向和空间频率的被想象和感知图形的分辨率,观察到了表象以及知觉的"方位倾斜效应"(Oblique effect)。人类神经心理学的最新研究支持了下面这一想法:一些神经结构能表征和操控表象中的信息,这些结构常被知觉过程共享。法拉(Farah,1984)回顾的文献显示,左脑特定领域的损伤能导致病人失去视觉表象的生成能力,但并不影响视觉信息的处理能力。她还引用了病例,病人失去了想象特定类别物体(如动物)的能力,随之失去了当这些物体被呈现在视觉中时对其的识别能力。比夏克和卢扎蒂(Bisiach and Luzatti,1978)记录,忽略症病人不仅无法报告其视野左半边的内容,想象从特定观察方位看到的左半边景物也无法报告。佩龙内特·法拉和戈农(Peronnet Farah,Gonon)证明,表象和视觉刺激的精确匹配可以改变视觉加工早期阶段的事件相关电位。

第二类证据有助于“阵列理论”与“认为抽象命题是内在表征唯一形式的理论”相鉴别。当一个视觉图形被表征为一个命题的集合时,其大小、形状、位置和方向会被分解为不同的命题,一种性质对应一个命题(命题理论)。例如,一个微斜的正方形可能被表征为:SHAPE(x, square), SIZE(x, 27), LOCATION(x, 50, 75), ORIENTATION(x,75)。相比之下,图形的阵列表征会将这四种性质合并为阵列中同一个由点或元素构成的集合(阵列理论)。因此,如果构成表象基础的表征是一个阵列,那么,将某个表象的其中一种性质与一个被回想的性质之值比较时,可预测其他性质会产生干扰。这种预测已得到了多次证实。例如,谢泼德和梅茨勒(Metzler,1971)发现,受试者只有在意识里将某物体旋转至与另一个物体相同的方向,才能决定它们是否为同一形状,实施旋转的时间与两个物体角度的差值成正比。这证明,物体的方向可以干扰人们对形状的判断。科斯林(1975)发现,当被想象动物的身体各部分很小或动物整体很小时,受试者需耗费相当长的确认时间,这证明物体的大小能干扰人们对形状的判断。施瓦茨(Shwartz,1979)证明,当受试者准备分辨视觉刺激与被回想图形的形状时,会将该回想图形的表象旋转到视觉刺激的期望方向,表象更小则完成这一动作的速率更快。我在两个数据未发表的实验中重复了这一效应,一个实验使用了三维形状,一个实验使用了库珀—谢泼德范式的二维形状。心理旋转率对大小的依赖说明大小、方向和形状在视觉表象中存在相互作用,如人们的预计:“如果方向的校正是在一个有限的阵列单元格区域内的迭代操作,那么每次迭代,更小的单元格区域只需更少的操作。”芬克和我(1982,1983)以及乔特(Choate)、芬克和我(1984)证明了,当受试者被要求确定视觉中的一支箭是否指向了一个被想象的点所在的位置时,他们需要的时间与箭至想象点的距离成线性关系(如受试者在心里推演箭会击中或错失该点的表象一样)。以上发现可通过下面的理论解释:“表象是局部元素的二维分布,这些元素可与根据记忆构建的模板作匹配。不过,匹配只能发生在其被转换以便校正这些无关性质(大小、方向或位置的差异)之后;否则,这些无关性质会妨碍匹配过程。”相比之下,命题唯一模型会导致人们预计每一种空间性质都可以被直接访问,无须考虑其他性质的值产生的效应,因为每一种性质都被定义在了一个独立、模块化的命题中。

第三类证据涉及表象对知觉的促成作用,其促成方式对“被想象图形和物理(实体)图形在视野中的精确空间分布”很敏感。布鲁克斯(Brooks,1967)、西格尔

(Segal)、富塞拉(Fusella,1970)证明,如果心理表象和知觉加工都位于同一感觉通道(Sensory modality),它们会互相干扰。库珀、谢泼德(1973)、施瓦茨(1979),以及其他很多人证明,如果受试者提前形成了视觉刺激的表象,将其作为模板与刺激出现时的图像作对比,受试者对视觉刺激的分类延迟(Classification latency)会大为减少且消除了对校正无关性质的需要。不过,如果表象与刺激的方向、大小或位置不同,或者如果该受试者提前获得的信息无法助其形成一个具有确定形状、大小、方向和位置的表象("有方向但无位置信息"或"有形状但无位置信息"),这一好处会减少或消失。关于表象的这种类模板性质,最戏剧性的例子来自法拉(1985),他发现,形成表象能提高受试者识别临界视觉刺激的敏感度,但仅限于视觉刺激的形状和位置与表象一致时。弗雷(Freyd)和芬克(1984)展示了另一种促进作用,他们证明,在一系列线段的周围想象一个背景框有助于分辨这些线段的长度,这些想象的框所起的作用如同视觉中真实的框。这些结果提示我们,只有在人们可以启动或填入刺激出现时所占据的单元格集时,对刺激的预处理才能获得最大效率。同样,这向"将视觉性质进行分解的表征理论"提出了异议。根据该理论,任何性质(无论是否为空间可定位性质)都应是可启动的。这些证据支持用单个阵列结构专门表征表象和知觉中的视觉信息。

第四类证据与表象功能有关。人们报告自己会用表象"看"他们最初观察某个景物时未明确编码的图形,如某比格犬的耳朵形状、某人的客厅里有几扇窗户、某物体以各种方式放置时出现的新性质。很多新性质,只有在表象表征了形状的局部在单个参照系中的基础几何性质后才能被发现,根据局部相对于整体的功能或特性而进行的描述不能发现这些性质。例如,芬克、法拉和我(1987)给人们口头描述物体的排列,"想象一个大写字母'D',向左旋转90度,在字母下放置一个大写字母'J'"。大部分受试者能"看出"结果——这是描绘了一把伞,而原始口头说明并无这一符号化描述。这种本领需要消解对字母"D"弧形部分的心理描述——该部分在其竖脊的右边,凹面区域指向左边;同时消解对"J"顶部的描述——顶部与钩状部分属于同一物体且与"D"的竖脊不同。它还要求将涉及每一部分的原始描述的图形"视"为属于一个整体,并根据该图形在视野中的总体位置和方向,中性地表征每一个部分(严格来说,在一个全局性、以观察者为中心的坐标系中,而不是在一系列分布式、以对象为中心的坐标系中)。单个参照系对各部分进行表征的阵列使人们能轻松识别涉及物体的描述或解析的各部分;而相对于所属物体对各部分进行概念性描述则不能。霍林斯(Hollins,1985)、芬克和我(1980)、斯利(Slee)、谢泼德和冯(Feng,1982)还报道了其他一些识别表象中新几何图形能力的例子,这些论文总体综述了表象性质研究的实验性文献。

三、阵列理论的问题

上述证据表明，阵列理论可信地解释了视觉空间信息的短时心理表征。但是，该理论仍然存在争议。例如，派利夏恩(1981)主张，就整体而言，该理论需要解释太多的自由参数，且该理论的支撑性实验证据可以用受试者拥有关于物理世界及其知觉系统的默示知识(Tacit knowledge)而另行解释。欣顿(Hinton)、钱伯斯(Chambers)、雷斯伯格(Resberg，1985)指出，某些表象检测过程似乎基于将物体作为整体解读，而不是基于对某个图形的任意局部区域的访问能力。

这些反驳论点很重要，但我想强调的是另一类重要的批评：阵列理论不适合表征三维物体和景象的信息。具体来说，二维阵列存在两个问题。第一个问题是，在深度操作的心理旋转动作与在额状面(浅层表面)操作的心理旋转动作，各自的反应时和角度差具有同样精确的线性关系。这种深度心理旋转动作很难用二维阵列建模，基于三个理由：(a)对三维物体的二维描述具有模糊性——二维阵列中的椭圆可以表示正面视角的椭圆，也可表示倾斜于其纵轴的圆。对其进行深度心理旋转时，基于不同的解释会得到不同的结果(如一种情况下变窄，另一种情况为变宽)。故而，如果操作心理旋转的人(旋转操作者)只能接触到此阵列信息，就无法继续正确地操作。(b)人们可以构想出图平面(Picture-plane)旋转物的心理旋转动作的渐进本质的解释，但不适用于深度旋转——因为旋转动作每渐进一次，被旋转图形的不同位点在整个阵列中的改变量完全不同。(c)一个物体进入深度旋转时，新的表面会出现在视野中，这一新信息一开始并不存在于阵列中——只用阵列单元格上的操作不能完成旋转动作。

二维阵列的第二个问题是知觉稳定性问题：如果表象体验类似于知觉体验，那么，两种体验都能体验有意义实体构成的世界，可供所有的感官通道使用。除了眼睛位置、头部位置或身体任一方向运动的变化外，这两种体验应该是稳定不变的。但这些性质很难在一个内在的二维“屏幕”或阵列上模拟。

显然，阵列理论(以及之前的古老图像比喻)的成败，取决于它能否解释三维世界在知觉和表象中的表征。我将首先呈现并驳斥阵列理论的一系列简单扩展形式，这些扩展形式使其获得了处理三维信息表征的能力。之后，我将提出一种新理论，我相信可以解决这些早期方法存在的问题。

四、阵列理论处理第三维度的简单扩展形式

三维阵列

要扩展阵列理论以处理三维场景，最自然的方式是，在阵列内部直接构建第三维，使其具有行、列和层，而不是只有行和列。与二维阵列不同的是，人们可以在深度将旋转动作建模为单元格之间元素的统一移位(Displacement)集；可以用一种假定的制约因素解释旋转的渐进本质，即一个元素在单个计算步骤中可以被移位的距离(可跨过多少个单元格)。同时，它还能解释人们在想象的三维景象中扫描任何方向直线轨迹的能力，扫描所需的时间与源及扫描目标之间的三维欧氏距离成正比。

尽管“头部沙盒”(Sandbox in the head)理论具有直觉上的吸引力，但它面临几个严重的问题。表象的内省体验是从特定观察方位透视性地观察一个景象。此外，实验证据也支持这种内省体验——据受试者报告，当想象自己朝被想象的物体运动时，物体会“赫然变大”；当物体被想象为隐藏、脱离视野、远处，或用透视法缩小时，与被想象为可见的物体相比，其在偶发记忆测试中被记起的频率更低。想象从“特定观察方位”看到景象的透视性信息容易被人们获取：例如，受试者被要求想象以狙击枪的视角从一个物体扫视至另一个物体，心理扫描整个三维景象的表象。实验结果发现，扫描时长与该景象相对于“视线”的二维正交投影中物体间的距离成正比，这证明了表象中投影点间距离表征的准确性。芬克和我(1980)做了另外一些涉及心理物理学和图形匹配任务的实验，验证了准确透视性信息的可获得性。除非荒谬地解释为，“意识之眼”也具有晶状体和视网膜，能将“表象之图像”投射其上，否则三维阵列理论很难解释表象中存在透视效应的实验数据——因为透视效应产生于将三维景象投影至二维表面对其进行访问之时，而非直接访问该景象或它的三维表征之时。

二维阵列+记忆档案

此假说源自平克和芬克(1980)的实验结果，假说保留了二维阵列，但将物体和景象的三维形状信息置入了生成阵列图形的长时记忆档案中。这个“绘入”阵列的过程，不但接受“包含物体固有三维形状信息的记忆档案”(以表格形式记录定义某物体表面的以对象为中心的三维坐标)作为输入，还接受“说明了期望‘视’角和距离的矢量”作为输入。该过程接着使用一种透视性转换程序，运算被填充的单元格的坐标，相对于“特定观察方位”准确地描述该物体。心理转换程序可能包括以下

动作:连续地重绘该阵列图形、每次输入该观察方位一个稍微不同的值。

遗憾的是,这种解释也有缺陷。首先,它假定这种表象绘制过程可以立即生成对任一方向的图形的描绘,经验证据显示并不如此。平克、斯特罗姆斯沃德(Stromswold)和贝克(Beck,1984)发现,受试者无法在给定一条方向线索的情况下,生成被记忆的三维物体在任意方向的表象;事实上,他们会想象当初学习该物体时物体所处方向或其典型方向的样子,然后将其心理旋转至目标方向。如果人类可以生成预指定方向的表象,那么我们将无法解释心理旋转的渐进本质——如果受试者可以立即生成某个预指定方向的表象,为何会对刺激差异更大的一对物体花更长的时间进行匹配?其次,如果对物体的心理转换是通过改变观察者相对于该景象的观察方位而进行的,那么这些转换过程会类似于观察者相对整个景象的移动,而非该景象的各部分相对于其他部分的移动。这既与受试者的内省观察相悖,也与实验结果不符。实验发现,受试者可以想象一个表象的各部分相对于一个可感知的显示屏进行移动。

二又二分之一维阵列

在一篇论文中,我提出可以沿着马尔和西原(Marr and Nishihara 1978)的“二又二分之一维草图”路线扩充二维阵列,此结构有时会作为形状识别过程的中间阶段用于计算机视觉系统。这会牵涉,不仅需要往阵列中的每一个单元格填充表示光亮度、颜色、纹理及局部区域边缘方向的元素,还要填充表示相对于观察者的深度和表面方向的参量。在科斯林(1980)的简单二维阵列理论中,旋转操作者通过横扫整个阵列并使用每一个被填充单元格的地址去计算元素的轨迹,以计算出该次迭代中其内容必须被移至的单元格的地址。在本二又二分之一维阵列理论中,旋转操作者不仅能访问这一单元格地址,还能访问这一单元格的内容(相对于观察方位的深度)。旋转操作者从数学上只需要使用这一条额外信息,就能计算该元素的目标单元格的地址和深度值。因此,这一解释同时满足了以下三个条件,合力过滤了之前的近似数值——它表征了透视效应(因为这些阵列单元格与“从特定观察方位”体验到的视野的二维布局同构);它包含了关于第三维的信息;它允许通过运算阵列中显示的信息进行转换,不需要从零开始构建阵列图形。

不过,该理论并不完全令人满意。首先,它没有提出一个可以将新材料在一个深度旋转物体的后缘处引入阵列中的简单机制。更大的问题是,既然阵列中的地址和深度值是相对观察者而指定(即在一个以观察者为中心的坐标系中),那么物体的透视性外观可以被明确地表征为一个对应了精确数量的相邻阵列单元格的给定视角。另一方面,物体的固有大小和形状及其在世界中的位置被隐含地表征,需要使用一个坐标转换集根据单元格地址和内容将其间接计算出来(因为给定的真实世界大小对应的是大量具有“近”深度值的相邻单元格,或少量具有“远”深度值的相邻单元格)。可以预测,访问即刻视觉记忆中物体透视信息的任务比访问固有大小和形状的客观信息的任务更简单,需要的脑力更少。尽管透视性(“视野”)和客观性(“视觉世界”)的知觉对象可能都存在,但与二又二分之一维阵列理论的预测相反的是,后者(客观性知觉对象)在几个方面显得更原初——儿童在学会利用透视信息(比如在绘画中)很久之前,就已将物体视为三维;尽管视网膜图像是剧烈波动的,但我们对世界的原初体验是一个实体分布在固定的三维框架中;对形状和大小的判断过程似乎对物体的三维性质(如固有形状和大小)具有时间上的敏感性,而对影响透视性质的因素不敏感(深度和遮挡)。对于这个客观性判断的原初性超过透视性判断的问题,虽然可以通过对这一基于二又二分之一维阵列信息过程的时间性质做特定的假设来应对(如,访问一个单元格的地址与访问其内容所消耗的时间一样,或者,从以观察者为中心的坐标推出以对象为中心的坐标在计算上是一个原初步骤,在转换表象时总会调用该步骤),但由此产生的理论仍然不简约且反直觉。

五、新理论:双地址阵列

上述所有理论的主要问题是无法处理视觉体验的双重性:视野(如往地平线延伸的两根铁轨看起来将要汇聚)和视觉世界(如人们知道两根铁轨是平行的)。每一个类似的心理定势都在知觉和表象中发挥了一定的作用。本部分将概述的理论试图在单个阵列结构的范围内描述这种双重性。

在一个二又二分之一维阵列中,一个表面上的一块局部区域的深度通过将一个代表该深度的数字填充到一个阵列单元格中实现指定。假设我们将这个阵列中的每一个单元格都替换成一个单元格串,这样,当填充了一个本原元素或标记时,单元格串中的每一个单元格都将代表一个特定的深度(从观者的视角看)。物理深度与串中单元格的映射关系如相机镜头的对焦刻度一样是非线性的,因此,明显位于无限远处的物体(如天体)就能用每个串中最后一个单元格的元素表征。此外,人们可以规定,一个单元格串中一次只能填充一个单元格,因此,只有可见的(不是未遮挡的)表面才会被表征(事实上,我们可以感知透明度,我们也许需要一个更弱的假设)。如果我们认为相邻串中代表相同深度的单元格也彼此相邻,那么,这一阵列就介于二又二分之一维和三维阵列之间(我不愿意将它命名为“二又四分之三维”)。如同三维或沙盒理论一样,阵列单元格在拓扑上被映射到了可见三维空间的不同区域。但和该理论(三维或沙盒理论)不同的是,从阵列单元格到物理区域的映射是非线性、非均匀的;只有可见的表面才被表征;单元格的地址是以观察者为中心的坐标,因此显示的是物体的透视性(非固有的)大小和形状。实际上,唐宁(Downing)和我(1985)的研究表明,通过集中注意力对视觉空间的访问似乎由以下类型的坐标系确定:当人们关注一个位置时,会更快地发现在该位置呈现的刺激;当关注距离该位置不同距离处呈现的刺激时,此种增强效应会根据视角和深度距离的增加而下降。

目前,该理论与二又二分之一维模型几乎没有区别。这里,假设我们给阵列中的每一个单元格赋予第二个地址,反映其在一个三维的、以世界为中心的、均匀的、各向同性(且线性映射到物理空间)的坐标系中的坐标,如图2.2这样的阵列。我们能从图中明显地看出,从以世界为中心的地址到以观察者为中心的地址的映射是非线性且非均匀的。因此,给定数目的相邻阵列单元格在阵列"前排"被分配到了小范围的以世界为中心的水平地址,而在"后排"分配到了大范围的地址。再假设,以世界为中心的地址如同现代计算机的存储器,可以用"基址+变址(base+index)"的格式指定,这等效于可以将该坐标系的原点移至该阵列任何一个单元格上。[因此,我称呼的"以世界为中心"的坐标系,可以以突出的环境表面(如墙和地板)为中心,或以被关注的对象为中心。]既然任一种"心理阵列"都将其诸多功能属性归因于它们的寻址或坐标系统,那么,为每一个单元格提供两个地址(透视特有地址、世界为中心的地址)有利于将二维和三维阵列分开,且无须假定一个额外的结构。

	∞	−∞,0	−∞, ∞	−∞,0	0, ∞	∞, ∞	∞, ∞	∞,0
(从	1000	−1000,0	−900,500	−500,900	0,1000	500,900	900,500	1000,0
特定	100	−100,0	−90,50	−50,90	0,100	50,90	90,50	100,0
观察	10	−10,0	−9,5	−5,9	0,10	5,9	9,5	10,0
点看	1	−1,0	−0.9,0.5	−0.5,0.9	0,1	0.5,0.9	0.9,0.5	1,0
的深	0.1	−0.1,0	−0.09,0.05	−0.05,0.09	0,0.1	0.05,0.09	0.09,0.05	0.1,0
度)		−90°	−60°	−30°	0°	30°	60°	90°

从固定点看的视角

图2.2 双地址阵列的图示。Y维度或高维度被压缩,产生了该阵列的所谓"俯视"图。本图放大了颗粒,忽略了视野的已知生理特征,如偏心度造成的各向异性、非均质性。以观察者为中心的地址被列在了边栏;以世界为中心的地址被列在了表格内(注释差异未暗示理论差异)。以世界为中心系统的原点被置于c观察者为中心系统的原点上

马尔和西原(1978)以及欣顿(1979)指出,各种视觉过程和推理过程需要将视

网膜坐标或以观察者为中心的坐标转换为以对象或世界为中心的坐标，或反过来操作。这实际上是在假设，转换过程是作为阵列单元格上的简单查找操作完成的——对于不同的视野区域，每个单元格都给以观察者为中心的三点坐标匹配了以对象为中心的三点坐标。在后面的文章中，我将解释双地址阵列理论如何简明、可信地初步解释了转换过程，同时陈述涉及该机制各方面的可检验的假说。

六、双地址理论如何处理空间信息加工

视野和视觉世界

在双地址理论中，通过以世界为中心的地址加工视觉图形，会产生视觉世界的知觉对象（被用来判断物体的真实世界形状、大小和位置）；通过以观察者为中心的地址的加工视觉图形，会产生视野知觉对象。本理论允许两种心理定势在表象和知觉中同时运作，与前人报告的结果一致：表象转换可以服从任一定势。例如，驾车行驶在高速公路上时，为了保持适当的跟车距离，我在思维里将5辆汽车放置在了我的车与前车之间。虽然我“看到”的每辆车皆小于后车，但我确信自己判断出的跟车距离是真实世界里1辆汽车长度的5倍。

心理转换

在实施类似深度旋转这样的转换时，首先会将以世界为中心的坐标系对齐待旋转对象。旋转操作者扫视一遍阵列中组成该对象的有界区域内的单元格，并查找以世界为中心或以对象为中心的地址。假设以对象为中心的坐标系不是圆柱形就是球形，那么，操作者从该地址的角坐标中减去一个常量，取得具有这一以世界/对象为中心的新地址的单元格的内容，并将其置入被处理的单元格中。这里有一个制约因素，获取内容的单元格和被置入内容的单元格必须在阵列内紧密相邻，这是确保旋转动作渐进本质的方法。有时候，“源”单元格会被屏蔽，因为其所属串内另一个表示较近距离的遮挡面的单元格（即旋转对象的后缘）被填充了。这种情况下，被屏蔽的单元格的以对象为中心的坐标被传递到了记录该对象形状的长时记忆（LTM）档案中，假定该对象的形状相对于一个以对象为中心的坐标系被说明。现在，可以通过从被屏蔽单元格的角坐标中减去该物体当前已被旋转的角度，以从LTM档案中提取想要的表面元素。相比之下，前述的二又二分之一维阵列理论要复杂得多，每一步都会涉及以观察者为中心到以对象为中心的坐标转化，且无法简要解释旋转的渐进本质或深度旋转与平面旋转的近似相同速率。与三维阵列理论不同的是，当前理论正确地表明，随着物体的深度旋转，新的二维透视图形会出现，

因为可以通过被旋转图形的以观察者为中心的坐标来访问这些图形。

心理表象生成

在科斯林及施瓦茨(1977)版本的阵列理论中,表象由LTM档案按照如下的层次化结构生成:(a)对象的骨架形状;(b)附着其上的细节或部分,以及说明各部分相对于骨架的空间关系的额外信息。假设该骨架表象的生成方法是首先将以世界为中心的坐标系对齐该对象的预定位置,然后再将这些坐标地址填入由骨架档案指定的单元格中(简单的恒等映射,基于前述的这一假设:LTM档案中表面的信息是用以对象为中心的坐标指定的),阵列中一些部分将成为描绘了对象各部分的点的目标。现在,我们可以直接找到这些部分,因为所有的阵列单元格都有相对于该对象骨架的地址,且LTM指定的该部分的正确位置也是相对于骨架被指定的。这就淘汰了科斯林及施瓦茨的繁琐搜索过程,这种过程需要搜索被部分构建的表象,直到通过所描绘的形状识别待生成部分的附着点为止。

自下而上的图形识别

感光细胞在视网膜上的位置决定了视觉刺激局部区域的两个以观察者为中心的角坐标,而视觉刺激图形与之对应的局部区域的视网膜像差(连同眼位置的信息)决定了其深度。因此,从视觉输入到阵列单元格的映射(由其以观察者为中心的坐标寻址)是直接的。然而,高效的自下而上的图形识别系统需要一种对输入形状的描述,其对物体的方向、位置、投影大小和投影形状不敏感,如此,就能与单个或少数的对该物体固有形状的常规描述相匹配。在本理论中,一旦确定了每一个点的深度,就能得到用以世界为中心坐标(保留了大小和形状的恒常性)表示的物体各部分的位置。如果继续让以世界为中心坐标系的原点(可能还有坐标轴)移位到与该物体的自然轴线重合,那么每一块局部表面区域都能用以对象为中心的坐标指定,因此可以用相对较少的步骤计算出该物体及其各部分以对象为中心的全局描述,以将其作为识别程序的输入。

自上而下的图形识别

马尔和西原(1978)提出,当自下而上的程序不足以确定物体某个部分的深度方向时,可以使用类似的下列程序:(a)通过自下而上的方式,选择对该物体的长时记忆描述,指定主轴(或骨架)与各部分之间的关系;(b)利用该描述生成该部分的可能的二维投影集,投影既与该物体主轴的知觉方向一致又与该部分与主轴的空间关系一致;(c)从该集合中选择预测投影与真实输入投影之间最匹配的部分方向。这种“表象空间处理器”以及其他自上而下的识别过程可以作为本理论中的模板匹配过程来实现,方法是:(a)使用LTM形状描述生成骨架表象;(b)使用以世界/对象为中心的坐标对其中一个部分进行深度旋转;(c)使用生成图形的以观察者为中心的坐标,确定被旋转的部分何时与输入图形的轮廓最匹配。

眼球运动和注意转移

人们发现,眼球在三维空间物体之间的运动由两个独立的阶段构成:双眼的共轭运动,使双眼形成夹角的平分线对准目标;会聚运动,使该夹角的顶点对准目标。结合眼球位置信息,共轭运动的指令可以从目标的前两个以观察者为中心的坐标(深度串的位置)推导得到;会聚运动的指令可以从第三个坐标(深度串内目标单元格的位置)推导得到。与眼球运动类似,内部注意转移似乎能增强由一系列视觉角度和深度范围定义的视觉空间区域,相当于启动了阵列中一组由以观察者为中心坐标系所定义的相邻单元格。

知觉稳定性

按前述内容,视觉图形的以世界/对象为中心坐标被用来评估景象的物理布局。假设人们通过将以世界/对象为中心坐标的某些部分与表征某个已知的世界位置和方向的语义记忆结构联系起来,心理性地表征他们在空间中的位置(如,在一个熟悉的房间里面朝北方)。现在,当他们移动眼睛、头部或身体时,就能复制一份运动指令并利用指令将以世界为中心的坐标系的原点在阵列内移位相应的量和方向。它不但保留了视觉世界客观上原地不动的知觉信息,还符合以下事实:世界中当前可见的表面及其与眼睛的关系,已由于运动发生了改变(因为阵列单元格被填充了一个与之前不同的图形)。

知觉适应

众所周知,人类经过练习可以适应棱镜以多种方式造成的视觉输入扭曲。本模型中,基于物体或肢体在触觉或听觉表征结构中的坐标与视觉阵列中以对象/世界为中心坐标之间的分歧,以世界为中心地址(通过多感官和感觉运动协调访问)与以观察者为中心地址(与特定的视野位置相关联)之间逐个单元格的联系可能发生改变。芬克(1979)证明了目的手部位置和想象手部位置的错配会引起感觉运动适应;库伯维(Kubovy,1979)推测,视觉运动适应可获得的数学函数类恰好是心理表象转换可获得的一类。两者都支持当前论点,即心理表象和其他感觉及运动系统相联系的视觉知觉对象都有一个共同的阵列结构作为基础。

七、结论

在科学领域，比喻是一把双刃剑。一方面，它们可能发挥启发作用，激励和整合实验性研究；另一方面，比喻也会导致人们将日常熟悉的喻体与研究对象的真正解释混为一谈。在表象研究中，"意识的眼睛看见了心理图像"这一比喻，以上两方面情况皆有。诚然，没人否认，比喻激发了很多重要发现，如心理旋转的研究。但20世纪哲学与实验心理学最大的分歧也集中在对比喻的滥用，如认为头中有个小人以及图像被绘制在大脑表面的荒谬观点。

令人欣慰的是，计算认知科学在表象研究中的应用，使表象理论和研究脱离了比喻的范畴。阵列理论及其被实现为计算机模拟的过程，驱除了围绕在以下观念上的吊诡感：表象是类似图像的实体，由类似知觉的过程观察。我希望本文已展示了如何通过仔细思考一些方法，消除将稳定的三维世界压缩为二维心理图像的吊诡感。通过这些方法，计算程序可以获得并运算关于物体和空间几何性质的信息。这些思考引出了一个理论，我希望，该理论保留了直觉式吸引力和对图像比喻的实证支持，同时还能处理关于表征和三维空间推理的内在计算问题。至于理论能否被令人信服地证明，那是另一回事。如果我们能将注意力集中在理论是否真实，而不是关注其是否可能或符合逻辑，那么，表象的研究才取得真正的进步。

参考文献

Abelson, R. P. *Script processing in attitude formation and decision making*. In J. S. Carrol & J. W. Payne (eds.), Cognition and Social Behavior. Hllsdale, New Jersey: Erlbaum, 1976.

Anderson, J. R. *Arguments Concerning Representations for Mental Imagery*. Psychological Review, 1978, 85, 249-277.

Attneave, F. *Representation of physical space*. In A. W. Melton & E. J. Martin (eds), Coding Processes in Human Memory. Washington, D.C.: V. H. Winston, 1972.

Attneave, E & Block, N. *Apparent Motion in Tridimensional Space*. Perception & Psychophysics, 1973, 13, 301-307.

Attneave, F. & Pierce, C. R. *Accuracy of Extrapolating a Pointer into Perceived and Imagined Space*. American Journal of Psychology, 1978, 91, 371-387.

Bisiach, E. & Luzatti, C. *Unilateral Neglect of Representational Space*. Cortex, 1978, 14, 129-133.

Block, N. (ed.) Imagery. Cambridge, MA: MIT Press, 1981.

Boring, E. G. *The Gibsonian Visual Field*. Psychological Review, 1952, 59, 246-247.

Brooks, L. R. *The Suppression of Visualization by Reading*. Quarterly Journal of Experimental

Psychology, 1967, 19, 289–299.

Chambers, D. & Reisberg, D. *Can Mental Images be Ambiguous*? Journal of Experimental Psychology: Human Perception and Performance, 1985, 11, 317–328.

Cooper, L. A. & Shepard, R. N. *Chronometric studies of the rotation of mental images.* In W. Chase (ed.), Visual Information Processing. New York: Academic Press, 1973.

Dodwell, P. *Perceptual Adaptation.* New York: Holt, Rinehart, & Winston, 1970.

Downing, C. & Pinker, S. *The spatial structure of visual attention.* In M. Posner & O. Marin (eds.), Attention and Performance XI: Mechanisms of Attention and Visual Search. Hillsdale, NJ: Erbaum, 1985.

Farah, M. J. *The Neurological Basis of Mental Imagery: A Componential Analysis.* Cognition, 1984, 18,245–272.

Farah, M. J. *Psychophysical Evidence for a Shared Representational Medium for Visual Images and Percepts.* Journal of Experimental Psychology: General, 1985, 114, 91–103.

Finke, R. A. *The functional equivalence of mental images and errors of movement.* Cognitive Psychology, 1979, Ⅱ, 235–264.

Finke, R. A. *Levels of Equivalence in Imagery and Perception.* Psychological Review, 1980, 87, 113–132.

Finke, R. A. & Kosslyn, S. M. *Mental Imagery Acuity in the Peripheral Visual Field.* Journal of Experimental Psychology: Human Perception and Performance 1980, 6, 126–139.

Finke, R. A. & Kurtzman, H. S. *Mapping the Visual Field in Mental Imagery.* Journal of Experimental Psychology: General, 1981, 110, 501–517.

Finke, R. A. & Pinker, S. *Spontaneous Image Scanning in Mental Extrapolation.* Journal of Experimental Psychology: Learning, Memory, and Cognition, 1982, 8, 142–147.

Finke, R. A. & Pinker, S. *Directional Scanning of Remembered Visual Patterns.* Journal of Experimental Psychology: Learning, Memory, and Cognition, 1983, 9(3), 398–410.

Finke, R. A, Pinker, S, and Farah, M. J. *Reinterpreting Visual Patterns in Mental Imagery.* Submitted for publication, 1987.

Finke, R. A. & Shepard, R. N. *Visual functions of mental imagery.* In K. R. Boff, L. Kaufman, & J. Thomas (eds.), Handbook of Perception and Human Performance, Vol. 2. New York Wiley–Interscience, 1986.

Fiske, S. T., Taylor, S. E., Etcoff, N. L. and Laufer, J. K. *Imaging Empathy and Causal Attribution.* Journal of Experimental Social Psychology, 1979, 15, 356–377.

Fodor, J. A. *Psychological Explanation.* New York: Random House, 1968.

Fodor, J. A. *The Language of Thought.* New York: Thomas Y. Crowell Company 1975.

Freyd, J. J. & Finke, R. A. *Facilitation of Length Discrimination Using Real and Imagined Context Frames.* American Journal of Psychology, 1984, 97, 323–341.

Gardner, H. *The Mind's New Science.* New York: Basic Books, 1985.

Gibson, J. J. *The Perception of the Visual World.* Boston: Houghton Miflin, 1950.

Gibson, J. J. *The Visual Field and the Visual World: A Reply to Professor Boring*. Psychological Review, 1952, 59, 149-151.

Graham, C. *Visual space perception.* In C. Graham (ed.), Vision and Visual Perception. New York: Wiley, 1965.

Haugeland, J. (Ed.) *Mind Design: Philosophy, Psychology, Artificial Intelligence.* Montgomery, VT: Bradford Books, 1981.

Hinton, G. E. *Imagery Without Arrays.* The Behavioral and Brain Scinces, 1979a, 2.555-556.

Hinton, G. E. *Some Demonstrations of the Effects of Structural Descriptions in Mental Imagery.* Cognitive Science, 1979b, 3, 231-250.

Hollins, M. *Styles of Mental Imagery in Blind Adults.* Neuropsychologia, 1985, 23, 561-566.

Horn, B. K. P. & Bachman, B. L. *Registering real images using synthetic images.* In P. H. Winston & R. H. Brown (eds.), Artificial Intelligence: An MIT Perspective. Cambridge, MA: MIT Press, 1979.

Keenan, J. M. & Moore, R. E. *Memory for Images of Concealed Objects: A Reexamination of Neisser and Kerr.* Journal of Experimental Psychology: Human Learning and Memory, 1979, 5, 374-385.

Kosslyn, S. M. *Information Representation in Visual Images.* Cognitive Psychology, 1975, 7, 341-370.

Kosslyn, S.M. *Measuring the Visual Angle of the Mind's Eye.* Cognitive Psychology, 1978, 10, 356-389.

Kosslyn, S. M. *Image and Mind.* Cambridge, MA: Harvard University Press, 1980.

Kosslyn, S. M, Brunn, J, Cave, K. R. & Wallach, R. W. *Individual Differences in Mental Imagery Ability: A Computational Analysis.* Cognition, 1984, 18, 195-243.

Kosslyn, S. M, Pinker, S, Smith, G. E. & Shwartz, S. P. *On the Demystification of mental imagery.* The Behavioral and Brain Sciences, 1979, 2, 535-581.

Kosslyn, S. M. & Shwartz, S. P. A Simulation of Visual Imagery: Cognitive Science, 1977, 1, 265-295.

Kubovy M. *Two hypotheses concerning the interrelation of perceptual spaces.* In L. D. Harmon (ed), Interrelations of the Communicative Senses. Washington, DC: National Science Foundation, 1979.

Marr, D. Vision. San Francisco: Freeman, 1982.

Marr, D. & Nishihara, H. K. *Representation and Recognition of the Spatial Organization of Three-dimensional Shapes.* Proceedings of the Royal Society, 1978, 200, 269-294.

Metzler, J. *Cognitive Analogues of the Rotation of Three-dimensional Objects.* Unpublished doctoral dissertation, Stanford University 1973.

Metzler, J. & Shepard, R. N. *Transformational studies of the internal representation of three-dimensional space.* In R. Solso (ed.), Theories in Cognitive Psychology: The Loyola Symposium. Potomac, MD: Lawrence Erlbaum, 1974.

Miller, G. A. & Johnson-Laird, P. *Language and Perception.* Cambridge, MA: Harvard

University Press, 1976.

Neisser, U. *Cognition and Reality*. San Francisco: W. H. Freeman, 1976.

Neisser, U. *Images, Models, and Human Nature*. The Behavioral and Brain Sciences, 1979, 2, 561.

Newell, A. & Simon, H. *Human Problem Solving*. Englewood Cliffs, NJ: Prentice Hall, 1973.

Phillip, W. A, Hobbs, S. B, &Pratt, E. R. *Intellectual Realism in Children's Drawings of Cubes*. Cognition, 1978, 6, 15-33.

Pinker, S. *Mental Imagery and the Visual World*. Center for Cognitive Science Occasional Paper # 4, MIT, 1980.(a)

Pinker, S. *Mental Imagery and the Third Dimension*. Journal of Experimental Psychology: General, 1980, 109, 354-371. (b)

Pinker, S. *Visual Cognition: An Introduction*. Cognition, 1984, 16, 1-63.

Pinker, S., Choate, P., & Finke, R. *A Mental Extrapolation in Patterns Reconstructed from Memory*. Memory and Cognition, 1984, 12(3), 207-218.

Pinker, S. & Finke, R. A. *Emergent Two-dimensional Patterns in Images Rotated in Depth*. Journal of Experimental Psychology: Human Perception and Performance, 1980, 6, 244-264.

Pinker, S. & Kosslyn, S. M. *The Representation and Manipulation of Three-Dimensional Space in Mental Images*. Journal of Mental Imagery, 1978, 2, 69-84.

Pinker, S. & Kosslyn, S. M. *Theories of mental imagery*. In A Sheikh (ed.), Imagery: Current Theory, Research and Application. New York: Wiley, 1983, 43-71.

Pinker, S. Nimgade, A. & Wiesenfeld, H. C. *Memory for Pictures Imagined at Different Sizes, Distances, and Orientations*. Paper presented at the 62nd Annual Meeting of the Western Psychological Association, Sacramento, CA, April 8-11, 1982.

Pinker, S. Stromswold, K. & Beck, L. *Visualizing Objects at Prespecified Orientations*. Paper presented at the annual meeting of the Psychonomic Society, San Antonio, November, 1984.

Posner, M. L, Snyder, C. R, & Davidson, B. J. *Attention and the Detection of Signals*. Journal of Experimental Psychology: General, 1980, 109, 160-174.

Pringle, R. & Uhlarik, J. *Chronometric Analysis of Comparative Size Judgments with Two-dimensional Pictorial Arrays*. Paper presented at the annual meeting of the Psychonomic Society, Phoenix, Arizona, 1979.

Pylyshyn, Z. *What the Mind's eye Tells the Mind's Brain: A Critique of Mental Imagery*. Psychological Bulletin, 1973, 80, 1-24.

Pylyshyn, Z. *The Imagery Debate: Analogue Media Versus Tact Knowledge*. Psychological Review, 1981, 88, 16-45.

Pylyshyn, Z. *Computation and Cognition: Toward a Foundation for Cognitive Science*. Cambridge, MA: Bradford Books/MIT Press, 1984.

Segal, S. J. & Fusella, V. *Influence of Imaged Pictures and Sounds on Detection of Visual and Auditory signals*. Journal of Experimental Psychology, 1970, 83, 458-464.

Shepard, R. N. *The Mental Image.* American Psychologist, 1978, 33, 125–137.

Shepard, R. N. & Cooper, L. A. *Mental Images and Their Tranformatins.* Cambridge, MA: Bradford Books/MIT Press, 1982.

Shepard, R. N & Judd, S. A. *Perceptual Illusion of Rotation of Three–dimensional Objects.* Science, 1976, 191, 952–954.

Shepard, R. N. & Metzler, J. *Mental Rotation of Three–dimensional Objects.* Science, 1971, 171, 701–703.

Shwartz, S. P. *Studies of Mental Image Rotation: Implications of a Computer Simulation Model of Mental Imagery.* Unpublished doctoral dissertation, The Johns Hopkins University, 1979.

Slee, J. A. *Individual Differences in Visual Imagery Ability and the Retrieval of Visual Appearances.* Journal of Mental Imagery, 1980, 4, 93–113.

Spelke, E. S. *Where perceiving ends and thinking begins: The apprehension of objects in infancy.* In A. Yonas (ed.), Minnesota Symposia on Child Psychology, in press.

Spochr, K. T. & Williams, B. E. *Retrieving Distance and Location Information from Mental Maps.* Paper presented at the nineteenth annual meeting of the Psychonomic Society, San Antonio, Texas, November 9–11, 1978.

Uhlarik, J., Pringle, R., Jordan, D., & Misceo, G. *Size Scaling in Two–dimensional Pictorial Arrays.* Perception & Psychophysics, 1980, 27, 60–70.

Waltz, D. L. *On the Function of Mental Imagery.* The Behavioral and Brain Sciences, 1979, 2, 569–570.

Weber, R. J. & Malmstrom, E. V. *Measuring the Size of Mental Images.* Journal of Experimental Psychology: Human Perception & Performance, 1979, 5, 1–12.

3　人类语言规则与联结

——与艾伦·普林斯(Alan Prince)合著

至少从理性时代的经验论和唯理论哲学家们开始,人类的智能就有两种不同方式的解释:一是作为感官印象之间的习得性联想,二是作为逻辑规则在符号式表征上的应用。20世纪,联想论(The associationist theory)促成了行为主义者的刺激—反应模型、赫布(Hebb)的神经网络模型(我读本科时,他是麦吉尔大学名誉教授)以及弗郎克·罗森布拉特(Frank Rosenblatt)和奥利弗·塞尔弗里奇(Oliver Selfridge)的"感知机"(Perceptron)计算机模拟程序的诞生。同时,符号加工方法在20世纪50—60年代的认知革命中再次兴起。人工智能先锋马尔温·明斯基(Marvin Minsky)、赫伯特·西蒙(Herbert Simon)和阿伦·内维尔(Allen Newell),将信息论引入心理学的学者乔治·米勒(George Miller)、唐纳德·布罗德本特(Donald Broadbent),以及语言学家诺姆·乔姆斯基都采用过这一方法。

认知科学兴起后的前面几十年,符号加工模型如日中天。但到了20世纪80年代,计算机模拟的神经网络模型在"联结主义"(Connectionism)和"并行分布加工"(Parallel distributed processing)的旗帜下复兴了。这些模型将神经元和突触的简化模型比喻为计算单元,似乎架起了神经元和认知层次之间的桥梁。此外,在很多认知科学家眼里,符号式的方法似乎过时了。甚至到了21世纪10年代,统计学习模型(其中很多是以人工神经网络的形式实现的)还常被吹捧为机器智能的下一个浪潮,一些模型可以在一些消费型应用程序中找到,如谷歌翻译和电话语音识别。

然而,曾受困于语音信箱陷阱或在谷歌翻译网页中纠结杂乱翻译的人可以作证,"没有符号推理的辅助,单纯以联想法驱动的系统存在很多局限性"。这些局限性是本篇论文的主题。戴维·鲁姆哈特(David Rumelhart)和詹姆斯·麦克莱兰(James McClelland)开发了一个英语过去时态结构的习得模型,它是20世纪80年代兴起的神经网络模型新浪潮中最早、最令人印象深刻的模型之一。1988年,语言学家艾伦·普林斯和我在《认知》杂志上发表了一篇对它的长篇批判性分析，题为《关于语言和联结主义：对语言习得的并行分布加工模型的分析》(*On Language and Connectionism: Analysis of a Parallel Distributed Processing Model of Language Acquisition*)。这篇论文与同期杂志杰里·福多尔和泽农·派利夏恩发表的一篇论文，以及明斯基和西蒙·派珀特(Seymour Papert)的书《感知机》(*Perceptrons*)中的新序一起，是业界对语言及认知神经网络模型局限性最著名的分析。《关于语言和联结主义》在我发表的论文中成为了被他人引用次数第二多的文章。

《关于语言和联结主义》是一篇长文(合121页)。文章发表后不久，《神经科学趋势》(*Trends in Neuroscience*)杂志的编辑问我们可否将其简写，以便神经科学家阅读。这里，我将简写版收录于本书，它已抓住了原文的所有要点。

人人都希望，神经科学中的发现能有助于人类智能的解释，但没人指望这一解释可以一蹴而就。人人都希望，神经科学和认知科学将在"认知体系结构"(Cognitive architecture)的中间层次会合，用以解释由神经组织的属性所衍生，并充当了执行智能行为的认知算法构件的基本信息过程。事实证明该中间层次可望而不可即。神经科学家研究放电率、兴奋、抑制和可塑性；认知科学家研究规则、表征、符号系统。构想在数字计算机上运行认知符号系统的方法相对容易，但如何在神经硬件上实现这些方法却非常模糊。任何涉及该中间层次的理论都会面临一套严峻的标准：它需要满足神经心理学和神经解剖学的制约因素，还要提供适当的计算能力作为认知的基础。

最近，人们对一种宣称能做到这一点的理论燃起了相当大的热情。"联结主义"或"并行分布加工"(PDP)模型试图使用由大量密集互联的单元构成的网络去模拟认知系统。这些单元顺着加权联结(Weighted connection)互相传递信号：(1)根据每一输入信号参与的联结强度给其加权；(2)对加权输入值求和；(3)将和(通常是一个阈值)输入一个非线性输出函数以"计算"输出信号。这个过程包括调整联结的强度和阈值，调整方向通常对应于减少"真实输出"与"教学输入集[1,2]提供的期望输出"之间的差异。这些模型并非真正的神经模型。虽然它们的一些属性让人联想到神经系统，但另一些属性在神经系统中并无类似结构，如教学和学习机制，且我们对神经连接拓扑结构的大部分认识在这里不起任何作用[3]。不过，该模型的支持者称其为"大脑式"或"大脑隐喻"模型，这引发了神经科学家们的极大兴趣[4]。很大程度上，这源于一些例子展示了模型如何在不含规则的情况下表现出了类规则行为。这意味着，PDP模型或许能同时符合"神经心理学"以及"一种经过改良且充分的认知理论"，为人们提供孜孜以求的桥梁作用。

PDP系统的类规则行为最戏剧性、最常被引用的例子是英语动词过去时态的习得模型[5]。此模型解决的现象可作为教科书式的例子，说明规则在认知行为中的作用。幼儿很早就会使用规则动词（“walked”）和不规则动词（“broke”），接着，他们开始泛化规则化的“ed”词尾，说出“breaked”“broked”这样的形式[6]。进入幼儿园，他们可以将实验人员提供的无意义单词“jick”转换为“jicked”，并能轻易区分规则后缀的三种发音变化形式：“t”是清辅音结尾单词过去式的读音（“walked”）、“d”是浊辅音结尾单词过去式的读音（“jogged”），“ed”是以“t”或“d”结尾单词的读音（“patted”）。根据这一发育序列的传统解释，儿童首先从父母的言语中直接记忆过去式，再创造出一条能高效生成过去式的规则。

出人意料的是，鲁姆哈特和麦克莱兰的网络模型也表现出了相同的一般行为类型（也有一些其他的发育现象），但它完全没有规则[1]。该模型没有对单词、规则情况VS不规则情况、词根、词干或后缀的表征。相反，它只是一个双层网络，具有一个输入单元集（在对应了动词词干的模式中会被打开）、一个输出单元集（在对应了动词过去式的模式中会被打开），以及每个输入单元和每个输出单元之间的联结。学习过程只是将自身版本的过去时态形式与“老师”提供的正确版本作比较，并调整联结的强度和阈值以减少差异。鲁姆哈特和麦克莱兰认为，这证明了联想主义语言习得理论的可信性（很快得到多人附议），尽管语言学家在25年[7]前就已将这一理论彻底抛弃。一个系统可以在完全不含规则的情况下表现出类规则行为；或许这个更成熟的PDP版本的联想论还可以作为一种语言心理学改良理论的基础，因其底层机制被调整为更贴近于神经心理学。

当然，如同一只发条老鼠缺少运动程序不能说明真实老鼠也缺少，计算机模型在没有规则的情况下表现出智能行为也不能说明人类的智能缺乏规则。最近，一系列论文认为，基于经验证据，这个著名的语言PDP模型是错误的[8-10]。证据来源很多：实验和自然研究观察到的儿童语言的性质，人们判断口语中自然声或不规范单词和句子种类中的规律，以及该模型自身的模拟运行结果。如果这些证据为真，意义非常重大，因为它们会影响联想式网络可解释人类受规则支配的智能的说法。这里，我们将回顾一些最显著的证据，它们可以分为三组：该模型的设计、该模型的渐进性表现（近似于成人对日常英语的掌握），以及该模型的类儿童中间行为。

一、鲁姆哈特-麦克莱兰模型缺乏语言构念的证据

鲁姆哈特-麦克莱兰模型激进的原因是，对形式化语言概念缺乏相对应的东西，如“音段”“符号串”“词干”“词缀”“单词”“词根”“规则性规则”或“不规则特例”。在标准的心理语言学理论中，这些实体不仅是方便的标记符号，还是被设计来解释

语言组织事实的构念(Construct)。鲁姆哈特-麦克莱兰模型忽视了这些构念且未提供替代品,因此与事实不符。

串和音段

根据标准理论,一个单词的音系表征包含了一个音段(音素)串,每一个音段可被分解为很多特征,对应该音段发音或声音的各个方面(如,清/浊、鼻音/口腔音、舌前/舌后)。相比之下,鲁姆哈特和麦克莱兰使用了一种完全"分布式"的表征,在该表征中,一个单词是一种在单个单元矢量上的(同时)激活模式。这立即产生了一个麻烦:线性顺序的表示问题。如果每一个单元只表示一个音素或特征,模型将无法分辨以不同顺序组合相同声音的单词,例如"apt""pat""tap"。这导致鲁姆哈特和麦克莱兰使用了上下文有关的单元,每一个单元编码一个由单词中3个相邻音系特征构成的子串。例如,"清音—清音—浊音"和"摩擦音—闭塞音—低音—元音"就是因单词"stay"而激活的上下文有关特征中的两个特征。输入和输出矢量各由460个此种单元构成。激活它们的子集,为常见英语动词定义唯一的模式将具有可能。

然而,有充分的证据表明,人们并未使用这种上下文有关的单元。第一,三音段式单元无法唯一编码所有的语言符号串——这种单元也许适用于英语,但并不普遍适用于所有语言。例如,澳大利亚的"Oykangand"语中两个单词"algal"和"algalgal"相似但不同。这两个单词分解出的上下文有关特征集非常相似,故该模型无法对它们作分辨。第二,这些特征对心理学相似性做出了错误的预测。像"slit"和"silt"这样的一对符号串,差异在于两个音素的顺序,却被人们判断具有相似的读音,它们的混淆也许是英语历史中某些变化导致,如"brid"发展为"bird","thrid"发展为"third"。但是,如果这种原子性的描述单元对应的是我们通常认为的三联体(Triple),那么,作为原子的"abc"和"acb"完全不同(理论学家使用三字母助记缩写以助理解)。如果不将任意性引入该模型,则单词之间的感知相似性得不到解释[8,9]。第三,对于何种规则易于学习因而普遍存在于语言中,以及何种规则不应存在于语言中,该模型做出了错误的预测。该模型很容易为了形成过去时态而学习怪异的、跨语言不存在的规则(如,逆转词干音素的顺序会涉及每一个输入单元"abc"到输出单元"cba"的简单联想;将每一个音素改为英语字母顺序表上的下一个音素;如果单词以"st"开始则在词尾添加一个"g",如果以"sk"开始则在词尾添加一个"p"),就像学习普通规则时一样容易(如,不对词干作任何改变,词干增加一个"d")[8]。

根本的问题是,在简单的联想论体系结构中,同一组单元既要表征符号串分解出的语音部件,还要表征语音部件的拼接顺序。这两个需求相互冲突,最终,两者皆无法被成功满足。鲁姆哈特-麦克莱兰表征系统是一例个案研究,研究的是满足认知结构已知制约因素的难度。人们对音系学结构的真实单元(从语音特征到音段、音节、重音群)已有充分的认识,如放弃它们而选择一种在语言过程中毫无作用的单元(特征三联体),势必会产生实证问题。

形态学和音系学

鲁姆哈特-麦克莱兰模型运算的是从词干的音系特征到过去时态形式的音系特征的一步式映射,它省却了常见语言理论会用到的诸多规则和抽象表征。但有大量证据表明,这种映射实际上在几个层次进行了运算。思考“walked”“jogged”和“patted”后缀中的差异,其差异在词干的最后一个音素。这种差异并非过去时态形式独有,它们还出现在被动语态分词(“he was kicked”“he was slugged”“he was patted”)以及形容词(“sabre-toothed”“long-nosed”“one-handed”)中。它们还与不同的后缀一道出现,比如复数(“hawks”“dogs”“hoses”)和所有格(“Pat’s”“Fred’s”“George’s”)。它们甚至会出现在缺乏屈折变化的简单词中:一些单词有两个连续的清辅音(“ax”或“act”),一些单词有两个连续的浊辅音(“adze”),但没有单词一个清辅音后跟一个浊辅音(“acd”或“agt”),反之亦同。最明显的解释是,这种“t-d-ed”模式与过去时态无关,它属于另一个系统(音系学),该系统会为了顺应英语的声音模式而调整单词和符号串,不考虑它们的形成方式。(此处的音系学规则迫使单词词尾的辅音丛或全为浊音或全为清音,如相邻辅音太相近则在其间插入一个元音。)规则过去时态模式属于“形态学”系统,只是简单地将“/d/”添加到动词词尾,模式的三重变化则靠另行的音系学部件应对。如果将这种差异只压缩到单个部件里面,模型无法解释这种三重变化模式实际上源于语言的普遍制约因素。

词干和词缀

语言过程往往惯于“复制”词干,仅对其作少许修改:“walk/walked”是普遍模式,“go/went”则极为罕见。在一些语言中,词干被复制了两次,这一现象被称为“再复制”:“go”的过去式在这些语言中是“gogo”。同样,词缀的同一性会保留在其所有变体内:“jog”和“pat”的词尾分别是“d”和“ed”,而不是“d”和“ob”或“iz”和“gu”。网络模型有一种难以察觉但非常重要的性质:没有纯复制,只有一个单元集和另一个单元集之间可修改的联结。只有成对单元的一致性才能影响模型的操作,这些单元代表了什么并不重要(邻近这些单元的标签可被理论家见到,但模型见不到)。因此,语言映射中复制操作的普遍性令人费解;网络模型可以轻松地学习将所有“a’s”变为“e’s”,所有“b’s”变为“c’s”等的规则。

词项

在标准的心理学理论中,词语是心理词典中区别于实际发音的“条目”。事实上,这非常必要,因为有同音异义词的存在,比如“ring”和“wring”、“lie”(撒谎)和“lie”(横躺)。关键在于,同音异义词可以具有不同的过去时态形式,例如“rang”和“wrung”、“lied”和“lay”。由于鲁姆哈特—麦克莱兰模型只是从音系学单元到音系学单元的简单映射,故而它无法处理这样的词语。

针对这一现象,人们的自然反应是,是否过去时态形式与意义及声音存在联系,或许“ring”和“wring”意义的不同语义特征表征可直接与其不同的过去时态形式相关。令人惊讶的是,人们最终发现,意义几乎完全与过去时态形式无关,过去时态形式与某个表征层次上的差别相关,动词的词根在此层次是有差异却无意义的符号。例如,像“come、go、do、have、set、get、put、stand...”这样的动词,每一个都有几十种意义,特别是与“小品词”组合时,如“in”“out”“up”“off”。但是它们在每一种语义化身中都有相同的不规则过去时态形式,甚至在这些词干与无意义的前缀组合时也会发生这种情况,如“stood/understood”“get/forget”“come/overcome”。(虽然这些前缀无意义,但其出现在词语中时必须是真实的前缀:“overcome”和“become”包含了直觉上可识别的前缀,可被转换为“overcame”和“became”。单词“succumb”,“cumb”与“come”听起来虽然相似但却缺少真实前缀,不能被转换为“succamb”。)相反,同义词无须具有同一种过去时态形式:比较“hit/hit”“strike/struck”“slap/slapped”,它们虽有相似的意义但过去时态不同。因此,与不规则过去时态有关的相似性空间本身没有语义维度;真正重要的是总体差异——“‘wring’与‘ring’不是同一个词语”——而非实际意义。

甚至,“动词”与“动词词根”之间的差异也具有心理学意义。令非研究型的语法学家困惑的是,人们通常感觉说“broadcasted”自然“broadcast”不自然;“joy-rided”自然“joy-rode”不自然;“grandstanded”自然“grandstood”不自然;“high-sticked”(冰球术语)自然“high-stuck”不自然。原因在于,“不规则性”是附着于动词词根而非动词本身的属性。对于每个这样的动词,说话者都无意识地感觉它们派生自名词(“a joy-ride”“a high-stick”)。在人们的心理词典中,既然将名词标记为具有不规则“过去时态形式”毫无道理,那么任何被人感觉派生自名词或形容词的动词就自动变成了规则形式,从而产生了“joy-rided”。

所有这些例子都说明,语言背后的心理学过程与一个表征系统相关,传统上称该系统为“形态学”,该系统规定某种既非声音也非意义的实体中存在着法定的规则性。具体来说,这些实体指词项、词干、词缀、词根以及词类。

规则过去式与不规则过去式

鲁姆哈特-麦克莱兰模型革命性的一面体现在规则和不规则过去时态的转换被压缩为一个单一的网络。这恰好反映了联结主义系统经常宣称的普遍具有的优点之一:受规则支配的情况、部分受规则支配的情况和孤例皆一视同仁[11]。当然,只有在人们的受规则控制行为和例外行为无法被清晰区分时,它才成为一种优点。然而,在过去时态系统的情况中,质性差异已有记载,比如下列四种情况:

(1)不规则动词可以按音系学相似度划分为"家族相似性组":"'blow/blew''grow/grew''throw/threw'""'take/took''shake/shook'""'sting/stung''fling/flung''stick/stuck'"。规则动词在音系学上没有任何共同点,任何符号串都可以是规则动词。

(2)不规则过去时态在自然性或可接受性方面具有模糊性,取决于其与一个音丛的集中趋势有多相似。对很多人(特别是说美国英语的人)来说,"wept""knelt""rent"和"shod"的发音很生硬。在极端情况中,不规则过去时态形式听起来比较奇怪,如"Last night I forwent the pleasure of grading papers"或"I don't know how she bore it"。相比之下,规则动词并不存在基于音系学特征的可接受性梯度,除非与某个不规则音丛相似,即便罕见语音的词干("genuflect")也会生成听起来与其现在时态一样自然的过去时态形式,"She eked out a living"听起来不次于"she ekes out a living","They prescinded"不次于"They prescind"(即使听者完全不知道"prescind"是什么意思)。

(3)将动词划入任何不规则类别并不要求充分条件:虽然"blow"的过去时态是"blew",但"flow"的过去时态是"flowed";虽然"ring"的过去时态是"rang",但"string"的过去时态是"strung","bring"的过去时态是"brought"。相反,将动词划为规则动词的充分条件是它不能是不规则动词;如果它是规则动词,则其过去时态形式可完全预测。

(4)大部分的不规则转换只适用于具有特定结构的动词:"send/sent"模式,即把"d"变为"t",要求词干中必须有一个"d"作为前提。而无论词干是什么都给其添加一个"d"的规则性规则,实质上可以涵盖所有可能的情况。

这些差异尽管很细微,但都指向了同一个结论。在心理学上,规则动词和不规则动词之间存在着显著差异:前者似乎受一个"全或无"过程的支配(一条规则),除了预先存在不规则过去时态形式的动词,该规则适用于所有动词;后者由数个由发音相似单词组成的机械记忆列表构成,这些发音相似单词形成了模糊的家族相似性类。

二、模型的成功度

虽然有人乐观地宣布这一模型获得了成功，但它的实际表现在几个重大方面仍有不足。在经过80 000次训练后（420对动词词干及其正确过去时态形式各提交约200次），该模型接受了一次检验其概括能力的测试，被提交了72个新动词。它在33%的动词上出现了错误。在一些情况中，它未发出任何响应；另外一些情况下，它只提供了一个错误形式；还有一些情况下，它同时提供了一个正确形式和一个错误形式，无法在两者间做出选择（这些情况必须算作错误：语言心理学的一个关键是，在人们的言语中，不规则形式会预先占据规则形式的位置——人们不仅说“went”和“came”，还会避免说“goed”和“comed”）。

该模型犯的错误可以归结于几个因素。首先，它将过去时态特征与特定的词干特征联想在了一起，它没有“与模型包含的特征无关”的抽象实体“词干”的概念。因此，如果由该模型的训练词干定义的音系学空间存在间隙（Gap），它也许不能概括占据这些间隙的新提交词干，即便对“jump”或“warm”这样的常见词也不能发出任何响应。其次，该模型会吸收训练集里的任何程度的规则性，导致其高估英语不规则动词中的某些元音变化的普遍性，造成错误的过度规则化，例如将“shipped”当作“shape”的过去式，“brawned”当作“brown”的过去式。最后，该模型无法追踪独立的竞争性响应，如“type”和“typed”。在输出特征矢量中，数百个与词干产生关联的互不相容特征同时被激活，却没有记录哪些特征凝聚为了目标响应。尽管鲁姆哈特和麦克莱兰构造了一个临时的、独立的响应—竞争模块，以提取一个凝聚响应（Cohesive response），但该模块无法有效地做好工作并产生了杂合体，如“typed”的“typeded”“mail”的“membled”，以及“squat”的“squakt”。

三、儿童的语言

这一过去时态模型最引人注目的方面在于它能复制儿童历经的各个学习阶段：首先使用“ate”，然后同时使用“ate”和“eated”（偶尔会用“ated”），最后只使用“ate”。这非常令人惊讶，因为模型本身并无任何变化，它只是被动地响应老师的输入。

因此，该模型的变化是由输入的变化引起的。鲁姆哈特和麦克莱兰指出，高频动词往往为不规则动词，反之亦然。他们推论，儿童可能先学习少量高频动词，然后是大量的动词，其中规则动词的比例会逐渐增高。因此，用此模型模拟儿童时，他们定义了两个阶段。在第一阶段，他们输入10个高频动词（2个规则动词和8个不规则动词),同时为其匹配正确的过去时态形式,每对提交10次。在第二阶段,他们输入了420个高频和中频动词对,每对训练190次,其中336个(80%)为规则动词。动词的频率由一个大型书面英语语料库的公开统计数字确定。该模型的响应如下:在第一阶段,规则模式有2个范例,比8种不规则模式中的每种模式多1个范例,而该模型实际上分别记录了词干和过去式间的10种联想模式。因此,该模型在不规则动词上表现得非常完美。在第二阶段,有海量的证据被提供给了规则模式,它覆盖了不规则动词特有的联想模式,导致产生了过度概括的错误,如"breaked"。最终,随着420个单词语料被反复提交,该模型加强了不规则词干的独有特征与过去时态形式的独有特征间的联结,抑制了与规则性词尾特征的联结,从而接近了正确的表现。

那么,我们预测:儿童的过度概括应是被其词汇中不规则形式与规则形式的比值变化引发的。但这一预测并不正确。图3.1记录了4个小孩在6个不同发育阶段掌握的规则动词的占比,过度概括一般发生在标记为Ⅲ的阶段。在这一阶段,儿童词汇中规则动词的比例几乎保持不变,规则动词占主导地位的情况并未出现[8]。形符频率(Token frequency)以及亲代言语中的频率也同样如此[8,12]。发生过度概括的原因不是词汇统计数据的变化,而是儿童语言机制的某种内生变化。

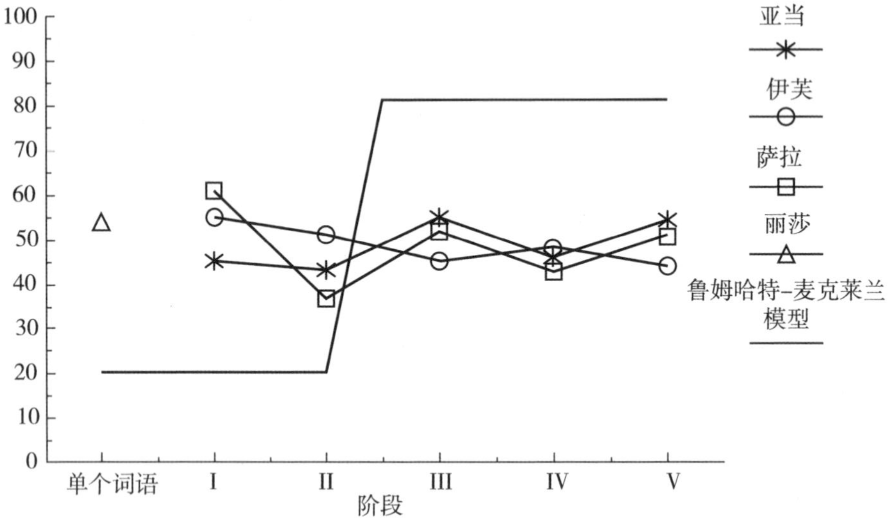

图3.1 4名儿童在6个不同发育阶段掌握的词汇中规则动词的占比,以及鲁姆哈特-麦克莱兰模型对应的情况(该模型预测"过度概括错误"——如,给一个不规则动词生成一个规则过去时态形式(bring/bringed)——会因词汇中规则动词的高发生率而增多,高发生率会加强这一规则模式的联结。事实上,尽管该模型在被引入高比例的规则动词后,的确出现了过度概括错误,但并无证据表明儿童在最早出现过度概括错误的阶段使用了高比例的规则动词)

另一个事实也证明了这点：研究者在一群儿童中发现，规则模式的使用与语法复杂性的总体测度相关，与儿童的实际年龄无关。相比之下，不规则过去时态形式的使用与实际年龄具有关联性[13]。这一事实与该模型的预测恰好相反。如果机械记忆(不规则形式)和规则(规则形式)是不同的机制，那么这一事实完全符合人们的预期，前者取决于儿童对语言的纯接触量，后者取决于儿童对总体语法系统的掌握程度。

该模型似乎能模仿儿童的第二种有趣方式：双标记错误(如“ated”)出现在靠后阶段。该模型倾向于发生这类错误的原因是响应混合：当对“ate”和“eated”的响应同时获得了足够强度时，模型无法追踪哪些音段属于哪些目标，于是将两者混合起来。另外一个假说是：儿童将“ate”本身误解为词干，错误地给其附上了规则形式的词尾——一般地，他们认为“eat”和“ate”是两个不同的英语动词[14,15]。实验数据支持这一假说。不规则元音变化和规则性词尾的明确混合在儿童言语中极为罕见(如，“sip”变为“sepped”)[8]。但是，过去式被误解为词干的错误很常见：儿童经常说“ating”“he ates”和“to ate”。此外，当在实验中只要求儿童将“eat”转换为过去时态形式时，他们从不会说“ated”。这证明，当儿童确实说了“ated”时，是他们接收了一个包含了“ate”的输入，而不是对包含了“ate”的输入进行了加工。显然，儿童对屈折形式的推导，不是随意用从词干联想出的零碎组装。他们在很大程度上尊重词语的完整性，尊重能被应用到词语上的系统性修饰的完整性[16]。总之，被鲁姆哈特-麦克莱兰模型调用以解释儿童行为——缺乏机械记忆和规则的清晰机制，对输入频率和响应混合敏感——的机制，不符合发育心理语言学家的研究数据。

四、对于神经科学的意义

鲁姆哈特—麦克莱兰模型对我们理解人类语言机制作出了重要贡献。该模型早期的出色表现似乎证实了联想网络缺乏执行规则，出于同样的理由，对其更深入的研究揭示的经验性缺陷也为我们提供了关于语言学习所需机制的宝贵教训。

(1)元素与其位置。拉什利(Lashley)提出的行为表现序列顺序的问题完全适用于语言，且该问题无法通过调用特征单元来解决，因为特征单元将特征与其直接上下文混为一谈。这种单元无法编码特定的单词，也无法解释出现在不同序列位置的给定特征定义的心理学相似性模式。

(2)变量。变量是一个符号，它能代表一群个体，而不考虑它们的个别属性。在算术中，“$x+1>x$”成立与否与 x 是否为偶数、奇数、质数无关。语言在很多操作中都使用了变量，英语的规则过去时态形式给变量“词干”添加一个

“d”,就是绝佳的例子。把响应特征与一类输入的具体特征联系起来,与把它们连接到表示该输入类本身的符号或变量并不相同——因为这种联系对特定输入样本的属性敏感,而真正的变量则不然。

(3)个体。两个对象可能共享全部的相关特征,然而两者在真实世界可能截然不同。因此,它们的表征在大脑中必须保持不同的特性。“lie/lay”和“lie/lied”的例子证明,必须存在将相同特征模式表征为不同实体的可能性。仅拥有大量具备不同知觉感受野(Perceptual receptive field)的单元还不够,必须有一些结构专门用来表示一个实体本身就是一个独立的实体。

(4)捆绑。最近,视觉研究者意识到,将对象只表征为特征映射上的激活模式存在一个固有问题:不可能将两个捆绑的同时呈现的对象区分开来。此外,一个受到压力的感知者容易发生错觉结合,即一个红色圆形加一个绿色正方形被感知为一个绿色圆形加一个红色正方形[17]。这些情况调用了一个串行注意机制,以将特征聚合成对象。同样,仅通过激活由某个输入联想得来的特征模式产生单词是不够的,因为当存在竞争性目标时,没法阻止竞争性替代项与之混合。简单的联结主义语言模型存在这一问题,但儿童的屈折系统显然没有。

(5)模块性。最近,人们发现,视觉系统并不是一个单一的黑箱,而是由很多部分自主的子系统组成[18]。甚至在神经解剖学和神经生理学技术确证之前,“心理物理学剖析”的方法学就得出了这一结论。尽管语言的神经解剖学基础尚未得到很好的理解,但意义相当的心理物理学研究强烈地支持将语言技能的功能分解为子组件——任何语言能力模型都必须反映这一点,而不只是从输入到输出单一链路的映射。此外,内在的“链路”是以特定方式进行组织的。在本例中,音系学和形态学已被证明为不同的子系统,这仅是最明显的情况。

(6)与输入的相关性统计数据无关。联结主义网络,像所有的联想论模型一样,通过记录知觉特征之间的相关性模式来学习。语言习得几乎不会以这种方式工作。在多数情况下,儿童会忽略普遍的环境相关性关系,做出内生性概括。在一些情况下,考虑到输入的相关性统计数据,这种概括会令人惊讶,但符合微妙的语法原则[19]。这一点可以从过去时态的情况中看出,过度概括的发生显然与输入统计数据无关,而成人阶段的概括范围(如果存在不规则形式则将其避开;如果该动词派生自名词词根则覆盖这一不规则形式)并未反映该输入的任一简单相关性属性。更普遍地看,只要语言是由独立的子系统构成,受环境驱动的变化产生的作用就一定受到了相当的约束:如果一个子系统的输入和输出没有被联结到环境,而是被联结到了其他内部子系统,那么,它们对环境来说就是不可见的,而联结主义者的“教学输入”也没有直接的办法通过从白纸状态开始的渐进改变将其调整为正确的状态。

总体上,我们得出了一个更普遍的教训。试图桥接神经科学和认知学的理论必须同时符合两者的数据和资料。人类语言的数据和资料非常丰富,因此,人们发展出了在成熟度和解释性方面强大的理论。尽管提出一种修正主义的联想论解释语言现象也许很省事,但这一举动在科学上并不合乎情理。构筑这一桥梁比人们初期看到的更困难,也更有趣。

知识点**3.1**:鲁姆哈特—麦克莱兰模型的工作机理

鲁姆哈特和麦克莱兰的模型在训练状态下会输入任何词干,并输出相应的过去时态形式。他们假设,该习得过程建立了从词干的语音表征到过去式的语音表征的直接映射。(在英语中,不定式和无屈折现在时态的词干是相同的。)下面是该模型的示意图,中央的"模式联想器"为三个部分中的核心。

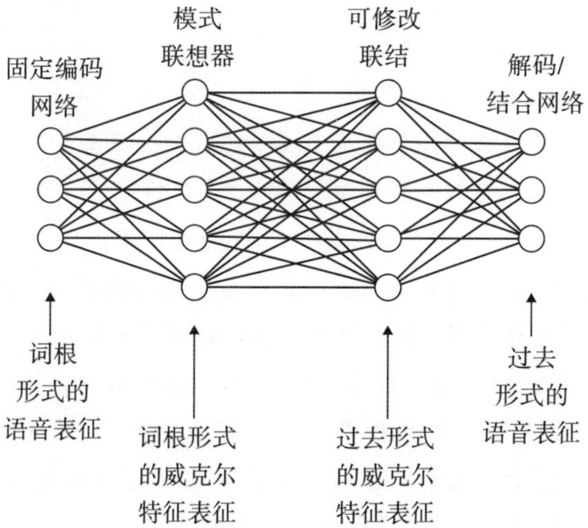

该模型的模式联想器是一个简单的网络,有两层节点(或"单元"),一层代表输入,一层代表输出。鲁姆哈特-麦克莱兰模型中的节点只有"开""关",因此每一节点只表示一个二值特征,"关"或"开"标志着一个单词可能具有的某种属性的缺失或存在。每个不同的词干必须被编码为输入节点的唯一子集,每个不同的过去时态形式必须被编码为输出节点的唯一子集。

这就出现了一个问题。自然的假设是:单词由音素和字母表上的符号串拼接而成。但模式联想网络必须将输入作为一个未排序的属性集(可编码为"打开"单元的集合)进行分析。如果给每一个单元分配一个音素,就会清除掉关于序列顺序的信息,导致"pit"和"tip"、"cat"和"tack"类似的混淆。为了克服这个问题,鲁姆哈特和麦克莱兰转向了威克尔格伦(Wickelgren)[20]提出的一种方案。根据该方案,一个符号串被表示为它所包含三元体(Trigram,3字符序列)的集合。[为了标记单词边缘,有必要假设单词边界(#)是基础字母表中的一个字符。]鲁姆哈特和麦克莱兰称这种三元体为"威克尔音"(Wicklephone)。例如,单词"strip"包含了下列一组威克尔音:{ip#, rip, str, #st},而"strip"是唯一可从该三元体集进行重构的单词。尽管某些三元体集可与多个符号串相符,特别是那些包含三威克尔音(ABC、BCA和CAB)的三元体集,但其样本中所有单词都被进行了唯一的编码。

事实上,威克尔音本身并不适合当前的任务。其原因有二,首先,英语中可能的威克尔音数量会使输入词干的节点增加到43 000个以上,输出过去式的节点增加到43 000个以上,两者间的联结超过20亿个,这是当前计算机难以应付的数量。其次,一个有趣的模型必须能够在给定的单词集之外进行概括,并能基于新词干与训练词干的相似性为新词干提供过去时态形式。既然音系学规律性(如过去时态形成过程涉及的)并不把音素视为原子性、不可分解的整体,而是需要获得它们的组分语音属性,如发音的位置和方式、浊化、元音的高度和紧张度、刺耳度(噪度)等,那么,将这种细节信息表示在网络中则非常必要。威克尔音太粗糙,无法支持这种必要的概括。例如,任何英语母语者,如必须为一个假定动词"to Bach"(作曲家巴赫的名字)提供一个过去时态形式,则会将其发音为"bach-t"而非"bach-d"或"bach-ed",即便他们从未听到过"ch"被用作英语动词上的辅音。这一反应基于ch与p、k、s的相似性,这些辅音都有"清音"的特征。其间的默示知识是:以清辅音结尾的动词的过去时态后缀发音为t。因为音素的原子性符号没有表示出这种相似性,所以将音素分解为特征是音系学的标准工具。因此,鲁姆哈特和麦克莱兰假定将音段分解为与音韵学家使用的特征大致相似的特征。他们没有把节点分配给威克尔音,而是使用了所谓的"威克尔特征"(Wickelfeature)。威克尔特征是特征的三元体,威克尔音三元素中的每一个都对应有威克尔特征。例如,威克尔特征"元音—清音—停顿"和威克尔特征"高—闭塞音—闭塞音"就是威克尔音"ipt"所对应的全部威克尔特征中的两个。通过其他很多简化威克尔特征集的方法(此处不讨论),鲁姆哈特和麦克莱兰将威克尔特征节点的数量削减到了460个。

每个单词都被一个对应了威克尔特征的打开节点的集合所表示。这提供了一种"分布式"表征:单个单词不会寄存在自己的节点上,而是作为属性的集成(威克尔特征)来分析。如之前图示,网络调用了一个性质不明确的"编码器",以将一个有序的声音串转换为一个激活威克尔特征单元的集合。

在模式联想器中,每一个输入节点都联结到了每一个输出节点。因此,每一个输入的威克尔特征都能影响输出集中的任一威克尔特征。正因如此,此机制能记录激活的模式之间多样的联想。输出是如何生成的?假设有一个输入节点集被打开,则任一给定的输出节点都会接收到来自激活输入集中的节点信号。信号的强度取决于该信号借以传递的链路所附着的权重。输出节点将所有接收到的信号的强度求和,并将求和值与一个阈值比较——求和值大于阈值,该节点可以被打开。节点开关的决策是概率性的:权重之和超过(或低于)阈值越多,节点被打开(或关闭)的可能性就越高。

未经训练的模式联想器一开始并未预设输入与输出节点之间的关系:链路的权重全为零。训练过程涉及:(1)将一个输入词干提交给网络;(2)将真实得到的输出模式与预期模式比较,后者由"教师"以一种不同的"教学"输入形式(图中未显示)提供给网络。对应的心理学假设是:儿童通过某些不明确的过程,弄清了哪一过去时态形式要与哪一词干形式产生联想。

网络内部计算中获得的输出模式与由"教师"提供的期望模式之间的比较,是以逐个节点为基础而进行的,任何处于错误状态的输出节点都会成为校正的目标。如果网络最后让一个被教师认为本该打开的节点关闭,则会做出修改行为,使该节点在面对当前特定的输入时更有可能激活。具体而言,联结激活输入单元和错误输出单元的链路上附着的权重会略有增加,这会增加当前激活的输入单元(表示的是输入形式)激活目标节点的可能性。此外,目标节点自身的阈值也被稍微降低,这样,将更容易倾向于全局打开。另一方面,如果网络错误地打开了一个输出节点,则会采用反向程序:来自当前激活输入单元的联结的权重被降低(可能导致该联结权重变为负数的抑制值),目标节点的阈值被提高。输入—输出对的反复循环,加上相应的校正过程,塑造了模式联想器的行为,这就是"感知器收敛程序"[21]。只要存在这样一个权重集,感知器收敛程序就能在有限时间内将其产生,成功地将输入激活矢量映射到预期的输出激活矢量上。

实际上,鲁姆哈特—麦克莱兰网络在经过大约200个含420个词干—过去式对的训练周期(总计约80 000次试验)后,能在只有词干被提交时产生正确的过去时态形式,即在没有"教学"输入的情况下。网络中只用一个联结权重集就能将"look"与"looked"、"live"与"lived"、"melt"与"melted"、"make"与"made""sing"与"sang",甚至"go"与"went"映射。完成这些映射的存储信息比特被叠加到了联结权重和节点阈值上,没有任何一个参数只对应一条规则或任何单个不规则词干—过去式对。

编码和解码网络的结构不是鲁姆哈特和麦克莱兰的关注重点,但他们必须让该模型具备几个特殊的属性才能让模型正常工作。输入编码器被有意设计为,除了激活词干的精确威克尔特征集外,还会激活一些错误的威克尔特征。具体来说,错误的威克尔特征是随机选择的特定威克尔特征的子集,它们正确编码了中间音素,却为旁边两个上下文音素中的一个错误编码了特征值。这种"模糊"具有高度的选择性,导致其产生过程不能被解读为随机噪声。相反,被模糊的表征旨在鼓励更深层次的正确概括;模糊输入表征使鲁姆哈特—麦克莱兰模型中的联结权重更不可能利用训练集中单词的特异性,从而减少了该模型的保守性趋势。

输出解码器面临着一项艰巨的任务。当一个输入词干被输入模型时,结果是一个激活的输出威克尔特征单元集,描述的是被预测的过去时态形式的属性。该模型无法保证激活的输出单元集会统一起来描述一个正确单词或一个具有独特性、一致性以及良好结构的音素串。由于输出的威克尔特征无法精确定义这样的音素串,所以人们如何能知道这一输出威克尔特征定义哪个单词尚不清楚。人们编写了一种被称为"全符号串约束网络"(Whole-String Binding Network)的特殊机制以估测该模型输出可能单词的趋势。这一网络对每一个长度小于20音素的音素串都有一个单元进行表征(显然,必须消弭天文数量的可能性才能获得真实集,此删减过程依靠的是另一个机制,此处不做讨论)。一旦过去时态矢量中的威克尔特征单元集被激活,全符号串约束网络中的类单词节点会为其展开"竞争"。每一个全符号串"单词"单元都具有一个暂时的强度值,此强度值会随联想"单词"包含的激活威克尔特征的数量增加而增加。有些激活威克尔特征包含在几个单词中,其对应的"积分"在代表这些单词的单元之间作分配。反之,如果激活威克尔特征未包含在某个单词中,会导致该单词单元的强度值降低。在这一竞争过程稳定之后,单元强度值超过阈值水平的符号串被解读为模型的最终输出。

总之,鲁姆哈特—麦克莱兰模型的工作原理如下:"通过一个激活所有正确及某些错误的威克尔特征单元的不明确过程,将音素串兑换成一个威克尔特征集。模式联想器激活输出中的威克尔特征单元。在训练阶段,其参数(权重和阈值)会被校正以减少激活的威克尔特征单元和教师提供的预期单元之间的差异。接着,激活的威克尔特征单元可通过一个全符号串约束网络,被解码为一个输出单词。"

参考文献

Feldman, J. A. and Ballard, D. H. (1982) *Cognit.* Sci.6, 205–254.

Hinton, G. E, McClelland, J. L. and Rumelhart, D. E. (1986) in *Parallel Distributed Processing: Explorations in the Microstructure of Cognition* (Vol. 1: Foundations) (Rumelhart, D. E. McClelland, J. L. and the PDP Research Group, eds.), pp. 77–109, MIT Press.

Crick, F. and Asanuma, C. (1986) in *Parallel Distributed Processing: Explorations in the Microstructure of Cognition* (Vol. 2: Psychological and Biological Modes) McClelland, J. L, Rumelhart, D. E. and the PDP Research Group, eds.), pp.333–371, MIT Press.

Sejnowski, T. (1987) *Trends Neurosci.* 10, 304–305.

Rumelhart, D. E. and McClelland, J. L. (1986) in *Parallel Distributed Processing: Explorations in the Microstructure of Cognition* (Vol. 2: Psychological and Biological Models) (McClelland, J. L, Rumelhart, D. E. and the PDP Research Group, eds.), pp. 216–271, MIT Press.

Berko, J.(1958) *Word* 14, 150–177.

Chomsky, N. (1959) *Language* 3, 26–58.

Pinker, S. and Prince, A. (1988) *Cognition* 28, 73–193.

Lachter, J. and Bever, T. G. (1988) *Cognition* 28, 195–247.

Fodor, J. A. and Pylyshyn, Z. (1988) *Cognition* 28, 3–71.

McClelland, J. L. and Rumelhart, D. E. (1985)*J. Exp. Psychol. Gen.* 114, 159–188.

Slobin, D. I. (1971) in *The Ontogenesis of Grammar: A Theoretical Symposium* (Slobin, D. I, ed.), pp. 215–223, Academic Press.

Kuczaj, S. A. (1977)J. *Verbal Learning Verbal Behav.* 16, 589–600.

Kuczaj, S. A. (1978) *Child Dev.* 49,319–326.

Kuczaj, S. A. (1981)J. *Child Lang.* 8, 485–487.

Slobin, D. I. (1985) in *The Crosslinguisitic Study of Language Acquisition* (Vol. Ⅱ Theoretical Issues) (Slobin, D. I. ed.), pp.1157– 1249, Erlbaum Associates.

Treisman, A. and Schmidt, H (1982) *Cog. Psych.* 14, 107–141.

Van Essen, D. C. and Maunsell, J. (1983) *Trends Neurosci.*6, 370–375.

Pinker, S. (1984) *Language Learnability and Language Development.* Harvard University Press.

Wickelgren, W. A. (1969) *Psychol. Rev.* 76, 1–15.

Rosenblatt, F. (1962) *Principles of Neurodynamics*, Spartan.

4 人类物体识别何时使用以观察者为中心的参照系？

——与迈克尔·塔尔(Michael Tarr)合著

在我所有的实证研究文章中，本文是我的最爱之一。1980—1981年，我在MIT当博士后，曾有幸与才华横溢的计算神经科学家戴维·马尔进行过交流，此后他不幸殁于白血病，年仅三十余岁。马尔提出，虽然不同角度视物会使物体的网膜投影产生剧烈的变异，但人们仍然能很好地识别物体，因为大脑将物体各部分的排列存储在一个以物体本身为中心的坐标系中，而非以观察者的眼睛、头或身体为中心的坐标系。我被这一理论的美妙深深打动，以至于我认为它一定正确，在本论文第二部分提出的理论中我假设它为真。但后来，我与迈克尔·塔尔做了一系列研究形状识别的相关实验，发现该理论似乎并不正确——当人们看到一个形状的方向与他们最初学习该形状时的方向不同时，会花更长的时间识别它，这提示他们大脑里储存的是该形状的原始外观而非其固有的几何结构。那时塔尔还是一名研究生，与我共同在MIT工作(今天，他是卡耐基梅隆大学的著名认知神经科学家)。

在本文涉及的实验中，我和塔尔复制了人类形状识别的方向依赖性试验，但做了一个很重要的修改。当一个形状具有我们所称的“双侧冗余”性质时——可以与其他形状区分开来，无须记录其各部分沿其主轴外的一个维度的相对排列——人们可以在任一方向快速识别此形状。所以，马尔只对了一半：大脑是相对于一个形状的某一固有轴，而非他认为的相对于所有轴存储的关于该形状的信息。换一种说法：大脑可以用一个坐标系的某根轴将一个物体串住，能记录各部分与该轴的距离，但无法同时记录方向。

我喜欢这篇文章，因为它简明扼要地体现了实验研究的乐趣：用一连串的实验和系统化操作去检验和提炼一个假说。它还部分证实了我的偏见，即优雅的理论往往具有正确性，不过其形式与最初设想相比通常具有局限性。

物体恒常性(Object constancy)指能无视由物体位移和旋转产生的视网膜像变化而识别该物体的能力，它在人类视觉系统以及计算机视觉系统中非常重要。马

尔和西原(1978)曾提出了一个著名的提议:视觉系统首先会基于输入物体的对称、伸长或运动轴信息,将一个坐标系与该物体对齐;然后描述该物体各部分在坐标系中的排列(无论该物体相对于观察者的方向如何,都将产生同一描述),并将这一描述与以同一格式存储的记忆表征进行匹配。还有一种方法是,将该输入转换为一个标准方向,再与记忆中的物体外观在该方向的表征进行匹配。我们提出的数据均来自实验,旨在确定人们是否以及何时使用这种机制。实验依赖于谢泼德和其同事的发现:人类具有一种模拟的视觉转换过程,即"心理旋转"。心理旋转的主要经验特征是:"一个形状"越远离其直立位置,人们将花费越长的时间对其分类;"两个物体"的方向差越大,人们将花费越长的时间进行匹配。其他证据也证实了这种计时模式反映了一种渐进式的旋转过程。例如,在刺激呈现与反应发生的间隔期,受试者可以快速地对中间方向显示的探测刺激进行分类;最佳中间方向会在该刺激—反应间隔期内不断变化。此外,来自猴子运动皮层的单细胞记录证据表明,运动计划系统中存在类似的转换过程。

然而,心理旋转的存在并不意味着它被用于识别物体,大部分心理旋转任务要求受试者辨别形状与形状镜像。也许,人们通常使用以对象为中心的坐标系识别形状,但这种坐标系可以有左右利手(Handedness),因此,物体和物体镜像则具有等价的表征。如果坐标系未被明确标记为右利手或左利手,当必须辨别利手时(也仅有此时)则必须用到心理旋转。输入形状可以被旋转为与感知者的上下轴对齐,这样该形状的左右两边会与该感知者的左右两边对齐,而人的左右两边被明确标记,这就使利手的辨别成为了可能。

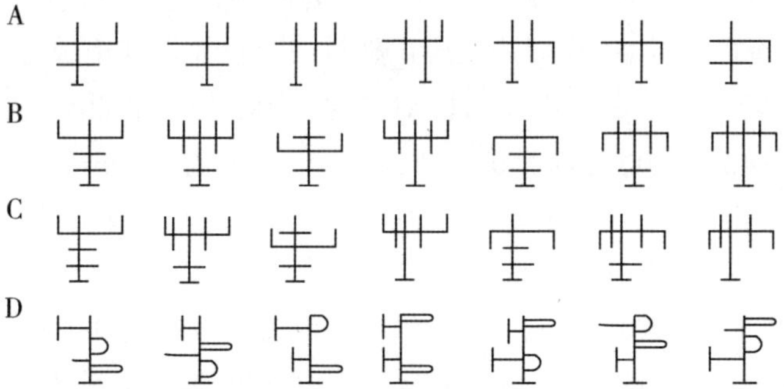

图4.1　被呈现给受试者识别的形状。(A)不对称形状;(B)对称形状;(C)偏对称形状;(D)双侧冗余形状

真实情况中,当实验只要求受试者说出物体名字时,物体方向对反应时间的影响通常会剧减。不过,这一结果尚无定论。如果形状可以根据与方向无关的局部特征辨别,那么,受试者可以通过这种捷径说出物体的名字。此外,人们经常使用

的字母数字符号被高频率地过度学习，也许能以多种表征被储存，每一种表征都为某一方向所专有，其中任一方向的输入形状可以在常量时间内被直接匹配。

本研究的实验结果避免了这些问题。受试者学习了3个新形状的名字（图4.1A显示了这些形状的一个子集），每个形状被学习时只以直立方向显示。图4.1A中，7个形状由相似线段构成但空间排列不同，并无局部特征可被当作独特的线索。没有一个形状是其他任一形状的镜像，每个形状都具有一个标记清晰的基部和一条纵轴。实验中，受试者在CRT显示器上将看到不同方向的形状，并通过按下标注有相应形状名称的按钮（3个按钮对应3个新形状）进行识别。25%的测试呈现了图4.1A中其他4个形状（非3个新形状），受试者踩脚踏板以表示对这4个形状的识别[1]。

结果如图4.2A所示（测试方向为0°、45°、90°、135°），表明人们采用了心理旋转来识别这些形状："识别时间（反应时间）"与"物体方向和直立方向之间的角度"成线性相关，斜率为2.42ms/deg（旋转率的估计指标），其95%的置信区间包含了库珀（Cooper）和谢泼德试验所得的斜率值[2]，但不包含0[3,4]。

一、以观察者为中心的物体识别

事实上，即便在任务不要求指定利手信息时，人们也会表现出方向效应，这证明了人们在识别物体时使用的机制是心理旋转，而不是对一个以对象为中心的、不依赖视角的描述的计算[5]。另一种可能是，尽管利手信息与任务无关，但受试者仍试图确定刺激图案的利手，因为他们猜测可能有镜像干扰项存在。这种可能性可以用一个实验排除，该实验中，受试者会同时看到目标形状的两种利手版本，并被要求忽略两者的差异，以相同的反应识别每一个物体及其镜像[6]。这里的利手信息从定义上就与任务无关。尽管如此，对于这些形状的标准版本，实验再次发现存在方向效应（图4.2B，测试方向为0°、105°和150°，斜率为3.65ms/deg）[7]。

但是，在某些情况下，方向不变性识别确实发生了。我们对无法指定利手的对称性形状（图4.1B）使用相同步骤进行实验，发现人们可以在任何方向快速地识别这些形状（图4.2C，测试方向为0°、45°、90°和135°，斜率为0.63ms/deg）[8]。这并非几何对称性本身产生的效应。补充实验显示，对称性形状的关键属性是一侧对另一侧而言是冗余的，所以只需要检查单侧就能区分测试形状集内的各个形状。当形状发生偏斜而不再具有对称性（图4.1C）时，方向效应仍然不存在（图4.2D，测试方向为15°、120°或-15°、-120°，斜率为0.29ms/deg）。如图4.1D所示，当形状的左右两侧不存在相似性，但两侧所含部分的排列具有独特性时（检测单侧即可识别该形状），方向效应仍然不存在（图4.2E，测试方向为15°、120°或-15°、-120°，斜率为

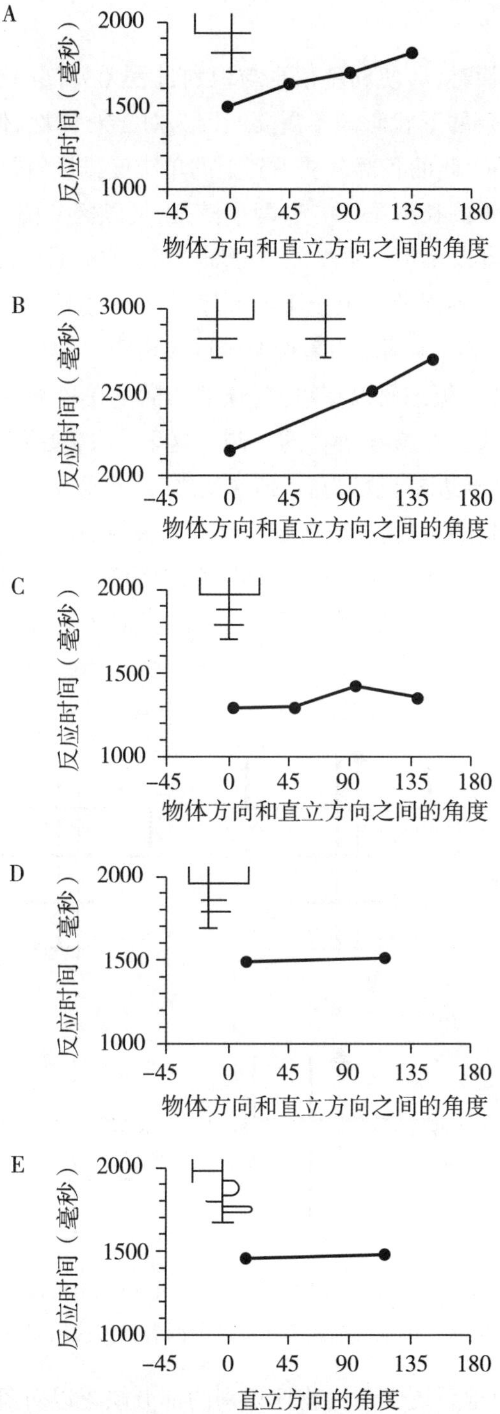

图4.2　识别形状的反应时间随方向的变化。(A)不对称形状；(B)不对称形状与其镜像；(C)对称形状；(D)偏对称形状；(E)双侧冗余形状

0.18ms/deg)[9,10]。

识别不对称形状时，即使利手信息与识别过程无关，也需要使用心理旋转，可为何在识别双侧冗余的形状时却不需要？因为对于对称性、偏对称性和双侧冗余形状，记录该形状任一侧的各部分从下到上的单维度排序就足以对其识别。例如，在一个具有直立弯头的长横条下方有两个横条，足以区分图4.3A中的前后两个形状。这提示感知者可以将一个单维矢量分配给形状的一个轴，无关形状的方向，该矢量可以快速地定义各部分从上至下的顺序。相比之下，需要旋转才能被识别的形状，其各部分的位置必须同时沿着两个维度被说明。例如，为了识别图4.3B中的第一个形状，感知者必须编码以下事实：顶部的横条在一侧更短而在另一侧更长，以及直角向上的弯头在短横条所在的一侧。这里，不需要绝对的利手信息，将“侧边1”记忆为左且将“侧边2”记忆为右，抑或反之，并不重要。需要的是，对两侧进行区分，具有长横条部分的一侧被记忆为与具有弯头的一侧不同，这非常重要。这样做是为了避免与图4.3B中的第二个形状混淆，因为第二个形状的横条也是一侧长于另一侧，但弯头在长横条的一侧。因此，只需要求两侧有差异，就足以要求受试者使用心理旋转。

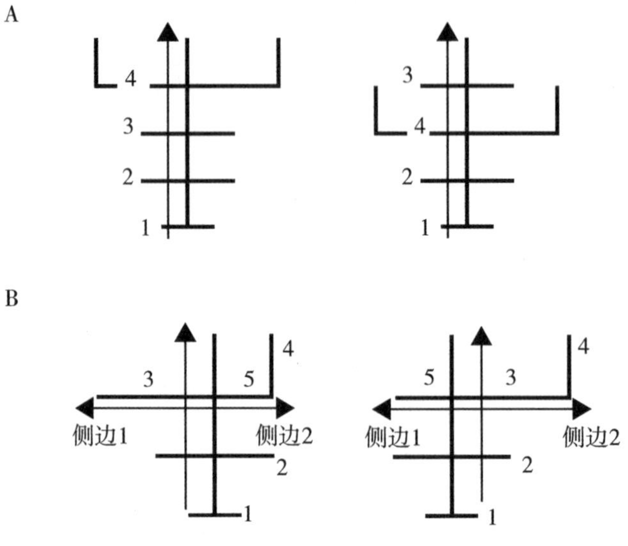

图4.3　形状的单维度和双维度描述。（A）一对形状，单维度描述足以区分两者；（B）一对形状，单维度描述不足以区分两者，需使用双维度描述

此结果提示，视觉系统中负责物体识别的部分缺乏以对象为中心的二维（也许是三维）坐标系。与观察者自我中心的直立方向对齐的参照系，具有自身定义的方向（上下、左右），是唯一同时说明了两个维度的参照系。以对象为中心的描述模式

存在,但它不足以同时表征各部分沿着两个维度的排列。它只能说明各部分沿单一的首尾(Foreaft)维度的排序。

这些结果并不意味着所有方向错误的物体都是通过心理旋转来识别的。对于高度熟悉的对象,多种方向特异性表征可以直接与输入匹配;对于其他多数对象,多个不同特征或部分集合就足以将其识别。即便由相同部分组成的不同对象,只要这些对象沿着单个维度的排列方式不同,也无须心理旋转就能将其区分。但是,确定一个物体的二维和三维关系结构,似乎需要对该物体以一个相对于观察者直立位置的熟悉方向进行表征。尚不清楚在自然场景中,有多少物体识别的情况要求对多维空间关系进行计算。约利克尔(Jolicoeur,1985)发现,针对日常物体的图片,如果物体的方向越远离直立方向,人们对该图片的识别越慢。或许是,一些常见的形状尽管在一个轴上对称,但在其他轴上却不对称。例如,为了识别侧视素描图描绘的四足动物,我们必须对头、尾、四肢的属性进行编码。在一般情况下,这些部分可以仅通过动物的首尾轴以及该轴的上下位置进行完全区分。这表明,心理旋转可能是一种识别"方向错乱复杂物体"的常见策略。

二、致谢

我要感谢吉格那·德赛(Jigna Desai)和格雷格·沃尔夫(Greg Wolff)的帮助,以及欧文·比德曼(Irving Biederman)和皮埃尔·约利克尔(Pierre Jolicoeru)的有益意见。

注释

1.9名受试者通过描摹再回忆绘画过程以学习这些形状。不同受试者学习的是不同的形状子集。3个目标形状以方向0°、45°、90°和135°被展示了8次,4个干扰项以这些方向被展示了2次,总共128次测试。此前,还有12次练习测试。

2. 根据S. 谢泼德和D. 梅茨勒(D. Metzler)编写的实验总结(1988),平均斜率的范围为1.61~3.06ms/deg。

3.4个方向的错误率分别为5%、3%、6%、6%。

4. 这一实验的方向效应不能被归因于这些形状的主纵轴在形状的起始教学阶段对齐了受试者的视网膜或头部轴。塔尔和平克(1989)发现,即使受试者学习的形状是以15°的方向被展示,仍存在命名时间上的方向效应,这一角度的方向没有与受试者的视网膜或头部定义的直立方向重合。

5. 人们在识别一个物体前知道向哪一方向将其旋转,这是可信的。例如,如果有3个非共线地标可以独立于方向地从输入形状中提取出来,而且相似的地标被注明在了记忆表征里，那么最佳旋转轴和方向可以被计算出来，尽管直到完成转换后才能评估物体剩余部分的形状匹配度。

6. 实验步骤与实验1一致，只是有13名受试者参与了测试，每一形状的两种利手都被展示并使用了一个不同且更小的方向集。

7. 本实验的方向效应不能被归因于受试者缺乏足够的练习来认识到每一形状与其镜像需要被同等对待。在这些试验被报道之后，我们又进行了额外的1 408次试验，之后又进行了768次试验，试验中这些形状被以24个方向进行了展示，2个相邻方向之间的间隔为15°。我们发现，刺激方向与最近的完全学习方向之间的差异的识别时间存在相同效应（标准版本的斜率为4.14ms/deg）。这证明，即使经过大量的练习将形状与其镜像同等对待之后，心理旋转对新方向形状的识别仍很必要。

8. 图4.2C所示直线的斜率与图4.2A所示直线的斜率以及图4.2B所示直线斜率存在显著性差异。

9. 除了特定的刺激变化、增加了新方向，以及试验次数的微调之外，实验方法与此前实验保持一致。

10. 这种方向无关效应不仅适用于图4.2C—E所示的方向集，也适用于更大的方向集，该方向集在受试者接受了很多次测试（>1 000）后才被首次呈现。新方向的斜率为0.53ms/deg（对称）、0.57ms/deg（偏对称）、1.07ms/deg（双侧冗余）。

参考文献

Corballis, M. C. (1988). *Recognition of Disoriented Shapes.* Psychological Review, 95 (1), 115-123.

Corballis, M. C., Zbrodoff, N. J., Shetzer, L. I., & Butler, P. B. (1978). *Decisions About Identity and Orientation of Rotated Letters and Digits.* Memory & Cognition, 6, 98-107.

Georgopoulos, A. P., Lurito, J. T., Petrides, M., Schwartz, A. B., & Massey, J. T (1989). *Mental Rotation of the Neuronal Population Vector.* Science, 243, 234-236.

Hinton, G. E, & Parsons, L. M. (1981). *Frames of reference and mental imagery.* In J. Long & A. Baddeley (eds.), Attention and Performance Ⅸ. Hillsdale, NJ: Erlbaum.

Jolicoeur, P. (1985). *The Time to Name Disoriented Natural Objects.* Memory & Cognition, 13 (4), 289-303.

Marr, D. (1982). *Vision: A computational Investigation into the Human Representation and Processing of Visual Information.* San Francisco: Freeman.

Marr, D., & Nishihara, H. K. (1978). *Representation and Recognition of the Spatial Organization of Three-dimensional shapes.* Proceedings of the Royal Society of London Ser. B, 200, 269-294.

Rock, I. (1974). *The Perception of Disoriented Figures.* Scientific American, 230(Jan), 78-85.

Rock, I. (1983). *The Logic of Perception.* Cambridge, MA: MIT Press.

Shepard, R. N., & Cooper, L. A. (1982). *Mental Images and Their Transformations.* Cambridge, MA: MIT Press.

Shepard, R. N., & Metzler, J. (1971). *Mental Rotation of Three–imensional Objects.* Science, 171, 701–703.

Shepard, S., & Metzler, D. (1988). *Mental Rotation: Effects of Dimensionality of Objects and Type of Task.* Journal of Experimental Psychology: Human Perception and Performance, 14(1), 3–11.

Tarr, M. J., & Pinker, S. (1989). Mental Rotation and Orientation Dependence in Shape Recognition. Cognitive Psychology, 21(2), 233–282.

Ullman, S. (1989). *Aligning Pictorial Descriptions: An Approach to Object Recognition.* Cognition, 32, 193–254.

5 自然语言和自然选择

——与保罗·布卢姆(Paul Bloom)合著

这篇与保罗·布卢姆(当时是研究生,现在是耶鲁大学著名的作家和认知科学家)合著的文章是我被引用得最多的一篇论文。它之所以引发关注,是因为它打破了长达一个世纪的禁忌:讨论语言进化。鉴于我们当时在麻省理工学院(MIT),而MIT和诺姆·乔姆斯基及其坚定的反达尔文主义语言观脱不开关系,所以我们的离经叛道显得尤为引人注目。与这篇文章一道发表的三十多篇评论中,有一篇评论的名字是《解放!》,我们的文章对20世纪90年代和21世纪早期语言进化研究的复兴所做的贡献,配得上一些称赞(或指责,取决于你怎么看它)。对我而言,这篇文章开启了我对认知和情绪进化的兴趣,这些在当时也近乎禁忌,从此以后我的研究也带上了这些色彩。

本文之所以有新闻价值,还有第二个原因:它向那个时代的三位强力人物发起了挑战。一位是乔姆斯基,十多年后我会与他再续论战(见第10章)。第二位是受人爱戴的进化生物学家斯蒂芬·杰森·古尔德,由于他迷人的《自然历史》专栏和畅销书,当时他被认为是进化学无可指摘的先知。第三位是古尔德的同志理查德·卢温廷(Richard Lewontin),一位杰出的群体遗传学家和多产的左翼作家。他们就像超人、独行侠和吉姆·格罗斯(Jim Groce)同名歌曲中的吉姆,你绝对不想要惹恼他们。(卢温廷接受了我们的挑战,在同一本期刊上写了一篇机智的辩驳评论。)

就像我与普林斯合著的文章一样,本文源自在MIT认知科学中心发生的一场公开辩论,二十年来,该中心一直在举办站立式研讨会,这种研讨会颠覆了普通研讨会的形式,先让两位批评者全力批判一篇论文,再让论文的作者回应。那晚的目标是认知科学家马西莫·皮亚泰利-帕尔马里尼(Massimo Piatelli-Palmarini)一篇将古尔德的进化论思想应用在语言和认知上的文章,他和古尔德的辩论对手是布卢姆和我。当晚的听众有哲学家丹·邓内特(Dan Dennett),他称赞当晚的辩论推动他撰写了1995年出版的书《达尔文的危险思想》(*Darwin's Dangerous Idea*)。令邓内特备感震惊的是,他自己对于这次辩论的看法与大部分听众截然相反，他认为我们赢了，而大部分听众认为古尔德和马西莫·皮亚泰利-帕尔马里尼赢得了这场辩论。他写这本书的目的就是澄清他所认为的人们对进化论的普遍误解及其对人类事务的影响。

语言的最初绝不可能是这种形式，据说托马斯·巴宾顿·麦卡利（Thomas Babbington Macaulay）（婴儿时期的麦卡利勋爵）第一句流传于世的话采用的就是这一形式：一次他被带到外面做客，女主人不小心将热茶洒在了他身上。小男孩先是号啕大哭，等平静下来后，他在回答女主人的关切时说道："Thank you Madam, the angony is sensibly abated."（感谢您，夫人，痛苦已经大为减轻。）

——P. B. 梅达沃和 J. S. 梅达沃（P. B. and J. S. Medawar）

1. 前言

所有的人类社会都有语言。就我们所知，一贯如此：语言不像农业或字母表，先由某些群体发明再传播到其他群体。所有的语言都是复杂的计算系统，使用了同样的基础规则和表征，与技术进步程度没有显著关联：工业社会的语法并不比游猎采集部落复杂；现代英语也不比古英语先进。在社会内部，人人都是熟练的语言使用者，与其智力、社会地位或教育水平无关。儿童无须经过正式教导，到三岁时就能流利地说出语法复杂的句子。他们能发明比他们听过的话语更系统的语言，这些语言与他们从未听过的语言具有相似性，而且他们遵守微妙的语法原则，从他们的环境中找不到这些原则存在的证据。人们即使因疾病或损伤而智力严重受损，也能成为语言专家，或语言能力受损但智力正常。一些语言疾病具有遗传性。语言技能的各方面可以对应到人类大脑的特征区域。人类的声道恰好满足言语的需求，却牺牲了其他功能，如呼吸和吞咽。人类的听知觉为了满足将言语声音解码为语言音段的要求，显示出了互补特化性（Complementary specialization）。

这一连串事实（见 Pinker，1989a）提示，使用自然语言的能力更像是属于人类生物学、而不是人类文化的研究范围；这一主题有点像蝙蝠的回声定位或猴子的立体视觉，而不像写作或轮子。所有的现代语言学学生都会同意，语言至少有一些方面可以归因于具有物种特异性、任务特异性的生物学能力，当然，在细节方面肯定存在极为不同的意见。乔姆斯基（1965，1980，1981，1986，1988a）、福多尔（Fodor，1983）、伦内伯格（Lenneberg，1964，1967）和利伯曼（Liberman）（Liberman、Cooper、Shankweiler 及 Studdert-Kennedy，1967；Liberman 和 Mattingly，1989）概述过一个著名的观点：心智由自动计算模块（心理官能或"器官"）构成，语言的习得和表征是几个该类特化模块的产物。

那么,我们自然期望每个人都会同意,人类语言是达尔文主义自然选择的产物。对复杂生物结构起源的唯一成功解释就是自然选择理论,即,与可遗传变异相关的差异繁殖成功率才是生物进化过程中的关键组织力量(Darwin,1859;Bendal在1983年作过现代意义的阐释)。但令人惊讶的是,这一结论充满了争议。世界最知名的语言学家诺姆·乔姆斯基和世界最知名的进化理论家斯蒂芬·杰伊·古尔德曾多次提出,语言可能不是自然选择的产物,而是其他进化力量的副作用,如总脑容量的增加和尚不可知的结构及生长定律的制约因素(如,乔姆斯基,1972,1982a,1982b,1988a,1988b;Gould,987a;Gould和Piattelli-Palmarini,1987)。最近,古尔德和乔姆斯基的亲密笔友马西莫·皮亚泰利-帕尔马里尼(1989)构想了他们所持观点的一个特别强的版本,并发表文章进行了阐述,为该领域作出了贡献。普雷马克(Premack,1985,1986)和梅勒(Mehler,1985)也表达过类似的观点。

本文将详细分析这一观点,并将得出一个非常不同的结论。我们将论证,有充分的理由相信,当在传统的"综合论"或"新达尔文主义"进化论的范畴内理解语言时(Mayr,1982),语言就被自然选择所塑造。某种意义上,我们的目标非常乏味。我们所论证的无非是,语言与其他复杂能力——比如回声定位或立体视觉——殊无差异,唯一解释这些能力起源的方法就是通过自然选择学说。有人猜测得到,即使我们的结论将被所有人二话不说地接受,语言科学家里的大部分环境论者也是例外(事实也的确如此,如Bicekerton,1981,Liberman和Mattingly,1989;Lieberman,1984;以及在有限的方面,乔姆斯基本人在某些著作中提到过)[1]。另一方面,当两位重要学者乔姆斯基和古尔德反复敦促我们考虑一个极为相反的观点时,我们无法忽略他们的观点。实际上,这些观点对很多认知科学家产生了强烈的影响,这种非选择论的观点变成了很多学术圈的共识。

此外,如果我们的乏味结论是错误的,那么很多东西都会岌岌可危。我们怀疑很多生物学家会感到很惊讶,人们居然反复提出语言的复杂性无法用自然选择解释。例如,乔姆斯基就作过以下陈述:

> (先天语言官能)给生物学家提出了一个问题,因为,如果其真的存在,它就是真正的"涌现"的例子——在组织复杂性的特定阶段出现了一种具有质性差异的现象(1972:70)。
>
> 将这种(先天心理结构)的发展归因于"自然选择"是非常安全的做法,只是我们认识到这一论断并无实质内容,其无非是相信对这些现象存在某种自然主义的解释(1972:97)。
>
> 进化论可以解释很多事物,但它无法解释眼下这种性质的问题(如,语言的进化)。答案与其说在自然选择理论中,还不如说在分子生物学中,在对地

球生命所处条件下可以发展出何种物理系统及其原因的研究中,最终,可以归因于物理定律(1988a:167)。

确实很难相信,生物的特定特征(specific character)可以完全用随机突变和选择性控制(selectional control)来解释。我可以想象,今后100年的生物学将用现在应对氨基酸进化的方法应对生物的进化,这种方法假设存在一个相当小的物理上可能系统的空间,可以实现复杂结构……进化论似乎无法解释物种的形成或任一种新生事物。它可以解释你如何获得已有性质的不同分布,但它无法解释新性质是如何出现的(1982a:23)。

如果语言研究中的研究结果迫使生物学家得出这样的结论,那还真是个大新闻。

还有另一个理由细究这种语言的非选择论。如果当前真的有一种语言理论与新达尔文主义进化论格格不入,那么该被质疑的不是进化论,而是该语言理论本身。实际上,这一论点本就是贝茨(Bates)、塔尔(Thal)及马奇曼(Marchman,1989)、格林菲尔德(Greenfield,1987)和利伯曼(1984,1989)批判乔姆斯基理论的基础,尽管如此,他们仍奇怪地与乔姆斯基一道怀疑能否通过自然选择进化出一种先天生成语法。既然综合进化论和生成语法理论都给我们留下了深刻印象,那么我们希望自己不必非得在二者中择一。

本文首先检验了进化生物学的论点——何时适于援引自然选择解释某种性状的进化。接着,我们将这些检验应用到了人类语言的例子上,并得出语言通过了这些检验的结论。我们研究了非选择论竞争观点的动机,并提出这些动机并无道理。在最后一部分,我们驳斥了下面这一论点:语法的先天性特化结构不符合达尔文主义解释的原则,因此两者不兼容。

2. 自然选择在进化论中的作用

古尔德经常表示进化论正处于一场科学革命的阵痛之中(见Eldredge及Gould,1972;Gould,1980)。他声称,达尔文综合论的两大基石——适应论(adaptationism)和渐变论(gradualism)都面临着挑战。显然,如果连严格的达尔文学说总体上都是错误的,那么当然不应该用它解释语言的起源。

2.1 进化变化的非选择论机制

在一篇经典论文中,古尔德和卢温廷(1979)向"幼稚的适应论"发出了警告,指的是人们为了解释因其他原因出现的性状,不恰当地使用了适应论(还可见

Kitcher, 1985; Lewontin, 1978)。他们用威尼斯圣马可大教堂穹顶的马赛克画和拱肩(spandrels)作为类比,说明了这一论点:

> 拱肩——两个圆弧成直角交叉形成的锥形空间……是在圆拱上安置穹顶而产生的必要建筑副产品。每一个拱肩都有一个建筑设计(马赛克画),与其锥形空间完美结合。一位布道者坐在上半部分,两侧是天国之城。下方,一个代表四大圣经河流之一的男人……将水从其足下狭窄空间里的一个陶罐倾泻而出。
>
> 这个建筑设计如此精致、和谐并富有目的性,以至于我们忍不住将其作为任何分析的出发点,某种意义上将其当成了其周边建筑产生的缘由。但这可能颠倒了正确的分析顺序。这一系统的出发点是一个建筑制约因素:必要的4个拱肩及其锥形三角形式。它们提供了供马赛克艺术发挥的空间;它们还建立了上方穹顶的四面对称性。
>
> 这样的建筑制约因素大量存在,我们很容易理解它们,因为我们没有将我们的生物学偏见强加其上……任何试图争辩这一(拱肩)结构的存在是因为要在其上面置放那些建筑设计的人都会招致伏尔泰(Voltaire)对邦葛罗斯博士(Dr. Pangloss)的同样嘲笑:"事无大小,皆有定数……万物皆有目的,此目的即为最佳归宿。岂不见鼻子是长来戴眼镜的吗?所以我们有眼镜。身上安放两条腿是为了穿裤子的,所以我们有长裤。"……然而进化生物学家往往只关注对局部条件的直接适应,他们的确倾向于忽视建筑制约因素,而进行如此倒因为果的解释(147—149页)。

不难找到缺乏说服力的适应论解释的例子,古尔德和卢温廷将其与吉卜林(Kipling)的"原来如此儿童故事"(Just-so stories)相提并论。在1987年3月《波士顿环球报》(*Boston Globe*)的科技版,有一篇文章指出,不同哺乳动物的乳头数量对应的不应该是平均窝产头数,而应该是最大窝产头数,对于该种属来说,最大窝产头数的发生概率应该在一定范围之内。既然人类一胎一般只生育一个孩子,但双胞胎的情况也并不少见,那么,我们就可以解释为什么人类具有两个乳房,而不是一个。但作者没有讨论这种可能性:双侧对称性在哺乳动物的形体构型(body plan)中是非常基础的性质,使得单乳头人体外观变得极不可能出现。古尔德和卢温廷描述了大量非适应论的机制,他们感觉这些机制常没有在进化论的解释之内得到检验:遗传漂变、生长和形态定律(例如大脑和体型之间的一般异速生长关系)、环境力量(如水流或重力)直接诱导的形态、历史事件的影响[可能导致生物被困在适应性地形(adaptive landscape)的局部极大值中],以及"扩展适应"(exaptation)(Gould和Vrba, 1982),即新生用途由原先适于某些其他功能的组件所构成,或者,由本来完全无功能,但由于构造、发育或历史原因而存在的"拱肩"构成。他们指出,达尔文自己就持有这种多元论进化观,而且当时对进化有一种"不公平"的非适应论解释,该解释在欧洲大陆很著名,强调"Baupläne"(构造构型)的制约因素源自种系历史和胚胎发育。他们指出,这一类研究矫正的是下列这种倾向:将生物视为由一堆性状或部分组成,每一性状或部分都由自然选择所独立塑造。

2.2 非选择论解释的局限性

古尔德和卢温廷的论点可以被解读为强调了下面这一观点:既然新达尔文主义进化论包括了非适应论过程,那么,如果不在任何特定实例中检验非适应论作为自然选择的替代解释的能力,就不是一种科学做法。然而,他们经常被解读为概述了一种能替代达尔文学说的激进新理论,在此理论中,自然选择沦落为一个次要角色。虽然古尔德和卢温廷在论文中明显回避了这一观点,但古尔德之后提出了这样的建议(例如,Gould,1980),而皮亚泰利-帕尔马里尼(1989:1)也做过这样的解读,他说达尔文的自然选择学说已经被"一种更好的进化论(基于'扩展适应'的理论)"所取代。我们应当反对这种观点,威廉(William,1966)已经清楚地说明了理由,道金斯(1983,1986)最近也进行了阐发。

驳斥古尔德和卢温廷对适应论的批评的关键点是,自然选择是适应的复杂性唯一的科学解释。"适应的复杂性"描述的是任何由多个相互作用的部分构成的系统,这些构成部分的结构和排列细节表明系统存在行使着某种功能的设计。脊椎动物的眼睛就是一个经典的例子。脊椎动物的眼睛具有一个透明的折射外层(角膜)、一个变焦晶状体、一层分布在晶状体焦点平面的光敏感神经组织(视网膜)、一张直径会随光亮度发生变化的膜(虹膜)、可以控制其与另一只眼睛一起进行精确共轭和辐辏运动的肌肉,以及可以对定义边缘、颜色、运动和立体像差的图形进行响应的复杂神经回路。如果不指出眼睛的结构似乎是为了实现视物的目的而设计,就不可能理解它——即使不谈其他原因,人造的成像工具照相机就显示出与眼睛难以解释的相似性。在达尔文之前,神学家们[尤其是威廉·佩利(William Paley)]将眼睛的精巧设计指为造物主存在的证据。但达尔文展示了如此"极端完美和复杂的器官"可以通过纯物理性的自然选择过程产生。

关键之处在于,除了自然选择之外,没有任何物理过程能解释类似眼睛这种器官的进化。理由是,出现可实现眼睛功能的结构确是概率极低的物质构造事件。大多数由生物学可能的物质构造事件所产生的物体,极不可能有能力聚焦图像,调节入射光量,对边缘和深度边界的存在发生响应,等等。比如,遗传漂变导致那些编码这一物体的基因固定在一个种群内的概率小到如天文数字,这种事件如能发生，绝对是货真价实的奇迹。古尔德和卢温廷概述的其他非选择论机制也是如此。某个生长和形态的一般定律能将功能完好的脊椎动物眼睛的产生解释为某种其他趋势（如某个其他部分大小的增长）的副产品——这种可能性低到了荒谬的地步。同样，人们无须考虑这一可能性：某个因为适应某种其他任务而产生的器官，或者由其他建筑部分所定义的“拱肩”，恰好具有一个透明晶状体，晶状体恰好被一张可调节的膜包围，又恰好位于一层分布在其焦点平面的光敏感组织前面。自然选择——一代一代保留那些无论多小、多随机但能提高视力从而增加生存和繁殖概率的饰变——是唯一能创造功能完好眼睛的物理过程，因为它是唯一一种“达到视力良好标准”能在其中发挥关键作用的物理过程。正因如此，它就是唯一能引导生物在无限广阔的可能构造空间内，从无眼的构造变为具有功能完好眼睛构造的物理过程。

这一论点显然并不完备，因为它依赖于“功能”和“设计”这些直觉式的概念。怀疑者可以指责其引入了循环论证，会问道，为什么一块泥土不应该被视为设计完善以完成占据它本身实际已占据的空间区域的功能？但这个循环至少可以用三种方式打破。首先，生物学家需要假定的功能远少于生物系统的数量；不需要为了每个生物的每个器官去发明新功能。此外，每一种合理功能都可以通过一条直接可信的因果链与其他功能以及——慎重地说——总体的生存和繁殖功能相联系。最后，趋同进化以及与能完成同样假定功能的人造物体的相似性，也为设计提供了独立的标准。但是无论现代设计论的确切表述如何（见 Cummins，1984），其在实践中并不会引发争议。古尔德本人欣然承认，自然选择是类似脊椎动物眼睛这种结构的产生原因，例如，他启用了工程设计的标准将达尔文学说从循环论证的指责中拯救了出来（Gould，1977a）。很可能这就是为什么古尔德和卢温廷承认他们同意达尔文的看法，自然选择是“最重要的进化机制”。

那么，在进化中，选择论解释和非选择论解释的正确关系是什么？最乏味的例子是不牵涉任何功能或行为的“拱肩”，例如血液的红色、手指之间的V形空间、膝盖后面的空腔、每一肢体的指头/脚趾数目为质数，等等。这些副现象拱肩（epiphenomenon spandrel）不能直接解释任何物种特有的行为或功能，所以它们的存在说明不了其相关结构是否为自然选择所塑造。有多少种不经解释生物的功能性部分而描述一种生物的方法，就有多少这种副现象拱肩。

更为重要的是拱肩被饰变并投入使用的情况。但是，在这种“饰变过的拱肩”情况中，自然选择起着至关重要的作用。在四个拱形的顶部安置一个穹顶，可以得到一个拱肩，但并不能给你一幅描述布道者和一个用陶罐倒水的男人的马赛克画。如果真有，那不啻一个奇迹。要得到真正的马赛克画，你需要一名设计师。这位设计师相当于自然选择。拱肩、扩展适应、生长定律等等,都可以解释自然选择所作用的基本构造、部分和材料——正如雅各布(Jacob,1977)所言,自然是修补匠,而不是拿着一张干净画板的工程师。对于完全由非适应论机制产生的结构,最好的例子通常是对应了简单物理或几何定律的单体、重复式形状或过程,比如下颌、六边形蜂巢、巨大身体配巨大的头部,以及螺纹。但是,达尔文强调过,当这些部分和模式被饰变并被组合成行使某种精细功能的复杂生物机制时,这些后续的饰变和排列必定可以被自然选择所解释。

真正无须自然选择的进化例子包含了未饰变拱肩的使用。古尔德(1987a)描述了一种涉禽,它在寻找鱼类时,主要利用翅膀来遮挡水面的反光。某种有用结构可能是一种未饰变的拱肩,这会是古尔德—卢温廷观点最有趣的意义,因为达尔文自然选择学说将真正失去作用。不过,记住,这种未饰变的拱肩存在几点局限性。在翅膀被用作遮阳板的例子中,一种为了如受控飞行这种大部分物质构造都无法完成的复杂工程任务而设计的结构,被扩展适应进行一种许多物质构造都能完成的简单工程任务,比如遮挡反光(这让我们想起了《报废电脑的101种用途》中讲到报废电脑可用作镇纸和养鱼缸)。当相反的事情发生,比如在昆虫的进化过程中,当太阳能热交换器被重组为功能齐全的翅膀时(Kinsolver和Koehl,1985),自然选择必然是原因。

现在我们在如此严肃地讨论自然选择的援引标准,是因为它们被误解得太过频繁。希望我们已经解释清楚,为什么现代进化生物学不认可马西莫·皮亚泰利-帕尔马里尼的这一结论:“既然语言和认知可能代表着人类这一物种最重要和最新颖的生物性状,……那么,现在重要的是证明它们可能完全就是通过扩展适应机制而产生。”而持有这一看法的并不只有皮亚泰利-帕尔马里尼一人。在与认知科学家们讨论过多次后,我们发现适应和自然选择变成了肮脏的字眼。任何援引两者的人都被指责成幼稚的适应论者,甚至是“误解了进化”。最糟糕的是,他们还很容易被嘲讽为邦葛罗斯博士讲“原来如此儿童故事”。[普雷马克对比克顿(Bickerton)的回复就很典型。]鉴于自然选择在进化中无可争议的中心作用,事情发展成这样实在是不幸。我们怀疑很多人的进化论知识大部分都是从古尔德广受欢迎的文章中学到的。这些作品表露的进化观比高中甚至大学里所教的19世纪版本的达尔文学说要成熟得多。但古尔德很容易被误读为掀起了一场革命,而不是被视为在当今的生物学研究内部促成更佳的平衡性,而且对于何时适合(实际上是必要)援引自然选择,他的文章没有强调这些标准的观点。

在人们对自然选择的怀疑之下,还隐含着一系列的方法学担忧。适应论的故事太过容易获得,当一个适应论的故事失败了,总是有另一个故事接替,所以是不是适应论根本就无法检验,从而不是科学?古尔德和卢温廷批评生物学家和心理学家们太过匆匆地寻求无缘由和不可信的适应论解释,他们也许是对的,但这与适应论解释本身的逻辑无关。所有的理论中都可能出现肤浅、无缘由的提议。举一个贴近本文主题的例子,语言进化的研究之所以获得了这么糟糕的名声,恰恰是因为研究中提出了大量糟糕的非适应论假设。例如,有人认为语言源自人类对动物叫声、物理声音的模仿或者自己发出的咕哝声[臭名昭著的“汪汪说”(bow-wow)、“叮咚说”(ding-dong theory))和“嗨嗬说”(heave-ho)]。

具体的适应论提议在原则上和实践中都可检验(见 Dennett, 1983; Kitcher, 1983; Maynard Smith, 1984; Mayr, 1982; Sober, 1984; William, 1966)。如果补上复杂设计的标准,人们就可以确定假定的适应结构是否与使其派上用场的生态学条件有关联,而且,在特定情境下,人们可以真正检测到不同程度地拥有这些结构的个体获得的繁殖成功(如, Clutton-Brock, 1983)。当然,理论的细化总是能拯救其经验上的失败,从这个无趣的意义上来说,整个自然选择理论也许真的无法被证伪,但所有的大型科学理论都是如此。任何类似理论都可以被支持到这种程度:个别的理论细化是相互一致的,被独立数据所驱动,而且数量比待解释的现象更稀少[2]。

实际上人们可以争辩,经常面临虚无危险的恰恰是非适应论解释。具体的适应论提议也许是无缘由的,但它们在生物学和物理学的理解范畴之内,而且,通常问题只是在于,在一系列可供选择的适应论解释中,我们缺乏证据去确定哪一种才是正确的解释。相比之下,非适应论解释认为可能存在某种迄今未知的物理定律或某个对于形态的制约因素(举一个可笑的例子,一种“眼睛形成定律”),这种解释才是空洞而无法证伪的。

2.3 与选择论无关的两个问题

古尔德在描述进化论的科学革命时还讨论了其他两个问题。值得一提的是,这两个问题很大程度上与选择在进化变化中的作用无关。

2.3.1 渐变论

根据“间断平衡”(punctuated equilibrium)学说(Eldredge 和 Gould, 1972; Gould 和 Eldredge, 1977),大部分的进化变化不会在世系内连续地发生,而是被限定为爆发式的变化,以地质年代的尺度看,这种爆发式变化的发生时间相当短暂,它一般对应的是物种形成事件,随后是长期的进化停滞。古尔德提出,这一学说与新达尔文主义综合论声名狼藉的解释进化的方法,有一些非常笼统和粗略的相似之处,这些方法被称为“骤变说”(saltationism)、“大突变说”(macromutations)或“希望畸形说”(hopeful monsters)(如, Gould, 1981)。但是,他强调间断平衡学说是“一种关于普通物种形成(需要数万年时间)及其在低地质分辨率尺度下突然出现的理论,而不是关于生态灾难和突发遗传变化的理论”(Gould,1987b:234)。其他很多生物学家则以一种传统得多的角度看待进化变化。他们将化石记录中完全形态的新物种的突然出现归因于这一事实:物种形成一般发生在小的、地理隔绝的种群中。因此过渡形态就算经过了非常长的时间跨度的进化,直到再侵入祖先领域之前,它们也不可能出现在化石记录中;突然发生的恰恰只是这种侵入(见Ayala,1983;Dawkins,1986;Mayr,1982;Stebbins和Ayala,1981)。无论如何,进化变化很明显是一代一代逐渐发生的,完全与达尔文学说一致。因此,皮亚泰利-帕尔马里尼(1989:8)将间断平衡学说解读为其证明了“化石记录中很多不完整的序列之所以不完整,不是因为我们丢失了中间形态,而是因为它们根本就不存在”,实际上是表达了一种常见的误解。

再一次,对适应复杂性的解释是人们应当反对将非渐变论变化视为在进化中扮演重要角色的观点的关键理由。达尔文学说有一种重要的认识,费舍尔(Fisher)充实过这一认识(1930),那就是:复杂设计唯一的进化方式是通过连续的微小突变。虽然像眼睛这样的器官,并不是完全不可能在一个世代内就从完全无眼的状态中突然显现,但这种事情的发生概率低到不可想象。在可能生物形态的空间内发生的随机大跃迁极不可能让一种生物落在一个具有完全形态的功能完好眼睛的区域。只有通过一种爬山过程,一小步一小步地往具有更好视力形态的方向前进,才能在宇宙的寿命之内引导该物种世系到达这一可能形态空间的此一极小区域。

这并不是否认胚胎学过程可以导致剧烈的单世代形态学变化。“同源异形”(Homeotic)突变使表观遗传学过程的时点或位置发生的轻微改变,也可以导致全新后代的出现,比如果蝇的腿长在了本来应该长触角的位置,有可能某些物种形成事件就是以这样的结构变化开始的。但是我们很清楚,这种变化仍然是渐变的,因为它们牵涉的只是现有结构的总体饰变或复制,而不是出现一种新的结构(见Dawkins,1983)。

2.3.2 扩展适应

另一个有时候被人们认为似乎与适应论和渐变论不相容的过程是扩展适应。人们常感到疑惑的是,从缺少某个器官的祖先到享有完全功能器官的现代生物,这一进化过程的“大量、连续、轻微的饰变”中,是否每一种都能提升功能,因为如要完成这一必要的进化序列,就应该如此。皮亚泰利-帕尔马里尼引用了金索尔弗(Kingsolver)和凯尔(Koehl)对昆虫翅膀在进化期间的质性改变的研究:昆虫翅膀在特定大小之下时没有飞行功效,但在这一精确大小范围内,其作为太阳能热交换面板又很有效率。(蝙蝠翅膀、海豹鳍足、马的前肢和人类手臂的同源性是一个老得多的例子。)然而这种扩展适应仍然是渐变的,且仍然为选择所驱动;一定存在一个该部分可以同时行使两种功能的中间进化阶段(Mayr,1982),此后,自然选择过程就将其专门塑造为当前的功能。实际上,扩展适应这一概念与达尔文所称的"前适应"(preadaptation)极为相似,并在他对"有用结构的初始阶段"的解释中扮演了重要角色。

此外,扩展进化仅仅是一种经验可能性,而非普适的进化定律,理解这一点非常重要。人们经常引用古尔德的说法,"我们可以避开这个精彩的问题'眼睛的5%有什么好处?',只要能证明拥有这一初始结构的主人不是用它来视物"(1977b:107)。(当然,没有哪位人类祖先真的只有5%的人眼;这种说法指的是这只眼睛的复杂度只有现代眼睛的5%。)作为回应,道金斯(1986:81)写道:"一只具有5%眼睛的古代动物可能确实用它来做视物之外的事情,但在我看来,至少有可能它用其充当了5%的视力……相当于你我眼睛5%的视力非常值得与完全没有视力相比。所以1%的视力比全盲更好。6%比5%更好,7%比6%更好,依次沿着这一渐变、持续的序列往上类推。"实际上达尔文(1859)粗略地叙述了脊椎动物眼睛进化过程中一个假想的中间形态序列,所有中间形态都有对应的生物体,每一种中间形态的用途都是视力。

总之,古尔德、卢温廷和埃尔德雷奇(Eldredge)的观点不应被视为对进化论的大幅修改,而只能被视为传统新达尔文主义框架内的重心转变。正因如此,他们没能基于先验理由证明渐变式自然选择作为语言进化背后的驱动力是错误的。此外,何时应该援引选择论和非选择论解释某种生物结构,存在清晰的标准:执行某种具有繁殖意义功能的复杂设计(此时援引选择论),与之对立的是,存在能解释该结构存在的特定的物理、发育或随机过程(此时援引非选择论)。有了这些标准在手后,我们可以转向手头的这个特定问题:语言的进化。

3. 语言中的设计

眼睛的解剖学结构为了达到视觉目的表现出了设计的迹象,语言的认知学机制是否也一样为了实现某些功能表现出了设计迹象?这个问题可以被分解为三个更小的问题:语言的功能(如果有的话)是什么?一个必须执行该功能的系统的工程学需求是什么?语言的机制是否为了满足这些需求而进行了量身定做?我们将提出这一观点:语言为了通过一个串行通道(serial channel)实现命题结构的交流,表现出了设计的迹象。

3.1 语言设计论的论据

人类在一生中会获得大量信息。既然这一信息获得过程的发生速率远远超过生物学进化过程，那么其对于人类一生应对不断变化的环境中的因果性意外事件，具有非常大的价值，还能帮助人类在与其他物种竞争时获得决定性的优势，因为其他物种只能抵御进化时间上的新威胁（Brandon 和 Hornstein，1986；Tooby 和 deVore，1987）。能够获得这种关于世界的二手信息具有显而易见的优势：通过吸收其他个体积累的庞大知识，人们可以避免重复获取这些知识时可能要经历的费时危险的试错过程。此外，在一群相互依存、相互合作的个体中，其他个体的状态是世界上最有意义的事情，值得掌握。因此知识和内部状态的交流，对于有很多东西要说以及彼此有话可说的生物来说非常有用。（在5.3，我们将讨论我们的祖先是这种生物的证据。）

人们认为，人类的知识和推理是以一种"思维语言"表达的，其有别于外化语言，如英语或日语（Fodor，1975）。思维语言这一表征媒介的命题是关系结构，其符号指向的是：人、物和事件；其所属的类别、在时空中的分布和彼此间的因果关系（Jackeondoff，1983；Keil，1979）。支配他人行为的因果关系被理解为牵涉他人的信念和愿望，后两者可以被视为个体与表示这种信念或愿望的命题之间的关系。

这使得下面的信息内容值得在人类之间进行交流。我们希望能够指称个体和种类、区分基本的本体范畴（物、事件、空间、时间、举止等等）、谈论事件和状态、根据角色（施事、受事、目标）区分事件或状态的参与者，以及谈论我们自身和他人的目的状态。同样，我们希望能够表达真值的区别、情态（modality）（必然性、可能性、概率、实事性）；评论一个事件或状态的时间，既包括其随着时间的分布（连续、反复、分散）也包括其总体的发生时间。有人可能还会想要拥有编码无限数量的谓语、论元和命题的能力。此外，在不同言语行为内使用相同命题内容的能力也很有用；例如，将其作为疑问句、陈述句或祈使句使用。附加了所有这些能力之后，我们可能还会要求获得集中注意力的能力或将一个命题的不同部分放入背景的能力，目的是将该言语行为和其关于之前传递的信息的内容以及听者的知识模式联系起来。

发声—听觉通道（vocal-auditory channel）具有一些适合作为交流媒介的特性：它的频宽很高、强度可调（以隐藏说话者或进行远距离传播），而且它不要求光照、邻近、面对面的朝向，或占用双手。不过它主要是一种串行接口，缺乏传递图案或树形结构所需的完整二维性以及排版机制，如字体、下标和括号。一种使用语言的编码方案，其基础工具是一份由可区分符号及其拼接组成的详细目录。

因此，口头语言的语法必须将命题结构映射到一个串行通道上，才能将内容的模糊性减少到最低程度,何况它还面临着进一步的制约因素:编码和解码必须快速完成;使用它的生物具有有限的短时记忆,依照的是整个潜在交流者社群的共有代码。

语言是一种由众多部分组成的复杂系统,每一部分被定制为将一种独特的语义或语用功能映射到一种独特的符号序列上——这一事实在语言学实践中如此明显,以至于人们通常觉得其不值一提。我们将在下面列举一些关于实质共性(substantive universal)的无争议事实,它们是所有普遍语法理论都认定的语法构成要素。我们可以将其视为一份明确的目录,或将其作为某种更抽象机制的结果。

- 语法围绕表示主要词汇范畴(lexical categories)(名词、动词、形容词、介词)的符号而建立,这些符号可以进入规则,规定指示性的表面分布(如,支配无标记直接宾语的一般是动词而非名词)、屈折变化和词项列表。再加上可特征性地与主要词汇范畴共现的次要词汇范畴(例如,冠词加名词),不同的词汇范畴获得了在言语串中被区分出来的方法。这些区别被用来区分基本的本体范畴,如事物、事件或状态,以及质量(见Jackendoff,1983,1990)。
- 主要短语范畴(名词短语、动词短语等)以一个主要词项——"中心语"(head)作为起点,并允许其与特定种类的词缀和短语组合。接着,由此产生的聚合词组被用来指称我们建立的世界心智模型中的实体。因此名词(比如"dog")本身并不能描述任何东西,但它可以与介词和言语中的其他部分组合成名词短语,比如"those dogs"(那些狗)、"my dog"(我的狗)、"the dog that bit me"(那只咬了我的狗),正是这样的名词短语被用来描述事物。同样,通过标记时态和体(aspect)并增添一个宾语,可以让动词(比如"hit")变为动词短语,从而使之能描述一个事件。一般而言,词语编码的是抽象的一般范畴,它们只有被构建为主要短语范畴后,才能描述特定的物、事件、状态、位置和性质。这一机制使得语言使用者能在只掌握有限数量的词项的情况下,指称无限多的特定实体(见Bloom,1989;Jackendoff,1977)。
- 短语结构规则[如"X杠理论"(X-bar theory)或"直接支配规则"(immediate dominance rules)]迫使言语串中的拼接体对应了其底层命题中的语义连通性(semantic connectedness),因此提供了底层结构的线性线索,以区分下列这样的句子:如,"Large trees grow dark berries"(大树上长了黑色的树莓)和"Dark trees grow large berries"(黑色的树上长了大树莓)(见Gazdar、Pullum、Klein和Sag,1985;Jackendoff,1977)。
- 线性排序规则[如用于排列中心语、补语和标志词的"方位参数"(directional parameter),或"线性次序规则"(linear precedence rules)]使得可以用这些拼接体内部的词语顺序区分某个实体所假设的关于某个谓语的论元位置(argument positions),例如:区分"Man bites dog"(人咬狗)与"Dog bites man"(狗咬人)(见Gazdar等,1985;Trais,1984)。

- 名词和形容词的格词缀(case affixes)也可以行使这些功能,它们根据论元角色来标记名词,即使词序被打乱,也可以将名词与谓语连接起来。这种冗余性可以解放线性排序机制,使其被用来表达突出及重点的关系,从而与听者必然短暂的注意力流和知识获取流充分融合。
- 动词词缀表示的是该动词指称事件(体)和该事件发生时间(时态)的时间分布;当单独的体和时态后缀共现时,它们会以一种普遍的优先顺序出现(体的位置与动词更接近;Bybee,1985)。鉴于人类的思维没有使用任何人工计时装置,那么就必须使用某种其他的时间坐标,而语言采用了一种天才的系统,能表达事件相对于言语行为本身的发生时间,以及相对于第三个、任意的参照时间的发生时间[因此我们可以分辨"John has arrived"、"John had arrived"(当Mary说话时)和"John will have arrived"(在Mary讲话之前)等等;Reichenbach,1947]。动词词缀还常常与主语及其他论元一致,从而提供了另一个冗余机制,可以通过自身来表达谓语—论元的关系(如,在许多美国原住民语言比如Cherokee和Navajo语中),或者消除其他机制留下的歧义(如,区分"I know the boy and the girl who like chocolate"与" know the boy and the girl who likes chocolate")。
- 助动词(auxiliaries),既可以作为动词词缀出现(通过其与动词的接近度来与时态或体词缀进行区别),也可以出现在3个句子—边缘位置(第一、第二、最后)中的一个位置,它表达的是逻辑范围遍及整个命题的关系(反映了其边缘位置),比如真值、情态和言外之意(见Steele、Akmajian、Demers、Jelinek、Kitagawa、Oehrle及Wasow,1981)。
- 语言还常常包含少量的音系学可简化的语素——代词和其他前指元素——凭借编码一小部分的语义特征(如性别和人性)以及自身分布的限制,可以在复杂关系中表达不同参与者间的共指模式(patterns of coreference),且不需要重复冗长的确定性描述(例如,就像在句子"A boy showed a dog to a girl and then he/she/it touched him/her/it/himself/herself")(见乔姆斯基,1981;Wexler和Manzini,1984)。
- "补语和控制"(complementation and control)的机制支配了本身为其他命题之论元的命题的表达,其利用特定的标补语(complementizer)语素表示嵌套命题的边缘性(periphery),表明其与该嵌套命题的关系,并许可省略指称了扮演特定组合角色的参与者的重复短语。这使得人们可以在信念—愿望民俗心理学之内表达丰富的命题态度，比如“John tried to come”“John thinks that Bill will come”“John hopes for Bill to come”“John convinced Bill to come”，等等（见 Bresna，1982）。

- 在 wh-移位（如 wh-疑问句和关系从句中）中，空元素［如“语迹”（trace）或“空位”（gap）］和句子-边缘量词（如 wh-词）之间存在一种严格约束的共现模式。量词可以具体到指向言外之意（疑问句对比修饰）、本体类型（时间、空间、目的）、特征（有生命/无生命）和角色（主语/宾语），而且空位只有在高度约束的短语结构配置中才会出现。这类句式的语义使得说话者可以通过指定实体在任一命题内的角色，来固定该实体的指称对象或请求关于其的信息。人们不仅能指称任何一只狗，还能指称玛丽去年卖给某个学生的那只狗（the dog that Mary sold to some student last year）；人们不仅能询问任何一个之前见过的感兴趣之人的名字，还能具体地询问“我当时看到和你在一起的那个女人是谁？”（Who was that woman I saw you with?）（见乔姆斯基，1981；Gazdar、Pullum、Klein 和 Sag，1985；Kaplan 和 Bresna，1982）。

这一部分事实关注的只是语言结构纯粹的表达能力。人们可以往这张目录里添加许多句法制约因素和机制，这些句法制约因素和机制的结构使得它们将言语理解过程中的记忆负荷以及寻找局部花园路径（local garden paths）的可能性，降到了最低程度（如，Berwick 和 Weinberg，1984；Berwick 和 Wexler，1987；Bever，1970；Chomsky 和 Lasnik，1977；Frazier、Clifton 和 Randall，1983；Hawkins 和 Cutler，1988；Kuno，1973，1974），或降低了分析儿童语言学习的任务难度（如 Morgan，1986；Pinker，1984；Wexler 和 Culicover，1980）。除此之外，语言中还有音段音系学规则可以消除语素拼接的任意性，以组成连贯的声音模式，应付发音易化和知觉区辨度（perceptual distinctness）的需求；有韵律学规则能消除句法、沟通语用和言外之意信息的歧义；有发音程序能通过并行编码相邻辅音和元音获得快速的传输速率；等等。语言似乎是达尔文这句话的范例，“在结构和共适应方面达到了如此完美、如此令我们惊叹的地步”（达尔文，1859：26）。

在写下这些话之时，我们仿佛听到了反对者们在大声嘲笑：“邦葛罗斯！原来如此儿童故事！”我们刚刚是不是在检视过这些结构之后再倒因为果地想出了对功能的解释？我们怎么知道这些神经机制的存在不是为了其他的原因？是否它们一出现，就被语言的第一批使用者充作了各种各样的便利用途，然后这些用途又被他们传递给了后代们？

3.2 语言设计的观点是“原来如此故事”吗？

首先，我们对于实质共性及其语义功能的观点，并没有什么特别巧妙、扭曲或奇特的地方。其中任何一点都可以从语言学教科书中摘录出来。进化论并不鼓励人们认为短语结构规则可用来表达修饰关系和谓语—论元结构。

其次，根据功能本身来推导特殊设计和适应论的起源，没什么不对的地方。这全依赖于该功能的工程学复杂度。如果有人告诉你，约翰把X当作遮阳伞或镇纸，你当然很难猜出X是什么或X从哪里来，因为所有东西都能起到遮阳或镇纸的作用。但如果有人告诉你，约翰用X播放了广播电视，那么很有可能X就是台电视机或类似的构造，因为它就是为了这个目的而设计的。原因在于，某件不是被设计为电视的东西却能显示电视节目是极为不可能的事情；这一工程学需求实在太复杂。

生物学中常常会把这种逻辑应用到高技术能力——例如蝙蝠的声呐系统——的发现上。我们认为人类语言也是相似的情况。我们不是说鼻子的作用是为了托起眼镜。人类语言是一种能敏锐地交流复杂而微妙的信息机制——从错综复杂的肥皂剧情节到宇宙起源的理论。即使我们只知道人类拥有这么一种机制，也预计得到，它必然拥有相当特殊和不寻常的性质，它适于完成将复杂命题结构映射到一个串行通道上的任务，而对语法的研究证实了这一点。

第三，认为语言为命题结构的交流而设计的观点，远非逻辑真理。人们很容易构想并否认特定的替代方案。例如，不时有人提出，语言是作为内部知识表征的媒介演化出来的，以用于推理的基础计算。不过，尽管可能存在一种类语言的表征媒介——“思维语言”或“心理语言”（mentalese）（Fodor，1975），但它显然不可能是英语、日语等等。自然语言无望具备这一功能：它们具有非必要的串行性质，充斥着歧义（在会话语境中通常无害，但不适于长时知识表征），它们因为具有只对话语有意义的互换成分而变得很复杂［如话题化结构（topicalization）］，而且堆满了无助于推理的机制（如音系学和大部分的形态学）。同样，语法的实际情况使人很难认为语言在任何意义上显示出与“交流”有本质区别的“思维表达”的设计。如果“表达”仅仅是指某种独白式的思维外化，那么很难解释语言内含以听者存在为前提的机制，比如音系学和语音学规则（将句子映射到声音模式、增强易混淆语音的辨别度、用语调消除短语结构的歧义，等等），以及编码会话话题、言外之意、话语前发事件的语用机制，等等。此外，人们并没有用一种任意的私人语言表达他们的思想（这对于纯粹的“表达”来说已经足够了），而是拥有复杂的学习机制，能习得一种几乎在每一个细节上都与社群里其他说话者所说的语言高度相似的语言。

关于语言设计论具体论点的经验性本质，另一个例子见诸我们研究的被设计进语言的具体表达能力。这些能力最终组成了一个明确定义的集合，并不是简单对应了人类有兴趣交流的每一种信息。所以,虽然我们可能对语法的有用表达能力有一些先验的直觉,但这件事归根结底是经验性的(见Jackendoff,1983,990;Pinker,1989b;Talmy,1983,1988),而且这类研究获得的结果很具体,足以证明不是任何直觉都能满足。语法在微妙情绪模式的表达方面是一种出了名的糟糕媒介,例如,相比而言,面部表情和声调蕴含的信息更丰富(Ekman和Friesen,1975;Etcoff,1986)。尽管语法提供了表达粗略地形学信息的机制,比如连通性、接触性和体积,以及粗糙的度量反差,比如近/远或平面/球面,但它们对于表达精确的欧几里得关系提供不了什么帮助:一图一画胜过千言万语。此外,人类语法显然缺乏专用于表达鲸类、鸟类或非人灵长类的声音交流系统中任何一种信息的机制,比如宣布个人身份、警告捕食者出现或宣布领地范围。

最后,威廉姆斯(Williams,1966)提出,趋同进化、与人工物体的相似性和对工程学效率的直接评估都是适应性的良好证据来源。当然在人类语言的情况中,这些实验很难付诸实践:显著的趋同进化尚未发生;无人发明过能复制语言功能的系统(除了明显依附于自然语言的系统外,如世界语或手势英语);而且大部分的实验干预形式都不符合伦理。尽管如此,有些实验在原则上是可能的,这足以反驳自反性的循环论证指控。

例如,甚至是那些专注于非常狭窄的内容领域以及并不打算被人们以自然、即时的方式使用的人工语言,比如计算机语言和符号逻辑,也都显示与人类语法的某些方面具有明显的相似性。它们都需要区分符号类型、谓语-论元关系、嵌套、范围、定量和真理关系(truth relation)的手段,并用形式化句法系统解决这些问题,这些形式化句法系统指定了层级拼接、相对线性顺序、符号串内的固定位置以及优先符号的封闭性词类的任意模式。当然也有非常多的不同之处,但像"语言""句法""谓语""论元"和"语句"这样的概念在被应用到人工系统上时具有清晰的意义,不会被混淆或需要确认,光这一点事实就提示,这里面有一些非巧合的相似之处,让人联想到那个虹膜和晶状体被应用到照相机和眼睛上的话题。至于实验研究,原则上,人们可以使用也可以不使用这些存疑机制的某一种,或使用其一种变化形式去定义很多人工语法。这些语法会被提供或教给交流者双方——形式化自动机、计算机模拟或大二学生在问题求解模式中的表现——双方将被要求在不同的速度、噪声或记忆限制的条件下传递特定的信息。被成功交流的信息比例将根据该语法机制的存在与否和版本以及假定与该存疑功能相关的不同条件(作为后几种因素的函数)进行评估和检验。

3.3 语言设计和语言多样性

语法显示出了良好的设计迹象——对于这一观点，更严肃的挑战可能来自人类语言的多样性(Maratsos, 1989)。语法机制与表达功能并不是一对一的对应关系。例如，某些语言使用语序来表达“谁对谁做了什么”；另一些语言使用格或一致关系来实现这一目的，并保留语序的使用，来区分话题(topic)和述题(comment)，或完全不去系统性地利用语序。如果很多语言不为此目的而使用语序，谁又能说，支配语序的心理机制是在适应表达语法关系需求的选择压力下进化出来的？语言的多样性似乎暗示语法机制是非常通用的工具。而通用工具无疑会具有一种非常普遍的结构，因此它可能是一种“拱肩”，而不是一种适应化机制。我们首先回应一下这种直接反对意见，即，无论是什么原因，多样性的存在证明了普遍语言设计观点的错误。在本部分的结尾，我们提出了一些推测，来说明为什么最开始应该不止存在一种语言。

首先，对于能行使不止一种而是少数几种确定功能的结构(或许在不同环境中行使这些功能的程度不同)，其进化在生物学上是常见现象(Mayr, 1982)。实际上，尽管语法机制在不同语言中具有不同用途，但机制—用途的可能配对受到了相当大的限制。没有一种语言会使用名词词缀表达时态，或者使用具有句法优先助动词的元素表达直接宾语的形态。全世界范围的语言调查研究记载了大量此类关于结构和功能的普遍制约因素(如，Bybee, 1985; Comrie, 1981; Greenberg, 1966; Greenberg, Ferguson 和 Moravcsik, 1978; Hawkins, 1988; Keena, 1976; Shopen, 1985)。此外，语言共性(language universal)可见于语言历史，其变迁也往往归属于一个限定的模式集，很多变化牵涉到了引入服从典型制约因素的语法机制(Keparsky, 1976; Wang, 1976)[3]。

但是，只有从最悲观的视角，才会考虑一种允许受限变异的语言官能的进化。甚至少量的语法分析也能揭示，表面上的多样性通常只是底层心理语法细微差别的体现。比如英语与其他语言间存在的一些所谓根本性的排版学差异。英语是一种严格的语序语言；在澳大利亚的Warlpiri语中，不同逻辑单位的词语可以被完全打乱，并使用格标记来表达语法关系和名词修饰。很多美国原住民语言，比如Cherokee语，几乎不在从句中使用名词短语，而是通过将关系一致词缀串黏着到动词上来表达语法关系，每一条语法关系通过一系列特征(如人性或状态)来识别一个论元。尽管在像英语这样的“宾格”(accusative)语言中，及物性和不及物性句子主语的句法或构词等价，但在“作格”(ergative)语言中，却是不及物句子的主语与及物性句子的宾语被同样对待。尽管英语句子围绕必需主语而构建，但像汉语这样的语言却是围绕一个为对话主题保留的位置而构建的。

然而,这些差异几乎肯定是对应了同一特定心理机制集被使用程度的差异,而不是被使用的心理机制种类的差异。英语介词短语串中的成分顺序是自由的("The package was sent from Chicago to Boston by Mary";"The package was sent by Mary to Boston from Chicago",等等)。英语的名词和所有格标记"'s"都有格。它以关系一致标记"-s"表达了动词词缀中论元的相关信息。作格可见于动词转换形式如"John broke the glass"和"The glass broke"中。甚至还存在一种话题位置:"As for fish, I like salmon."相比之下,Warlpiri语也不是没有短语句法。助动词出现在第二个位置(不像英语、德语和其他很多语言)。名词短语的成分如果没有被格标记,就必须相邻;如果句子含有一个以上的限定分句(finite clause),则该限定分句的成分必须相邻。平克(1984)概述了一种语言习得理论,该理论中,儿童在习得"极为"不同的语言时,不同程度地使用了同样的先天学习机制。

当检视更抽象的语言分析时,自然语言的内在统一性会变得更为明显。乔姆斯基曾打趣,你在一种语言中能找到的任何东西都能在别的每一种语言中找到(或许是在一个更抽象的表征水平),这种说法是有道理的,不需要诉诸一刀切的方法。在乔姆斯基的支配—约束理论(Government-Binding theory,1981)的诸多版本中,所有的名词短语都必须被进行格标记;即使那些没有被显性格标记的名词短语,也被一个相邻的动词、介词或时态元素赋上了"抽象"的格。主要短语的基本顺序由一种应语言种类而异的参数值确定,该参数说明了赋格行为可能被执行的方向。所以在类似拉丁语这样的语言中,名词短语被标记了词形格(morphological case)(并可以出现在任一位置),而在类似英语这样的语言中,名词短语并没有被这样标记,而是必须与一个赋格成分(case-assigner)如动词相邻。因此,一种语言中的显性格标记和另一种语言中的语序被统一为一个语法模块(grammatical module)的表现形式。而该模块具有一种明确的功能:在该理论的术语中,它使得名词短语对于题元角色(如施事、目标或方位)的分配来说是"可见"的。此外,语序本身并非一种统一的现象。通常,当语言"为了语用目的使用语序"时,它们利用的就是一种底层语法子系统,比如语体规则(stylistic rule),这一子系统的性质与另一种支配名词短语及其赋格成分的相对顺序的子系统非常不同。

语言究竟为何不止一种?我们只能提出一些没有把握的推测。对于语言词库中的声音—意义对,有两点需要考虑。首先,人们可能会假设,说话者如果想要习得文化新生现象的标签,比如"螺丝刀",就需要一种学习机制。然后这种学习机制就足以学会所有的词汇条目。其次,进化出一种体量巨大的先天性代码可能很困难。数以万计的声音-意义对应关系中,每一对都必须在所有说话者间得到同步,但很少有词语具有启动该标准化过程可能需要的非任意性前发事件(antecedent)

(如,类似于撕咬之前露出牙齿的行为进化为生气时的面部表情)。此外,因为面临着随机干扰事件如有性重组及其他偶发遗传过程,这种代码的体量也会使得在基因组内进化和保存该代码的时间承受巨大的压力(William, 1966; Tooby 和 Cosmides, 1989)。一旦有了学习声音—意义对的机制,习得任一特定对(如狗与"dog")所需的信息,都可以随时从社群的言语中获取。因此,正如图比(Tooby)和科斯米德斯(Cosmides, 1989)所言,基因组就能将词汇储存在环境中。

对于语法的其他方面,人们可以逆转视角,更透彻地进行分析。与其假定存在多种语言,导致进化出了一种学习语言间差异的机制,可能还不如假定存在一种学习机制,导致发展出了多种语言。也就是说,人类可能很容易通过在语法的进化之前就已存在的认知过程,从环境输入中学习语法的某些方面,例如,一个有界单位内的一对有序元素的相对顺序。对于这些方面,无须进化出一个固定的值,并且它们尽可以因不同社群的说话者而异。在5.2.3部分,我们将讨论欣顿和诺兰(Nowlan)所做的一个进化模拟研究(1987),其进化方式与本假设一致。

3.4 语言设计和任意性

皮亚泰利-帕尔马里尼(1989)提出了一种不同的观点:语法作为对交流的适应,并不完全可以预测,因此说明语法缺乏设计,并且不能通过自然选择而进化。他写道,"生存标准——交流和计划协同行为的需求,无法解释我们的特定语言本质。适应甚至压根无法解释这些现象中的任何一种"。关于语言中的任意性现象,常被引用的例子包括移位(movement)的制约因素(例如邻接原则)、不规则形态学和谓语—论元结构中的词法差异(lexical difference)。例如,说"Who did John see Mary with?"是可以接受的,"Who did John see Mary and?"则不然;"John broke the glass"可以接受,"John breaked the glass"则不然;"John filled the glass with milk"可接受,"John poured the glass with milk"则不然。认为语言不是适应现象的观点存在两种形式:(1)语言可能比之更好,(2)语言可能与之不同。我们证明这两种形式都不合理,而且其援引的事实完全符合语言是一种适应现象的观点,并且没有为任一种替代解释提供半点支持。

3.4.1 固有的取舍

假定语法无功能的观点,其最粗糙的形式是如此表达的:"我打赌你没办法告诉我制约因素X的功能;所以语言是一种拱肩。"但是,即使证明了语言的一个部分没有功能,也不意味着语言的所有部分都没有功能。回顾一下2.2部分,很多器官都包含饰变过的拱肩,但这并不意味着自然选择没有组装或塑造该器官。更糟糕的是,制约因素X可能不是该语言官能真正的一部分,而只是对其某个方面的描述，一种副现象拱肩。没有哪种适应性器官在每一个方面都是适应性的，因为一个器官有多少个方面，就有多少种描述它的方法。最近的语言学史提供了很多例子：一种新发现的制约因素最开始被认为很明确，因此被列为语法的一部分，但后来却发现它是一种范围远要宽泛的原则的演绎结果（如乔姆斯基，1981；Freidin，1978）。例如，像"John to have won is surprising"这样的句子，其不合语法性曾被归因于一个专门排除[NP-to-VP]序列的过滤器，现在却被视为该格过滤器（Case Filter）的结果。虽然人们可能有理由怀疑"*[NP-to-VP]"在语法中的作用，但几乎不能不考虑像格过滤器这样的东西。

既然仅仅出现某种非最优特征说明不了什么，那么我们必须检验对"为什么该特征会存在"这个问题的具体解释。皮亚泰利-帕尔马里尼拥护的非选择论观点没有对此做出任何解释：甚至是原则上，也不知道语法的任一特定方面如何被解释为某种发育过程、遗传机制或可能大脑结构的制约因素的特定结果。该观点的立论依据完全就是在假想语言缺乏适应论解释。实际上，我们将证明，这种适应论解释是存在的，它既在进化论内得到支持，也受语言学的支持，所以连这一立论依据也不复存在。

在进化论中，自然选择追求完美的观点早已被否定（William，1966）。正如梅纳德·史密斯（Maynard Smith，1984：290）所言："如果对于生物的可能性没有制约因素，那么最优的生物表型将长生不老，捕食者对其毫无办法，它将无限制地产卵，等等。"相互矛盾的适应性目标之间的取舍是生物设计中普遍存在的一种优化限制。一只雄鸟用绚丽的羽毛或长尾向雌鸟展现自己的健康，这可能是适应性的表现，但不至于导致吸引捕食者或无法飞行。

语言内部对实用性的取舍也是不可避免的（Bolinger，1980；Slobin，1977）。例如，说话者和听者之间存在利益冲突。说话者想要尽量减少发音的工作量，从而倾向于简短和语音弱化（phonological reduction）。听者想要尽量减少理解的工作量，从而要求言语具有明确性和清晰性。这一利益冲突为交流过程所固有，且在很多层次都起作用。编辑不断催促作者扩写省略的段落；下笔吝啬的作家糊里糊涂地制造了"Squad Helps Dog Bite Victim"和"Stud Tires Out"这样的病句。同样，说话者和学习者之间也存在利益冲突。庞大的词库使得语言的表达可以简洁和准确。但只有在每一个潜在听者都有机会学习其中每一个词语的情况下，它才能派上用场。再一次，这种取舍为交流所固有；一个人眼中的生僻行话对另一个人来说是非常贴切的字眼。

显然，任何交流共享系统都要采用一种代码，而这种代码是这些需求妥协后的产物，所以从任何一个标准的角度来看，它都将表现出任意性。对于交流的复合需求，总是存在广泛的解决方案，这些方案在这一多维空间中达到的平衡点略有不同。斯洛宾(1977)指出，塞尔维亚—克罗地亚语的屈折系统是"典型的印欧语系综合性混乱"，它用单个词缀给每一个名词加上后缀，这些词缀来自一个充满了不规则性、同音异义词和零语素(zero-morpheme)的词形变化表(paradigm)。结果，儿童要很晚才能完善这一系统，而且遭遇了相当大的困难。相比之下，土耳其语的屈折系统在语义上是透明的，具有划界清晰的规则后缀，儿童两岁时就能将其掌握。但是，当涉及由过度学习该系统的成人生成的语言时，塞尔维亚—克罗地亚语在尽量减少必须被发音音节的纯粹数量方面，确实具有优势。此外，斯洛宾指出，对语言历史变化和借用的研究也记录了这种取舍。例如，用来增强语言简洁性的变化会持续到听者对语言的理解受到损害为止，此时会引入新词缀或新特性，以恢复平衡(还可见 Samuels，1972)。语言的某个给定特征的任意性也许体现在这一意义上：从某个单一标准的角度看，存在更好的替代解决方案。但这并不意味着它一无是处！

邻接原则——禁止空位与其先行词之间的依存关系跨越特定的短语结点组合——就是任意性制约因素的一个典型例子(Freidin 及 Quicoli，1989)。在英语中，你可以说"What does he believe they claimed that I said?"，但不能说这种语义相似的"*What does he believe the claim that I said?"有人可能会问，为什么语言会如此行事？为什么不允许在任何地方进行抽取(extraction)，或任何地方都不允许？这一制约因素的存在，可能是因为对具有空位的句子进行句法分析是出了名的难题，而一个必须准备好应对句子中任何地方存在无声元素的系统，就会陷入假定其处处存在的困境。邻接原则被用来辅助句法分析，因为它削减了分析者在发现空位时必须追踪的结构集(Berwick 和 Weinberg，1984)。这种对听者的好处往往是对说话者的妨碍，因为说话者在面对复杂句如"That's the guy that you heard the rumor about his wife leaving him"时，会挣扎于其中的接应代词(resumptive pronoun)。关于这一制约因素的确切英语版本或自然语言内部所允许的小样本替代形式，没有什么是"必不可少"的。但是，通过定位在表达需求与句法分析能力之间可能妥协范围的一个特定子集上，这一进化过程可能已经在语言加工中的某个问题上收敛了一套令人满意的解决方案。

3.4.2 交流协议中的奇偶性

人们大可以构想出一种与其本身不同的生物系统，但这一事实无从判断它是否是一种适应(见 Mayr，1983)。没人会因为节肢动物的复眼与脊椎动物的眼睛不同，就认为自然选择不是脊椎动物眼睛进化过程中的关键组织力量。同样，指出一种假想的火星语言能以不同方式实施被动化(passivization)，也说明不了什么问题。

我们必须拷问具体解释的依据到底有多充分。

人类语言结构的特征本可能有所不同,对于这种情况,皮亚泰利-帕尔马里尼再一次没有给出任何解释,他完全依赖于其假定的“自然选择不能提供任何积极的解释”。但实际上,这种解释是存在的:语言的性质使得语法任意性本身成为了有效交流的适应性解决方案的一部分。任何交流系统都需要一种编码协议,该协议只要是共享的,就可以是任意的。利伯曼和马丁利(Mattingly,1989)称之为“奇偶性”(parity)要求,我们可以用电子通信协议中的“奇偶”(恰好同名)设置来说明。将打印机的串行接口设置为“偶”而不是“奇”的奇偶设置,没有什么特别的逻辑。也没有任何动机一定要将你的计算机设置为偶而不是奇。但是,不管是什么原因,我们有充分的理由将计算机和打印机设定为相同的奇偶设置,因为如果你不这样做,两者之间就无法通信。实际上,标准化本身比某一方拥有的任何其他适应性特征都要重要得多。在20世纪80年代,很多个人计算机制造商都在吹嘘他们的产品相较IBM的PC具有更优良的工艺和设计。但是这些机器与IBM不兼容,结果可想而知。

在语言官能的进化过程中,很多“任意”的制约因素之所以被选中,可能仅因为它们在足够数量的说话者大脑中定义了一种标准化交流代码的若干部分。皮亚泰利-帕尔马里尼声称,在通过反转主语和助动词而不是逆转句子中词语的顺序而形成是否疑问句(yes-no question)的过程中,并没有什么适应性的存在,他也许是正确的。但是,鉴于语言必须做出其中一种抉择,说话者社群中的每一成员被迫学习其他所有成员的方式使用语言,这一行为是高度适应性的。使这一固定过程朝某一个方向倾斜需要破坏对称性,诚然,历史偶然事件的某种组合、其他认知过程的副现象以及神经发育的制约因素必然在这一破坏过程中扮演了重大角色。但仍然必定是自然选择导致了这一常规的形成,然后其又变得具有内在稳固性。

奇偶性要求在通信协议的所有层次都有效。在个别语言中,任意但共享的特征的效用在选择单个词语时最为明显:你没有任何理由称一只狗为“dog”而不是“cat”,除非其他每个人都这么做,但这一理由已经足够充分。索绪尔(Saussure,1959)称语言的这一特征为“标志的任意性”(l' arbitraire du signe),而赫福德(Hurford,1989a)用进化博弈论(evolutionary game theory)证明了这种“索绪尔式”策略的进化稳定性,每个学习者凭此策略在生成语言时使用与其在理解过程中使用相同的任意标志(如,其他说话者在生成语言时所使用的)。更普遍地看,这些因素提示,一种对任意性的偏好在两个层次被构建进入了语言习得机制。它只会猜测隶属于由普遍语法定义的(可能任意的)集合的规则,而在此集合之内,它试图选择的是那些与社群使用的规则匹配的规则,不管这些规则是什么。

当我们考虑替代的方案,比如试图让每一名说话者通过内生性地应用某种原理从意义预测形式来收敛到同一标准,一种评估和使用普遍奇偶性设置的学习机制的好处就变得尤为明显。对于任一形式-意义对,都存在很多可能的原理,这恰好就是问题所在——不同的原理会给不同的说话者(或者同一批说话者在不同场合)留下不同程度的印象。但如果人们要进行交流,就必须搁置这种认知方式、个人历史或暂时兴趣的差异。如前所述,任何语法机制都不能同时满足说话者和听者的需求,它不能让说话者说塞尔维亚—克罗地亚语,却要求听者用土耳其语回答。此外,但凡认知过程灵活到可以用不止一种方式理解一个情境,那么句法和语义之间就不存在简单的对应关系,可以供一个社群的说话者预测性地"推导"最"符合逻辑"的语法结构。例如,语法中存在一种简单且普遍的原则,规定一个使役动词(causative verb)的表层直接宾语(surface direct object)指称一个受此动作影响的实体。但是该原则单独而言是不可用的。当一个女孩将盒子放进篮子里时,她对两者都产生了影响:盒子改变了位置,而篮子的状态由空变成了满。人们不希望某个对盒子感兴趣的感知者说"她正在填盒子",而另一个对篮子感兴趣的感知者却将同一个事件描述为"填篮子";没人会知道发生了什么。但是,通过让不同的动词特异性地选择不同种类的实体作为"受影响"的对象(例如,"place the box/*basket"相较于"fill the basket/*box"),并迫使学习者尊重动词的意愿,语法可以使说话者通过将不同种类的受影响实体置入不同动词的直接宾语位置,来对这些实体进行说明,而尽量减少歧义。很可能这就是为什么不同的动词具有不同的任意句法优先权(Pinker,1989b),皮亚泰利-帕尔马里尼(1989)详细描述了这一现象。甚至象似性和拟声法也在语法这位旁观者的耳目之中。美国手语(ASL)中"树"的手势看起来像一棵在风中摇摆的树,但在中国手语中,树的手势却是画树干的动作(Newport及Meier,1985)。在美国,猪叫声的拟声词是"oink";在日本,猪叫声的拟声词却是"boo-boo"。

3.4.3 任意性以及语言进化与语言习得之间的关系

任意性的需求对人们理解交流功能在语言习得和语言进化中的作用产生了深刻影响。很多心理学家和人工智能研究者提出,语法的结构就是每一个儿童成功解决与他人交流这一问题的方案。斯金纳(Skinner)的强化理论是这一假说的最强版本(1957),但那些避开他的行为主义转而依赖于一般认知学问题求解能力的版本才一直是心理学领域内盛行的理论。斯金纳和认知理论家们,比如贝茨等(1989),都明确地将功能在学习中的作用和在进化中的作用画上了等号。乔姆斯基和其他很多语言学家及心理语言学家们则在个体发生(ontogeny)意义上质疑了功能主义(ontogeny),证明语法的很多方面无法被简化为交流问题的最优解;相反,人类的语法具有一种普遍性的自身独特性逻辑。更普遍地看,乔姆斯基强调,人类对语言的使用并不紧密服务于交流的功利主义目的,而是一种表达思考的自主能力(见乔姆斯基,1975)。如果交流功能并没有在个体中塑造语言,那么人们可能会得出结论:它很可能没有在个体所属物种中塑造语言。

我们认为,支撑这场辩论的类比具有误导性。并不是说学习和进化不需要遵从相同的规律——不管是选择论还是其他。(例如,乔姆斯基本人强调过,这一问题永远不会如视力的情况一般清晰明了,在视力的情况中,没人会认为所有婴儿的视觉发育与他们想要视物的愿望有关,或者视觉系统会依靠随机变异来发育,根据这些随机变异完成儿童目的的能力来对其进行选择。)在语言的情况中,3.4部分中的观点认为语言进化和语言习得不仅可以不同,而且必须不同。进化拥有极为多样的等效交流标准可供选择;它没有理由偏好包括了阿帕奇语(Apache)和意第绪语(Yiddish)却不包括老高火星语(Old High Martian)或早期瓦肯语(Vulcan)的语言种类。但这种灵活性到儿童出生时已耗尽;物种和语言的社群已经做出了选择。儿童无法只学习任一有用的交流系统;他们也无法只学习任一自然语言。他们注定了必须学习物种最终收敛的特定语言,以及社群选择的特定语言种类。无论是什么原理曾影响了这些选择,它们都被掩埋进了历史,无法在发育过程中重现。

此外,任何如自然语言语法一般复杂和精确的代码都不会将自身的协议公之于众。除非某个计算机用户长生不死,否则他无法仅从实例中推导出整个通信协议或编程语言;所以我们才需要操作手册。这是因为,该协议的任一特定用例都是一个伴随了大量特殊情境的独特事件,一些情境与代码的使用有关,大部分无关,而且没有办法确定哪些有关哪些无关。对于该名儿童,任何句子或句子集都与各式各样非常不同的语法相容,其中只有一条语法是正确的(Chomsky,1965,1975,1980,1981;Pinker,1979,1984;Wexler和Culicover,1980)。例如,如果没有预先制约因素,从输入句子如"Who did you see her with?"概括出"*Who did you see her and?"从"teethmarks"概括出"*clawsmarks",从"You better be good"概括出"*Better you be good?"是很自然的做法。这名儿童没有手册可供参考,很可能这就是他或她需要先天性制约因素的原因。

所以,我们找到了一个理由,可以解释为什么语言进化的功能主义理论可能为真,而语言习得的功能主义理论可能为假。从语言习得伊始,儿童就服从不能直接为他们提供交流优势的语法制约因素。仅举一例,学习英语的1岁和2岁儿童遵守一种短语结构构型的制约因素,其关乎的是词语范畴和短语范畴间的区别,结果他们会避免在名词和专有名词前放置限定词和形容词。他们将使用类似"big dog"这样的短语表达"某只特定的狗个头很大"这一信念,但他们永不会使用类似"big

Fred”或“big he”这样的短语表达“某个特定的人个头很大”这一信念(Bloom,1990)。尽管这一制约因素会限制他们的表达范围,但儿童尊重它。

此外,尽管发展心理学家中有些人持相反的未经证实的观点,但语言发育过程中的很多进步并没有给儿童的交流能力带来任何局部可辨认的增长(Maratsos,1983,1989)。当儿童在说“breaked”和“comed”时,他们所使用的系统远要比成人的规则性规则和150个需机械记忆的不规则特例的组合更简单,也更符合逻辑。这种错误不会总是引来父母的纠正或其他会话反馈(Brown和Hanlon,1970;Morgan和Travis,1989)。其不会造成理解的缺失;“comed”的意义非常清楚明白。实际上,儿童的这一系统比成人的系统更有表达力。当儿童说“hitted”和“cutted”时,他们是在以一种成人没有的方式区分过去式和非过去式,成人必须全盘使用“hit”和“cut”。为什么儿童最终抛弃了这一简单、符合逻辑、富有表达力的系统?因为他们必然会被编程,以致仅仅是与成人代码(尽管其琐碎又任意)保持一致这条要求就胜过了其余的迫切需要。

要求交流代码先天就具备任意性基础(在人类的例子中,其指“普遍语法”),我们也许可以在生物学中的其他地方找到类似的要求。迈尔(Mayr,1982:612)指出:

> 交流行为,例如求偶行为,必须刻板化,以免造成误解。控制这种行为的遗传程序必须是“封闭”的,也就是说,它必须能适度抵抗个体生命周期内的任何变化。其他行为,例如那些控制食物或栖息地选择的行为,必须具有一定的灵活性,以允许新体验的加入;这种行为必须由一种“开放”程序所控制。

总之,交流协议标准化的要求决定了,大自然最好是构建一种能学会环境语言代码的语言习得机制,而不是发明一种从儿童的角度看有用的代码。从实例中获得这种代码绝非易事,何况还有如此多的语法原则和制约因素必须被硬性植入该习得机制中。因此,即使语法机制的这些功能在进化过程中扮演了重要角色,但它们在语言习得过程中也可能没起到任何作用。

4. 语言是一种“拱肩”的观点

鉴于语言作为一种适应现象的标准似乎得到了满足,我们可以审视一下另一种竞争性解释的优势,即由古尔德、乔姆斯基和皮亚泰利-帕尔马里尼提出的语言是一种拱肩的观点。

4.1 心智(The mind)作为一种多用途学习机制

古尔德提出语言是一种“拱肩”的主要动机来自一个他经常声明的观点:心智

是一台通用计算机。例如,在对一种语言起源理论的批判中,古尔德(1979:386)写道:

> 我一刻也不怀疑人类进化过程中脑容量的增加具有一种由自然选择介导的适应性基础。但如果大脑现在可以做到的诸多特定事情也是“为了”该特定行为而进行直接选择的产物,那么我会感到十分惊讶。就像你建造了一台复杂机器,发现它可以执行诸多意料之外的任务。“为了”处理工厂每月的定期检查而制造一台计算机,它还能对人类骨骼测量数据进行析因分析,实施罗杰斯分析,还能在圈叉游戏(tic-tac-toe)中打败任何人(或者至少常常和他们打成平手)。

这个类比具有一定的误导性。你完全无法用一台处理每月定期检查的计算机进行罗杰斯分析;首先得有人将其重新编程才行。语言学习不是编程:父母给孩子提供的是英语句子,而不是英语的规则。我们认为自然选择就是这位程序员。

可以对这一类比进行修正:想象某台只配备了一个程序的机器,其能从实例中学习计算每月的定期检查,执行析因分析,实施罗杰斯分析,全然不需要明确的编程。这台装置目前在人工智能中还不存在,在生物智能中也不可能存在。能将语言习得作为一个特例且符合心理学现实的多用途学习机制并不存在,因为获得一条语法所需的概括与从实例中获取其他知识系统时所使用的概括,不是一回事(Chomsky,1982;Pinker,1979,1984;Wexler和Culicover,1980)。本文的第一段列举的关于语言和其他可习得文化系统的不相干性(dissociability)的总体事实,也证明认为语言是任何通用认知学习能力的“拱肩”的观点是错误的。

4.2 对可能形式的制约因素

对乔姆斯基(以及皮亚泰利-帕尔马里尼)来说,认为心智是一种万能学习机制的理论当然是可憎的,可令人困惑的是,他俩也许会发现自己总体上同意古尔德的看法。最近,古尔德(1989)描述了某种共同基础。他提出,乔姆斯基遵循了欧洲大陆的哲学传统,试图以约束可能生物形式的结构规律来解释进化。例如,乔姆斯基写道:

> 在研究心智的进化时,对于一种满足某些人类特有的其他物理条件的生物,我们无法猜测转换生成语法多大程度上存在物理上可能的替代形式。可以想象,不存在——或者很少——在这种情况下,谈论语言能力的进化就不切正题。(1972:97–98)
>
> 这些技能(如,学习一条语法)很可能伴随人类大脑的结构性质而产生,这些结构性质的出现源于其他原因。假设对于更大的大脑、更多皮质表面、脑半

球特化,或其他很多可想象的结构性质,存在选择效应。进化而成的大脑很可能具有各种各样的非个体选择的特殊性质;这里面可能并没有奇迹,只有正常的进化机制。此刻,我们不知道,在人类进化历程产生的这些特殊条件下,当将 10^{10} 个神经元置入一个篮球大小的物体内时,物理定律是如何适用的。(1982:321)

对此(无限数字系统的进化),关于自然选择的推测并不比其他解释更可信;或许这些只是在人类进化的特殊条件下达到特定复杂度水平的大脑所涌现的物理性质而已。(1988b: 22)

尽管乔姆斯基实际上并没有主张任何特定的进化假设,但他反复督促我们考虑将“物理定律”作为自然选择的可能替代解释。然而很难明白我们究竟应当考虑什么。自然选择无法解释语言进化的所有方面,这一点当然是正确的。但真的有任何理由去相信存在迄今还未发现的物理定律可以解释自然语言的复杂设计吗?人类的大脑当然遵从物理定律,而且从来都遵从,但这并不意味着其特定的结构可以被这些定律所解释。

更可信的是,我们该考虑语言及其外成发展(epigenetic growth)的可能神经基础的制约因素。但神经组织的连接是通过发育过程完成的,这一发育过程的作用方式在整个皮质内都很相似,而在整个动物界也有不同程度的相似性(Dodd和Jessell,1988;Harrelson和Goodman,1988)。在不同的生物中,神经组织进化出了实施粉源通信、天文导航、多普勒频移回声定位、立体视觉、受控飞行、修建水坝、声音拟态和面部识别所需的计算能力。因此,就具体的计算能力而言,物理上可能的神经系统空间不可能真的那么小。而且最不可能的情况是:在底物黏附分子和突触竞争水平发挥作用的定律,当其产生的效应被往上投射穿过多层规模和层级的组织时,会自动形成可以在一个中等大小物体的世界中完成有趣工程学任务的系统。

大脑的量变可以引起质变。但是,仅增大脑容量对语言来说既非必要也非充分条件,伦内伯格(Lenneberg,1967)对无脑儿的研究以及个体颅脑测量的研究揭示了这一点。也没有理由认为,如果你简单地将越来越多的神经元堆积进一个神经回路,或者将越来越多的神经回路堆积进大脑,就会涌现出这种有趣的计算能力。似乎更可能的是,你最后会得到一个非常巨大的随机模式生成器。神经网络的建模研究表明,复杂计算能力要么需要外在强加的设计,要么就需要学习大量结构丰富的输入,或两者皆需要(Pinker及Prince,1988;Lachter及Bever,1988),这两个要求都与乔姆斯基的意见不一致。

最后,可能还有直接的证据推翻语言是人类大脑生长方式的必要物理学结果这一推测。戈普尼克(Gopnik,1990a,b)描述了一种发育型言语困难综合征,患者缺失了对形态学特征——比如数字、性别、时态和格——的控制。除此之外,他们的智力正常。一个10岁大的男孩在数学课上获得了第一名,还是一位相当优秀的计算机程序员。这证明,缺乏语言组件的人类大脑,或许甚至是具有离散无限性(discrete infinity)能力的大脑,在物理学和神经发育意义上都是可能的。

总之,假设语言源自以未知方式在巨大大脑里产生作用的物理定律,并无证据的支撑。尽管毫无疑问,语言系统的某些方面只能被历史性、发育性或随机性过程所解释,但对于语言官能这一复杂结构,最可能的解释是,它是作为对进化压力的反应而施加于神经回路上的设计。

5. 语言进化的过程

如果要通过达尔文的自然选择进化出普遍语法,那么,这一普遍语法仅仅是在某种一般意义上有用尚不足够。个体的语法能力间肯定存在遗传变异。从完全没有语言发展到我们现在所认识的语言,中间肯定存在一系列的步骤,每一个步骤都可以小到能被一次随机突变或重组所产生,而且每一条中间语法对其拥有者来说都有用。语法能力中每一个我们希望能归因于自然选择的细节必然是赋予了其使用者一种繁殖优势,而且这一优势必然大到足以在祖先群体中固定下来。而且必然存在足够的进化时间和基因组空间,将我们的物种与其他非语言灵长目的祖先分开。

对于这些问题,目前还没有结论性的研究数据。然而,这并不妨碍形形色色的人宣称每一个必要的假设都是错的!我们认为,我们从语言和进化的生物学中获得的知识可以证明上述每一个假设都相当可信。

5.1 遗传变异

利伯曼(1984,1989)声称乔姆斯基式的普遍语法不可能是进化而来。他写道:

> 构成当今"先天论"语言理论基础的前提……不符合现代生物学。恩内斯特·迈尔(Ernst Mayr,1982)在其权威著作《生物学思想的历史》(*The Growth of Biological Thought*)中,讨论了这些必须构建任何有生物学意义的先天论的基本原则……(其中一条原则是:)本质主义思维(如,根据一种统一的假设普遍语法,描述人类语言能力)不适于描述活生物体的生物学禀赋。(1989:203-205)
>
> 真正的先天论必须考虑到遗传变异。一条详细的、通过遗传传递且对于地球上每一个人类都相同的普遍语法不在生物学似真性(biological

plausibility)的范围之内。

这是利伯曼的部分论点,即,句法的习得是通过多用途的学习能力,而不是通过一个专用型模块或模块集。但上面引用的段落包含了各种误解和曲解。乔姆斯基语言学是迈尔所谴责的本质主义的反面。它将“英语语言”这样的无实质个体间实体视为虚幻的副现象。科学上唯一真实的实体是个体说话者头脑中的个体语法(扩展讨论见Chomsky,1986)。诚然,特定语言的语法以及普遍语法常被暂时理想化为一种单一的系统。但这种做法在多系统层面的生理学和解剖学中很常见:例如人类眼睛的结构一直被描述为似乎被所有个体共享,而个体变异和病变则被当作一种对标准值的偏离进行讨论。这是因为,自然选择虽然以变异为养料,但也耗尽了变异的价值(Ridley,1986;Sober,1984)。特别是在适应性的复杂结构中,我们看到的变异并不由基本设计中的质性差异构成,而这肯定也适用于复杂的心理结构(Tooby和Cosmides,1989)。

何况,与利伯曼所言相反的是,语法能力确实存在变异。在我们所称的“正常”范围内,我们都知道,有些个体习惯性地使用复杂句法,而另外一些个体则言语简洁优雅;有些人的语言很有创造性,而另一些人则依赖陈词滥调;有些人是一丝不苟的循规蹈矩者,另一些人却喜欢以各种方式摆弄语言。这种变异中至少有一部分可能与各种语法子系统的强度或可访问性有关,而我们怀疑至少有一部分是遗传性的,也就是可以被分开抚养的同卵双胞胎共有的那种。更准确地说,贝弗、卡里瑟斯(Carrithers)、科瓦茨(Cowarts)和汤森(Townsend,1989)的大量实验数据表明,具有左利手家族史的右利手者相对于无此遗传背景的人,表现出对句法分析的依赖性较小,而对词汇联想关系依赖性较大。

此外,在“正常”范围之外,还有一些有记载的语法缺陷遗传综合征。伦内伯格(1967)指出,特定语言障碍是一种显性的部分性连锁性状,具有几乎完全的外显率(还可见Ludlow和Cooper的一篇文献综述,1983)。更惊人的是,戈普尼克(1990b)发现了一种与形态学特征(性别、数量、时态等)使用有关的家族选择性缺陷,似乎由一个显性基因控制。

这并不意味着我们应该很容易找到遗传性邻接原则缺陷或照应语盲的病例。基因多效性——单基因改变导致产生表面上无关的表型效应——是普遍存在的,所以没有理由认为具有遗传基础的语法的每一个方面都必须只由一个基因控制。右手的存在具有遗传基础,但遗传缺陷不会导致婴儿出生时恰好缺少一只手。此外,即使某些人完全缺失了某些语法机制,如果不深入细致地分析这个人对精心构建的语言实例的理解,可能就没有那么容易发现他的缺陷。不同的语法子系统可以生成表面上相似的句式,而一位假想具有某种缺陷的受害者可能会以许多难以检测的方法对此进行补偿。实际上,对单个句式的基础分析存在分歧,是语言历史变化的常见原因。

5.2 中间步骤

有人怀疑一个拥有逐渐复杂和特化的普遍语法的进化序列是否有可能存在。有人认为,这些中间环节本来就不可能是切实可行的交流系统。这些观点可分成三类。

5.2.1 非共享的创新

格施温德(Geschwind,1980)等人曾疑惑假想的"有益"语法突变如何能使其拥有者真正受益,因为这个人的进化程度较低的同胞都不可能理解他或她。一个可能的答案是,任何这样的突变都可能会被具有血缘关系的个体共享。既然很多交流都是在亲属之间进行,那么一个语言突变者将被他或她的某些亲戚理解,而由此带来的信息共享强化,也让每一个人相对于无血缘关系的他人而受益。

但我们认为有一种更通用的答案。理解能力不必非得与生成能力完美同步。即便在缺乏语法知识的情况下,理解过程也可以使用基于可能事件的认知启发法来解码词语序列。如"skid crash hospital"这样不合语法的符号串很好理解,我们还发现自己可以根据少量同源词和一些常识,合理地理解意大利语报纸上的报道。同时,此类来源的语法复杂性也不会无人欣赏。我们也许无法复制莎士比亚复杂的早期现代英语,但我们可以欣赏他精妙的表达。当某些个体创造了可以通过认知努力解码的重要差异时,这一差异就为神经机制的进化建立了一种压力,使这一解码过程变得愈加自动化、无意识,且不受世界知识(world knowledge)中无关方面的干扰。这些都是先天性语法"模块"(module)的一些特征(Fodor,1983)。在一种有时候被称为"鲍德温效应"(Baldwin Effect)的过程中,环境诱导的反应为这些反应变为先天性反应建立了选择压力,触发表面上模拟一种拉马克式序列的传统达尔文式进化。

不是所有的语言创新都需要以说话者语言能力的遗传改变作为起点。美国前国务卿亚历山大·黑格(Alexander Haig)以糟糕的语言表达而出名,比如"Let me caveat that"或"That statement has to be properly nuanced"。作为听者,我们听到他不合语法的语言会感到不舒服,但理解他并无困难,不过很难构想出一种简洁又合语法的替代表达方式。这种以"Haigspeak"为例说明的双重标准在言语中相当常见(Pinker,1989b)。很可能这种双重标准一直存在,而由认知过程(这些认知过程利用了类比、隐喻、象似性、有意民俗词源学等等)驱动的创新,如果足够有用,可以同时为说话者和听者建立压力,使这些创新合乎语法。还要注意,如果语言的生成和理解过程中只用到了一个心理数据库(mental database)(Bresnan和Kaplan,1982),那么应某次表现的压力而发生的进化变化就会自动转移到另一次表现上。

5.2.2 范畴规则(categorical rule)

很多语言规则都是在符号上的范畴性的、全或无的操作(见Pinker和Prince,1988,1989)。这样的结构怎么可能以渐变式的序列进化?贝茨等人(1989)很可能是为了回应古尔德的"5%眼睛"(1989),如此写道:

> 我们可以设想,有什么初文(protoform)能产生限制从一个嵌套从句中提取名词短语的制约因素吗?一种生物拥有半个符号,或四分之三条规则,可能意味着什么?(第3页)……单子符号(monadic symbols)、绝对规则和模块化系统必须作为一个整体,在有或无的基础上被习得——这是一个迫切需要神创论(Creationist)解释的过程。(30页)

不过,此处压缩了两个问题。尽管有人可能会理所当然地辩称,整个语法系统必须以一个渐变的连续序列进化,但这并不意味着每条规则的每一方面都必须以一个渐变的连续序列进化。如前所述,突变的果蝇可以在原本长触角的地方长出了一条完整的腿,而与祖先相比附肢数目不同的新分类单元的进化,通常会被归因于这样的同源异形突变。单个突变或重组不可能产生一整条普遍语法,但可能导致某个拥有一个含n条规则的语法的父代产生一个拥有一个含n+1条规则的语法的子代,或某个拥有一条含m个符号的规则的父代产生一个拥有一条含m+1个符号的规则的子代。它还可能导致某个完全不拥有语法规则的父代,完全靠机械地记住联想,来产生一个只拥有一条规则的子代。语法规则是对符号的操作,其骨架形式被其他很多心理系统所共有。实际上,离散性的符号操作摆脱了基于被记忆实例的相似性进行的分级应用,因而在很多认知领域中,特别是那些涉及社交共享信息的领域,极为有用(Freyd,1983;Pinker和Prince,1989;Smolensky,1988)。如果一个遗传改变导致一个非语言符号-置换操作的通用拷贝突然出现在构成交流基础的神经系统内部,那么这一原规则(protorule)就可被作为编码和解码方案的一部分来使用,于是它们就可以受到选择力量的影响,使之适应语言的特定需求。罗赞(Rozin,1976)和谢泼德(1986)认为智能可能就是经由这种序列而进化的。

5.2.3 形式语法的扰动

人们认为语法是复杂的计算系统,具有很多相互作用的规则和条件。乔姆斯基(1981)强调了语法具有丰富的演绎结构,在此结构中,单条原则的微小变化可以对整个语言产生戏剧性的影响,因为它的影响会通过语法派生过程被级联放大。这又产生了一个问题:进化史上可能发生过更大的变化,整个语言系统是如何在这种大得多的扰动下生存下来的?如果我们逆推时间,语法会优雅地退化吗?如果一条普遍语法的某个组件被改变或缺失了,它还有用吗?或者只会导致派生被阻碍、句式被过滤和形成部分结构?利伯曼(198:200)声称"唯一能符合当今标准语言理论的人类进化模型就是能给人类配备上语言神经基础的骤变(sudden saltation)模型。"同样,贝茨等(1989:2-3)声称,"如果语言的基本结构性原则无法被习得(自下而上)或派生(自上而下),那么只有两种可能的解释:要么是造物主直接将普遍语法赋予了我们,要不然就是我们这个物种经历了一次规模前所未有的突变,相当于认知上的'大爆炸'。"

但这些观点基于的是一种混淆概念。尽管某种现有语言的某条语法无法在忍受微小的扰动后仍是一种现代语言学家所承认的语言的一条语法,但这并不意味着它就完全不能是一条语法。说得难听点,并没有谁要求直立人的语言要归入智人语言的可能类别。此外,语言能力不仅包含了形式语法,还包含了非语言认知过程,比如类比、机械记忆和"Haigspeak"(美国国务卿黑格说的话)。乔姆斯基(1981)称这些过程构成了语法的"边缘",但一个更好的隐喻可能是它们被置于"夹缝"(interstices)中,此时它们的功能是作为一种应急装置(jerry-rigging),使得形式不完整的语法可被用于生成和理解句子。

认为自然语言的语法要么作为整体发挥作用要么就一点作用都没有的观点令人惊讶地常见。但这一断言并不比反达尔文学说文献中屡见不鲜的关于眼睛、翅膀和网的相似观点更有价值(例如,见Dawkins,1986),而且这些观点偶尔还会草率地跳跃到扩展适应观点上去。皮钦语(pidgin)、接触语、基本英语,以及儿童、移民、游客、失语症患者、电报和报纸头条的语言,都提供了丰富的证据,证明存在一个宽广的可行交流系统的连续统一体,其表现出了效率和表达能力的连续梯度(见Bickerton,1986)。这恰好就是自然选择理论所要求的东西。

欣顿和诺兰(1987)对鲍德温效应的一个有趣的模拟研究,支持了我们关于进化中学习和先天结构之间的相互作用的观点。他们考虑了小步进化的最糟糕场景:一个具有20个连接(这些连接不是兴奋就是抑制)的神经网络,除非所有20个连接都被正确设置,否则传递不了任何适应度优势。所以,不仅拥有该网络的5%没有什么好处;就算拥有95%也一样。在一个由随机突变决定神经连接的生物种群中,有益突变的发生率大约是每100万(2^{20})个具有遗传差异的生物只发生一次,而且如果该生物是有性繁殖,这一突变的优势就会立即丧失。但是,现在假设有一种生物,其神经连接要么被遗传固定为两者中的一种值(兴奋或抑制),要么可以通过学习来更改设置,由平均固定10个连接的随机突变所确定。该生物会尝试随机地设置可饰变连接,直到碰巧发现具有优势的组合为止;这对生物来说是可见的,并导致它保留那些设置。获得这一状态后,该生物就会得到更高的繁殖率;它越快获得,优势就越大。在这一种群中,拥有少于100%的正确神经网络是一种优势。比如,在具有10个先天性神经连接的生物中,每1000只(2^{10})生物中有1只生物拥有正确的神经连接,它将有一定概率获得整个网络;在经过1000次学习尝试后,这种概率相当之高。对于该生物的后代来说,拥有越多先天确定的正确连接,优势就会越大,因为作为起点的正确连接越多,学习剩余连接所耗费的时间就越少,而且终其一生都学不会它们的概率就会越低。

欣顿和诺兰在计算机模拟中确认了这些直觉,他们令人满意地证明,如本部分的观点所要求,通过将适应度空间的剧增转变为一种梯度,学习可以引导进化。此外,他们还做出了一个有趣的发现。尽管总是存在使可学习的连接变为先天性连接的选择压力,但这一压力会随着大部分连接被先天设定而急剧削弱,因为学习剩余的连接会变得越来越不可能失败。这一点符合这一推测:人类语言的多样性有一部分是一些学习机制的结果,这些学习机制被专门用于语言之前就已存在(或至少与其无关)。这种学习机制可能是进化之梯的必要组成部分,进化过程没有必要将其抛开。

5.3 更优语法的繁殖优势

戴维·普雷马克(David Premack,1985:281–282)写道:

> 我强烈建议读者,重建出这个可以给递归性赋予选择性适应度的场景。据推测,语言的进化发生在人类或原人狩猎乳齿象之时……如果我们一位蹲坐在余烬边的祖先能如此说话,将是巨大的优势:"小心那头被鲍勃打断前蹄的矮个野兽,当时鲍勃把自己的矛忘在了营地,他拿起从杰克手里借来的钝矛用一记侧击打断了那头野兽的前蹄。"
>
> 人类的语言对进化论来说是一种尴尬,因为它的强大程度远远超过了人们根据选择适应度所做的解释。一种具有简单映射规则的语义语言(人们可能假设大猩猩也具有的一种语言)似乎能带来所有优势,人们通常会将这些优势与对狩猎乳齿象或类似活动的讨论联系起来。对于这种讨论,句法类别、结构依赖性规则、递归及其余,都是十分强大的机制,强大到了离谱的程度。

普雷马克的反诘式挑战抓住了一个很多人认为令人信服(或许甚至是不言自明)的信念,其原因值得深思。它就是道金斯(1986)所称的"来自个人怀疑的观点"(Argument from Personal Incredulity)一个很好的例子。这一观点反映了人们对概率性过程的糟糕直觉,特别是那些在进化所需的漫长时间尺度上运作的过程。这一段话之所以能获得直观的力量,还因为人们对史前人类广为流传的刻板印象是:他们是只会发出咕噜声的洞穴人,他们的主要繁殖挑战是逃离老虎的追捕或猎杀乳齿象。由此推出的结论似乎是,只有现代工业社会的人类(有时还暗示,或许只有学者)才需要使用复杂的心理机制。不过,尽管这些常识式的直觉很有说服力,但我们必须要加以抵制。

5.3.1 微小选择性优势的影响

首先,必须要提醒你一个事实:微小的选择性优势对进化变化来说已经足够。例如,根据霍尔丹(Haldane,1927)的经典计算,一个能比其等位基因平均多产生1%后代的变异体,只需要4 000代就能将其在种群中的频率从0.1%增加到99.9%。甚至在长寿的人类中,这一点也很适于进化的时间表。(更不用说不同基因的固定可以同时进行。)此外,一种有益遗传变化不需要在任何单独一代中被观察到。斯特宾斯(Stebbins,1982)构建了一个数学场景,在此场景中,一种类似小鼠的动物受到了需要增加体形大小的选择压力。这一压力太小,人类观察者无法测量,而且体形从一代到下一代的真实增量也太小,其测量值无法与个体变异的噪声区分。然而,这种老鼠还是在12 000代后进化出了一头大象的体形,这段时间从地质学上来说完全就是"一瞬间"。最后,极小的优势也能在相似生物的竞争性种群间的宏观进化演替(macroevolutionary succession)中发挥作用。朱布罗(Zubrow,1987)计算,地质学时间重叠的尼安德特人和现代人类种群之间1%的死亡率差异,就可能导致前者在30代之内灭绝,也就是只需要一千年。

5.3.2 语法复杂度和技术

经常有人指出,我们这一物种有两个特征——技术和非亲属间的社会关系,这两个特征达到了动物界前所未有的复杂水平。工具制造是最广为人知的能力,但作为其基础的知识却只是人类技术性能力的一部分。现代游猎采集部落人的生活方式是我们了解祖先的最佳证据来源,他们的民俗生物学(folk biology)知识包含了野生动植物的生活史、生态学和行为,"这些知识详细和周全到了可以让专业的植物学家和动物学家咋舌并增长知识的程度"(Konner,1982:5)。例如,这一能力使得现代昆申人(! Kung San)在我们看来贫瘠的沙漠中轻松获得营养全面的饮食。艾萨克斯(Isaacs,1983)认为,一些在史前人类大本营遗址里发现的化石,证明远至两百万年前的能人(Homo habilis)中存在一种高度依赖于可习得环境知识的生活方式。人类常被提起的一个特点就是,这种知识可以一代一代积累下来。普雷马克(1985)评述,教学法(pedagogy)是一种普遍的、物种特异性的人类性状,而语言在教学法中的用处是毫无疑问的。正如布兰登(Brandon)和霍恩斯坦(Hornstein,1986)强调的那样,以基本不依靠刺激的方式进行学习的能力很可能会带来巨大的选择优势(Williams,1966,也表达过相似观点)。儿童可以从父母那里学到某种食物有毒或某种动物很危险:他们不必亲自观察或体验这些。

关于成人对成人的教学法，康纳(Konner,1982:171)指出，昆申人讨论"所有东西，从食物来源地点到捕食者的行为，到迁移性猎物的动向。篝火边的昆申人互相交流的不仅是故事，还有大量的知识储备，而且这种戏剧化——或许是最好的一点——承载了关乎生存的知识。如果没有这些知识，一种已然足够艰难的生活方式会变得完全不可能坚持下去"。

各种被设计用来交流关于时间、空间、谓语—论元关系、限制性修饰和情态等精确信息的机制并没有枉费工夫。尤其递归非常有用。普雷马克复述了一种常见的误解，他使用冗长费解的短语作为递归式句法的范例：如果没有递归，你没法说"the man's hat"或"我认为他离开了"这样的表达。对于递归，你需要的只是一种能将一个含有一个名词短语的短语嵌入另一个名词短语或者将一个从句嵌入另一个从句的能力，这超出了简单的成对规则如NP→det N PP和PP→P NP的适用范围。人们得到这种能力后，就能以任意精确的水平详细说明对某个物体的指称。这些能力可以产生重大影响。例如，它能对下面的判断产生重大影响：要到达一个遥远区域，走一条在那棵大树之前的小路还是走一条那棵大树在它之前的小路。它产生的影响还体现在，该区域有你能吃的动物或者能吃你的动物。判断该区域的水果已成熟(is ripe)或熟过头了(was ripe)或尚未成熟(will be ripe)，也会有很大的不同。判断你步行三天是否就可以到达那里或你是否能到达那里再步行三天，也会有很大的不同。

5.3.3 语法复杂度与社会互动

人们未能普遍理解由语言支持的社交互动对于游猎采集部落的生活方式有多么重要。世界各地的人类为了生存都依赖相互合作。艾萨克(Isaac,1983)回顾了一些研究发现，两百万多年前的能人拥有一种依赖非亲属间社会互动的生活方式。尤其语言似乎深深地融入了这种互动，与我们自己的"先进"文明并没有质的区别。康纳(1982)写道：

> 战争尚不可知。集体内部的冲突可以用谈话解决，有时候要谈半个晚上，或整个晚上、几个晚上、连续几个星期。和闪族人生活了两年后，我开始将这一人类历史(我们进化的三百万年)的更新世视为一个超长马拉松式的会心团体。当我们睡在一个闪族村庄的茅草屋里时，很多个夜晚，茅草屋单薄的墙壁遮挡不住围坐在火边的人们紧张的交谈声，当黄昏来临，篝火点起，人们就开始坦率地表达情绪和争执，一直持续到黎明。(7页)
>
> 如果说律师和法官所做的是工作，那么当昆申人通宵坐着开会讨论一个争执激烈的离婚案件时，那也是工作。如果说心理医生和神父所做的是工作，那么，当一个昆申男人或女人在巫术仪式上花费数个小时试图医治病人时，那

也是工作。(371页)

这种对交谈的依赖,促成人类发展出了能表达社会相关抽象信息的能力,比如时间、所有物、信念、愿望、偏好、义务、真理、概率、假设和反事实。再一次,递归远非一种"过度强大的机制"。递归这种将命题嵌入其他命题内的能力,如在[$_s$He thinks that S]或[$_s$She said that($_s$he thinks that S)]所示,对于表达关于他人意向状态的信念至关重要。

此外,在一群互相争夺注意力和同情心的交流者中,受到重视的是吸引听者注意力和兴趣以及说服听者的能力。这反过来促进了演讲和修辞技巧以及支持这些技巧的语用相关语法机制的发展。西蒙斯(Symons,1970)观察到,部落酋长往往既是天才的演说家,又拥有很多妻子,这一事实对任何无法理解语言技能如何产生达尔文式差异的空想者都是痛快的一击。

5.3.4 语言的社会用途和进化加速

复杂语言的社会价值可能在人类的进化中发挥了举足轻重的作用,检视个体间合作互动的动态变化最能体会到这一点。如前所述,人类很可能在早期就形成了一种依赖于为获取食物、安全、养育后代以及繁殖机会而进行广泛合作的生活方式。这一生活方式为人类在进化上的收益和损失提供了意想不到的机会。一方面,它通过解决囚徒困境使所有参与者受益。另一方面,它易受欺骗者的侵害,因为欺骗者不付出代价就能获益(Axelrod和Hamilton,1981;Cosmides,1989;Hamilton,1964;Maynard Smith,1974;Trivers,1971)。支撑这一生活方式所需的最低认知机制是记住个体的能力以及执行社会契约的能力,即"要获益就要付出代价"(Cosmides,1989)。单这一点就要求人类能用语言表达相当微妙的语义区别。你理解我说的是"如果你给我一些你的水果,我就会分享我将获得的肉",还是"你应当给我一些水果,因为我之前分享过我获得的肉",还是"如果你不给我一些水果,我就会拿回我之前获得的肉",这些都是有区别的。

但这仅仅是开始。合作导致欺骗者骗取人们相信他们已经付出代价或还没有获益的能力也在进步。这反过来又给识别这种欺骗行为的蛛丝马迹的能力施加了压力,依次类推。有人指出这导致了一种认知的"军备竞赛"(如Cosmides和Tooby,1989;Dawkins,1976;Tooby和DeVore,1987;Trivers,1971)。在生物进化的其他地方,这种竞争性的反馈回路,例如猎豹和羚羊的斗争,导致了一些惊人的结构和能力的快速进化(Dawkins,1982)。人类大脑特别是额叶异常快速的增大也可以归因于这种军备竞赛(Alexander,1987;Rose,1980)。毕竟,掌握一块岩石的来龙去脉或成功收集浆果并不需要这么多的脑力。但是与一种拥有近似心理能力的生物(他们有时候怀着十分恶毒的动机)互动对认知提出了难以应付且不断增长的要求。

这种竞争不是为公开的敌人所准备。男性和女性、兄弟姐妹、父代与子代之间繁殖利益的局部冲突是固有的人类处境(Symons,1979;Tooby 和 DeVore,1987;Trivers,1974)。

承认语言在认知军备竞赛中的作用并不需要多少想象力。在所有的文明中,人类的互动都以说服和争辩的企图作为媒介。如何对一个选项进行表达在人们确定选择哪个选项的过程中发挥着巨大的作用(Tversky 和 Kahneman,1981)。表达一份方案使其看起来为买家提供了最大的好处且只需付出最小的成本,以及看穿这些企图并想出具有说服力的反对方案,这两种能力在原始的谈判中或许正如其在今天一般,具有不可估量的价值。通过闲言(gossip)获悉他人愿望和义务的能力也同样如此,这显然是人类普遍的恶习(Cosmides 和 Tooby,1989;Symons,1979)。

总之,在原始人类的世界里,语言交织在政治、经济、技术、家庭、性和友谊的复杂图景中,这些因素在个体的繁殖成效(reproductive success)中扮演了关键的角色。他们和我们一样不能忍受“我——泰山——你——简”(电影《人猿泰山》台词)水平的语法。

5.4 种系连续性(phyletic continuity)

贝茨等(1989)、格林菲尔德(1988)、利伯曼(1976,1984)认为,如果语言通过自然选择在人类身上进化出来,那么它在近缘物种如大猩猩中必然拥有前身,大猩猩与我们共有99%的遗传物质,而且可能由我们距今500万~700万年的共同祖先分化而来(King 和 Wilson,1975;Miyamoto、Slingtom 和 Goodman,1987)。他们声称,同样,既然生物学能力不能无中生有地进化,那么我们应当在人类中寻找与语法具有连续性关系的非语言能力的证据。利伯曼认为运动程序是句法规则的预适应现象,而贝茨(1976)和格林菲尔德(Greenfield 和 Smith,1976)提出将交际手势汇入语言学名称。正如贝茨等人(1989:8)所言:“……我们必须放弃这种已经描述了生成语法三十年的不连续性观点的任何强版本。我们必须找到某种方式,将符号和句法加入我们与其他物种共有的心理材料中。”

具体的经验性观点已经被驳倒。赛登贝格(Seidenberg)和佩蒂托(Petitto)(Seidenberg,1986;Swidenberg 和 Petitto,1979,1987)在回顾了类人猿的手语能力方面的证据后,认为它们与人类语言或与语言的习得过程并无显著相似性。在一个关于盲童手语习得的研究中,佩蒂托(1987)认为非语言手势和真正的语言名称(甚至两者共享手—视觉通道)是完全分离的。这一结论可能为下面这一观点提供了素材:自然语言表现出了与其他灵长类能力的不连续性,所以可能不是通过自然选择进化而来。

我们发现赛登贝格和佩蒂托的论证很有说服力，但我们的观点并不建立在这些论证是否正确的基础上。相反，我们完全不同意下列的假设(不是他们的假设)：对类人猿手语的争论应被视为对人类语言是否通过自然选择进化的表决。当然，人类语言就像其他复杂的适应一样，无法一夜之间进化出来。但并没有哪条生物学规律规定科学家注定能在其他某种活物种里面找到任何现代结构的进化前发事件。第一个具有明显区别的构成现代人类语言前发事件的心理系统可能出现在一个由大猩猩—人类共同的祖先分化而来的物种中，例如阿法南方古猿(Australopithecus afarensis)或之后任一个产生了我们这个物种的人科类群。此外，大猩猩本身并不是一般意义上的共同祖先，很可能从那次分裂后，它们自己也进行了一些进化。我们必须准备好接受这个可能的坏消息：可能就是没有任何活的生物具有人类语言的对应能力，就让大猩猩手语的争论平息下去吧，因为其终究会平息。

就我们所知，这仍然为语言的进化留下了足够的时间：如果早期南方古猿是第一批说话者，这段时间就是公元前500万年—公元前350万年，或者，如果早期智人是第一批说话者(这不大可能)，这段时间就是70万年前(Stringer和Andrews，1988)。(姑且不论真假，据说两百万年前的人科化石的颅骨内腔可见布罗卡区；Falk，1983；Tobias，1981。)也没有任何理由去尝试从遗传数据中强行得出相关结论。大猩猩与人类有4 000万个碱基对的差异，在这样的数量级上，我们找不到任何理由怀疑普遍语法是否能被放入这10兆字节里面，而且还有大量空间剩余，特别是如果一种符号操作体系结构的基本运算条款在剩余99%的基因组中得到了说明的话(讨论见Seidenberg，1986)。

实际上，容纳设计差异的空间甚至比这种非共有遗传物质的总量所提示的更大。大猩猩与人类基因组之间的百分之一差异代表的是不同碱基对的比例。但基因是碱基对组成的长片段，就算只有一个碱基对不同，一个基因的整个功能性产物都可能不同。就像在每一字节中替换一个比特会导致文本100%的不同(而不是12.5%的不同)一样，有可能不同碱基对的分布会导致人类与大猩猩的基因功能100%的不同。当然，虽然这种极端的可能性不大可能出现，但它警告我们不要根据基因组的重叠程度得出任何关于表型相似性的结论[4]。

至于语言与非语言神经机制之间的连续性，我们发现有点讽刺的是，那些被吹捧为“生物学”的观点甚至都没有采取最基本的步骤区分一下同功(analogy)和同源(homology)的差别。利伯曼认为句法规则肯定是重组运动程序——一种假定的预先适应情况——就是一个好例子。这一观点可能正确，但我们没有任何理由相信它。利伯曼的证据仅仅是：运动程序具有层级组织和连续顺序，而句法也是。但层级组织是很多神经系统的特点,或许任何我们欲称之为复杂的生命或非生命系统都有这一特点(Simon,1969)。一种实时生存的生物会需要各种各样的知觉、运动和中央机制去追踪连续顺序。层级和连续性是如此有用的特点,据我们所知,它们已经在神经系统里被进化出了很多次(Bickerton,1984,1986,也提出过这一观点)。为了区分真正的同源与纯粹的同功,有必要找到某种由相关系统共享的独特的派生非适应性特征,例如,可在另一个系统中见到的怪异语法。不仅没人找到过这种共享特征,而且句法与运动控制之间的差异相当显著。运动控制是一种精确的空间游戏(game of inches),所以其控制程序必须具有开放的连续性参数来表示每一组织层次的时间和空间。而句法没有这种类似的参数。我们可以举一个好得多的例子来说明语法利用了最初被用来对拓扑学和拮抗性力量进行概念化的机制(Jackendoff,1983;Pinker,1989b;Talmy,1983,1988),但这是另一个故事。

6. 结论

我们发出过警告,本论文的主旨非常传统。我们只不过论证了语言就像其他特化的生物学系统一样,通过自然选择而进化。我们的结论基于两个我们认为完全无争议的事实:语言表现出了为实现命题结构交流目的的复杂设计的迹象;以及,对具有复杂设计的器官起源的唯一解释就是自然选择过程。虽然各个学科的著名科学家都对用正统达尔文学说解释语法的生物学特化的进化表示过怀疑,但经过仔细研究后,我们发现这些论点没有一个令人信服。

但我们希望自己不只是澄清了误解。关于语言进化是否具有科学价值的怀疑由来已久,始于1866年巴黎语言协会(Société de linguistique de Paris)对这一话题的禁令,在由哈尔纳德(Harnad)、斯泰克利斯(Steklis)和兰开斯特(Lancaster,1976)编纂的认知科学百科全书中达到了高潮,让几个胆大的机会主义者与怀疑者的大军进行了斗争。当人们读了《修饰语的时代》(*The Age of Modifiers*)、《无语人猿》(*Ape-man Without Speech*)和"嗨嗬"理论后,产生怀疑的态度并不是完全没有根据。但这种怀疑不应该导致产生同样无根据的关于拱肩和骤变必要性的观点。

即使对语言起源的更负责任的推测也存在一个主要问题,那就是他们忽略了过去30年发现的关于语法结构丰富的具体知识。结果,语言能力被等同于认知发育,导致了语言进化与思维进化的混淆,或被省事地等同于可留下有形残余痕迹的活动,例如工具制造、艺术和征服。

我们认为,在语言进化方面,有大量优质新科学信息尚未得到妥善综合分析。心智的计算理论、生成语法、发音和声学语音学、发育心理语言学以及历时变化动态的研究可以轻易结合最新的分子、考古和比较神经解剖学发现，以及利用进化论和人类学的观点对进化进行策略性建模的研究（见，Bickerton，1981；Brandon和Hornstein，1986；Barkow，Cosmides和Tooby，1992；Hurfor，1989a，1989b；Tooby及DeVore，1987；Hinton和Nowlan，1987）。可以肯定的是，关于语言的进化，有很多问题我们永远回答不了。但我们乐观地认为，只要正确地提出问题，就能收获真知灼见。

致谢

与莱达·科斯米德斯（Leda Cosmides）和约翰·图比（John Tooby）的讨论深刻影响了本论文。我们还感谢内德·布洛克（Ned Block）、苏珊·凯里（Susan Carey）、诺姆·乔姆斯基、莱达·科斯米德斯、罗伯特·弗赖丁（Robert Freidin）、琼·格里姆肖（Jone Grimshaw）、詹姆斯·赫福德（James Hurford）、马西莫·皮亚泰利·帕尔马里尼、艾伦·普林斯、杰里·萨梅特（Jerry Samet）、唐纳德·西蒙斯（Donald Symons）、约翰·图比和几位论坛评论者对初稿的有益评论。不消说，文中所有的缺陷和错误都归咎于我们。本论文获得了NIH Grant HD 18381的资助；第二作者获得了Surdna Predoctoral Fellowship的资助。

注释

1. 例如，他说"语言当然提供了巨大的选择优势"（Chomsky，1980：239；还可见Chomsky，1975：252），又称：

……假设有人提出了一条这样的原则：语言的形式是如此这般，是因为有了这种的形式，就可以实现某种功能——这样的提议在进化的层面是适宜的（该物种或语言的进化），但在个体的语言习得层面则不然。（Chomsky，1977：86–87）

2. 有趣的是，邓内特（Dennett，1983）指出古尔德和卢温廷的批评逻辑与行为主义者对另一个大型理论的批评极为相似，即认知科学中的心智表征理论。邓内特发现了这些批评的共同缺陷：两者都无法解释不是任何物理定律直接结果的适应复杂性情况，而且两者都以过于迂执的方式应用了可证伪性标准。

3. 同时也请注意，以生物学标准来看，语言历史变化的发生是非常快速的。例如，王（Wang，1976）指出语言在依赖于语序和依赖于词缀间进行选择的一个周期通常大约为一千年。一个正在进化语言的人科种群在进化时钟的一声嘀嗒期间，可能面临全部的语言多样性，即便不会有单独的一代面对所有的可能结构。

4. 我们感谢约翰·图比指出了这一点。

参考文献

Alexander, R. (1987) Paper presented at the conference "*The origin and dispersal of modern humans*," Corpus Christi College, Cambridge, England, March 22-26. Reported in Science 236: 668- 669.

Ayala, F.(1983) *Microevolution and macroevolution* In: Evolution from Molecules to Man, ed., D. S Bendall. Cambridge University Press.

Axelrod, R & Hamilton, W. D. (1981)*The Evolution of Cooperation.* Science 211:1390-1396.

Barkow, J., Cosmides, L., & Tooby, J. ed. (1992) *The Adapted Mind.* Oxford University Press.

Bates, E (1976) *Language and Context: Studies in the Acquisition of Pragmatics.*Academic Press.

Bates, E, Thal, D. & Marchman, V. (1989) *Symbols and syntax: A Darwinian approach to language development.* In: The Biological Foundations of Language Development, eds. N. Krasnegor, D. Rumbaugh, M. Studdert-Kennedy, & R. Schiefelbusch. Oxford University Press.

Bendall, D. S., ed.(1983) *Evolution from Molecules to Man.* Cambridge University Press.

Berwick, R. C. & Weinberg. A. S. (1984) *The Grammatical Basis of Linguistic Performance.* MIT Press.

Berwick, R. C. & Werler, K (1987) *Parsing efficiency, binding, c-command, and learnability.* In: Studies in the Acquisition of Anaphora, ed B. Lust. Reidel.

Bever T. G. (1970)*The cognitive basis for linguistic structures.* In: Cognition and the Development of Language, ed., J. R. Hayes. Wiley.

Bever, T. G., Camithers, C., Cowart, W., & Townsend, D.J.(1989). *Language processing and familial handedness.* In A. Galaburda (ed.), From Neurons to Reading. Cambridge, MA: MIT Press.

Bickerton, D. (1981) *The Roots of Language.* Karoma

Bickerton, D. (1984) *The Language Bioprogram hypothesis.* Behavioral and Brain Sciences 7: 173-212.

Bickerton, D. (1986) *More than Nature Needs? A Reply to Premack.* Cognition 23:73-79

Bloom, P. (1989).*Nominals in Child language.* Unpublished manuscript, Department of Brain and Cognitive Sciences, MIT.

Bloom, P. (1990) *Syntactic Distinctions in Child Language.* Journal of Child Language, 17, 343-355.

Bolinger, D. (1980) *Language: the Loaded Weapon.* New York: Longman.

Brandon, R.N. & Hornstein, N.(1986) *From Icons to Symbols: Some Speculations on the Origin of Language.* Biology and Philosophy 1:169-189

Bresnan, J. (1982) *Control and complementation.* In: The Mental Representation of Grammatical Relations, ed., J. Bresnan MIT Press.

Bresnan, J. & Kaplan, R. M (1982) *Grammars as mental representations of language.* In: The Mental Representation of Grammatical Relations, ed., J.Bresnan. MIT Press.

Brown, R. & Hanlon, C (1970) *Derivational complexity and order of acquisition in child speech.* In: Cognition and the Development of Language, ed., J. R. Hayes Wiley.

Bybee, J. (1985)*Morphology: A Study of the Relation Between Meaning and Form.* Benjamins.

Chomsky, N. (1965) *Aspects of the Theory of Syntax.* MIT Press.

Chonmsly, N. (1972) *Language and Mind. Harcourt, Brace, and World* (Extended edition).

Chomsky, N. (1975) *Reflections on Language.* Pantheon.

Chomsky, N. (1980) *Rules and Representations.* Columbia University Press.

Chomsky, N. (1981) *Lectures on Government and Binding.* Foris.

Chomsky, N. (1982a) *Noam Chomsky on the Generative Enterprise: A Discussions with Riny Junybregts and Henk van Riemsdijk.* Foris.

Chomsky, N. (1982b) *Discussion of Putnam' s comments.* In: Language and Learning: The Debate Between Jean Piaget and Noam Chomsky, ed., M. Piattelli–Palmarini. Harvard University Press.

Chomsky, N. (1986) *Knowledge of Language: Its Nature, Origin, and Use.* Praeger.

Chomsky, N. (1988a) *Language and Problems of Knowledge: The Managua lectures.* MIT Press.

Chomsky, N. (1988b) *Prospects for the Study of Language and Mind.* Paper presented at the conference "Linguistics and Cognitive Science Problems and Mysteries," University of Tel Aviv, April.

Chomsky, N. & Lasnilk, H. (1977)*Filters and Control.* Linguistic Inquiry 8:425–504.

Clutton–Brock, T. H. (1983) *Selection in relation to sex.* In: Evolution from Molecules to Man, ed., D. S. Bendall. Cambridge University Press.

Comrie, B. (1981) *Language Universals and Linguistic Typology: Syntax and Morphology.* Basil Blackwell.

Cosmides, L. (1989) *The Logic of Social Exchange: Has Natural Selection Shaped how Humans Reason? Studies with the Wason Selection Task.* Cognition 31:187– 276.

Cosmides, L. & Tooby, J. (1989) *Evolutionary Psychology and the Generation of Culture, Part* Ⅱ. *Case Study: A Computational Theory of Social Exchange.* Ethology and Sociobiology 10: 51–97.

Cummins, R. (1984) *Functional analysis. In: Conceptual Issues in Evolutionary Biology*, ed., E. Sober. MIT Press.

Darwin, C. (1859) *On the Origin of Species.* Reprinted by Harvard University Press, 1964.

Dawkins, R. (1976) *The Selfish Gene.* Oxford University Press!

Dawkins, R. (1982) *The Extended Phenotype: The Gene as the Unit of Selection.* Freeman.

Dawkins, R. (1983) *Universal Darwinism.* In: Evolution from Molecules to Man, ed., D. S. Bendall. Cambridge University Press.

Dawkins, R. (1986) *The Blind Watchmaker: Why the Evidence of Evolution Reveals a Universe Without Design.* Norton.

Dennett, D. C. (1983) Intentional Systems in Cognitive Ethology: The "Panglossian Paradig: *Defended. Behavioral and Brain Sciences* 6:343–390.

Dodd, J. & Jssel, T. M. (1988) *Axon Guidance and the Patterning of Neuronal Projections in Vertebrates.* Science 242:692–699.

Eldredge, N., & Gould, S. J. (1972). *Punctuated equilibria: An alternative to phyletic gradualism.* In: Models in Paleobiology, ed., TJ M. Schopf. Freeman.

Ekman, P, & Friesen, W. V. (1975) *Unmasking the face.* Prentice Hall.

Etcof, N. L. (1986) *The neuropsychology of emotional expression.* In: Advances in Clinical Neuropsychology, Volume 3, ed., G. Goldstein & R. E. Tarter. Plenum.

Falk, D. (1983) *Cerebral Cortices of East African Early Hominids.* Science 221: 1072–1074.

Fisher, R. A. (1930) *The Genetical Theory of Natural Selection.* Clarendon Press.

Fodor, J. (1975) *The Language of Thought.* Thomas Crowell.

Fodor, J. (1983) *The modularity of mind.* MIT Press.

Fodor, J. (1987) *Psychosemantics.* MIT Press.

Frazier, L, Clifton, C, & Randall, J. (1983) *Filling Gaps: Decision Principles and Structure in Sentence Comprehension.* Cognition 13: 187– 222.

Freidin, R. (1978)Cyclicity and the Theory of grammar. Linguistic Inquiry 9:519–549.

Freidin, R. & Quicoli, C. (1989) *Zero-stimulation for Parameter Setting.* Behavioral and Brain Sciences 12: 338–339.

Freyd, J. J. (1983) *Shareability: The social Psychology of Epistemology.* Cognitive Science 7: 191–210.

Gardar, G, Klein, E, Pullum, G, & Sag, I. A. (1985) *Generalized Phrase Structure Syntax.* Harvard University Press.

Geschwind, N. (1980) *Some comments on the neurology of language. In: Biological Studies of Mental Processes*, ed., D. Caplan. MIT Press.

Gopnik, M. (1990a) *A Featureless Grammar in a Dysphasic Child.* Language Acquisition.

Gopnik, M. (1990b) *Genetic Dysphasia and Feature Blindness.* Nature, accepted pending revisions.

Gould, S. J.(1977b) *Problems of perfection, or how can a clam mount fish on its rear end.* In: Ever Since Darwin: Reflections on Natural History, ed., S. J. Gould. Norton.

Gould, S. J. (1979) *Panselectionist Pitfalls in Parker & Gibson' s Model of the evolution of intelligence.* The Behavioral and Brain Sciences 2:385–386.

Gould, S. J. (1980) *Is a New and General Theory of Evolution Emerging?* Paleobiology 6: 119–130.

Gould, S. J. (1981) *Return of the hopeful monster.* In: The Panda' s Thumb: More Reflections on Natural History, ed., S. J. Gould. Norton.

Gould, S. J.(1987a) *The Limits of Adaptation: Is Language a Spandrel of the Human Brain?* Paper presented to the Cognitive Science Seminar, Center for Cognitive Science, MIT, October.

Gould, S. J. (1987b) *Integrity and Mr. Rifkin.* In: An Urchin in the Storm: Essays About Books and Ideas, ed., S. J. Gould. Norton.

Gould, S. J. (1989) *Evolutionary Considerations.* Paper presented to the McDonnell Foundation conference"Selection vs. Instruction," Venice, May 22–27, 1989.

Gould, S. J, & Eldredge, N. (1977) *Punctuated Equilibria: The Tempo and Mode of Evolution Reconsidered.* Paleobiology 3:115–151.

Gould, S. J. & Lewontin, R. C. (1979) *The Spandrels of San Marco and the Panglossian Program: A Critique of the Adaptationist Programme.* Proceedings of the Royal Society of London 20S: 281–288.

Gould, S. J. & Piatelli-Palmarini, M. (1987) *Evolution and Cognition.* Course taught at Harvard University.

Gould, S. J. & Vrba, E. S. (1982) *Exaptation-a Missing Term in the Science of Form.* Paleobiology 8:4–15.

Greenfield, P. (1987) *Departmental Colloquium, Department of Psychology*, Harvard University.

Greenfield, P. & Smith, J. (1976) *The structure of Communication in Early Language Development.* Academic Press.

Greenberg, J. H, ed. (1966) *Universals of Language.* MIT Press.

Greenberg, J. H, Ferguson, C. A. & Moravcsik, E. A, ed., (1978) *Universals of Human Language 4 vols.* Stanford University Press.

Haldane, J. B. S. (1927). *A Mathematical Theory of Natural and Artificial Selection.* Part V. Selection and Mutation. Proceedings of the Cambridge Philosophical Society 23:838–844.

Hamilton, W. D. (1964) *The Genetical Evolution of Social Behavior*, I & Ⅱ. Journal of Theoretical Biology 104:451–471.

Harnad, S. R, Steklis, H. S, & Lancaster, J, ed., (1976) Origin and Evolution of Language and Speech. Annals of the New York Academy of Sciences 280.

Harrelson, A. L. and Goodman, C. S. (1988) *Growth Cone Guidance in Insects: Fasciclin* Ⅱ *Is a Member of the Immunoglobulin Superfamily.* Science 242:700–708.

Hawkins, J. ed., (1988). *Explaining Language Universals.* Basil Blackwell.

Hawkins, J. & Cutler, A. (1988) *Psycholinguistic factors in morphological asymmetry.* In: Explaining Language Universals, ed. J. Hawkins. Basil Blackwell.

Hinton, G. E. & Nowlan, S. J. (1987). *How Learning Can Guide Evolution.* Complex Systems, 1: 495–502.

Hurford, J. R. (1989a) *Biological Evolution of the Saussurean Sign as a Component of the Language Acquisition Device.* Lingua 77:187–222.

Hurford, J. R. (1989b) *The Evolution of the Critical Period for Language Acquisition.* Unpublished manuscript. Linguistics Department, University of Edinburgh.

Isaac, F. J. (1983) *Aspects of human evolution.* In: Evolution from Molecules to Men, ed, D. S. Bendall. Cambridge University Press.

Jackendoff, R. (1977) *X-bar Syntax: A Study of Phrase Structure.* MIT Press.

Jackendoff, R. (1983) *Semantics and Cognition.* MIT Press.

Jackendoff, R. (1990) *Semantic Structures.* MIT Press.

Jacob, E. (1977) Evolution and tinkering. Science 196:1161–1166.

Kaplan. & Bresnan, J. (1982) *Lexical functional grammar: A formal system for grammatical representations.* In: The Mental Representation of Grammatical Relations, ed, J. Bresnan. MIT Press.

Keenan, E. O. (1976) *Towards a universal definition of "subject."* In: Subject and Topic, ed., C. Li. Academic Press.

Keil, F. C. (1979). *Semantic and Conceptual Development.* Harvard University Press.

King, M. & Wilson, A. (1975) *Evolution at Two Levels in Humans and Chimpanzees.* Science 188:107–116.

Kingsolver, J. G. & Koehl, M. A. R. (1985) *Aerodynamics, Thermoregulation, and the Evolution of Insect Wings: Differential Scaling and Evolutionary Change.* Evolution, 39:488–504.

Kiparsky, P. (1976). *Historical linguistics and the origin of language.* In: Origin and Evolution of Language and Speech, ed, Harnad, S. R, Sekis, H. S, & Lancaster J. Annals of the New York Academy of Sciences 280.

Kitcher, P. (1985) *Vaulting ambition: Sociobiology and the Quest for Human Nature.* MIT Press

Konner, M. (1982) *The Tangled Wing: Biological Constraints on the Human Spirit.* Harper.

Kuno, S.(1973) *Constraints on Internal Clauses and Sentential Subjects.* Linguistic Inquiry 4: 363–38S.

Kuno, S. (1974)*The Position of Relative Clauses and Conjunctions.* Linguistic Inquiry 5:117–136.

Lachter, J. & Bever, T. G.(1988) *The Relation Between Linguistic Structure and Associative Theories of Language learning–A Constructive Critique of Some Connectionist Learning Models.* Cognition 28: 195–247.

Lenneberg, E. H. (1964)*A biological perspective on language.* In: New Directions in the Study of Language, ed. E. H. Lenneberg. MIT Press.

Lenneberg, E. H. (1967) *Biological Foundations of Language.* Wiley.

Lewontin, R. (1978) *Adaptation.* Scientific American 239:157–169.

Liberman, A., M. Cooper, F. S., Shankweiler, D. P., & Studdert–Kennedy, M. (1967). Perception of the Speech Code. Psychological Review 74:431–461.

Liberman, A. M. & Mattingly, I. G. (1989) A specialization for speech perception. Science 243: 489–496.

Lieberman, P. (1976). *Interactive models for evolution: Neural mechanisms, anatomy and behavior.* In: Origin and Evolution of Language and Speech, ed, Harnad, S. R, Steklis, H. S. & Lancaster,J. Annals of the New York Academy of Sciences 280.

Lieberman, P. (1984) *The Biology and Evolution of Language.* Harvard University Press.

Lieberman, P. (1989) *Some biological constraints on universal grammar and learnability.* In: The Teachability of Language, eds. M. Rice & R. L. Schiefelbusch. Paul H. Brookes.

Ludlow, C. L. & Cooper, J. A (1983) *Genetic aspects of speech and language disorders: Current status and future directions.* In: Genetic Aspects of Speech and Language Disorders, ed. Ludlow, C. L. & Cooper, J. A. Academic Press.

Miyamoto, M. M. Slightom, J. L. & Goodman, M. (1987) *Phylogenetic Relations of Humans and African Apes from DNA Sequences in the Psi eta–globin Region.* Science 238:369–373.

Maratsos, M. (1983) *Some current issues in the study of the acquisition of grammar.* In:

Carmichael's Manual of Child Psychology, 4th ed, ed. P. Mussen. Wiley.

Maratsos, M. (1989) *Innateness and plasticity in language acquisition.* In: The Teachability of Language, eds. M. Rice & R. L. Schiefelbusch. Paul H. Brookes.

Maynard Smith, J. (1974) *The Theory of Games and the Evolution of Animal Conflicts.* Journal of Theoretical Biology 47:209–221.

Maynard Smith, J. (1984) *Optimization theory in evolution.* In: Conceptual Issues in Evolutionary Biology, ed. E. Sober. MIT Press.

Mayr, E. (1982) *The Growth of Biological Thought.* Harvard University Press.

Mayr, E.(1983). *How to Carry out the Adaptationist Program?* The American Naturalist, 121: 324–334.

Mehler, J. (1985). *Review of P Lieberman's "The Biology and Evolution of Language".* Journal of the Acoustic Society of America 80:1558–1560.

Morgan, J. L. (1986) *From Simple Input to Complex Grammar.* Cambridge, MA: MIT Press.

Morgan, J. & Travis (1989). *Limits on Negative Information in Language Input.* Journal of Child Language, 16, 531–552.

Newport, E.L. & Meier, R.P. (1985) *The acquisition of American sign language.* In: The Cross-linguistic Study of Language Acquisition. Volume 1: The data, ed., D. I. Slobin. Erlbaum.

Petitto, L. (1987) *On the Autonomy of Language and Gesture: Evidence form the Acquisition of Personal Pronouns in American Sign Language.* Cognition 27:1–52.

Piattelli-Palmarini, M. (1989) *Evolution, Selection, and Cognition: From "Learning" to Parameter Setting in Biology and the Study of Language.* Cognition 31:1–44.

Pinker, S. (1979) *Formal Models of Language Learning.* Cognition 7:217–283.

Pinker, S. (1984). *Language Learnability and Language Development.* Harvard University Press.

Pinker, S. (1989a). *Language acquisition.* In: Foundations of Cognitive Science, ed. M. I. Posner. MIT Press.

Pinker, S. (1989b). *Learnability and Cognition: The Acquisition of Argument Structure.* MIT Press.

Pinker, S. & Prince, A. (1988) *On Language and Connectionism: Analysis of a Parallel Distributed Processing Model of Language Acquisition.* Cognition 28:73–193.

Pinker, S. & Prince, A. (1989) *The nature of Human Concepts: Evidence from an Unusual Source.* Unpublished manuscript, MIT.

Premack, D. (1985) *"Gavagai!" or the Future History of the Animal Language Controversy.* Cognition 19:207–296.

Premack, D. (1986) *Pangloss to Cyrano de Bergerac: "nonsense, it's perfect!"* Cognition 23: 81–88.

Reichenbach, H. (1947). *Elements of Symbolic Logic.* Macmillan.

Ridley, M. (1986). *The Problems of Evolution.* Oxford University Press.

Rose, M. (1980) *The Mental Arms Race Amplifier.* Human Ecology 8: 285–293.

Rozin, P. (1976) *The evolution of intelligence and access to the cognitive unconscious.* In: Progress in Psychobiology and Physiological Psychology, eds, L. Sprague & A. N. Epstein. Academic Press.

Samuels, M. L. (1972) *Linguistic Evolution.* Cambridge University Press.

Saussure, E. des (1959) *Course in general linguistics.* McGraw–Hill

Seidenberg, M. S. (1986) *Evidence from the great apes concerning the biological bases of language.* In: Language Learning and Concept Acquisition: Foundational Issues, eds. W. Demopoulos & A. Marras. Ablex.

Seidenberg, M. S. & Petitto, L. A (1979) *Signing Behavior in Apes: A Critical Review.* Cognition 7:177–215.

Seidenberg, M. S. & Petitto, L. A. (1987) *Communication, Symbolic Communication, and Language: Comment on Savage–Rumbaugh, McDonald, Sevilk, Hopkins, and Rupert (1986)*, Journal of Experimental Psychology: General 116:279–287.

Shepard, R. (1986) *Evolution of a mesh between principles of the mind and regularities of the world.* In: The Latest on the Best: Essays on Optimization and Evolution, ed J. Dupré. MIT Press.

Shopen, T, ed. (1985) *Language Typology and Syntactic Description.* 3 vols Cambridge University Press.

Simon, H. A. (1969) *The architecture of complexity.* In: The Sciences of the Artificial, H Simon. MIT Press.

Skinner, B. E. (1957) Verbal Behavior.Appleton.

Slobin, D. (1977) *Language change in childhood and in history.* In: Language learning and thought, ed. J. Macnamara. Academic Press.

Sober, E. (1984) The Nature of Selection. MIT Press.

Smolensky, P. (1988) *The Proper Treatment of Connectionism.* Behavioral and Brain Sciences11: 1–74.

Stebbins, G. L. (1982) *Darwin to DNA, Molecules to Humanity.* Freeman.

Stebbins, G. L. & Ayala, F. J.(1981) *Is a New Evolutionary Synthesis Necessary?* Science 213: 967–971.

Steele, S., Akmajian, A., Demers, R., Jelinek, E., Kitagawa, C., Oehrle, R., and Wasow, T. (1981) *An Encyclopedia of AUX: A Study of Cross–linguistic Equivalence.* MIT Press.

Stringer, C. B. & Andrews, P (1988) *Genetic and Fossil Evidence for the Origin of Modern Humans.* Science 239:1263–1268.

Symons, D. (1979) *The Evolution of Human Sexuality.* Oxford University Press

Talmy, L. (1983) *How language structures space.* In: Spatial Orientation: Theory, Research, and Application, ed. H. Pick and L. Acredolo. Plenum.

Talmy, L. (1988) *Force Dynamics in Language and Cognition.* Cognitive Science 12:49–100.

Tobias, P. V. (1981) *The Emergence of Man in Africa and Beyond.* Philosophical Transactions of the Royal Society of London B 292: 43–56.

Tooby, J., & Cosmides, L. (1990) *On the universality of Human Nature and the Uniqueness of the Individual: The Role of Genetics and Adaptation.* Journal of Personality.

Tooby, J., and DeVore, I. (1987) *The reconstruction of hominid evolution through strategic modeling.* In: The Evolution of Human Behavior: Primate Models, ed, W. G. Kinzey. SUNY Press.

Travis, L. (1984) *Parameters and Effects of Word Order Variation.* Ph.D. dissertation, MIT.

Trivers, R. L. (1971) *The Evolution of Reciprocal Altruism.* Quarterly Review of Biology 46: 35–57.

Trivers, R. L. (1974) *Parent–offspring Conflict.* American Zoologist 14:249–264.

Tversky, A. & Kahneman, D. (1981) *The Framing of Decisions and the Psychology of choice.* Science 211:453–458.

Wang, W. S–Y. (1976) *Language change.* In: Origin and Evolution of Language and Speech, ed, Harnad, S. R, Steklis, H. S, & Lancaster, J. Annals of the New York Academy of Sciences 280.

Wexler, K. & Culicover, P. (1980) *Formal Principles of Language Acquisition.* MIT Press.

Wexler, K. & Manzini, R. (1984) *Parameters and learnability in binding theory.* In: Parameter Setting, eds. T. Roeper & E. Williams, Reidel.

Williams, G. C. (1966) *Adaptation and Natural Selection: A Critique of Some Current Evolutionary Thought.* Princeton University Press.

Zubrow, E. (1987) Paper presented at the conference "*The Origin and Dispersal of Modern Humans: Behavioral and Biological Perspectives*," University of Cambridge, England, March 22–27. Reported in Science 237:1290–1291.

6 论元结构的习得

大约有十年的时间，我一直沉湎于解决语言习得的一个悖论。这始于一个语言学难题：为什么像“He poured water into the glass”和“He filled the glass with water”听起来不错，但看似一样的句子如“He poured the glass with water”和“He filled water into the glass”听起来却很古怪？有两个事实让这个谜团更为复杂：一个事实与儿童所处的环境有关——他们犯语言错误时没有得到系统的纠正；另一个事实与儿童的行为有关——他们并不局限于从父母那里听到的句式范围。这迫使我不得不直面语言和认知的基本问题：儿童何时及如何进行概括？语言表面上的古怪背后的原理是什么？语言与思想的关系如何？为什么儿童的语言似乎与成人的语言不同？为了将这些想法联系起来以解决这个悖论，我付出了很多努力，成果是我的第二本学术著作《可学习性和认知：论元结构的习得》[*Learnability and Cognition: The Acquisition of Argument Structure*(1989)]，2013年该书的附新序版本得到了重印。

就一个看似很小的话题写一本大部头书，让我感觉自己就像爱丽丝失足坠入兔子洞后发现了一个奇妙的地下世界。我发现只有探究人类的致使性、空间、时间、物质和目的等概念，才能解释儿童如何掌握类似“fill”和“pour”等对比动词的用法。在我看来，动词的句法揭露了思想的本质，我在2007年出版的《思想本质：语言是研究人性的窗户》(*The Stuff of Thought: Language as a Window into Human Nature*)一书中探究了这一观点。此处重印的章节是对这一悖论和由此产生的理论的自成体系的阐释，而这一理论正是这两本书的灵感来源。

一、引言：论元结构

语言和语言习得研究的一个重要主题是词汇论元结构(lexical argument structure)，即心理词典中附着在动词上、使说话者能够表达“谁对谁做了何事”的信息。如下列的句子以及其中动词的字典条目所示，动词对于哪些论元可以与其一起出现是很挑剔的。

The dormouse dined.

（这只睡鼠进了食。）

*The dormouse dined something.

dine: NP_{agent}—

The dormouse devoured something.

（这只睡鼠吞食了些东西。）

*The dormouse devoured.

devour: __NP_{theme}

The dormouse ate something.

（这只睡鼠吃了些东西。）

The dormouse ate.

（这只睡鼠吃过了。）

eat: __NP_{theme}

eat: __

The Mad Hatter put the dormouse into the teapot.

（“疯帽子”将这只睡鼠放进了茶壶里。）

*The Mad Hatter put the dormouse.

*The Mad Hatter put into the teapot.

*The Mad Hatter put.

put: __NP_{theme} $PP_{location}$

动词“dine”“devour”和“eat”尽管语义相似，但论元结构不同。“Dine”是不及物动词，必须与前接的施事主语一起出现，但后面什么词语都不能跟。“Devour”是及物动词，必须与一个施事主语和一个扮演“主题”语义角色的宾语一起出现，这个宾语实体的状态或条件是该句子的焦点。“Eat”有及物和不及物两种框架。而“put”采用的是第三种论元结构：施事、主题和位置论元都必须出现。因此，动词在很大程度上决定了从句的结构，要理解语言的习得，就必须了解儿童如何学习动词的论元结构。

二、可学习性的悖论

乔治娅·格林（Georgia Green，1974）和贝克（C. L. Baker，1979）指出了论元结构习得中的一个悖论。很多动词可以用几种基本上同义的方式编码它们的论元。如下列例句所示，相关的论元被标明了一般性和特异性的语义角色[“内容”(content)和“容器”(container)分别是“主题”和“目标”的特定类型]。

John loaded hay onto the wagon.(“content locative”)

主题　　目标

内容　　容器

John loaded the wagon with hay.(“container locative”)

目标　　主题

容器　　内容

Sally splashed water onto the wall.

Sally splashed the wall with water.

Biff stuffed breadcrumbs into the turkey.

Biff stuffed the turkey with breadcrumbs.

既然儿童为了在有限的童年内学会一种无限语言，必须能对超出其所听范围之外的言语进行概括，那么，他们应当构建一条规则，使自己能识别在一个结构中听到的动词(如，“I brushed paint onto the wood”)，并预测该动词可以出现在相关的结构中(“I brushed the wood with paint”)。这种“处所”(locative)规则看起来应该像这样：

V: NP_{agent}—$NP_{content}$ *into/onto* $NP_{container}$ →

V: NP_{agent}—$NP_{container}$ *with* $NP_{content}$

遗憾的是，有些动词是该模式的例外：“Amy poured water into the glass”(艾米把水倒进了玻璃杯)是一个自然的英语句子，但当其中的“pour”条目被输入该处所规则时，输出的结果为“*Amy poured the glass with water”，成人会觉得这句话听起来很怪。但是，如果说话者有一条规则，能从第一个结构自动创造出第二个结构，又怎会出现这种情况？同理，如果该规则以相反的方向运行，那么它会输入合乎语法的形式的“Carol filled the glass with water”，而生成不合语法的“*Carol filled water into the glass”。

一般而言，这一可学习性悖论会出现在任一个语言领域——只要这个领域既有概括，也有例外，所以，它的解决对于理解语言学习的逻辑具有普遍意义。

人们想到的所有简单的解决方案都行不通(见Pinker在1989年的综述)。一种解决方案是认为儿童具有保守性：他们实际上根本没创造出来任何生产性规则，只是根据他们从父母那里听到的论元结构来使用动词。这是错误的：儿童所说出的句子必须是一种生产性、非模仿性机制的输出。一些来自儿童自发言语的例子(Bowerman 1982；Gropen、Pinker、Hollander和Goldberg，1991a)包括：

I filled the grain up.

And fill the little sugars up in the bowl.

Can I fill some salt into the bear?

I'm going to cover a screen over me.

Feel your hand to that.

She's gonna pinch it on my foot.

Look, Mom, I'm gonna pour it with water.

I don't want it because I spilled it of orange juice.

这一点也在实验中得到了证实。格罗彭等(Gropen,1991a)发现,在他们测试的2~6岁儿童中,一半以上的儿童在描述图片(如,一个女人在往杯子注水的图片)时,使用了诸如“fill water into the glass”这样不合语法的短语。

第二个错误的假设是,儿童犯这类错误时会被纠正,或得到父母的可靠反馈,并利用这些错误在他们的心理词典中标记出例外动词。这几乎肯定也是错误的(Brown 和 Hanlon, 1970; Pinker, 1989; Grimshaw 和 Pinker, 1989; Morgan 和 Travis, 1989;Marcus,1993;Bowerman,1988)。对于子女的不合语法句子,父母既不会选择性地纠正,也不会选择性地误解。尽管有人认为,儿童可能利用父母其他反应中微小的统计模式来区分不合语法与合乎语法的句子,但这种反馈似乎极不可能被儿童用来遗忘学到的处所错误,因为这些反馈太罕见,积累不了父母反馈类型的显著差异,而且发生的方向在不同父母之间不同,发生的时间也远远晚于儿童可能需要反馈的年龄。实际上,这种反馈甚至可能根本就不存在;大部分所谓的证据基于的是统计假象(Marcus,1993)。

第三种可能是,存在某些简单的语义标准,可以用来区分可转换和不可转换动词。但这似乎也不可能:“splash”“pour”和“fill”全都涉及一个施事者造成一种非固体内容移动到某种表面上或容器中。但“splash”可转换,“pour”只采用内容—处所论元结构,而“fill”只采用容器-处所论元结构。

对这个简单问题的所有直接解决方案全都失败,这说明我们肯定是忽视了某些深远的原则:论元结构的本质、论元结构与动词意义的关系、动词的意义如何被心理表示、意义和论元结构如何被习得,以及是什么原因造成儿童过度概括论元结构的转换。我之前详细探讨过这些问题,并提出了一套解决这一可学习性悖论的综合理论(Pinker,1989)。在本文中,我回顾了该理论的性质,以及最新报道的支持该理论的实验研究。

三、论元结构转换理论

解决这一问题的关键在于洞察到：像处所转换这样的转换牵涉到的不是一条而是两条规则（Rappaport和Levin，1985）。首先，有一条"词汇语义规则"影响了动词意义的变化：

V_1："X causes Y to go to Z"（X使Y移动到Z）→

V_2："X changes the state of Z by means of causing Y to go to Z"（X通过使Y移动到Z而改变了Z的状态）

因此"load hay onto the wagon"（将干草装到马车上）中"load"的意思大致是"使干草移动到马车上"；词汇语义规则会将其改为一个新的语义版本，具有相同词干，但意义稍有不同："使马车装满了干草。"该转换的第二个部分包括应用一个普遍的"连接规则"（linking rules）集，将某些种类的语义论元映射到句法角色上。具体来说，施事被映射到主语角色上，而被致使改变的实体被映射到宾语角色上。关键的是，一种"被致使-改变"的实体既可以改变其位置，也可以改变其状态；无论哪种情况，都适用连接规则"实体-被致使-改变→宾语"。这里有六大事实支持这个一般性理论。

第一，该理论预测，两个句子里的动词不应完全同义。这一点早已为人所知，这种现象有时被称为"整体效应"（holism effect）（见Pinker，1989；Gropen、Pinker、Hollander和Goldberg，1991b的综述）："Chuck loaded hay onto the wagon"（查克把干草装上了马车）可能意味着马车可以是部分空的；"Chuck loaded the wagon with hay"（查克用干草装满了马车），则意味着马车是满的。只有当第二个句子意味着马车改变了状态，并且装满某物（与只装了一部分某物相比）被轻易解读为状态的改变时，这一点才会被预测。

第二，该理论解释了为什么这两个句子被理解为几乎同义。如果"load hay onto the wagon"（将干草装到马车上）意思是"使得干草装上了马车"，而"load the wagon with hay"（用干草装满了马车）意思是"通过使干草装上马车来使马车变满"，那么，第二个句子的语义表征实际上就包含了第一个句子的语义表征，将其作为了固有部分。这种心理表征的大量重叠，解释了意义上的相似感。

第三，该理论解释了为什么这两种转换结构会有这样的句法形式（而不是任意替换介词或主宾语角色）。单独的连接规则"实体—被致使—改变—宾语"在被应用到一个意思为"使干草改变位置"的动词上时，使得"hay"（内容）论元成为了宾语；而当同一条规则被应用到一个意思为"使马车改变状态"的动词时，使得

"wagon"(容器论元)成为了宾语。

第四点与该悖论最为相关,它解释了为什么并非所有动词都会发生转换。如果处所规则创造了一个蕴含"使之改变状态"意义的动词,那么只有那些内在意义说明了使状态发生改变的使动关系的动词,才适合这一规则,并可能经历转换。尽管与"pouring""filling"和"stuffing"有关的事件都倾向于牵涉到相对于容器发生动作的情景,但这并不意味着这些动词的心理词典定义是相似的。一个情景要成为"pouring"的实例,必须具备什么条件呢?大体上,物质必须以整体的流动方式往下运动:"pouring"与"dripping"或"showering"的区别就在于此。但"pour"并没有规定该物质流向的容器或表面改变了状态:人们大可以将水倾倒在玻璃杯里、玻璃杯旁,地面上,等等。既然动词指明了动作的方式(向下的流动),那么也必须指明动作的"事实",这就告诉我们,这个动词的意思是"使其移动",因此这个正移动的实体被映射到了宾语角色上。"spill""drip"和"shake"牵涉到了相似的语义制约因素,正如预测的那样,它们只能出现在内容—处所论元结构中。

相比之下,一个事件要成为"filling"的实例,涉及的容器就必须从未满的状态变为满的状态;玻璃杯中的几滴水不足以将其填满。但"fill"并没有规定填充物质到达容器的特定方式:人们可以通过往里倒水、滴水或将玻璃杯浸入浴缸来填满一个玻璃杯。既然动词指明了一种状态的改变(填满),那么也必须指明状态改变的事实,而这告诉了我们,该动词的意思是"使之改变",从而该发生改变的实体(该容器)被映射到了宾语角色上。"cover""saturate"和"stop up"牵涉到了相似的语义制约因素,正如预测的那样,它们只能出现在内容-处所论元结构中。

第四,思考一下"stuff"(塞东西)的转换:"Mary stuffed mail into the sack"和"Mary stuffed the sack with mail"。要让一个动作成为"stuffing"的实例,就不能是玛丽简单地把邮件丢进袋子里直到装满为止。实际上,就算玛丽在投邮件到袋子里之前已经往里填塞了几封,也不能算作是"stuffing"(塞信)。相反,邮件一定是被强行塞进袋子里,因为袋子正好被填充到了这样一种程度:相对于被强行塞入的邮件量,其剩余容量太小了,或者说只是勉强够大。"stuff"的语义表征共同制约着内容所经历的位置改变以及容器所经历的状态改变。这就是为什么"stuff"的宾语既可以与内容连接,也可以与容器连接;也就是说,它可以转换。其他的动词转换也能表示同时在内容和容器方面指定的改变或效应:"brush"和"dab"的动作施加了力将内容推向容器;"load"的动作插入了一种容器特有的内容,使容器以某种指定方式行事(例如,照相机,或枪)。

第五,如果有人提出连接规则是普遍的,那么按照该理论预测,上述讨论的效应都应该能在各种语言的各种句式中找到,而事实似乎确实如此(见 Pinker,1989;

Gropen等,1991a)。在英语中可转换的相同种类的动词,以及伴随这种容器-宾语形式的整体解释,都可以在各种语言的处所转换中找到,包括很多在遗传和地域上都与英语不同的语言。此外,该理论还可以被视为适用于不同语言中除了处所形式以外的其他句式。表示一个有生命的实体(施事)对另一个实体(受事)造成直接影响的动词,比如致使位置(如使役动词"slide")或状态(如,使役动词"melt")发生改变的动词,或摄食的动词(如"eat"),在所有语言中几乎都是及物性动词,都将受事作为语法宾语。此外,整体效应伴随着语法宾语的解释是相当普遍的;可以在"Kurt climbed the mountain"和"Kurt climbed up the moutain"之间的差异中看到类似的语义转移,只有第一个句子意味着攀登了整座山。在其他的各种句式中也是如此。

第六,这种一般性理论在格罗彭等(1991b)报道的一系列实验中得到了支持。实验中,成人和年龄3—9岁的儿童学习了呈现在神经句法上下文中的人造动词。这些动词全都是指称将物品转移到某个表面上或容器中。测试的内容是,受试者在描述这些事件时,是否愿意使用移动的物品(内容)或表面(容器)作为动词的宾语。在其中一个条件下,物品以一种特定的方式被移动:例如,一块布料被之字形地移动到一块固定的海绵上,或一袋硬币被扔到一个平台上。这种情况下,人们可能将移动的物品表达为动词的宾语,如"you're pilking the sponge"。另一个条件下,因为这一动作,表面的状态发生了改变;例如,当一块海绵被移动到一块布料上时,布料的颜色发生改变(通过石蕊反应),或当一袋硬币被放到一个平台上时,该平台中间因承压而下垂。这种情况下,人们更可能将该表面表达为宾语,如"you're piking the cloth"。我们还展示了整体效应:当一块多孔插板(pegboard)被部分填满时,人们说"you're pilking pegs",当其被完全填满时,人们会说"you're pilking the pegboard"。这证实了说话者不局限于将移动的实体映射到语法宾语上;当一个静止的实体由于一个动作而发生状态的改变时,它可以被表示为主要的受影响论元,因此反而与语法宾语连接了起来。

不过,在精确预测可转换和不可转换动词时,存在一个严重问题,而解决这个问题要求引入一个额外的前提。这个问题是,虽然动词具有与某条规则所影响的语义改变相适应的意义是转换的必要条件,但它不是充分条件。例如,一些动词符合容器状态改变的致使关系,但仍不发生转换。例如,"splash"和"splatter"可以转换,但"drip"和"dribble"不能(*I dripped/ dribbled the floor with paint)。但并没有先验性的理由说,"splashing"(溅)牵涉到导致墙壁被油漆覆盖,而"滴"(dribbling)不会导致地板被油漆覆盖。同样,"brush"和"smear"会在内容处所和容器处所形式间转换,但语义相似的"pour"和"spill"却不会。

解决方法是，让语言只允许某些种类的动词在其语义表征中指定容器状态的改变，同时不允许其他认知上相似的动词这样做。也就是说，语言中真正可转换的动词得到了语义上和形态音系学上相似的动词的细分子类的许可，而说话者在允许一个动词发生转换前，实际上必须查阅这些子类的定义（Levin，1985；Rappaport 和 Levin，1985；Levin 和 Rappaport，Hovav，1991）。例如，同时发生接触和运动的动词（施事者将内容推向容器并将其移动）都经历了处所转换（brush、daub、rub、slather、smear、spray、squirt、smudge、spread、streak）。此外，表示作用力的动词（使得物质朝某个方向作弹道运动），都可转换（inject、spatter、splash、splatter、spray、squirt、sprinkle），表示装满的动词（cram、crowd、jam、stuff、wad）也是如此。但其他由同样狭隘的标准所定义的动词子类却不会转换。例如，如果动作不是由施事者给物质施加某个方向的作用力所致使，而只是由施事者依靠重力致使宾语产生动作（dribble、drip、drizzle、dump、ladle、pour、shake、slosh、spill），则动词可能不可转换。同样，如果施事者使用某种媒介物体（比如订书机或胶水）将一个物体附着到一个表面，动词可能不会发生转换，例如，"*He stapled the board with posters"。其他类似的媒介附着式动词全都为不可转换，包括"pin""fasten""tape""attach""nail""glue""paste"和"stick"。

我们可以把这种一般性处所规则，即将"使其动"动词转换为"使其改变"动词的规则，称为宽域规则（broad-range rule）。但是，说话者或许不能直接用宽域规则将一个动词从一种转换形式扩展为另一种。相反，宽域规则只是约束了一个我们可称之为窄域规则（narrow-range rules）的集合。窄域规则被规定为只能适用于狭窄的子类。那么，用于处所转换的窄域规则就把一个意思为"对物质施加作用力，使其朝一个表面的方向作弹道运动"的动词转换为一个意思为"通过对物质施加作用力使其朝一个表面的方向作弹道运动，从而使该表面被该物质所覆盖"的动词。只有窄域规则才可以自动应用于某个论元结构中的动词，以推导出另一个论元结构。

为什么宽域规则范围内的一些子类可以发生转换，但另一些子类却不可以？原因并非完全任意。语法宾语的语义一般要求它们可被解读为被该动词说明的动作内在或直接的影响。这种"直接性效应"（directness effect）在使动转换的研究中广为人知："Bill caused the glass to break"的意思可以是"Bill 吓了 Mary 一跳，Mary 失手打碎了玻璃杯"，但"Bill broke the glass"意味着"Bill 以某种方式从物理上操作了这个玻璃杯"。概括起来就是，那些意义更易被解释为"直接"作用或接触表面的动词子类，更可能具有允许其发生转换的窄域规则。例如，与"pouring"（允许重力使其移动，而不是被施事致使）或"fastening"（某种媒介物体或物质出现在了一个可移动物体和被其附着的表面之间）相比，在“brushing”（力被直接施加到了表面）、“splashing”（力使该物质对准该表面的方向）和“stuffing”（该使役移动必须克服容器的阻力）动作中的表面受到了更直接的影响。

四、适用于与格转换的扩展理论

该理论另一个优良特性是，它很容易扩展到其他的语法转换。包括使动转换（“The water boiled/He boiled the water”对比“The light glowed/*He glowed the light”）、“意欲”（conative）转换（“He cut the bread/He cut at the bread”对比“He broke the bread/*He broke at the bread”），以及增加某些修饰后的被动句（“The Mafia owns many cars/Many cars are owned by the Mafia”对比“The Mafia has many cars/ *Many cars are had by the Mafia”）。

特别是与格转换（dative alternation），其与处所转换一样存在同一种悖论，服从同一种理论（完整阐述见Pinker，1989；Gropen、Pinker、Hollander、Goldberg和Wilson，1989）。与格转换牵涉到一系列可转换动词：

John gave a dish to Sam.（介词与格）

（约翰将一盘菜给了山姆）

John gave Sam a dish.（双宾语与格）

（约翰给了山姆一盘菜）

John told a joke to Mary.

（约翰讲了一个笑话给玛丽听）

John told Mary a joke.

（约翰给玛丽讲了一个笑话）

John baked a cake for Mary.

（约翰烤了一个蛋糕给玛丽）

John baked Mary a cake.

（约翰为玛丽烤了一个蛋糕）

这些动词似乎激发了一条与格规则：

V：NP_{agent}—NP_{theme} to/for $NP_{goal/beneficiary}$ →

V：NP_{agent}—$NP_{goal/beneficiary}$ NP_{theme}

但是，有一些语义相似的动词却令人困惑得不能转换：

John drove the car to Chicago.

（约翰开车去了芝加哥）

*John drove Chicago the car.

John painted the house for Mary.

(约翰为玛丽刷了房子)

*John painted Mary the house.

John donated a painting to the museum.

(约翰捐赠了一幅画给博物馆)

*John donated the museum a painting.

与处所转换的情况一样,有证据表明,儿童并没有忠实地记住亲代所说句子中的动词论元结构,而是高效地对其进行扩展。这些证据来源于儿童自发言语中的错误,也来自实验研究(Mazurkewich 和 White, 1984; Bowerman, 1988; Gropen 等, 1989)。言语错误包括:

I'll brush him his hair.

Pick me up all these things.

Mummy, open Hadwen the door.

I said her no.

Don't say me that or you'll make me cry.

Button me the rest.

You put me the bread and butter.

I do what my horsie says me to do.

Put Eva the yukky one first.

How come you're putting me that kind of juice?

I gon' put me all dese rubber bands on.

You finished me lots of rings.

Mommy, fix me my tiger.

Jay said me no.

Don't say me that.

You ate me my cracker.

You're taking me too long to wait.

格罗彭等(1989)在实验中教儿童学习介词与格句子中的新单词,如"I'm pilking the X to the Y"。他们发现,在接受测试的5—8岁儿童中,大约一半儿童愿意将其扩展为双宾语论元结构,如这样说,"I'm pilking the Y the X"。

解决这个问题的关键措施与我们在处所动词中所使用的措施很相似,最早是由乔治娅·格林(1974)提出。与格规则(The dative rule)实际上是两条规则。其中一条是改变动词语义表征的词汇语义规则：

V_1："X causes Y to go to Z"（X使Y移动到Z）→

V_2："X causes Z to have Y"（X使Z拥有了Y）

通过连接规则，句法论元结构被从词汇语义结构中预测了出来。有两条规则我们已经用于与格转换：施事为主语；"受影响"的实体（被直接致使改变的实体）是宾语。扮演第二宾语角色的论元（"give John the book"中的"the book"），需要另一条连接规则。它将"所有权"（possession）连接到了第二宾语。

该理论的优点与我们在与格转换上看到的优点是相同的。首先，它正确地预测了该与格转换的两个版本并非完全同义。语言学文献中经常提到两者间的细微差异（见Pinker的综述，1989）。"Bonnie taught Spanish to the students"并不承诺学生学会了什么；老师可能费尽了心血，学生却什么都没学会。但"Bonnie taught the students Spanish"却提示学生现在学会了（某种程度上"掌握"了）西班牙语。同样，"Biff threw the ball to her"的意思可以是"球飞过她的头顶"，也可以是"她失手掉了球"。但"Biff threw her the ball"的意思是，"她接住了球，所以现在拿到了球"。这一点源自双宾语的语义表征，该表征的意思是"使Z拥有Y"，而不仅仅是"使Y去往Z"。

第二，该理论解释了两种转换形式之间明显的意义相似性：如果X使Y移动到Z，而Z有生命，那么Z通常就拥有X。因此，这一介词宾语形式的意义通常包含了这一双宾语形式的意义。

第三，它解释了我们在转换中见到的句法形式变化。单单一条连接规则（将"被致使改变"的实体映射到宾语位置）就从语义中预测了这两个结构。在意思为"使这本书改变位置"的形式中，书是宾语；在意思为"使约翰得到所有权"的形式中，约翰是宾语。

第四，它解释了转换时的动词选择。如果与格规则创造了一个蕴含"使其拥有"意义的动词，那么，只有那些内在意义符合"使其拥有"概念的动词，才会与该规则结合产生合理的意义。例如，如果要成为"driving"（驾驶）的样例，交通工具就必须在一个施事者的控制下驶往某处，而这一动作的目标（如，纽约城）并不拥有任何东西，因为其一般是无生命体。所以动词"drive"只能与"使其移动到"有关，而不是与"使其拥有"有关。"drive"有足够的理由不可转换："drive the car to New York"（开车去纽约）是可能的，"*drive New York the car"则不然。

相比之下，某事件要成为"passing"（传递）的样例，就必须有一个物体移动到某处，同时动作的目标必须是拥有某物。所有权的改变和位置的改变都被进行了说明，而且两者中任何一个都有资格被识解为受影响的实体，从而可被映射到宾语位置。实际上,人们可以说“pass the book to John”,也可以说“pass John the book”。

最后,在某些例子中,人们可以在不使某物移动到某人那里的情况下,使某人拥有某物。思考一下习惯用语“give X an idea”,意思是“启发”,如“John's hat gave her an idea”(约翰的帽子让她产生了一个想法)。启发的意思是使某人产生了一个想法,但该使动实体——本例中是John的帽子——本身并不会产生想法。所以这个例子并没有使一个想法移动到某人那里。既然只有“致使—拥有”被说明,而“致使其动”没被说明,那么,只有这种双宾语形式才应合乎语法,而事实确实如此:“*? John's hat gave an idea to her”(错误形式)。当然,对该惯用语的一般解释为“communicate”(传递),这种意义既可以解读为“使一个想法移动到”,也可以解读为“使其拥有一个想法”,而这种意义下,该动词确实可转换:“John gave an idea to her/gave her an idea。”

第五,在多种不相关语言中,可以通过双语法宾语形式的存在与否,在句法上辨别出与格转换,当它出现时,它使用的动词与人们在英语中所见的动词具有同样的普遍意义。

第六,有几个实验研究发现,儿童和成人在将与格转换概括到新动词上时,对与格转换的语义很敏感。格罗彭等(1989)让成人受试者通过阅读类似下列段落中的介词宾语结构(同时涉及to和for)来学习新动词:

Sue, who had wanted the deed to the house for twenty years, was very excited when her lawyer called with the good news. Her lawyer told her that Bob, the current owner, was ready to begin tonkation, the formal (and only legal) process by which she could obtain the house from him. After Bob had finally tonked the huose to Sue, she tonked her duplex to Francis.

Ned, a young but uncoming inventor, was eager to spring his latest idea on the unsuspecting world. He thought he'd begin with his neighbor, Cindy, by offering to do her ceiling with his new pell. It is a profoung understatement to say that Cindy was displeased after Ned had pelled the ceiling for her.

接着,受试者被要求对包含该动词的双宾语句的自然度进行评分,如“Bill tonked Rob the car”和“Ned pelled cindy the ceiling”。我们发现,当该动词涉及所有权的改变时(如第一段),评分要远高于该动词不涉及所有权改变时(如第二段)。同样,Gropen等(1989)在教儿童学习与格动词的实验中发现,当动作的目标是生命体时(如,老虎玩具,或儿童自己),与目标是非生命体(如,书或盘子)相比,儿童说出双宾语的频率要更高。

就如处所转换的情况一样,目前所述理论并不太充分。所有权的改变是与格转换的必要条件,因此可以成为一条宽域规则的一部分,该宽域规则说明了所有经历转换的动词必须符合什么条件。但所有权的改变不是一个充分条件;某些很容易被理解为牵涉所有权改变的动词并不能转换。例如,尽管"give"和"pass"能转换,但类似的"donate"和"transfer"却不能。虽然交流动词"tell"和"write"可转换("tell me a story"),但交流动词"shout""whisper"和"say"却不能("*whisper me a story")。尽管动作动词"throw""flip""kick""bring"和"take"能转换("Guy flipped him the puck"),动作动词"pull""carry"和"lift"却不能("*He lifted me the box")。尽管创造动词"make"和"build"能转换("She built me a house"),但创造动词"create"和"design"却不能("*She designed me a house")。尽管"buy"和"get"能转换("Get me another one"),"choose"和"select"却不能("*Choose me another one")。人们可以"bake her a cake"或"sew her a dress",却无法"*heat her a cake"或"*mend her a dress"。

解决措施是一样的。说话者不能直接应用宽域规则;他们必须应用该宽域规则包含的窄域规则集中的一条。这些窄域规则只允许某些种类的动词被扩展,以编码所有权改变的使动;其他意义相似的动词不可以如此扩展。符合窄域与格转换规则的子类包括下列动词:

表示给予(Giving):give, pass, send, hand

表示未来拥有(Future having):offer, promise, bequeath, leave, refer

表示使动自发运动(Caused Autonomous Motion): throw, toss, flip, slap, kick, poke, fling, shoot, blast

表示伴随运动的引导(Direction of Accompanied Motion):take, bring

表示交流事实/信息类型(Fact of Communication/ Type of Message): tell, show, ask, teach, pose, write

表示创造(Creation):bake, make, build, cook, sew, knit

表示获取(Obtaining):get, buy, find, steal, order, win

不符合窄域规则的子类包括了下列关系相近的动词:

表示伴随运动的方式(Manner of Accompanied Motion): carry, pull, push, shlep, lift, lower, haul

表示奖励/值得(Fulfilling/ Deserving): credit, reward, entrust, honor, supply, furnish

表示说话方式(Manner of Speaking): shout, scream, murmur, whisper, shriek, yodel, yell

表示选择(Choosing): choose, pick, selecct, favor, indicate, prefer, designate

在与格转换的情况中，窄域子类由第二种标准所定义。某些子类仅限于英语的原生（非拉丁语派生）词汇，一般对应于只包含一个节奏音步的单语素动词。这解释了下列动词对的差异：

give vs. *donate

tell vs. *inform

throw vs. *propel

make vs. *create

get vs. *obtain

我们已经发现，成人对形态音系学制约因素很敏感。在格罗彭等(1989)的实验中，成人对单音节动词如“tonk”“norp”“moop”和“pell”组成的双宾语句的评分，高于由多音节多语素动词如“calimod”“orgulate”“repetrine”和“dorfinize”组成的双宾语句。相对于新造动词“orgulate”和“calimode”，儿童更可能说出由新造动词“moop”和“keat”组成的双宾语句。在这些情况下，我们都没有观察到相同动词在介词宾语句中存在差异。

五、论元结构规则是如何被学习的?

既然我们对这种将动词从一个论元结构高效概括到一个相关结构的规则，已经有了一定的了解，那么，现在我们可以探究儿童如何习得这些规则，以及为什么他们有时候似乎无视这些规则。对于一名能根据动词的论元结构来编码动词的儿童来说，理解某种语言具有某种给定的转换是相当直截了当的。儿童听到父母说“spray water onto the wall”和“spray the wall with water”，“load hay onto the wagon”和“load the wagon with hay”后，可以推断出某些出现在该内容—处所结构中的动词也能出现在容器—处所结构中（见Pinker，1984：第8章）。问题在于，儿童该以何种形式来编码这种概括，使其只适用于那些可转换动词（类似“splash”），而不适用于那些不可转换动词（类似“fill”）。

回想一下，有两种限制条件需要学习。一种是宽域制约因素，或者说是转换的必要条件，比如处所转换要求容器的状态发生改变，或者与格转换要求所有权发生改变。有可能，这些制约因素根本无法习得。比方说儿童的语言习得机制没有能力将转换表达为单个的句法规则，比如：

$$NP_{agent}\ V\ NP_{content}\ onto\text{-}NP_{container} \rightarrow$$
$$NP_{agent}\ V\ NP_{container}\ with\text{-}NP_{content}$$

相反，他们具备将这种概括表达为词汇语义规则的能力，这些规则可以重新指派为何某一论元被识解为受影响的论元。此外，将这些论元映射到句法位置的连接规则可能只是先天性语言习得机制的一部分。某些证据支持这一观点。

首先，如前所述，对转换（如与格和处所转换）的宽域制约因素在各种语言中广泛分布（见 Pinker，1989 的综述），可能具有普遍性。连接规则也似乎在很大程度上具有普遍性（Pinker，1989）。

其次，儿童在其自发言语错误中，从不会违背这些宽域语义制约因素（Pinker，1989；Bowerman，1982，1988）。也就是说，他们从不会被基于动词论元所附带的纯句法排列的虚假概括所诱惑。像下列这样的错误，从未在浩繁的儿童自发言语记录中出现过：

I followed him into the room./ *I followed the room with him.

The fairy turned the frog into a prince./*The fairy turned the prince with a frog.

Jimmy drove the car to the top./ *Jimmy drove the top the car.

Jane planted the trees for six hours./ *Jane planted six hours the tress.

再次，在我们报道过的实验中（Gropen 等，1989，1991b；Pinker、Lebeausx 和 Frost，1987；Pinker，1989），儿童在我们可以测试的最小年龄就服从这些宽域制约因素，而且随着年龄增加几乎没有改变。

儿童要学习的第二种制约因素是那些定义了窄域子类的因素，或者说是转换的充分条件，比如，处所转换可以应用于表示作用力的动词，或与格转换可以应用于表示创造的动词。这些制约因素并不具有普遍性，必须被学习。

为了解释这种学习，有必要厘清定义了窄域规则的几十种子类和几百个动词的精确语义表征。平克（1989，第5章）用整章内容解释了这些表征。关键的发现是，动词的意义表征包含了两种语义符号。其中一种由一个普遍基础概念的小集合构成，这些概念牵涉到使动、力、路径和地点的地形学、所有权和物体的某些粗略性质，如人性、固体性和一个或多个维度的延伸性。这些符号包括“cause”“go”“act”“have”“path”“manner”“means”“surface”，及某些物体特征和时间线的表征。另一种符号由一个大得多的特征集构成，这些特征对于特定语言中的特定动词具有特异性，比如特定的方式（如，跳跃对滑行），和特定种类的物质［如，“buttering”（涂黄油）对“oiling”（加润滑油）］。因此，对于动词“butter”（其意思大概为“使其被类黄油的物质覆盖”），其基本符号包括“使其被一种物质覆盖”，而其特异符号就是“butterlike”（类黄油）。

大体上，基本符号似乎与语法相关，因为在各种语言中，它们可以被编码为封闭类功能语素（如，发音、体屈折、使役语素）。重要的是，这些特征根据论元结构的转换划分出了句法上一致的动词子类。这就提供了一个相对简单的学习理论

(Pinker,1989,第6章解释了该理论)。假设儿童概括的可转换动词范围非常狭窄,需要密切注意动词语义表征中的语法相关部分与特异部分。也就是说,当他们听到一个动词发生了转换时,他们就形成了一条窄域规则,捕获该动词语义表征的所有语法相关特征,并且他们会用一个变量替代任何特异性特征。这会自动使他们只将概括应用到属于同一子类的新动词上。也就是说,当听到"throw the doll to me"和"throw me the doll"时,他们会自动从"kick the doll to me"概括到"kick me the doll",因为"throw"和"kick"具有相似的语法相关语义(大致上,"瞬间将力作用在一个物体上,使其自发移动"),只有特异性语义有差异("用手扔出"与"用脚踢")。但他们不会概括到"lift me the box",因为"lift"与"throw"在几个语法相关特征上有异,主要是时间/体和使役特征("lifting"在时间上有延长,不是瞬时发生,而且该动作由施事者在作用期间致使,不是自发进行)。在听到父母使用的动词在语义表征中出现了某种语法相关概念的新组合时,儿童会一次一条地学习这种窄域规则。最后,儿童还会限制将窄域规则应用到与他们已听到的可转换动词属于同一形态音系学类的动词内。他们就是如此将英语中的与格转换限制为(比如说)原生词汇类中的动词。

还有一些证据发现,儿童将其生成能力限制在与他们所听到的可转换动词语义相似的动词内(Pinker,1989:第7章)。首先,儿童的错误很罕见;保守主义是默认选项。在一次分析中(Gropen等,1989),我们发现95%的儿童双宾语句都包含被儿童父母用于双宾语句式中的动词。其次,在实验中,与必须有效生成双宾语句时相比,儿童在听到双宾语形式中的动词时,会更频繁地产生双宾语句。被动句中也有类似的保守主义模式(Pinker、Lebeausx和Frost,1987)。再次,格罗彭等(1989)对年幼受试者很难将双宾语句式扩展到表示动作的动词上感到迷惑。这证明,在儿童听到的亲代言语中,带有动作动词的双宾语与格句式(如,throw me the ball)很罕见。在后来的系列实验中,我们发现,如果首先给儿童举出指称动作的双宾语形式"give"或"pass"的例句,他们就更可能在双宾语形式中使用新的动作动词。

六、为什么儿童的论元结构错误时隐时现?

还有最后一个难题。我提到过,儿童只会犯窄域子类方面的论元结构错误;他们从不侵犯宽域类别的边界。我还提到过,即便是这些错误,也很罕见。那么,儿童究竟为何会犯错?又是什么让他们停止犯错?回想一下,这是定义了前面提到的可学习性悖论的现象之一。

我发现,儿童的大部分(如果不是全部的话)错误有两个来源,两者都符合目前提出的心理机制。一个来源是,儿童并不是瞬间学会动词的意义(可能因为他们无法马上学会;Gentner,1982;Gleitman,1990;Pinker,1989,1994)。回想一下,根据该理论,儿童和成人使用连接规则从动词的语义表征来预测动词的句法论元结构。这表明,如果儿童对一个动词的语义表征是错误的(无论是因为学习未完成而持续了一段时间,还是因为记忆提取错误而只是暂时性的),那么,该动词的句法也应该是错误的。随着该儿童通过观察动词在各种情境中被使用的情况而优化调整了动词的意义,动词的句法应当自动与之保持一致。

该过程一个典型的例子是动词"fill"。有证据表明,儿童在学习一个动词意义的状态改变部件时,一般会存在困难;他们更关注该动词说明的动作方式(Gentner,1978)。假如儿童将"fill"误解为"使X通过倾注的方式往Y移动"的意思,或者甚至是"使Y通过倾注的方式变满",而不是"使Y变满",将受影响实体映射到宾语位置的连接规则会自动生成"fill water into the glass"这一句法错误。格罗彭等(1991a)做的一些实验为这一解释提供了几种证据。他们给成人和2.5~8岁的儿童展示了两个系列的图片,一个系列显示的是一名女人将水倾倒(pouring)入一个陶罐中,但最终没倒满,另一个系列的图片显示的是一个女人使水从一个水龙头往下滴,注满(filling)了一个陶罐。他们被要求选择哪一张图片显示的是"filling"。当然,成人选择了那张滴水满罐的图片。但是很多儿童系统性地选择那张倒水和半满陶罐的图片(以及相似的图片和动词,其显示了某种典型的动作方式,但缺乏成人所要求的该动词的状态改变)。这正是如该理论所预测的那种会造成像"fill water into the pitcher"这样的句法错误的语义错误。在另一项实验任务中,实验人员通过要求儿童描述图片,测量了儿童对这种句法错误的易感性。很多儿童都犯了这种错误,有趣的是,认为"fill"意思是"pour"或者通过"pouring"来"fill"的儿童在统计学上倾向于说"fill water into X",与预测的完全一致。随着儿童通过听到成人将"fill"用在类似于"dripping""bailing"或者暴风雨时把杯子放在窗台这样的语境中而学会了"fill"的真正意义,这种句法错误应当会逐渐消失。

对于儿童错误的第二个来源,我们可能无须解释他们如何随着年龄增长放弃犯错,因为实际上他们可能永远不会随年龄增长放弃犯这种错误。也许,儿童偶尔能高效地使用宽域规则,忽略窄域规则的制约因素,将其作为一次性创新,他们意识到其不合语法,不会保留为他们心理词典中的错误条目。有两个证据支持这一观点。第一,儿童似乎经常意识到这种窄域制约因素,尽管他们在自己的言语中偶尔会无视它们。例如,Bowerman发现,儿童能自发纠正自己在过度概括使动转换时犯的错误:

I have to be-have it up!

And go-put it like that.

She won't sit me-let me sit next to her.

I'm not going to pick up the Cheerios that I fall-that I drop on the floor.

他们还会纠正其他儿童犯的这类错误——讽刺的是，甚至是在他们自己也在犯同类错误的时期也会这样做。例如：

(Sister: Will you learn me how to read that book?)

"Learn" you? What does she mean, "learn" you?

(Sister: Christy, you fell me into the car!)

You fell me into the car!! HA HA HA!!!

此外，在成人身上也可见同样的现象。成人偶尔会将动词扩展到属于宽域类别但在窄域子类之外的新论元结构，很可能是为了填充某种暂时的交流空白。但是当后来面对这些用法时，同样的成人通常会将其判断为非主流用法甚至不合语法。下面是我收集的一些成人在与格和处所句式中的创新例句。

They filed him with charges.

They and a lot of other public figures were bestowed yesterday with the 1987 Bozo awards.

He squeezed them (fish filets) with lemon juice.

Drizzle them (apple slices) with fresh lemon juice.

Take a little of the mixture at a time and fill it into the zucchini.

I'm just going to rinse some water now.

She pierced needles under her fingernails.

Sun donated them a bunch of computers.

I returned her the books.

Can you explain me language breakdown?

An intriguing down side to the three-hour ceremonies...was the snub extended Michael Jackson.

Even if he dribbles me in one subject a year...

When you go I'm going to preach you a great funeral.

She didn't have to snap me about it.

We'll credit you back the full purchase price.

If you'll indulge me just two in-jokes.

儿童和成人词汇空缺(lexical gap)的细微差异，加上有所差别的语用和话语敏感性，可以解释为什么儿童犯的某些错误如"button me the rest"听起来孩子气(反正它们是孩子说的话)。除此之外(以及除了上述讨论的系统性语义错误之外),儿童就像成人一样。合语法性和可概括性对任一方都不是全或无。在明显可概括的动词(属于窄域子类)和不可概括动词(宽域类别之外)之间的某处,存在着一块灰色区域,在这个区域中,动词偶尔可被用在句式中,但我们并没有十足的信心认为这种扩展是语言的自然部分。

七、总结

可以简单地总结一下本文概述并支持的理论(更详细的阐述见Pinker,1989)。论元结构的习得过程中存在一个悖论:语言包含着儿童应该并且确实利用的概括,但这种概括具有一些例外的词汇,如果儿童过度概括,就不能指望得到纠正。我认为要解释这一悖论,就要授予说话者特定的语义和形态学标准,这些标准可以区分可概括、不可概括和部分可概括动词。概括的宽域边界(从不会被侵犯)来源于论元结构转换的语法性质:它们是词汇语义规则(轻微改变一个动词的意义)与连接规则(将意义映射到句法论元结构上)之间的相互作用。连接规则在发育中似乎是普遍且不可违反的规则。词汇语义结构,或者意义表征,由语法相关部分和特异性部分构成。前者定义了概括的窄域边界。儿童的错误不会违反这一系统的基本规律;它们要么来源于动词意义的暂时性错误表征,要么来源于成人自己也会犯的暂时的不合语法创新。

致谢

感谢大津幸男(Yukio Otsu)协助我到访日本并参加这次研讨会,本文提交于本次研讨会。感谢杰西·格罗彭合作协助了本文描述的实验。本文报道的研究获得了NIH Grant HD 18381和NSF Grant BNS 91-09766的资助。

7 人类概念的本质

——不寻常的证据来源

与艾伦·普林斯合著

这篇文章的产生源于我与艾伦·普林斯合作分析儿童习得英语过去时态的神经网络模型时的惊诧一刻。大多数的不规则过去时态形式都具有特异性。例如，“sing”的过去式是“sang”，但“string”的过去式却是“strung”，“bring”的过去式是“brought”。然而它们都属于相似动词簇，具有路德维希·维特根斯坦(Ludwig Wittgenstein)提出的“家族相似性”范畴的所有标志，即各种范例就像一个家族的成员一样，具有部分且重叠的共同特征，但不具有贯穿整个家族的单一特征。例如，“string-strung”“fling-flung”和“cling-clung”都以软腭鼻音“ng”为结尾。“stick-stuck”和“dig-dug”的结尾辅音是软腭音(由软腭发声)而非鼻音(鼻腔发声共鸣)，而“swim-swum”和“begin-begun”的结尾辅音是鼻音而非软腭音。为什么动词家族表现得像人类的家族和其他的概念范畴，如工具、蔬菜和交通工具，共享部分重叠的特征，而不是服从一个精确的定义？反过来，为什么像“walk-walked”“stay-stayed”和“explain-explained”这样的规则动词都统一地服从一条简单规则(词尾加“-ed”)，如同算术范畴(像“偶数”)、家系范畴(如“母亲”)和法律范畴(如“参议员”)一样，都可以被一条规则所精确定义？

我认为，揭开谜底的关键是不规则动词的另一个怪异之处。如果我们用不规则动词的拼写方式作为引导，去了解单词的发音方式，那么，与今天相比，某些不规则家族在过去曾更受规则的支配。以包含“grow-grew”“blow-blew”“throw-threw”“fly-flew”“draw-drew”和“know-knew”的家族为例。这些单词的开头全都是一个双辅音丛，除了最后一个单词“know”——但它的拼写方式源于“k”可以发音的时期，表明它也曾遵守这一规则，但在某个时期掉队，给我们留下了今天所见的混乱的家族相似性范畴。历史将受规则支配的范畴变成了模糊的范畴。

这一现象令我大为震动，它蕴含了极为丰富的信息，可借以洞察世界中的范畴和人类心智中的概念两者的本质。但它没有给别人留下这样的印象。就我所知，本文的引用次数为零（除我自己之外），而我在1999年出版《词汇与规则：语言的成分》（*Words and Rules: The Ingredients of Language*）一书曾将本文的概要作为亮点作过介绍，事实证明，全世界都对此不感兴趣。在本论文集中，我打算最后再试一次。

本文的主旨是：我们发现语言的某一部分与认知的某一部分之间存在广泛的相似性，并且这些相似性可能并非巧合。这种相似性牵涉到经典范畴和原型或家族相似性范畴之间的差异，认知心理学、哲学、语言学和人工智能领域对此主题已争议多年。

经典范畴由充分必要标准所定义，而其成员资格具有全或无的性质。例如，正方形、祖母、奇数和脊椎动物的鸟纲。家族相似性范畴在很多方面都与经典范畴不同：

- 家族相似性范畴对其成员资格的界定缺乏充分必要条件。例如，范畴“椅子”包括有腿的物体和无腿的物体（如豆袋椅），以及可以坐的物体和不可以坐的物体（如脆弱的博物馆展品）。
- 家族相似性范畴的成员资格有程度分级。与老鹰相比，知更鸟是家族相似性范畴“鸟”一个更好的范例，而企鹅是一个更差的范例。
- 家族相似性范畴可以用一个理想化的成员或原型来概括，有时候可以是该范畴的真实范例，但并非总是如此。其他成员与原型越相似，就越是“更好”的范例。在很多词典中被用来举例说明“鸟”条目的麻雀，可能就是鸟类的一个原型。
- 可能有不明确的情况——可能是或可能根本不是该范畴成员的物体。一个例子就是化石属始祖鸟，其曾被一位古生物学家描述为“算不上爬行动物，也不能算是鸟类”（Konner，1982）。大蒜也是“蔬菜”范畴的一个不明确范例，番茄酱也是如此，我们都知道里根政府曾在学校午餐营养指南里将番茄酱归类为蔬菜，随后引发了一场著名的争议。
- 家族相似性范畴经常表现出一种家族相似性结构（Wittgenstein，1953）[1]。人类家族的成员一般没有单个共同的特征。相反，不同的家庭成员集合可以共有一个特征库，如头发颜色、嘴巴形状和鼻子大小。同样，家族相似性范畴成员的不同子集也共有不同的特征：绿色为菠菜、芹菜和西蓝花所共有，但西红柿和花椰菜没有；茎和花部为西蓝花和花椰菜所共有，但胡萝卜没有。
- 良好的成员往往具有典型的非定义性特征。例如，白发和喜爱家庭生活方式是很多祖母的特征,但某个人的祖母可能不具有上述任一特点,比如伊丽莎白·泰勒(Elizabeth Taylor)。

支持家族相似性范畴的证据

人类的概念会挑选物体的范畴;它们会挑哪一种范畴？已有大量证据[Smith及Medin(1981),还有Rosch(1972,1977,1988)进行过概述]表明,人类概念对应于家族相似性范畴。

第一,语义学家和哲学家曾试图为大多数由词语所描述的自然概念寻找充分必要条件,但普遍都失败了(见Fodor、Garrett、Walker和Parkes,1980)。第二,心理学家发现,对于一组可靠且彼此一致的范例,受试者可以对其作为某范畴成员资格的优良度(goodness)进行评价。同样,他们还对原型与不明确实例具有相当一致的看法。第三,这些判断并非不可分析的直觉,而是可以用特征演算法对其系统性地进行预测,即把某个给定范例具有的特征(如,通过要求受试者列出该物体的属性来独立评估)与该范畴其他成员具有的特征进行比较。第四,成员资格优良度判断对受试者在各种心理学任务中的表现有强烈的影响。例如,相较于边缘成员,人们可以更快和更准确地确认原型成员是某范畴的成员,在被要求回忆一个范畴的实例时,他们会首先列举原型成员。第五,发展心理学家发现,儿童往往先学习某个范畴的原型范例的名称再学习其他范例,而且会先将上位术语如“鸟”应用于该范畴的原型成员。第六,语言学家发现,某些被称为模糊限制语(hedge)的副词对原型性很敏感:人们可以说麻雀是一种典型的鸟类,但不能这么说企鹅;可以说企鹅确切地说或严格来说是一种鸟类,但不能这么说麻雀。

反对家族相似性范畴的证据

另一方面,也有证据表明,人类概念的某些方面并不对应于家族相似性范畴。一些被解读为证明了家族相似性类别的经验效应也发生在人们明确认为的经典范畴上面。阿姆斯特朗(Armstrong)、格莱特曼(Gleitman)和格莱特曼(1983)发现,受试者在评估“女性”和“奇数”等范畴中范例的成员资格度时,彼此表现出极高的一致性。例如,他们都同意,相较于女喜剧演员,母亲是“女性”更好的范例;相较于23,13是“奇数”更好的范例。同样,阿姆斯特朗等人还发现,相较于23,人们判断13为奇数要花去更少的时间,判断也更准确;判断母亲为女性相较于判断女喜剧演员为女性,也是如此。既然这些受试者必然知道“女性”和“奇数”事实上具有鲜明的界限和全或无的成员资格(阿姆斯特朗等在独立的问卷调查中发现,他们的受试者相信上述内容),那么,罗施(Rosch)和其他人对“鸟”或“工具”所得到的类似结果是否真的揭示了人类对于这些概念的表征的任何信息,就很令人怀疑了。

此外,当要求受试者就此进行仔细推理时,大部分基于典型特征对某个家族相似性范畴的成员资格进行的判断是高度可修正的。在某些情况下,人们愿意将企鹅视为完全合格的鸟类,将伊丽莎白·泰勒视为完全合格的祖母。实际上,典型的非定义性特征会很快被抛弃,甚至是被年幼的儿童抛弃。儿童会说,三条腿的狗也是狗,背上画了条纹的浣熊是浣熊,而不是臭鼬(Rey,1983;Armstrong 等,1983;Keil,1989)。

对成年人的相似研究发现,推理过程通常不是由定义家族相似性范畴的相似性标准所驱动(见 Murphy,1993;Medin,1989;Kelly,1992;Smith、Langston 及 Nisbett,1992;Rips,1989;Rey,1983)。例如,当人们被问及下列三项中哪两项属于一类时——白发、灰发、黑发——他们会说“黑发”是单独一类,因为头发衰老时先变灰再变白。但当被问及白云、灰云和乌云时,他们却说“白云”是单独一类,因为灰云和乌云都会下雨。在另一个实验中,受试者被问到3英寸盘子是更像25分硬币还是更像比萨,以及其更可能是25分硬币还是比萨。大多数人说3英寸盘子更像25分硬币,但更有可能是比萨,这很可能是因为25分硬币必定是标准化的尺寸,但比萨的大小可以变化。大多数人在看到一条蜈蚣、一条与之外表相似的毛毛虫和一只由毛毛虫变成的蝴蝶时,都感到毛毛虫和蝴蝶是“同一种动物”,但毛毛虫和蜈蚣却不是,尽管只从外观上判断的话,会得出截然相反的结论。

可能的决议

对于这些相互冲突的证据,有几种可能的决议。

首先,人类概念可能基本上挑选的是家族相似性范畴。经典范畴则成为来源于显性教学(比如正规学校教育)的特例或人为概念。

另外,人类概念可能基本上挑选的是经典范畴。家族相似性范畴则成为实验任务的人工概念,这些实验要求受试者做出分级评价,或要求他们在时间压力下做出范畴化决策。

第三种折中的立场会认为,人类概念同时对应于经典范畴和家族相似性范畴。经典范畴是概念的“核心”,用于推理。家族相似性范畴是“识别程序”或“刻板印象”,用来根据现有知觉信息识别范畴的范例,或用于快速的近似推理。

不过大多数理论家倾向于持折中立场,这种立场有一部分接近于拉科夫

(Lakoff,1987)、罗施(1978)以及史密斯(Smith)、梅丁(Medin)和里普斯(Rips,1984)提出的以家族相似性为主的观点;有一部分接近于雷伊(Rey,1983)、福多尔(1981)和阿姆斯特朗等(1983)提出的以经典性为主的观点,以及史密斯及梅丁(1981)、阿姆斯特朗等(1983)和奥舍尔森(Osherson)及史密斯(1981)等人试探性提议的核心加识别程序的折中观点。

这会引出几个开放性的问题。(1)一种范畴类型符合心理学现实,另一种类型就是人工概念或特例吗?(2)若两者都符合心理学现实,它们能以功能(如,推理相比于范畴化)进行区分吗?(3)如果两者都符合心理学现实,它们是否由同一种计算体系结构处理?(4)如果两者(或其中一种)都符合心理学现实,它们是否对应于本体范畴? 雷伊(1983)强调了区分形而上学问题和认识论心理学问题的重要性,前者指世界包含什么样的范畴(当前对世界的此方面所作的最佳科学描述),后者指人们使用什么样的范畴来理解世界。也就是说,是由于心智运行方式的局限性,人类不正确地将经典(或家族相似性)范畴强加于世界,还是在某种意义上,世界包含了经典(或家族相似性)范畴,人们可以准确地照此表征,大概是因为心智进化到可以准确地理解世界的各个方面?

我们将尝试通过研究一种不寻常的证据来源来阐明这些问题,那就是:英语的过去时态形式。

出人意料的测试用例:英语过去时态形式

英语动词有两类:一类有规则的过去时态形式,另一类有不规则的过去时态形式。可将其视为两种范畴:"规则动词",如"walk/walked""talk/talked""jog/jogged""pat/patted""kiss/kissed"和"play/played";"不规则动词",如"hit/hit""go/went""sleep/slept""make/made""ring/rang""bring/brought""stink/stunk"和"fly/flew"。

实际上,不规则动词并不是单独的一类,而是一个子类集,可根据词干在形成过去时态时经历的变化种类进行再分(完整列表见Pinker和Prince,1988)。下面是一些例子:

松元音:bleed, breed, feed, lead, mislead, read, speed, plead, meet, hide, slide, bite, light, shoot

松元音,加t:lose, deal, feel, kneel, mean, dream, creep, keep, leap, sleep, sweep, weep, leave

将韵部变为ought:buy, bring, catch, fight, seek, teach, think

将i变为a或u:ring, sing, spring, drink, shrink, sink, swim, begin, cling, fling, sling, string, swing, wring, stick, dig, win, spin, stink, slink, run, hang, strike, sneak

将元音变为u:blow, grow, know, throw, draw, withdraw, fly, slay

我们思考一下不规则子类的一些属性。

不规则子类的性质

1.典型非定义性特征

用来描述不规则子类的音系学属性,往往不是定义词干到过去式的变化所绝对必需的音系学属性。以将"o"元音变为"u"的子类为例——"blow""grow""know""throw""draw""withdraw""fly""slay"。原则上,任何具有"o"或类似元音的动词都可以归入这一子类。实际上,该子类中的所有动词都以元音结尾——通常是一个二合元音(diphthong),大部分以辅音丛开头。

同样,将"ay"变为"aw"的子类——"bind""find""grind""wind"——可囊括任何具有元音"ay"的动词,但实际上是所有恰好都以"nd"结尾的动词。将最后一个字母"d"变为"t"的子类——"bend""send""lend""rend""build"——可以包括任何以"d"结尾的动词,但实际上是大部分与"end"押韵的动词。最后,将元音"e"变为"U"的子类——"take""mistake""forsake""shake"——可以包括任何具有"e"的单词,但实际上是所有与"ake"押韵且以舌面前音(coronal consonant)开头的动词。

请注意,在英语的发声模式上,这种典型非定义性特征具有任意性,不具有法定意义。任何音系学规都不排除"loon"作为"loan"或"choud"作为"chide"的过去式。

2.家族相似性

不规则子类表现出一种家族相似性结构(Bybee和Slobin, 1982a; Bybee和Moder, 1983)。以将"I"变为"ʌ"的子类为例。这一类的大多数动词都以软腭鼻音辅音结尾:"shrink""sink""stink""cling""fling"" sling""string""swing""wring""slink"。一些以软腭但非鼻音辅音结尾:"stick""dig""sneak""strike"。其他以鼻音但非软腭辅音结尾:"win""spin""swim""begin"。

同样,在将最后一个二合元音变为"u"的子类中,一些动词以响辅音丛开头,并含有二合元音"ow":"blow""grow""throw"。但其中一个成员"know"含有二合元音"ow",却不以一个辅音丛开头。其他的动词以辅音丛开头,但具有不同的二合元音或无二合元音:"draw""withdraw""fly""slay"。

3.原型性

拜比(Bybee)和莫德(Moder,1983)指出,对于很多子类,人们可以根据定义家族相似性结构的各种典型音系学属性,来描述一个原型。根据拜比和莫德的说法,“ing—>ung”子类的原型是:

S C C i [软腭鼻音]

其中,“C”代表的是一个辅音。这一原型与该子类的大部分成员具有最大程度的相似性,但更有趣的是其预测了受试者会将“I”→“ʌ”变化概括到新动词上。拜比和莫德要求受试者评估各种假定的过去时态形式对于一组临时词干中的每一个词干听起来有多自然。自变量是该词干与上述原型的相似性。他们发现,受试者极可能接受“spling”“strink”和“skring”等词干的元音变化,这些词干与该原型的模式完全匹配。他们只稍微不太愿意接受“struck”和“skrum”作为“strick”和“skrim”的过去式,这两个词在一个特征上与原型不同。接受度稍低的是“spruv”作为“spiv”的过去式,以及“sking”“smig”“pling”和“krink”的类似过去式。他们更不可能接受“glick”“krin”“plim”“shink”发生这种元音变化,而“trib”“vin”和“sid”这些与该原型距离最远的形式是最不被接受的。这一结果得到了普拉萨达(Prasada)和平克(1993)的重复,还具有类似的德语形式(Marcus、Brinkmann、Glahsen、Wiese及Pinker,1995)。

4.成员资格优良度评级

在大部分子类中,有一些动词明显地接受不规则过去时态形式,但另一些频率通常很低但非零的动词并不完全接受指定的过去时态形式,因其伴随有一种奇异感或生硬感。下面我们针对不同的子类,对比了一些过去时态形式的“好例子”和同类形式的“差例子”。对“差”例子的直觉因人而异,这与概念范畴的非原型范例的情况一样;我们这里所报道的对“差”的知觉,对于我们测试的大部分美国英语使用者来说都是成立的,乌尔曼(1993)对此进行了定量记录:

(1)

好例子	差例子
hit、split	Spit, forbid
bled,fed	pled, sped
burnt,bent	learnt, lent, rent
dealt, felt, meant	knelt, dreamt
froze, spoke	wove, hove
got, forgot	begot, trod
wrote, drove, rode	dove, strove, smote, strode

5.不明确情况

对于一些某个子类下的动词来说,强制的过去时态形式在人们的判断中糟糕到了连是否可以说该动词属于该子类都不清楚的程度。有时候这些动词只限于惯用语、套话或其他的特殊用法。例如,在“You will excuse me if I forgo the pleasure of reading your paper until it's published”中,“forgo the pleasure of”的表达方式听起来相当自然。因为该动词具有透明的形态学分解成分(or+go),“forgoed”这种形式显然不可接受,而其不规则过去时态形式(如在“Last light I forwent the pleasure of grading students papers”中)(如果不是完全不合语法的话)无疑会显得很奇怪(迈克尔·乌尔曼和我所做的一项未发表的研究已经在受试者的评级中证实了这一直觉)。同样,句子“the Vietnam War is rending the fabric of American society”是听起来很自然的套话,而“? The Vietnam War rent the fabric of American society”明显更不自然。人们偶尔会听到惯用语“That conclusion does not sit well with me”,但很多人会对“That conclusion has not sat well with many people”这句话感到迟疑不决。“That dress really becomes you”是一个自然的英语句子;“When you were ten pounds lighter, that dress really became you”则几乎难以理解。

在另外一些情况中,各种语法现象合力使得某个动词的过去时态形式变得极为罕见。意思为“忍受”的及物性动词“stand”相当常见,但因为它经常被用作否定助动词的补语,如在“She can't stand him”中,所以该动词几乎总是以其词干形式被人们听到。在允许其以过去式出现的句式中,这个动词听起来会很奇怪:比较一下“I don't know how she stands him”和“? I don't know how she stood him”;同样,用“I don't know how she bears”对比一下“? I don't know how she bore it”。

关于不规则子类的结论

英语中不规则动词的子类具有典型非定义特征、家族相似性结构、原型、分级的成员资格优良度和不明确或模糊情况。由于这些性质完全就是定义家族相似性范畴的性质,我们的结论与拜比和莫德(1983)一致,即不规则子类是家族相似性范畴。

这是一个令人惊讶的结论。语言规则传统上被认为是范畴性、全或无(all-or-no)操作的范例,可能也被认为对应于经典范畴。因此,“受制于语法操作的实体可以具有清晰的家族相似性结构”这一事实,对某些理论家产生了深远影响。例如,对于鲁姆哈特和麦克莱兰(1986)来说,这一现象是他们提出了研究语言的全新方法的原因之一,该方法基于一种规则在其中不起因果性作用的计算体系结构。对于拉科夫(1987)来说,这也是他呼吁以一种全新方式理解人类总体认知的原因之一。

看来很清楚,至少有一种语言对象——英语不规则过去式——属于家族相似性范畴。此刻我们要问一个重要的问题:所有语言对象都属于家族相似性范畴吗?

规则类别的性质

更确切地说,我们可能会问,英语规则动词属于家族相似性范畴吗?拜比(Bybee和Moder,1983;Bybee,1991)和鲁姆哈特及麦克莱兰(1986)所青睐的是肯定的回答:毕竟规则类别有更多的成员和更普遍的典型特征。我们来审视一下这种可能性。

一种混杂因素:屏蔽原则

规则和不规则类别以特定的方式相互作用,有必要解释一下这种相互作用,这样不规则子类的性质就不会与我们检验的规则类别的性质相混淆。这种相互作用受所谓的"屏蔽原则"(Blocking Principle)(Aronoff, 1976)和"唯一词条原则"(Unique Entry Principle)(Pinker, 1984)的支配:如果一个动词具有一种不规则过去时态形式,那么其规则形式就被预先排除或"屏蔽"。因此"go"具有不规则过去式"went"这一事实,不仅使得我们用"went"来表达"going"的过去时态,而且还阻止了我们使用"*goed"。相比之下,因为动词"glow"没有不规则过去式"*glew",所以其规则过去式"glowed"没有被屏蔽。

我们在前一部分了解了某些不规则过去式在语法性方面有多"模糊"或有多边缘。由于屏蔽原则,对不规则过去式的优良度分级可以导致相应规则过去式的互补性优良度分级的出现。因此,因为"pled"是"plead"的边缘性的过去时态形式,但我们仍能识别,所以,规则形式"pleaded"听起来还不错,但对于某些说话者而言,可能带有一点不确定性。相比之下,"wept"是"weep"相当好的过去时态形式,不过不是非常自然(例如与keep/kept比较)。结果,"?? weeped"听起来并不非常好,不过也没被认为完全不合语法(比较"*keeped")。迈克尔·乌尔曼(1993;还可见Pinker, 1991和Pinker及Prince, 1994)记录了这一效应,他要求受试者评估40个动词的不规则和规则过去时态形式的自然度,结果发现这些动词的不规则过去式的优良度都有点模糊。两组评分始终为负相关。

我们现在试图做的是撇开屏蔽原则导致的这种取舍,并评估此规则类别是否具有和与其竞争的不规则子类的性质无关的家族相似性范畴属性。

1. 与词干的音系无关

规则类别的第一个重要属性是,它对动词词干的音系学属性不敏感。因此,它不具有音系学上的原型、成员资格分级或典型特征。

首先,支配不规则子类的音系学条件完全可以被规则动词无视。最极端的情况下,同音异义词可以具有不同的过去时态形式:"ring/rang"对比"wring/wrung"、"hang/hung"(悬挂)对比"hang/hanged"(绞刑)、"lie/lay"(横躺)对比"lie/lied"(撒谎)、"fit/fit"(衣服合身)对比"fit/fitted"(裁缝让人试穿)。更普遍而言,每个不规则子类的成员资格标准都存在规则性的反例。

(2)

shut/shut	jut/jutted
bleed/bled	need/needed
bend/bent	mend/mended
sleep/slept	seep/seeped
sell/sold	yell/yelled
freeze/froze	seize/seized
grow/grew	glow/glowed
take/took	fake/faked
stink/stunk	blink/blinked
ring/rang	ring/ringed

这说明,不规则子类由音系学所定义的模糊边界并没有创造规则类别的互补性音系学模糊边界。屏蔽原则的影响是,特定的不规则单词屏蔽了其对应的规则单词。尽管这些对应单词所在的音系学空间区域大多常与不规则单词相邻,但这些区域并没有在空间中定义互补性模糊空穴,排除规则单词;规则形式可以占据该空间中的任何一个点。

此外,不仅语言中已存在位于不规则音系学相邻区域的规则动词,而且规则类别还可以增加违反了任何不规则成员资格标准的成员。基帕尔斯基(Kiparsky,1982a,b),平克及普林斯(1988,1992),基姆(Kim)、平克、普林斯及普拉萨达(1991),基姆、马库斯(Marcus)、平克、奥朗代(Hollander)及科波拉(Coppola,1994)已经阐明了理由。不规则形式是动词词根,而不是动词。并非所有动词都有动词词根:一个直观上派生自名词(如,to nail)的动词具有的是名词词根。名词或形容词不能在词典中被标记为具有"不规则过去式",因为名词和形容词根本就没有过去时态形式:此概念根本无意义。所以,创造自名词或形容词的动词也无法具有不规则过去式。所有这样的动词都是规则动词,与其音系学属性无关:

(3)

He braked the car suddenly. ≠ broke

He flied out to center field. ≠ flew

He ringed the city with artillery. *rang

Martina 2-setted Chris. *2-set

He sleighted down the hill. *slew

He de-flea'd his dog. *de-fled

He spitted the pig. *spat

He righted the boat. *rote

He high-sticked the goalie. *high-stuck

He grandstanded to the crowd. *grandstood

原则上,这使得任一声音序列都可能成为一个规则动词。英语中有一条词汇规则,可以将一个名字转换为以"out"为前缀的动词,如"Reagan has finally out-Nixoned Nixon"。就像所有派生自非动词的动词一样,它是规则动词。既然任一段语言学上可能的声音都可能是某人的名字,那么任一段语言学上可能的声音都可以是一个规则动词,这使得任何不规则动词都存在规则的同音异义词。例如:

(4)

Mary out-Sally-Rided Sally Ride.

*Mary out-Sally-Rode Sally Ride.

In grim notoriety, Alcartraz out-Sing-Singed Sing-Sing.

*In grim notoreity, Alcartraz out-Sing-Sang Sing-Sing.

这一效应已经被多个实验证实。基姆等(1991)要求受试者对一组动词的规则和不规则过去时态形式进行评分,这些动词或派生自与某个不规则动词为同音异义词的名词,或直接派生自不规则动词。对于具有名词词根的动词,规则形式得到了更高的评分;对于具有动词词根的动词,不规则形式得到了更高的评分。相似的效应也在未受大学教育的受试者(Kim等,1991)、儿童(Kim等,1994)和讲德语的成人(Marcus等,1995)中得到了证实。

听起来完全自然的规则过去时态形式不仅存在于动词词根与某个不规则动词相似的情况,也存在于其与已有规则词根不相似的情况,因此其缺乏可以作为类语概括(analogical generalization)来源的原型。普拉萨达和平克(1993)重复了拜比和莫德(1983)的研究,此外还给受试者展示了与已有英语规则单词具有不同相似度的新规则单词。例如,"plip"与英语中规则动词的原型之一相近,因为其与"slip""flip""trip""nip""sip""clip""dip""grip""strip""tip""whip"和"zip"押韵,而"smaig"与已有任何动词词根都不押韵,"ploamph"在英语中甚至都不符合音系学规则。尽管如此,人们却将这些原型形式和边缘形式评级为具有同样的自然度(相对于其词干),并且,他们在被强行要求生成这些原型形式和边缘形式时,将其产生的概率是相同的。

2. 由低频率或受限上下文造成的无原型、成员资格分级或不明确情况

与不规则过去时态形式不同,规则过去时态形式不会因为频率、熟悉性、习语性、冻结性(frozenness)或受限句法上下文而在合格性(well-formedness)方面受到影响。平克和普林斯(1988)指出,虽然"perambulate"也许是低频率动词,但其过去时态形式并不比其词干形式听起来更糟糕;人们不会感觉"perambulated"相对于"perambulate"是比"walked"相对于"walk"更糟糕的过去时态形式。实际上,某个动词的频率可以基本上为零,但仍可具有一个被判断为不比该动词本身更糟糕的规则过去时态形式。虽然"fleech""fleer"和"anastomose"对于大多数说话者来说都属于陌生动词,但说话者判断"fleeched""fleered"和"anastomosed"完全可以作为这些动词的过去时态形式。乌尔曼(1993)的实验研究证实了这些观察结果,在这项研究中,人们判断了数百个动词及其过去时态形式的自然度。受试者对规则过去式的评分与其对相应词干的评分高度相关,但与这些过去式的频率无关(排除词干评分的影响后)。相比之下,不规则过去式的评分与其词干评分的相关性较弱,但与过去式频率显著相关(排除词干评分的影响后)。

与不规则动词不同的是,当一个规则动词陷入冻结或受限的表达中时,把它放到过去时态中也不会使其变得更糟。例如,动词"eke"很少被用在类似"She ekes out a living"这样的上下文之外的地方,但"She eked out a living"与"forwent the pleasure of"不同,不会因此受到影响。类似的还有:"He crooked his finger""She stinted no effort""I broached the subject with him""The news augured well for his chances"。规则动词"afford"就像不规则动词"stand"一样,通常都是作为"can't"的补语出现,但当脱离了这一上下文时,其过去时态形式仍显得非常自然:"I don't know how she afforded it."同样,"She doesn't suffer fools gladly"和"She never suffered fools gladly"都是可接受的。

本部分和前一部分讨论的现象说明了为什么对像"pleaded"或"weeped"这样的规则形式,其表面可接受性的等级性可被定位到对应不规则形式的等级性上,这要归功于屏蔽原则的影响,而不是规则动词本身所固有的性质。某些不规则动词的等级性一般源于低频率以及与其子类原型的相似性(Ullman,1993)。但对于不与特定不规则词根竞争的规则动词来说,不存在由音系和频率定义的互补可接受性;所有的动词都一样好。

3. 默认结构

我们已介绍过,规则过去时态的转换可以无视词干的音系学性质、动词—词根/非动词—词根状态、频率、可列举性(熟悉度)和上下文范围。看来,规则动词是一种默认类别。规则动词范畴在某种意义上不具有任何属性:它是规则性规则应用范围的副现象。

规则类别的结论

这些现象引出了下面这一结论:英语的规则动词类别是一种经典范畴。其充分必要条件就是规则性规则在英语语法中的适用条件。这些关于成员资格的条件可以如此表达:成员必须是动词,除非其具有不规则词根。

心理学意义

我们已经证明,按照标准规范,不规则子类是原型或家族相似性范畴,而规则类别是经典范畴。如果我们认真对待这一结论,它就会产生几个直接影响。

心理学现实

首先,家族相似性范畴和经典范畴都可以符合心理学现实且合乎自然。经典范畴不必是显性教学或正规学校教育的产物:规则过去时态转换不必刻意去教,实际上每一名儿童在出生后的第三年就能学会并开始高效使用它(Marcus、Pinker、Ullman、Hollander、Rosen及Xu,1992)。事实上,儿童甚至会将规则转换应用到高频不规则词干(如“come”和“go”),他们大多数时候也会使用正确的不规则过去式,这表明儿童在某种程度上理解规则性规则固有的普遍适用范围。而且,他们就像成人一样将规则词缀应用到规则动词上,不管这些动词与其他规则动词(Marcus等,1992)以及与派生自名词和形容词的不规则发音动词(Kim等,1994)之间的相似程度多高。戈登(Gordon,1985)和斯特罗姆斯沃德(1990)的研究表明,三岁的儿童就能在没有隐式或显式教学输入的情况下,根据名词在语法中的不同形式角色,对规则和不规则复数进行定性区分(讨论见Marcus等,1992;Kim等,1994)。

这种“经由派生的规则化”(flied out, high-sticked)效应提供了特别有说服力的证据,证明经典范畴不一定是明确表述或有意传递的规则的产物。使用规则性规则作为默认操作应用到任何派生动词,而不管音系特征如何,这是一种基本现象。与那些负责制定规范性规则的语法学家相比,街头巷尾的普通人更能理解这种用法的微妙之处。基姆等(1991)发现,未受大学教育的受试者强烈表现出了这一效应,而在英语和其他语言的近期历史上,有一些记载的案例表明,语言在面对编辑和规范性语法学家的明确反对时,仍然接纳了这种规则化。例如,门肯(Mencken,1936)记录,在20世纪20年代开始流行的动词“to joy-ride”,它的过去时态形式通常为“joy-rided”,因为我们会根据它显然派生自名词“a joy-ride”而进行预测。规则性语法学家试图倡导使用“joy-rode”,却未能成功。同样,基姆等(1994)发现,尽管大部分儿童很少或从未在成人的言语中听到过不规则发音动词的规则性过去时态形式,但还是表现出了这种效应。

另一方面,如福多尔(1981)和阿姆斯特朗等(1983)所言,家族相似性范畴不一定是反应时研究或评分研究的人为产物。儿童在自发言语中会不恰当地将不规则子类的家族相似性模式概括到规则和不规则动词上,如“brought”的过去式为“brang”,“bit”的过去式为“bote”,并且这种概括似乎与这些子类的频率和家族相似性结构有关(Xu及Pinker,1995;Bybee和Slobin,1982a;Rumelhart和McClelland,1986;Pinker及Prince,1988)。这种不规则子类结构还影响了成人言语中的方言变异和历史变化(Bybee和Slobin,1982b;Mencken,1936;Prasada及Pinker,1993),如果新的不规则形式的词干与现有的不规则词干有足够的相似性,则偶尔会有新的不规则形式进入语言。

心理学功能

进一步的推论是,经典范畴和家族相似性范畴不必具有不同的心理学功能,比如仔细推理对比随意推理,或推理对比范例分类。关于规则与不规则动词之间的对比,最为惊人的一点或许是这两种实体在人们的头脑中可以并存,作为整体在语法中起同一个作用:规则和不规则动词在英语的句法和时态语义中扮演的角色是不可区分的。例如,没有哪一个句式是可以插入规则动词但不可以插入不规则动词,反之亦然,并且,规则动词和不规则动词的过去时态形式在语义上编码的时间关系也没有系统性差异。

更具体地说,很难理解下列这一种看法:家族相似性范畴是一组识别程序的产物,这些程序被用来将范例归类到具有更经典结构的核心范畴之内。“不规则动词被用来对规则类别的成员进行知觉分类”,这一观点是无法解释的。不规则动词是一类表现出一种范畴结构的单词;规则动词则没有表现出这种结构。

底层心理机制

尽管在过去时态的情况中,经典范畴和家族相似性范畴的心理学功能(其被用来干什么)并无差异,但在心理学结构上(何种心理过程产生了它们)却有差别。

我们介绍过,由规则动词构成的经典范畴由形式化系统中的一条规则的性质完全且隐性地定义,在本例中,指的是英语语法内的一条规则,它适用于任何具有词性符号“动词”的单词,除非该动词具有一个不规则的词根。该范畴并非对一个范例集的概括或总结;实际上,它不关心归属于该范畴的范例属性。它属于那种组合性规则系统,使人类通过构建复杂词语、短语和句子来交流命题(包括新颖、罕见或抽象命题),在此系统内,整体的意义可由各部分及各部分的组合方式决定。

相反,家族相似性范畴是对被记忆范例集内的属性关联模式的概括。因此,影响人类记忆的因素也能影响不规则类别的成分。一个著名的例子就是词频。不规则动词的频率往往高于规则动词(Ullman,1993;Marcus等,1995),如果一个不规则动词的频率长期来看在下降,它就有可能变为规则动词(Hooper,1976;Bybee和Slobin,1982b;Bybee,1985)。这很可能是因为不规则动词基本上是被人强行记住的。为了记住一个动词,人们必须先听到它;如果听到某个动词的机会很少,则无法习得其不规则形式,规则性规则就会默认进行应用。这还可能造成了主要被用于非过去形式的不规则动词的过去时态的模糊性,比如“stand”或“become”的惯用意义。

还有一种相关阐释有助于解释规则动词的家族相关性结构的起源。据罗施和梅尔维斯(Mervis,1975)报道,人们发现表现出家族相关性结构的符号串列表比具有任意相似性模式的符号串更易记忆。就如同频率会影响不规则子类的记忆难度进而影响成分一样,家族相似性结构也会产生影响。当前已有的不规则子类可能源自一个达尔文过程,在该过程中,在一代代的记忆循环中幸存下来的不规则动词是那些可以被聚成易记忆的家族相似性丛的动词。

总之,英语动词的规则和不规则类别的性质证明,经典范畴和家族相似性范畴都可以符合心理学现实,都可容易且自然地习得,且都不受制于一种类似于范例的“推理”—对比—“识别”这样的功能分工。更确切地说,它们的差异在于它们是两种不同心理过程的产物:一种为形式化规则系统,一种为需机械记忆的、部分结构化的范例列表。现在我们指出两个更为隐蔽的结论。经典和原型范畴适于不同类型的计算体系结构,而产生经典和家族相似性范畴的心理机制适于表示各种具有内在差异的世界实体。最后,我们回到人类概念范畴如"鸟"和"母亲",看看我们是否能通过概括我们关于经典和原型范畴的发现获得一些真知灼见。

计算体系结构

最近,鲁姆哈特和麦克莱兰(1986)用计算机模拟实现了英语过去时态形态学的习得过程。该模拟的体系结构、行为以及对人类资料数据的保真性都得到了详细讨论(Pinker及Prince,1988,1992;Lachter和Bever,1988;Sproat,1992;Prasada及Pinker,1993;Marcus等,1992,1995)。

鲁姆哈特—麦克莱兰模型利用了一种被称为"模式联想器"的机制。这一机制是并行分布加工(PDP)或联结主义体系结构的典范,后者是目前认知科学的中心议题(Rumelhart及McClelland,1986;McClelland及Rumelhart,1986;Pinker及Mehler,1988)。

模式联想器的两个属性对于理解其行为至关重要:项目由其属性来表征,以及,在一个项目集内记录和叠加每一输入性质与每一输出性质之间的统计学偶发事件。

在应用模式联想器学习过去时态形式这一用例之前,人们已经对它们进行了详细研究,包括它们学习和识别概念范畴成员的能力(McClelland及Rumelhart,1985),人们知道它们在某些任务上表现很好。它们常常能在一个训练集中再现一系列的联想,并基于其与已知例子的相似性概括到新例子上。它们对输入模式频率的敏感度与人类相似。此外,它们在处理家族相似性范畴时能再现人类表现出的诸多效应。麦克莱兰及鲁姆哈特(1985)和惠特尔西(Whittlesea,1989)设计的模式联想器,可以输入与一个非语言对象集合的性质有关的数据序列。他们发现,这些模型能相当好地复制下列这些效应:频率、原型性、家族相似性、成员资格分级以及特定范例对人类分类时间和错误率的影响。既然已知这些效应与对象特征的共现频率有关(Smith及Medin,1981),这一点并不令人惊讶。

由于这些能力,鲁姆哈特和麦克莱兰用来学习过去时态形式的模式联想器在处理不规则动词时获得了一些成功。他们向该模型输入了一个由420个动词组成的集合(每一个动词以包含其词干和其过去式的成对形式提交),其中包括84个不规则动词,每一对提交了约200次。经过这一训练后,在只输入词干的情况下,它能近似计算出所有动词的过去时态形式。此外,它能通过类比训练集中的相似动词,将其过去时态形式概括到新的不规则动词上去,如"bid"的过去式为"bid""cling"的过去式为"clung","weep"的过去式为"wept"。此外,它表现出能根据规则动词与不规则动词的相似性,将某些亚规则(subregular)替代形式扩展到规则动词之上的趋势,如"kid"的过去式为"kid","slip"的过去式为"slept",这表现出了它对不规则子类的家族相似性结构的敏感性。最后,它将规则转换的"d"词尾过度概括到各种不规则子类之上的倾向与儿童的这种倾向大致相同,而这种倾向又是基于各子类中的动词在转换为过去式时所经历元音变化的频率和一致性(Pinker及Prince,1988;Sproat,1992)[2]。

但是,模式联想器在其他的映射种类上似乎表现不佳。它们尤其欠缺对规则动词的处理能力。首先,在该模型的统一结构中,规则和不规则动词都只通过一种联想机制进行处理,这种统一结构无法解释为什么规则类别的属性与不规则类别如此不同:它错误地预测规则类别不过是一个更大和更普遍的原型子类。

此外,这种模式联想器无法正确地习得规则动词。平克及普林斯(1988)指出,该模型易于产生混合词。一个词干涉及的彼此竞争的统计规律没有彼此阻碍,而是发生了重叠。例如,该模型产生了一些错误形式,其中不规则元音变化合并了规则性词尾,如"sip"的过去式为"sepped","brown"的过去式为"browned"。它常会将规则过去时态形式的"t"和"id"变体混合,产生了"step"的过去式为"stepted",或"type"的过去式为"typted"这样的错误。有时候这种混合相当古怪,如"mailed"的过去式为"membled",或"tour"的过去式为"toureder"。

此外,平克及普林斯还注意到,与规则性规则的默认性质相反的是,鲁姆哈特—麦克莱兰模型完全不能为特定动词如"jump""pump""glare"和"trail"生成任何过去式。这很可能是因为该模型无法将规则词尾视为一种能无视词干性质应用到任何词干上的操作:模型的词尾变化仅与输入中所遇到的规则词干的特征产生了联想。如果一个新动词恰好位于音系学空间的一个区域,而该区域中的动词之前没有被提供在训练集中(如,"jump"和"pump",具有不寻常的词尾辅音丛),那么就没有连贯的输出特征集能与激活的输入特征进行足够强烈的联想,也就无法产生高于背景噪声的响应。普拉萨达和平克(1993)检验了平克及普林斯的判断,他们向该训练网络同时提交了常见发音和罕见发音的动词。对于罕见发音的动词,该网络产生了奇怪的混合词和嵌合词,如"smairf-spurice""trilb-treelilt""smeej-leefloag"和"frilg-freezled"。

该模型还不符合发育证据。儿童从一开始在过去时态形式中使用不规则动词,就能正确地使用很多不规则动词(如,"broke"),然后开始偶尔将它们过度规则化(同时使用"broke"和"breaked"),几年后这种过度规则化现象才会减退。既然模式联想器由模式频率所驱动,那么,唯一能使鲁姆哈特—麦克莱兰模型复制儿童这一序列行为的方法就是先让其接触少量的高频动词(其中大部分为不规则动词),将每一个提交少数几次,然后是大量的中频动词(其中大部分为规则动词),将每一个提交很多次。只有当该模型被规则模式的范例淹没时,它才开始将以前正确处理的动词过度规则化。但是,儿童出现过度规则化现象并不是由他们在父母言语中所听到的规则动词比例的突然改变所引起的:在他们开始过度规则化之前、其间和之后,规则动词的比例基本保持不变(Pinker及Prince,1988;Slobin,1971;Marcus等,1992)。这也不是由其自身掌握的规则词汇中动词比例的快速增加而引起的;儿童词汇中规则词汇的比例在他们未过度规则化时增加得很快,在他们过度规则化时却增加得更慢了(Marcus等,1992)。

这些结果支持过度规则化的传统解释,该解释不诉诸频率,而诉诸不同的内在机制:儿童先是记住了不规则和规则过去式,然后发现很多规则词干和其过去式之间存在一种规律,并由此创造一条规则,他们能全盘地应用这条规则,包括不能快速忆起不规则形式时的情况。该规则可用来填补这段记忆空白,导致产生了过度规则化现象。与这一解释一致的是,马库斯等(1992)发现,儿童在第一次开始在过去式中持续使用规则形式的年龄就开始过度规则化:很可能,这就是规则性规则被习得的时间点。如前所述,规则性规则甚至会被应用到高频不规则词干上,这种高频不规则词干在儿童整个发育阶段的输入中都保持着较高的频率——这一事实说明,儿童将规则性规则视为拥有无限的适用范围。

语言联结主义模型的反对者们提出了两种反驳论点,但两者都不够充分。一种论点是,鲁姆哈特—麦克莱兰模型是一种双层感知机,而三层模型[具有一个通过误差逆传播(error-back-propagation)来训练权重的隐含层)的表现要好得多(见Plunkett及Marchman,1991,1993;MacWhinney及Leinbach,1992]。然而,斯普罗特(Sproat,1992)、普拉萨达及平克(1993)和马库斯(1995)证明,隐含层模型与原鲁姆哈特—麦克莱兰模型存在相同的问题。另一种回应是,英语中规则性的影响源于下面这一事实:规则动词占英语的大多数,这促成了其最广泛的概括性。德语提供了关键的对照。马库斯等(1995)回顾了德语的语法和词汇统计数据,发现在德语中,与不规则转换形式相比,分词"-t"和复数"-s"形式的单词只是少数,但它们也恰好被应用在无法获取需强记的动词或其发音的"默认"情境中,包括新单词、罕见发音单词和派生单词(如,示例"flied-out"在德语中有类似的例子)。这一发现在两个实验中得到了验证,两个实验都是诱使德国成人对新德语单词进行评分。这一交叉语言比较研究提示,默认后缀构词法不能用"众多规则单词加强联想性记忆模式"来解释,而只能根据一种不依赖记忆、符号拼接式的心理操作进行解释。

总之,无论是计算能力方面,还是心理保真性方面,模式联想器处理不规则子类的表现上佳,但处理规则类别的表现却很糟糕。我们认为,这是这一计算体系结构处理家族相似性范畴和一般经典范畴的相对适用性所带来的弊病。我们认为,原因显而易见:

- 经典范畴是形式化规则的产物。
- 形式化规则应用于对象时,与其内容无关("形式化规则"的意义就是如此)。
- 模式联想器吸取的是对象的内容之间的相关性模式——它们的设计目的便是如此。
- 因此,模式联想器不适于处理经典范畴。

我们的结论是,人类大脑包含某种非联想性的体系结构,其被用于处理语言,是很可能还有别的用途。

认识论范畴对比本体论范畴

雷伊(1983)指出,即使能证明人们使用了原型(或经典)范畴,也并不意味着世界包含了原型(或经典)范畴——也就是说,并不意味着,关于世界如何运行的法定概括(反映为最佳的科学描述)参照的是这两种范畴其中之一。这引出了一个问题:如果原型范畴和经典范畴的表征之间存在心理学差异,那么是不是因为这两种表征准确反映了世界中的不同范畴种类?或者说,是否人类的范畴化系统源于我们神经器官的某种局限性或古怪性,其确实不可避免地对应了世界的法定分类?

心智中存在何种范畴的问题和世界中存在何种范畴的问题是互相联系的。如果心智的进化是为了让我们能理解和预测世界,那么,形成概念范畴的心智系统就应当围绕关于世界所包含的范畴种类的隐含假设而建立——正如同从运动恢复三维结构(SFM)的视觉算法会预先假定世界为刚性物体,而且该心智系统在该假设得到满足的情况下应该表现最佳。

英语的过去时态系统表现出了经典和家族相似性范畴,但其本体必须与普通的概念化范畴(如工具、蔬菜、动物等)的本体有很大的不同,因此,分析过去时态系统中经典和家族相似性范畴的来源,有助于我们发现这两种范畴的不同产生条件。

规则和不规则类别属性从何而来?

规则类别的属性就是规则性规则的产物。从任何说话者的角度来看,该类别存于"世界"的意义就是:该语言的其他说话者拥有该规则并将其用于说话和理解过程。这反过来源于任何交流系统对奇偶性的基本要求。只有在这种生成各种形式的规则系统被一个社群的说话者所共享时,语言才能发挥作用。因此,某个人在用一条过去时态规则(或任何规则)来生成形式时,他会预先假设听者的脑海中也存在同一条规则,并假设其会被用于解读此生成形式。同样,他在理解过程中使用一条规则时也会预先假定说话者在编织言语时会使用该规则。所以,对于"一个由规则生成的类别(如规则动词)挑选的是世界中的哪一类实体"这个问题,答案是:"一类可以被其他说话者头脑中该规则的复制品所生成的实体。"

对于不规则动词,问题要更加复杂。自然,不规则动词和规则动词一样,只在被其他说话者共享时才具有可用性。但是,在规则动词的情况中,规则性规则如此简单和高效,以至于它天然适合一种由某个社群所有成员共享的语法,而不规则类别与此不同,它的成分看起来如此不合逻辑,以至于人们必然会疑惑其他说话者一开始是如何拥有它的。

在前一部分,我们提到了一种达尔文式的隐喻:动词要争取在说话者的记忆中生存下来,而说话者的学习随之塑造了对当前这一代人的输入。就算每一代人都以很高的准确性复制了前一代人的不规则动词,但变化还是会悄然发生。这些变化同时导致了趋同进化和趋异进化,趋同进化指的是新成员被吸引到了已有的子类中,趋异进化指的是旧成员会逐渐游离而去。

当特定的规则动词由于自身与已有不规则动词的高度相似性而被吸引进入一个不规则类别时,就可能发生朝向特定吸引子状态(attractor states)的趋同进化,正如现在"sneak-snuck"所发生的情况(参见"stick-stuck""string-strung"等)。如果这些偶发的遗忘和类比现象在一个类似传染的过程中被固定在一个语言社群里(见Cavalli-Svorza和Feldman,1981),并世代积累,就会产生具有家族相似性结构的动词类别。例如,过去时态形式"quit"和"knelt"最近才被添加入英语,其成为不规则形式的原因很可能是由于其与"hit"和"feel"等动词具有相似性。这一过程在较小的社群里更为迅速的方言形成过程中可以看得更加清楚,类似"bring-brang""slide-slud"和"drag-drug"这样的形式在其中是很常见的(Mencken,1936)。

在英语史上,趋异进化的趋势更为显著。古英语中有七种"强"的过去时态类别改变了动词词干的元音;还有三种"弱"的类别给词干添加了一个含有"d"的词缀,这一操作有时候会由于音系学原因,词干元音发生修饰。现代的不规则动词大多来源于强类别的动词。现代的规则性规则,以及大部分以"t"或"d"结尾的不规则动词(如"meant"和"made"),则都由这些弱类别演变而来。古英语强类别本身的进化源头可以追溯到原始日耳曼语类别,再往前可以追溯到原始印欧语类别。很多学者相信,原始印欧语类别由规则性规则所定义:词干内元音之后的音段数量和类型决定了元音所经历的变化(Johnson,1986;Bever和Langendoen,1963;Prokosch,

1939;Campbell,1959)。到古英语时期,这些模式变得更为复杂,但仍然比现代英语不规则子类的转换更为普遍、更有效率,并且容纳的任意性例外更少。也就是说,很多现在为规则动词但符合某种不规则子类特征模式的词干,实际上曾经历过不规则变化:“deem/dempt”“lean/leant”“chide/chid”“seem/sempt”“believe/beleft”“greet/gert”“heat/het”“bite/bote”“slide/slode”“abide/abode”“fare/fore”“help/holp”等等。此外,在这些类别内部,存在一种中等程度的生成效率(Johnson,1986)。

从中古英语时期开始,除了其中一种弱的加后缀过程外,这些过去时态子类的生成效率和系统性发生了更大的下滑。主要原因是大量拉丁语和法语的新词汇流入,它们的流入需要一种普遍的、无条件的过去时态操作;以及元音的发音发生的广泛转变,掩盖了元音变化操作的规律性。此种弱加后缀操作在古英语中已被用于派生自名词的动词,它不适于定义了强类别动词的发音模式,所以自然会向外来词扩展(更多讨论见Marcus等,1995)。

总之,在英语的历史中,从原始印欧语时期开始,存在一种趋势,使得最初由词干的音系学特征定义的强类别变为被个别学习的词项列表。这产生了一个有趣的结果。最初的列表具有同质性,因为它们曾由类规则的操作所生成。但后来,各种不相关过程在个别项目上的操作,摧毁了这些类别的同质性。下面是一些范例:

音系变化:“blow”“grow”“throw”“know”“draw”“fly”“slay”,除了“know”之外,全都以一个辅音-响音丛开头。“know”成为例外的原因在于其拼写方式。因为其首字母“k”最初需要发音,所以它曾经符合该模式;当词首“kn”在英语的声音模式内整体突变为“n”时,“know”就变成了该子类内的例外。

形态学范畴的瓦解:在古英语中,过去时态是以人称和数字来区分的。例如,“sing”曾具有一种范式,可以简化如下:

(5)

	单数	复数
第一	sang	sung
第二	sung	sung
第三	sang	sung

当这种数字区分方式发生瓦解时,每一个动词被迫选择其中一种形式作为过去时态,就好像在玩抢椅子的游戏。不同的动词做出不同的选择;因此我们同时得到了“sing/sang/sung”和“sling/slung/slung”。“freeze/froze”和“cleave/cleft”间的反差也有相似的原因。

消耗：在早期，“t”变“d”的类别具有下列成员：“bend”“lend”“spend”“blend”“wend”“rend”“shend”“build”“geld”“gild”“grid”（Bybee及Slobin，1982b）。该类别被简洁地描述为含有“一个元音后接一个响音后接一个‘d’”。在现代美国英语中，动词“geld”“gird”“gild”“wend”“rend”和“shend”现在已变得陈旧或模糊。该类别剩余五个成员中，四个与“end”押韵，一个与“ild”押韵。尽管逻辑上，它仍然可被描述为以“元音—响音—d丛”结尾，但由于以“eld”和“ird”结尾的规则动词的存在，以及与“end”押韵的高度特殊性，该类别可以更自然地表示为包含了与“end”押韵的动词，但有一个例外。

我们得出结论：一类单词起初由于被同一条规则生成而具有同质性，一旦该规则停止操作，并且作用于单个成员的不相关过程产生的效应可以通过历史积累，该类别就可以通过趋异进化获得家族相似性结构。叠加于这些模式之上的是一种趋同过程，在此过程中，前几代学习者的类比和遗忘倾向产生的积累效应会导致部分相似的形式被添加到已有的某个类别上。因此，单独一代的学习者个体面临的家族相似性结构是这些趋异和趋同历史过程的产物，而这些结构可以说是独立于他或她的心理而存在于世的。

对概念范畴的意义

这些有关过去时态形式中的经典和家族相似性范畴的发现，能否让我们深入了解经典和家族相似性范畴在概念范畴（如鸟和母亲）中的作用？要回答这一问题，最好的方法是思考概念范畴的作用是什么。

概念范畴的功能：推定未观察到的性质

没有两个物体是完全相同的。那么我们为什么会使用概念范畴呢？为什么我们不将每一个物体视为如其本来的独特个体？为什么我们形成了现有的范畴？为什么我们将鲑鱼、米诺鱼和鲨鱼混在一起，而不是鲨鱼、叶子和意大利面呢？这些都是最基本的问题，但尝试回答这些问题并没有如预期一样给概念范畴研究提供多少信息。经常有人提出，人们需要用范畴减少记忆或处理负荷，但鉴于大脑皮质具有数以兆计的突触，并且长时记忆常被描述为具有“无限性”，这一观点没什么说服力。此外，对于很多范畴而言（如，月份、棒球队、某个人的朋友），范畴本身及其每一个成员都被储存在记忆里。雷伊（1983）列出了概念应该行使的主要功能。这些功能包括：概念在不同时间对于某个给定个体，或在同一时间对于不同个体的稳定性;某个概念充当某个词语意义的基础、充当事物归属于世界范畴的基础以及充当人们了解何一事物属于何一范畴的基础的能力。但是这些功能都与"我们为什么要形成概念范畴",或者"为什么世界中的某些范畴是概念和其他非自然事物的基础"没有任何关系。

博比克(Bobick,1987)、谢泼德(1987)和安德森(1990)曾试图对人类的概念范畴进行逆向工程。他们各自独立地提出,范畴有用是因为它们能使我们用物体已观察到的属性推定物体未观察到的属性(还可见 Rosch,1978,和 Quine,1969)。虽然我们无法知道某个物体的所有信息,但我们能观察到一部分信息。这些已观察到的属性使我们能将该物体指定到一个范畴中,然后该范畴的结构使我们能推断该物体未观察到的属性的值。位于层级结构中不同层次的范畴(如考克斯班尼犬、狗、哺乳动物、脊椎动物、动物、生物)有用,是因为它们容许范畴化的难度与此被许可推断的力度之间达成各种取舍。对于低层次、特殊的范畴,人们必须对物体十分了解才能知道它属于该范畴,但接着人们可以推断该物体很多未观察到的方面。对于高层次、一般的范畴,人们只需要了解某个物体很少的性质,就能知道它属于该范畴,但当它被如此归类后,人们只能推断其很少的未观察性质。

说得具体一点:知道彼得是一只美洲白尾灰兔,我们就可以预测它会生长、呼吸、移动、被哺乳、居住在原野或林中空地、散播兔热病,并能感染兔黏液瘤病。如果我们只知道它是一只哺乳动物,那么这个预测列表就只包括了生长、呼吸、移动、被哺乳。如果我们只知道它是动物,该列表就会缩减到生长、呼吸和移动。另一方面,给彼得打上美洲白尾灰兔的标签比打上哺乳动物或动物的标签要难得多。要给它贴上哺乳动物的标签,我们只需要注意它是毛茸茸的还能移动,但要给它贴上美洲白尾灰兔的标签,我们必须注意到,它长着长耳朵、短尾巴、长后腿,并且尾巴下侧为白色。要确定非常特殊的范畴,我们必须检验这么多的特性,以至于也剩下不了多少待预测的性质。大部分日常范畴处于中间的某个地方:"兔子",而非哺乳动物或美洲白尾灰兔;"小汽车",而非交通工具或福特坦普汽车;"椅子",而非家具或按摩椅。它们代表的是该范畴的识别难度与该范畴的作用之间的一种妥协。这些妥协对应了罗施(1978)提出的范畴的"基础水平"(basic level)这一概念。

基于范畴,我们可以侥幸达成归纳的飞跃,只因为世界是以特定方式运行的。物体并非随机分布在人类感兴趣的多维性质空间内;它们聚集在共现性质的区域内,博比克称之为"固有模态"(natural mode),而谢泼德称之为"后果式区域"(consequential region)。这些模态是支配物体创造和存续过程的形式和功能规律的结果。例如,几何定律规定,由多部分形成的物体在各部分之间的边界处存在凹陷。物理定律规定,比水密度大的物体将位于湖底,而不是湖面。物理和生物定律规定,通过流体介质快速运动的物体具有流线型形状,以及物体越大,则腿越粗。知道了一个物体在性质空间中的某些坐标后,我们便可以通过自然模态的存在(至少是概率性地)推测该物体的某些未知坐标。

经典范畴:在理想化法定系统内的推测

所有这一切引出了一个疑问:世界的何种规律性生成了人类可以通过形成概念来利用的自然模态。从最一般的意义上来说,世界的规律性是科学和数学定律的结果(如物理学、几何学、生理学定律)。只要对世界进行恰当的理想化,就能在形式化系统中描述这些定律。我们所说的"形式化系统"意为一种符号操作体系,包括一个命题集和一个推理规则集,这些规则单凭命题形式就能应用于这些命题,因此命题中未能明确表达的任何知识都无法影响其中的推理。我们认为,形式化系统是定义经典范畴的上下文。因此,无论是在哪种应用了科学或数学定律的世界理想化模型中,世界都包含经典范畴。例如,当暂时忽略真实世界物体的纹理、材料、厚度和不整齐的微观边缘时,某些物体可以被理想化为平面几何图形。在该理想化模型中,具有两条等边的物体可以被指定到"等腰三角形"范畴。一旦该物体被指定为该范畴,人们就能推断它还具有两个等角等等性质。无摩擦平面、理想气体、随机杂交地方种群和不可分心的说话者—听者均匀社群是另外一些理想化模型,在这些模型中,物体的行为规律可以被描述在形式化系统中。智能生物可以利用形式化系统作为世界的理想化模型,从已知属性推断未知属性。在范畴化心理学中,理想化或选择性忽略显著相关的结构对于认识因果律所起到的关键作用,一点也不亚于其在科学史中的作用。

那么,我们认为,无论在人类认知的任一领域发现经典范畴,它们都是一种促成演绎的心理表征形式化系统的一部分。有了概念的这一功能,人们还有其他理由不惜麻烦地去将物体指定为经典范畴吗?在传统的概念形式实验中所教的范畴,如"具有两条边的红色正方形"(见 Hull,1920;Bruner、Goodnow 及 Austin,1956;Hunt,1962),其不自然之处不在于这些范畴的界限分明,或具有充分必要条件,而在于这些范畴不是某个能促成有趣推理的系统的一部分——它们不自然是因为它们根本无用。

虽然人们往往将形式化系统视为现代社会系统化教育的领域,但其实有很多种能捕获支持推理的规律性的形式化系统可以为人们所用,包括工业前和农业前社会也有很多。例如,民间科学体系无须与对应的现代科学体系类似,仍可以用替代手段重现一些明显的预测。数学直觉也可以整合到很多其他的常识系统中。下

面是一些例子:

- 算术,具有如"3个对象的集合"这样的经典范畴,支持"无法被分为两等份"这样的推理,与可被组合成3的对象的属性无关。
- 几何学,具有如"圆"这样的经典范畴,支持"所有与圆心等距的点"或"周长是某个常数乘以直径"这样的推理,与之前遇到的圆是树干的截面还是沙子上的图画无关。
- 逻辑学,具有如"析取命题"(disjunctive proposition)这样的经典范畴,支持"如果其第二部分为真则为真"或"如果其两部分的否定为真,则为假"这样的推理。
- 民俗生物学,具有如"X种的蟾蜍"这样的经典范畴,支持"其口腺的提取物干燥后有毒"这样的推理,与它是否与无毒蟾蜍相似或与其他有毒蟾蜍不相似无关。
- 民俗生理学,具有著名的全或无范畴"怀孕",支持"女性""非处女"和"未来母亲"等推理,与体重或体形无关。

此外,人类世界包含了其他人类,所以我们有理由认为也会产生支配人类相互行为的心理表征形式化系统。鉴于家族相似性范畴固有的模糊性和经验依赖性的个体变异,个体间的利益冲突往往会在具有经典结构的系统内通过推理所解决也不足为怪,其提供的全或无决策具有各方都同意的基础。将合法饮酒年龄定为21岁(尽管很随意),而不是试图在每一个体要求喝酒的时候来确定其成熟度,存在一个根本的理由。此外,弗雷(Freyd,1983)和斯莫伦斯基(Smolensky,1988)提出,某些种类的社会传播知识可能会假定采用离散符号系统的形式,原因在于它们在个体间交流以及在代际进行传播时所必需的交流通道受到了制约。不难找到涉及社交互动的形式化系统,它们定义了经典范畴:

- 亲属关系,具有经典范畴,如"X的祖母",支持类似"可能是X的叔叔或姑妈的母亲"或"X的曾祖父母之一的女儿"这样的推理,与发色或烤松饼的癖好无关。
- 社会政治结构,具有如"总统"或"酋长"这样的经典范畴,支持类似"参战决策被执行"这样的推理,与体力、身高、性别等无关。
- 法律,具有如"重罪犯"这样的经典范畴,支持类似"无法担任公职"这样的推理,与是否具有邪恶外表、社会阶层无关。
- 语言,具有如"动词"这样的经典范畴,支持类似"除非具有不规则词根,否则其过去时态形式为加d的后缀"这样的推理,与其音系学属性无关。

人类独特地、几乎普遍地拥有语言、计数系统、民俗科学、亲属关系系统、音乐和法律，这不太可能是一种巧合。我们介绍过，衍生自形式化系统的经典范畴需要一种神经体系结构，这种体系结构能忽略个体所遇到的某个范畴的范例其属性的统计学微观结构。我们可以推测，一种适于形式化系统的非联想性神经体系结构的发育是人类智能进化的关键事件。

家族相似性范畴：历史相关相似性簇内的推理

在上一节中，我们证明，英语学习者如果要说和父母一样的语言，面对的是一种家族相似性结构，并且必须处理这种结构。是否存在这种情况：如果概念范畴的学习者要对自然中的家族相似性结构进行推理，就同样不得不处理这种结构？很多人注意到了语言进化和生物学进化之间的相似性（见 Cavalli-Sforza 及 Feldman, 1981），尤其在生物分类单元的进化中家族相似性范畴的形成是一种极具说服力的类比。

人们普遍相信，新生物种从占据了一个局部、相对同质环境的小型杂交种群进化而来。通过自然选择，生物适应了该局部环境，适应性的性状经由有性繁殖传播到了整个种群。结果，种群表现出一种相对统一的形态——因为自然选择会减少变异（Sober, 1984; Ridley, 1986）——并且可从工程学因素对其形态学进行部分预测，甚至可以发现该生物的生态位和选择压力（Hutchinson, 1959; William, 1966; Dawkins, 1986）。

后续的地理扩散会使祖先种群的成员形成繁殖隔离的亚类。它们经过杂交繁殖不再具有同质性，也不再受到局部环境产生的同一类选择压力的影响。在扩散后的第一代，该物种仍然具有同质性。之后，一系列的不同过程——遗传漂变、局部地理和气候变化产生的新选择压力、进入空环境后的适应性辐射以及局部地区灭绝——破坏了类群的同质性。结果，祖先物种的后代形成了一种家族相似性范畴——例如，"鸟类"这个范畴。知更鸟、企鹅和鸵鸟共有许多特征（如羽毛），因为它们的共同祖先来自一个适应飞行的种群，发生分化是因为种群的不同成员在历史演变过程中经历了不同的独立过程。

这说明，就像不规则过去时态子类的情况一样，很多生物学分类单元的家族相似性结构源于世界，而不仅仅是源于认识它们的人的思想。记住，这些家族相似性结构并不总是与经典定义的范畴相同，甚至在最佳科学理论中都可能是不可或缺的。很多传统的生物学分类单元在某种程度上具有任意性，它们只是对相似生物种类的有用总结。诚然，有些生物学范畴具有良好的定义，包括物种（共享一个公共基因库的杂交繁殖生物种群）和单系群或进化分支（一个也属于该范畴的共同祖先的所有后代）。但很多重要的生物学分类单元两者皆非。例如，鱼由数千个物种组成，包括腔棘鱼和鳟鱼。但腔棘鱼和鳟鱼最近的共同祖先也是哺乳动物的祖先。因此，生物系统树上没有哪个分支能对应所有鱼类且只对应鱼类；鳟鱼和腔棘鱼凭借其诸多共有性质被归为一类，且可区分于哺乳动物。对于某些生物学家来说，这成了从整体上否认范畴具有科学意义的理由，但很多人可能对古尔德说的这句话心有戚戚："腔棘鱼看起来像鱼，尝起来像鱼，行为像鱼，因此——从某种超越迂腐传统的正当意义上来说——它是一种鱼"（Gould，1983：363页）。换句话说，生物学家通常识别的是一种被描述为共现性质簇的范畴。实际上，某些分类学者已经尝试使用聚类算法来描述分类单元，这些算法使用的标准类似于那些被认为会导致人类形成原型概念范畴的标准（见Ridley，1986；Bobick，1987）。

因此，我们已介绍了两个现存于世的家族相似性范畴的例子，两者具有相同的起源：一种受规律支配的过程创造了一个相对同质的类群，接着，该过程停止产生影响，独立的历史原因使该类群异质化，不过没有达到使成员间的相似性被完全消除的程度。由于物体可以摆脱规律的直接影响，同时保留规律的某些效应，因此，聪明的生物就不能总是依赖于在形式化系统内描述世界的规律性。例如，任何只了解美国宪法的观察者无法解释为什么总统总是富有的白人基督徒男性。同样，大概没有一个观察者，甚至是一位具备生理学和生态学知识的科学家，可以解释为什么企鹅就像知更鸟一样具有脚蹼，而不是像海豹一样具有毛皮。相反，最好的做法往往是直接记录物体属性中相互预测性的偶发事件（interpredictive contingencies），并利用它们来从已知属性推理未知属性。因此，聪明的观察者可以记录羽毛、翅膀、产卵、鸟喙等中的偶发事件，来指出世界包含了一个聚集了这些属性的物体集，并利用某个子集的存在来推断其他子集的可能存在。

就如同不规则子类同时被趋同和趋异历史过程所塑造一样，在概念范畴的领域，也存在一种趋同过程可以导致对象围绕自然模态聚类，即使这些对象不是作为较同质祖先种群的后代而联系在一起。例如，对椅子的家系解释与我们对语言或物种的家系解释并不相同。椅子之间的相似性完全是由一种趋同过程所造成，在该过程中，一个属性集因为特别稳定并且适应一种给定的环境而反复出现。结果，若干历史不相关的生物类群为了获得这一属性集而进化。例如哺乳动物和头足动物的眼睛、蝙蝠和鸟类的翅膀等非同源器官，以及仙人掌类植物（它们独立地进化出肉质叶、刺、具皱褶茎，以适应世界不同地区的沙漠气候）等多系群。而对于趋异进化，我们面临的是共有性质和不同性质混合的情况，两者分别由受规律支配的适应和历史意外事件所造成，不过这些影响在时间上是相反的。例如，虽然脊椎动物和头足类的眼睛惊人地相似，但在脊椎动物的眼睛中，光感受器背向光源，入射光必须先穿过视神经纤维，而在头足动物的眼睛中，光感受器以更合理的布置方式朝向光源。人们认为这种差异源于两个类群的祖先所确立的不同进化起点，很可能与产生视觉组织和神经组织的胚胎学过程之间的差异有关。像椅子这样的人工制品也是通过类似的过程发展起来的；椅子要有用，就必须具有适于稳定性和易用性要求的形状和材料（Winston，Binford，Katz 及 Lowry，1983），但它还受到了无数历史因素的影响，如风格、可用材料以及当时制造技术的难易度。社会刻板印象是另一个例子，它源于很多历史意外事件，导致人们假定特定种类的人承担特定的角色。

我们可以预计，只要人们在其关注的对象中注意到了其属性中存在相关性结构，就可以形成家族相似性范畴，并且，世界包含了形成这些簇的机会，只要存在某种规律造成性质之间具有可见的相关性，只要存在历史偶发事件导致这些相关性不够完美——也就是说，这种机会几乎无所不在。

经典范畴和家族相似性范畴之间的相互作用

很多词语的指称对象，如鸟和祖母，似乎同时具有经典范畴和家族相似性范畴的属性。这两种系统是如何调和的？我们认为，人们具有两种平行的心理系统，一种记录了相似对象集间的相关性结构，另一种建立了将规律理想化的系统。

一般而言，我们可以预计，与经典范畴相比，观察者更易获得家族相似性范畴。世界中的大多数对象由于无数导致其创造和存留的历史过程产生的效应，而变得极为杂乱，从而遮蔽了任何底层规律。在一些幸运的例子中，人们能透过这种杂乱窥见这些规律，并尝试将其描述在理想化系统中，这些系统的元素部分地与家族相似性簇的成员相吻合，这些成员只通过观察相似的范例就能独立识别出来，而语言一般会给两者指定相同的言语标签。这恰好造成了“企鹅完全就是一种鸟类”的模糊性，对其的一种理解为真，另一种为假。它还造成了下列这种悖论：阿姆斯特朗等人所做的实验中，受试者同时声称，“奇数是一种全或无的范畴”，以及，“与23相比，13是该范畴更好的一个范例”。

人类倾向于从他们已遇见的相似物体簇中归纳范畴，构建适用于理想化对象的形式化规则系统，并将这两种实体相互联系起来，这种倾向可能是概念研究以及概念系统自身内部的诸多明显悖论的根源。例如，法律系统中，这种双重性可见诸合宪性推理和判例推理之间的差异。法律问题的解决一般会诉诸判例，先前的判决越与日前的问题相似，则其分量越重。但是，如果某个当前判决的合宪性存在争议，则只能参考少数原则，而与先前案例的相似性必须被忽略。

结论

看到两种似乎原本属于完全不同领域的现象之间存在如此多的相似点，人们可能会惊讶不已。我们并不是说过去时态形式与概念范畴在所有关键方面都十分相似，也不是说它们都由一个单一的认知系统所生成。但是相隔遥远的领域间具有广泛的相似性，极具说服力地证明这些领域存在某些共同的底层原则。英语的过去时态形式具有两种版本，两者功能相同，第一眼看去只有规模和统一程度存在差异。经过更仔细的研究后，才发现它们原来代表着两种不同的系统，分别点对点地对应了经典范畴和家族相似性范畴。此外，这两种系统与不同的心理官能、发育过程、真实世界成因以及计算体系结构有关。这种双重性的核心必然存在一种基础差异。具体来说，我们认为，人类概念既可以对应于经典范畴，也可以对应于家族相似性范畴。经典范畴由形式化规则所定义，使得我们能在理想化的受规律支配系统内推理。家族相似性范畴由被记忆范例集诸多相似特征之间的相关性所定义，使得我们能对可观察的历史产物做出推测。

致谢

作者顺序不分先后。我们感谢内德·布洛克、保罗·布卢姆、雷伊·杰肯多夫(Ray Jackendoff)和艾德·史密斯(Ed Smith)的评论。本文由第一作者作为伦敦大学MRC认知发育研究室(Cognitive Dev elopment Unit)的访问学者时所写就，获得了NIH基金HD 13831的资助。

注释

1. 记住，该定义的意思只是“一种相似性模式，例如家族中可见的模式”：它并不真的含有家系联系的意思。

2. 该模型对这些现象的处理也存在问题：见平克和普林斯(1988)；拉克特(Lachter)和贝弗(1988)，以及斯普罗特(Sproat，1992)。

参考文献

Anderson, J. R. (1990). *The Adaptive Character of Thought.* Hillsdale, NJ: Erlbaum.

Armstrong, S. L., Gleitman, L. R. & Gleitman, H. (1983) *What Some Concepts might not be.* Cognition, 13, 263-308.

Aronoff, M. (1976). *Word Formation in Generative Grammar.* Cambridge, MA: MIT Press.

Bever, T. & Langendoen, T. (1963) (a) *The Formal Justification and Linguistic Role of Variables in Phonology.* (b) The description of the Indo-European E/O ablaut. (c) The E/O ablaut in Old English. RLE Quarterly Progress Report (summer). Cambridge, MA: MIT Research Laboratory of Electronics.

Bobick, A. (1987). *Natural Object Categorization.* Unpublished doctoral dissertation, Department of Brain and Cognitive Sciences, MIT.

Bruner, J. S., Goodnow, J.& Austin, G. (1956). A Study of Thinking. New York: Wiley. Bybee, J.L. (1985). Morphology. Philadelphia: Benjamins.

Bybee, J. L. (1991). *Natural morphology: The organization of Paradigms and Language Acquisition.* In: T. Huebner and C. Ferguson (Eds.), Crosscurrents in Second Language Acquisition and Linguistic Theories. Amsterdam: Benjamins.67-92.

Bybee, J. L.& Moder, C. L. (1983). *Morphological Classes as Natural Categories.* Language, 59, 251-270.

Bybee, J. L. & Slobin, D. L. (1982a). *Rules and Schemes in the Development and Use of the English Past Tense.* Language, s8, 265-289.

Bybee, J. L. & Slobin, D. L. (1982b). *Why Small Children Cannot Change Language on Their Own: Suggestions from the English past tense.* In A. Ahlqvist (Ed.), Papers from the 5th Internation Conference on Historical Linguistics. (Current Issues in Linguistic Theory Vol21, Amsterdam Studies in the theory and history of linguistic science Ⅳ) Philadelphia/Amsterdam: John Benjamins.

Campbell, A. (1959). *Old English Grammar.* Oxford: Oxford University Press.

Cavalli-Sforza, L. L., Feldman. M. W. (1981). *Cultural Transmission and Evolution: A Quantitative Approach.* Princeton, NJ: Princeton University Press.

Curme, G. (193S). *A Grammar of the English Language* Ⅱ. Boston: Barnes & Noble. Dawkins, R. (1986) *The blind watchmaker.* New York: Norton.

Ervin, S. (1964). *Imitation and Structural Change in Children' s Language.* In E. Lenneberg (Ed.), New directions in the study of language. Cambridge, MA: MIT Press.

Fodor, J. A. (1981). *The Present Status of the Innateness Controversy.* In J. A. Fodor, Representations. Cambridge, Mass.: MIT Press.

Fodor, J.A., Garrett, M. F., Walker, E. C. T., and Parkes, C. H. (1980). *Against Definitions.* Cognition, 8:263-267.

Freyd, J. J. (1983). *Shareability: The Social Psychology of Epistemology.* Cognitive Science, 7, 191-210.

Gelman, S.A.& Markman, E. (1987). *Young Children Inductions from Natural Kinds: The Role of Categories and Appearances.* Child Development, 58, 1532-1540.

Gelman, S., A., Coley, J. D.& Gottfried, G. M. (1994). *Essentialist Beliefs in Children: The Acquisition of Concepts and Theories.* In L. A. Hirschfeld & S. Gelman (Eds.), Mapping the Mind: Domain Specificity in cognition and culture. New York: Cambridge University Press.

Gordon, P. (1985). *Level-ordering in Lexical Development.* Cognition, 21,73–93.

Gould, S. J. (1983). *What, if Anything, is A Zebra?* In S. J. Gould, Hen's teeth and Horses Toes. New York: Norton.

Hooper, J. B. (1976). *Introduction to Natural Generative Phonology.* New York: Academic Press.

Hull, C. L. (1920). *Quantitative Aspects of the Evolution of Concepts.* Psychological Monographs, 28, Whole No.213.

Hunt, E. (1962). *Concept Learning: An Information Processing Problem.* New York: Wiley.

Hutchinson, G. E. (1959). *Homage to Santa Rosalia, or Why Are There So Many Kinds of Animals.* American Naturalist, 93,145–159.

Jespersen, O. (1942). *A modern English Grammar on Historical Principles*, Ⅵ. Reprinted1961: London: George Allen & Unwin Ltd.

Johnson, K. (1986). *Fragmentation of Strong Verb Ablaut in Old English.* Ohio State University Working Papers in Linguistics 34: 108–122.

Keil, F. C. (1989). *Concepts, Kinds, and Cognitive Development.* Cambridge, MA: MIT Press.

Kelly, M. H. (1992). *Darwin and Psychological Theories of Classification.* Evolution and Cognition, 2,79–97.

Kim, J. J., MARCUS, G. E, PINKER, S., HOLLANDER, M., & COPPOLA, M. (1994). *Sensitivity of Children's Inflection to Morphological Structure.* Journal of Child Language, 21,173–209.

Kim, J. J., Pinker, S., Prince, A. & Prasada, S. (1991). Why *No More Mortal has Ever Flown out to Center Field.* Cognitive Science, 1S, 173–218.

Kiparsky, P. (1982a). *From Cyclical to Lexical Phonology.* In H. van der Hulst, & N. Smith (Eds.), The structure of phonological representations. Dordrecht, Netherlands: Foris.

Kiparsky, P. (1982b). *Lexical Phonology and Morphology.* In I. s. Yang (Ed.), Linguistics in the morning calm. Seoul: Hansin, 3–91.

Konner, M. (1982). *The Tangled Wing.* New York: Harper and Row.

Kuczaj, S. A. (1977). *The Acquisition of Regular and Irregular Past Tense Forms.* Journal of Verbal Learning and Verbal Behavior, 16, 589–600.

Kuczaj, S. A. (1978). *Children's Judgments of Grammatical and Ungrammatical Irregular Past Tense Verbs.* Child Development, 49, 319–326.

Kuczaj, S. A. (1981). *More on Children's Initial Failure to Relate Specific Acquisitions.* Journal of Child Language, 8, 485–487.

Lachter, J. & Bever, T. G. (1988). *The Relation Between Linguistic Structure and Associative Theories of Language Learning–A Constructive Critique of Some Connectionist Learning Models.* Cognition, 28: 195.

Lakoff, G. (1987). *Women, Fire, and Dangerous Things: What Categories Reveal About the Mind.* Chicago: University of Chicago Press.

Macwhinney, B. & Leinbach, J. (1991). *Implementations are not Conceptualizations: Revising the Verb Learning Model.* Cognition, 40, 121–157.

Marcus, G. F. (1995). *The Acquisition of Inflection in Children and Multilayered Connectionist Networks*. Cognition, 56, 271-279.

Marcus, G. E., Brinkmann, U., Clahsen, H., Wiese, R. & Pinker, S. (1995). *German Inflection: The Exception that Proves the Rule*. Cognitive Psychology, 29, 189-256.

Marcus, G, Pinker, S, Ullman, M., Hollander, M., Rosen, TJ. & Xu, F. (1992). *Overregularization in Language Acquisition*. Monographs of the Society for Research in Child Development, 57 (4, Serial No. 228).

Maynard Smith, J. (1986). *The Problems of Biology*. Oxford: Oxford University Press.

Mayr, E. (1982). *The Growth of Biological Thought*. Cambridge, MA: Harvard University Press.

Mcclelland, J. L. & Rumelhart, D. E. (1985). *Distributed Memory and the Representation of General and Specific Information*. Journal of Experimental Psychology: General, 114, 159-188.

Mcclelland, J. L. Rumelhart, D. E. & The PDP Research Group. (1986). *Parallel Distributed Processing: Explorations in the Microstructure of Cognition*. Volume 2: Psychological and biological models. Cambridge, MA: Bradford Books/MIT Press.

Medin, D. L. (1989). *Concepts and Conceptual Structure*. American Psychologist, 44, 1469-1481.

Mencken, H. (1936). *The American Language*. New York: Knopf.

Murphy, G. L. (1993). *A Rational Theory of Concepts*. In G. H. Bower (ed.), The psychology of learning and motivation. Vol. 29. New York: Academic Press.

Osherson, D. N. & Smith, E. E. (1981). On the Adequacy of Prototype Theory as a Theory of Concepts. Cognition, 1S, 3S-58.

Pinker, S. (1984). *Language Learnability and Language Development*. Cambridge, Mass.: Harvard University Press.

Pinker, S. (1991). *Rules of Language*. Science, 253, 530-535.

Pinker, S. & Mehler, J. (Eds.) (1988). *Connections and Symbols*. Cambridge, MA: MIT Press/Bradford Books.

Pinker, S. & Prince, A. (1994). *Regular and Irregular Morphology and the Psychological Status of Rules of Grammar*. In S. D. Lima, R. L., Corrigan, & G. K. Iverson (Eds.), The Reality of Linguistic Rules. Philadelphia: John Benjamins.

Pinker, S. and Prince, A. (1988). *On Language and Connectionism: Analysis of a Parallel Distributed Processing Model of Language Acquisition*. Cognition, 28: 73-193.

Plunkett, K. & Marchman, V. (1991). *U-shaped Learning and Frequency Effects in a Multi-layered Perceptron: Implications for Child Language Acquisition*. Cognition, 38, 43-102.

Plunkett, K. & Marchman, V. (1993). *From Rote Learning to System Building*. Cognition, 48, 21-69.

Prasada, s. & Pinker, S. (1993). *Generalizations of Regular and Irregular Morphology*. Language and Cognitive Processes, 8, 1-56.

Prokosch, E. (1939). *A Comparative Germanic Grammar*. Philadelphia: Linguistic Society of

America.

Quine, W. V. O. (1969). *Natural Kinds*. In W. V. O. Quine, Natural Kinds and Other Essays. New York: Columbia University Press.

Rey, G. (1983). *Concepts and Stereotypes*. Cognition, 15, 237–262.

Ridley, M. (1986). *The Problems of Evolution*. Oxford: Oxford University Press.

Rips, L. J. (1989). *Similarity, Typicality, and Categorization*. In S. Vosniadou & A. Ortony (Eds.), Similarity and Analogical Reasoning. New York: Cambridge University Press.

Rosch, E. (1973). *On the Internal Structure of Perceptual and Semantic Categories*. In T. E. Moore (ed.), Cognitive Development and the Acquisition of Language. New York: Academic Press.

Rosch, E. (1978). *Principles of Categorization*. In E. Rosch & B. B. Lloyd (eds.), Cognition and Categorization. Hillsdale, NJ: Erlbaum.

Rosch, E. (1988). *Coherences and Categorization: A Historical View*. In E Kessel (ed.), The Development of Language and of Language Researchers: Papers presented to Roger Brown. Hillsdale, NJ: Erlbaum.

Rosch, E. & Mervis, C. B. (1975). *Family Resemblances: Studies in the Internal Representation of Categories*. Cognitive Psychology, 7, 573- 605.

Rumelhart, D. E. & Mcclelland, J. L. (1986). *On Learning the Past Tenses of English Verbs*. In J. L. McClelland, D. E. Rumelhart & The PDP Research Group, Parallel Distributed Processing: Explorations in the Micro-structure of Cognition. Volume 2: Psychological and Biological Models. Cambridge, MA: Bradford Books/MIT Press.

Shepard, R. N. (1987). *Toward a Universal Law of Generalization for Psychological Science*. Science, 237, 1317–1323.

Slobin, D. I. (1971). *On the Learning of Morphological Rules: A Reply to Palermo and Eberhart*. In D.L Slobin (ed.), The Ontogenesis of Grammar: A Theoretical Symposium. New York: Academic Press.

Smith, E. E. & Medin, D. L. (1981). *Categories and Concepts*. Cambridge, MA: Harvard University Press.

Smith, E. E, Langston, C. & Nisbett, R. (1992). *The Case for Rules in Reasoning*. Cognitive Science, 16, 1–40.

Smith, E. E, Medin, D. L. and Rips, L. J. (1984). *A Psychological Approach to Concepts: Comments on Rey's "Concepts and Stereotypes."* Cognition, 17, 265–274.

Sober, E. (1984). *The Nature of Selection*. Cambridge, MA: MIT Press.

Sproat, R. (1992). *Morphology and Computation*. Cambridge, MA: MIT Press.

Stromswold, K. J. (1990). *Learnability and the Acquisition of Auxiliaries*. Doctoral Dissertation, Department of Brain and Cognitive Sciences, MIT.

Ullman, M. (1993). *The Computation and Neural Localization of Inflectional Morphology*. Unpublished doctoral dissertation, Dept. of Brain & Cognitive Sciences, MIT.

Whittlesea, B. W, A. (1989). *Selective Attention, Variable Processing, and Distributed*

Representation: Preserving Particular Experiences of General Structures. In R.G. Morris (ed.), Parallel Distributed Processing: *Implications for Psychology and Neuroscience*. New York: Oxford University Press.

Williams, G. C. (1966). *Adaptation and Natural Selection: A Critique of Some Current Evolutionary Thought*. Princeton: Princeton University Press.

Winston, P. H., Binford, T. O., Katz, B. & Lowry, M. (1983). *Learning Physical Descriptions from Functional Definitions, Examples, and Precedents*. MIT Artificial Intelligence Laboratory Memo 679.

Wittgenstein, L. (1953). *Philosophical Investigations*. New York: Macmillan.

Xu, E. & Pinker, S. (1995). *Weird Past Tense Forms*. Journal of Child Language, 22, 531-556.

8 为什么"先天与后天之争"不会消失?

这篇文章发表在美国人文与科学院(American Academy of Arts and Sciences)的学报上,文中提出了我在2002年出版的书《白板:现代人对人性的否认》(*The Blank Slate: The Modern Denial of Human Nature*)中的主要思想,同时回应了对该思想的一些主要批评。本文针对的是一种我称之为全盘互动论(holistic interactionism)的立场。这种立场认为,先天与后天彼此紧密纠缠在一起,要试图将两者分离会显得粗俗不堪——尤其是在试图解释与环境发生交互作用的先天动机和学习机制时。尽管很多评论家(包括不少科学家在内)吹嘘全盘互动论是一种理解先天与后天争论的成熟而细致的方式,但我主张它更像是一种推脱伎俩:一种因为道德、情绪和政治包袱而避开基本科学问题的手段。

理查德·马卡斯特(Richard Mulcaster)在1581年曾说,"人的种种禀赋……由先天恩赐,再经过后天培育,方能日臻完善",他向世人介绍的这对悦耳的名词(先天与后天),作为一种对立观点一直被人争论至今。人们对于遗传与环境两者孰轻孰重的信念,影响了他们对很多主题的看法。青少年参与暴力行为是不是由于父母在童年时对待他们的方式所引发?人们是不是天生就好斗且自私,从而需要市场经济和强力管制的约束?他们难道不能变得平和且合作,不需要国家来约束他们,这样不就能诞生一种自发的社会主义吗?有没有一种普遍的美学标准,可以使得人们对伟大艺术的定义超越时空限制,或者,是否人们的品位由其时代和文化所决定?如此多的领域中存在如此多的问题,难怪对先天与后天的争论在全世界思想界留下了如此多的恩怨。

在20世纪大部分时间,关于这一争论所盛行的普遍观点是完全否认人类天性的存在——何塞·奥特加·伊·加塞特(José Ortega y Gasset)就断言"人无天性;人只有历史"。这种认为"心智是一块白板"的教条不仅是心理学中行为主义和社会科学中社会建构主义的基石,而且还广泛地延伸到了知识界的主流思想中[1]。

这一白板论所具有的非凡吸引力,部分源于下列这一原因:以前人们认为不同阶级和民族的人之间的差异反映了禀赋和气质的先天差异,但这种差异却可能会因为移民、社会流动和文化变迁而不复存在。另一个原因则来自政治和道德方面。如果心智完全不是先天的,那么种族、性别和阶级的差异也不可能是先天的,这使得白板论成为了反种族主义、性别歧视主义和阶级偏见的终极保障。此外,该学说排除了卑劣性状如贪婪、偏见和好斗源于人类天性的可能性,因此它保住了社会无限进步的希望。

尽管从人类开始思考自身处境起,对人性的争论就没有停止过,但近来心智、大脑、基因和进化科学的繁荣不可避免地升华了这一争论。其中一项成果使得这种白板论教条变得完全站不住脚[2]。当然,没人否认学习和文化在人类生活的各个方面都极为重要,但认知科学已证明,人类必然先具备复杂的先天机制,才能学习知识和文化。进化心理学搜集了数百种遍及世界各种文化的人类共性,并证明很多心理学性状(例如对高脂肪食物、社会地位和危险性行为的偏好)更适应祖先环境的进化需求,而不是当前环境的真实需求。发展心理学证明,婴儿很早就理解了物体、目的、数字、面部、工具和语言。行为遗传学证明,气质在生命早期就已出现,并在整个生命周期都保持稳定;同一种文化内的不同个体之间的差异源于基因的差异;在某些情况下,特定的基因与认知、语言和性格密切相关。神经科学证明,基因组包含丰富的生长因子、轴突导向分子和细胞黏附分子,可以在发育时帮助构建大脑;它还含有可促成学习的可塑性机制。

这些发现不仅表明大脑的先天性组织不容忽视,还有助于我们重塑对于先天与后天这对概念的认识。

当然,先天与后天不是二选一的关系。学习本身必须依靠先天性的神经回路完成,所谓的先天性回路不是一组僵硬的行为指令,而是一组向其输入感官收集的信息就能产生新的思维和行动的程序。语言可以作为一个范例:尽管具体的一门语言,如日语和约鲁巴语,不是先天即会,但习得语言的能力却是人类独有的天赋。一旦习得,语言就不再是一张固定的句子列表,而是一种可以使人类表达无限数量的新思想的组合性算法。

此外,因为心智是一个由许多相互作用的部分构成的复杂系统,所以泛泛评价人类是自私或慷慨、是卑劣或高贵毫无意义。相反,人类受由不同环境所诱发的相互对抗的动机驱使。基因对行为的影响,不是通过直接拽动肌肉,而是通过对成长中的大脑回路产生错综复杂的影响来达成。

最后,人类先天共性的问题有别于种族、性别和个体先天差异的问题。进化生物学让我们有理由相信,各个物种间存在系统性的共性,性别之间存在限制性的方式产生差异,个体间存在随机的数量变异,但种族和民族间几乎没有什么差异[3]。

这种对人性的重构还为解决人们对人性产生的政治和道德恐惧提供了一种理

性方式。例如，政治平等并不取决于人类先天不可区分的信条，而是强调在某个领域（如教育或刑事司法系统）中，人应被视为平等的个体。社会进步不要求人的心智不能有卑劣的动机，只要还具有其他可以与之制衡的动机（例如同情心和以史为鉴的认知能力）就可以了。

到如今，大多数科学家既不认同19世纪的“生物性即命运”的教条，也不认同20世纪“心智是块白板”的教条。与此同时，对于想说明心智确实具有先天性结构的种种企图（甚至是为了更好地理解学习），很多人表示了不安。相反，人们普遍地希望整个争论直接以某种方式消失不见。对于先天与后天之争，当今科学家的普遍观点可总结如下：

> 今天没人相信心智是一块白板；反驳这一信念就像是推翻一个稻草人一样简单。所有的行为都是遗传与环境在发育过程中相互作用的产物，所以人们对于所有先天—后天问题的回答，都“只回答了各自的一部分”。人们只要认识到了这一自明之理，就可能避免政治的纷争。此外，现代生物学的发现也模糊了先天与后天的区别。既然一组给定的基因在不同环境下会产生不同的效应，那么，可能总是存在某种使得这些基因本具有的效应发生逆转甚至抵消的环境；因此，基因对于行为没有显著的制约作用。实际上，基因表达应对的是环境信号，所以试图区分基因与环境是毫无意义的；这样做只会阻碍有效的研究。

这一立场的常见关键词有“互动论者”“发育主义者”“辩证法者”“建构论者”和“表观遗传论者”，还常常配有图解，图上标有“基因”“行为”“出生前环境”“生物化学环境”“家庭环境”“学校环境”“文化环境”和“社会经济学环境”这样的标签，并用箭头标志出这些标签之间的相互关系。

我将此教条称之为全盘互动论，无疑，它具有很大的吸引力。它基于一些无可挑剔的论据，例如先天与后天并不互斥，基因无法直接产生行为，以及因果关系是双向的（比如，学校可以让你更聪明，而聪明人对学校教育最感兴趣）。它披上了中庸、概念成熟和生物学上与时俱进的外衣。正如约翰·图比和莱达·科斯米德斯所言，它保证能“安全蹚过现代学术界的政治雷区”[5]。

不过，我们也应当对这些让全盘互动论如此吸引人的论据心生警惕。无论互动有多复杂，都只能通过识别各部分及其相互作用的方式来进行理解。全盘互动论却摒弃任何分离遗传和环境的尝试，视之为低级做法，从而阻碍了这种理解过程。正如丹·邓内特对这种立场的讥讽：“无疑‘每个人都知道’先天—后天之争很久前就被解决了，哪一边都没赢，因为万物都是两者的混合，它非常地复杂，所以让我们去思考别的东西吧，是不是？”

在下面的内容中,我将逐条分析全盘互动论的信条,并证明它们的合理性并没有乍看上去那么明显。

"没人相信后天论的极端形式:心智是一块白板。"无论科学家是否认同这句话,学术界的其他领域远远没有形成共识。著名的人类学家阿什利·蒙塔古(Ashley Montagu)曾总结过20世纪社会科学界的一种共识,他在1973年写道:"除了婴儿在突然被撤去支撑以及突然暴露在巨大噪声下的本能反应之外,人类完全就没有直觉……人之所以为人,是因为他没有直觉,因为他的一切现有属性都是他从文化中、从环境的人造部分、从其他人类那里所学到的。"[6]后现代主义和社会建构主义统治了很多人文学科,这两种学说断言人类的情绪、概念范畴和行为模式(比如区分男人和女人、同性恋与异性恋的行为)都是社会性的建构。甚至很多非后现代主义者的人文学者都坚称生物学无法帮助我们了解人类的心智和行为。例如,批评家路易·梅南(Louis Menand)最近写道:"生命每一方面的生物学基础都只体现在同一种意义上,那就是除非其在生物学上可能,否则不会存在。在这之后,它就待定了(up for grabs)。"[7]

也不是说著名科学家中就没人相信白板论。理查德·卢温廷、莱昂·卡明(Leon Kamin)和斯蒂芬·罗斯(Steve Rose)在一本名为《天生非此》(*Not in Our Genes*)的书中声称,"关于人性,唯一合理的说法是:构建其自身历史才是它的天性(it is "in" that nature to construct its own history)"[8]。斯蒂芬·杰森·古尔德写道,"大脑能完成各种行为,但不预先倾向于其中任一种"[9]。安妮·福斯托-斯特林(Anne Fausto-Sterling)表达过一种关于性别差异起源的普遍观点:"关键的生物学事实是,男孩和女孩具有不同的生殖器,正是这种生物学差异使得成人与不同性别的婴儿进行不同的互动,我们可以方便地给不同性别的婴儿标记红色或蓝色,从而无须打开尿布就能判断性别。"[10]

这些观点波及了科学研究和政策制定。例如,大部分的科学育儿共识都基于父母行为与儿童行为之间的相关性研究。喜欢打孩子屁股的父母养育的孩子更加暴力;权威式的父母(既不放纵也不苛刻)养育的孩子行为端正;和孩子常沟通的父母养育的孩子具有更好的语言技能。实际上每个人都断定是父母的行为造成了孩子的行为后果。父母与子女的这种关联源于共同基因的可能性,却通常甚至连提都不会被提到,更别说验证了[11]。

其他例子也俯拾皆是。很多科研部门认可这一口号——"暴力是一种习得性行为",甚至持生物学立场的科学家也往往将暴力视为像营养不良和传染病一样的公共卫生问题。但人们不会提及这种可能性:人类的进化过程就如同其他灵长类动物一样,选择了策略性地使用暴力[12]。职业的性别差异,比如机械工程师中的女性比例小于50%,被完全归因于偏见和隐形障碍。而下列这种可能性则同样难以言说:平均而言,女性相对于男性,对不涉及人的工作更不感兴趣[13]。我们并不是在强调我们知道进化或者遗传学可以解释这些现象,我们想说的是,这种可能性常常被视为不可提及的禁忌,而不是一种可检验的假说。

"对于每一个与先天与后天有关的问题,正确的回答是'两者各占一部分'。"这并非事实。为什么英格兰人说英语,而日本人说日语?"合理的折中看法"是,英格兰人身上的基因适合学习英语,而日本人身上的基因适合学习日语,但两国人都必须暴露在一种语言的环境下才能习得它。当然,这种折中看法并不合理,它是错误的,因为我们看到,暴露在某种给定语言环境下的儿童,不管其祖先是什么种族,都可以同样快速地学会这种语言。尽管人们可能具有学习语言的先天机制,但他们不具有学习某种特定语言的先天机制(即使一部分也不具有);不同国家的人们讲的语言不同百分之百可归因于环境。

有时候,事情会走向另一个极端。精神病学家常常将精神疾病归咎于母亲。自闭症被归咎于没有对子女付出情感的"冰箱母亲",精神分裂症被归咎于使子女处于双重束缚(double binds)境地的母亲。今天我们知道自闭症和精神分裂症具有高度的遗传性,尽管它们并不完全由基因决定,但其他可信的病因(如毒素、病原体和发育事故)也与父母如何对待子女没有关系。就算子女患上了这些疾病,先天—后天论的折中看法所暗示的部分指责也不应由母亲们承担。她们完全不应该受到这部分指责。

"如果人们认识到,行为的每个方面都牵涉到先天与后天的共同作用,那么所有政治争端都会烟消云散。"当然,很多心理学家力求一种安全的中间立场。比如下列这段话:

> 如果读者现在相信遗传或环境解释胜出并排除掉了对方,那就是我们在阐述一方或另一方时做得不够好。很可能基因和环境都与该问题有关系。

这似乎是一种合理的互动论折中观点,不会挑起争议。但实际上这段话摘自20世纪90年代最具争议的书之一,理查德·赫恩斯坦(Richard Herrnstein)和查尔斯·默里(Charles Murray)的《钟形曲线》(*The Bell Curve*)。在这段话中,赫恩斯坦和默里总结了自己的观点:美国黑人和美国白人平均智商的差异同时具有遗传和环境原因。"各占一部分"的立场非但未能保护他们豁免种族歧视的指责,还使他们被人拿来与纳粹相提并论。当然,这也并不能说明他们的立场是正确的:就如同人们所说的语言一样,黑人—白人平均智商的差距可能也百分之百要归因于环境。关键的问题是，在心理学的这一领域以及其他诸多领域中，遗传的解释作用可能仍然会引发很大争议。

“基因的效应主要取决于环境，所以遗传对于行为没有制约作用。”人们经常用两个例子来说明这一点：不同品种的玉米在相同的灌溉条件下可能会长成不同的高度，但如果在栽种时缺水，更高的品种会长得更矮；患有可致智力低下的遗传病苯丙酮尿症（PKU）的儿童，如果得到了低苯丙氨酸饮食，可以发育正常。

对于这种观点，有一个方面值得强调一下。基因并不能像自动钢琴上的打孔纸带一样决定人的行为。环境干预——从教育和精神治疗到观点和政治体制的历史变化——可以显著影响人类事务。还值得强调的是，基因和环境可以发生统计学意义上的相互作用，也就是说，某一方的效应可以被另一方的效应所影响、倍增或逆转，而不只是简单地相加。最近有两个研究分别发现了与暴力和抑郁相关的单基因，但也发现其效应只会在个体具有特定的压力经验史时才会显现[14]。

与此同时，以环境依赖性否认理解基因效应的重要性是错误的做法。首先，认为任何基因在某种环境下具有任何效应的观点完全错误，这种观点的言下之意是，我们总是可以设计一个环境，以产生任何我们看重的结果。尽管某些遗传效应在特定环境中可以被抵消，但并非所有效应都可以：同时检测遗传和环境相似性的研究（例如领养研究，比较领养父母与生物学父母的相关性）在一系列的环境变量中发现了个性、智力和行为大量的主效应。甚至是在典型的环境干预PKU儿童研究中也是如此。尽管低苯丙氨酸饮食确实能预防严重的智力发育迟缓，但并不能如普遍声称的那样让儿童“完全恢复正常”。PKU儿童的平均智商为八九十，并且不能胜任与大脑皮层前额区域有关的任务[15]。

此外，就算某些环境可以逆转基因的预期效应，这种情况也几乎毫无意义。某些极端环境可以干扰某个性状，并不意味着处于正常范围的环境会改变该性状，也并不意味着该环境可以解释该性状的本质。尽管未灌溉的玉米品种可能枯萎，但它们在得到大量灌溉用水时不会长成任意高度。它们对水的依赖性也无法解释它们为什么会结出玉米穗，而不是西红柿或松果。中国妇女的缠足现象是环境操控可以严重影响足部形状的一个例子，但如果以此否认人类足部解剖结构是由基因决定，或将其同时归因于遗传和环境未免有些误导。小猫的眼睑在发育关键期被缝住会使其视觉系统异常，并不能表明（如20世纪90年代流行观点）给婴儿播放莫扎特或在其摇篮上悬挂彩色床铃就能提高他们的智力[16]。

简言之，环境干预措施的存在并不会削弱基因的效应。相反，基因指定了何种环境操控会产生何种效应，以及需要付出何种代价。这在每一个层次都是正确的，从基因本身的表达(之后我将进行讨论)到大规模的社会变革实验[17]。

很多真正的社会进步,成功之处往往在于利用了人性的特定方面。彼得·辛格(Peter Singer)观察到,所有社会的正常人都能表现出同情心:一种尊重别人的利益被视为可与自身利益相比的能力[18]。遗憾的是,同情心延伸的道德圈大小是一个自由参数。默认情况下,人们只会同情自己家庭、家族或村庄的成员,不将道德圈之外的任何人视为与之相同的人类。但在特定情境下,该圈可以扩大到其他家族、部落、种族甚至物种。那么,一种理解道德进步的重要方法就是详列促使人们扩大或缩小其道德圈的触发因素。有人认为,道德圈可以扩大到容纳以互惠贸易和相互依存网络连接的人[19],也可以缩小到对处于逆境的人无动于衷的地步[20]。在任一种情况下,对人性隐藏面的理解都可以揭示人类社会变革的可能杠杆。

“基因被其环境所影响,而学习需要基因的表达,所以先天—后天的区别无意义。”当然,基因本质上就不是一直处于打开的状态,而是被各种信号所表达和调控。这些信号反过来可以被多种输入信息所触发,包括温度、激素、分子环境和神经活动[21]。在这些对环境敏感的基因表达效应中,有一些效应使得学习成为可能。技能和记忆的存储形式是突触的物理学改变,而发生这些改变所需的是可以响应神经活动模式的基因表达。

但是,这些因果的链条并没有模糊先天—后天之间的区别。它们只是迫使我们重新思考将“先天”等同于基因和将“后天”等同于基因之外一切这一肇因。生物学家指出,词语“基因”在20世纪累积了多种意义[22]。这些意义包括:遗传单位、对某个部分的说明、病因、蛋白合成的模板、发育的触发因素和自然选择的目标。

那么,将前科学概念“人性”等同于“基因”就是一种误导,因为这样就暗示环境依赖性的基因活动证明了人性可以被经验无限地修改。人性与作为遗传、发育和进化单位意义的基因有关,特别是那些能对大脑的重塑和化学活动产生系统性和长期效应的单位。这与分子生物学中最常见的术语“基因”不同,在分子生物学中,基因指的是编码蛋白质的DNA片段。人性的某些方面可能不是由蛋白质模板而是由信息载体指定,包括细胞质、可以影响基因表达的基因组非编码区域、序列以外的基因性质(比如基因如何被印记)以及母体环境中通过自然选择塑造的基因组稳定的跨代遗传方面。相反的是,很多基因在控制日常代谢功能(如伤口愈合、消化和记忆形成)所需蛋白质的合成时,无须体现传统定义上的人性概念。

“环境”的各种定义也必须被改进。在大多数先天—后天之争中,“环境”实际上指的是组成了个体知觉输入、他人对此有一定控制能力的那部分世界。例如,它包括了父母对孩子的奖励和惩罚、早期丰富环境、行为榜样、教育、法律、同伴影响、文化和社会态度。混淆心理学意义上的“环境”与染色体或细胞的化学“环境”具有误导性，尤其是化学环境本身包含了其他基因的产物，从而更接近于传统的遗传定义。还有一些其他意义上的“环境”，比如营养和环境毒素。关键不在于某种意义最重要，而是人们应该寻求去区分环境的每种意义，并精确地描述它们的效应。

基因的环境依赖性并没有损害人性的概念，还有最后一个理由，那就是环境对生物体的影响是多方面的。知觉环境的某些方面具有技术上的指导意义，它们产生的效应可以通过输入所包含的信息进行预测。假设某个儿童首先具备了学习词语的能力，那么就可以从她所听到的词语预测她的词汇内容。假设一个成人具备理解应变的能力，那么他将会停车的位置就取决于“禁止停车”的标志贴在了哪里。但是环境的其他方面，即，那些直接影响基因而不是通过感官影响大脑的方面，能触发遗传指定的若-则(if-then)应变，该应变本身并不会保留该触发因素中的信息。这种应变遍布生物学发育过程，在此过程中，很多基因产生转录因子和其他分子，引发了表达其他基因的级联反应。一个典型例子就是Pax6基因，它产生的蛋白能触发其他2500个基因的表达，导致眼睛的形成。当生物体与其社会环境相互作用时，还可以发生高度特异性的基因应答，比如雄性丽鱼的社会地位改变可以触发超过50个基因的表达，这些基因的表达反过来可以改变其大小、侵略性和应激反应[23]。这些证据提醒我们，先天的组织结构不缺乏对环境的敏感性，对环境的反应通常不由该刺激所指定，而由该生物体的本质所指定。

“先天与后天的框架问题阻碍了我们去理解人类的发展，做出新发现。”与之相反，如果没有大家一致的努力，去区分人类发育过程中的先天与后天因素，人类就不可能在20世纪的心理学中做出一些最具轰动性的发现。

几十年以来，心理学家一直在寻找认知能力(以智商测试、学校和工作表现以及大脑活动指标进行衡量)和人格(以量表、评分、精神鉴定和行为记录—如离婚和犯罪—进行衡量)存在个体差异的原因。传统观念认为这些性状受到了父母育儿行为和行为榜样的强烈影响。但是回想一下，这种观念基于的是一些缺陷研究，它们只注意了父母与子女的关系，却忘记了对遗传相关性进行控制。

行为遗传学家利用孪生子和领养研究弥补了这些缺陷，他们发现实际上所有的行为性状都是部分(不过绝不是全部)可遗传的[24]。也就是说，某种文化内个体间的某些差异必然可归因于其基因的差异。这一结论来自一些研究，这些研究反复发现，被分开抚养的双胞胎(基因相同但家庭环境不同)高度相似；正常的同卵双胞胎(环境与基因全部相同)比异卵双胞胎(环境相同，但可变基因只有一半相同)更相似;有血缘关系的兄弟姐妹(环境相同,一半可变基因相同)比领养的兄弟姐妹(环境相同,但可变基因完全不同)更相似。这些研究在几个国家的大样本中得到了重复确认,并排除了最常见的替代解释(如同卵双胞胎被选择性安置到了相似的领养家庭)。当然,明显由家庭或文化所决定的具体行为性状——所说的语言、信仰的宗教、支持的政治党派——完全不可遗传。但反映了底层禀赋和气质的性状——对语言的熟练程度、对宗教的虔诚度、自由或保守的倾向——却是部分可遗传的。所以在使人与人之间不同方面,基因发挥了作用,而环境也发挥了同样重要的作用。

至此,得出人们同时被基因和家庭培育所塑造的结论似乎很有吸引力:他们的父母如何对待他们,他们在何种家庭环境中长大。但该结论并无根据。行为遗传学让人们得以区分环境对人产生影响的两种截然不同的方式。共同环境指的是影响某个人和与其相似的兄弟姐妹的因素:父母、家庭生活和邻居。特殊环境是其余一切:一切在某个人身上所发生但未必发生在其兄弟姐妹身上的事情。

令人惊讶的是,大部分对智力、人格和行为的研究都没发现或很少发现共同环境的效应——常常出乎研究者自己的意料,他们之前认为非遗传性变异显然来自家庭[25]。首先,成年的兄弟姐妹无论是否一起长大都具有相同的相关性。其次,领养的兄弟姐妹在成年后接受测试时,一般并不比同一文化中随机选择的两个人更相似。再次,同卵双胞胎的相似性并不超过其共同基因的预期效应。撇开极端的忽视或虐待个例不谈,在某种给定文化中成长于同一家庭的兄弟姐妹,无论他们共享了什么经历,都很少或不会影响他们成为什么样的人。当然,父母可以传授阅读和弹奏乐器等特殊技能,父母显然也可以影响子女的幸福和家庭生活的质量。但他们似乎不能决定子女的长期智力、品味和人格。

共同的家庭环境对人格和智力的长期影响很少或没有影响,这一发现冲击了“上梁不正下梁歪”(as the twig is bent, so grows the tree)的传统观念。过去,有些心理疗法在家庭环境中寻找成人精神障碍的根源,有些理论将青少年酗酒、吸烟和犯罪行为归咎于其幼年时经历,育儿专家认为父母的微观管理是培养顺应良好儿童的关键。现在,这些观点都将受到质疑。这些发现如此反直觉,导致人们可能会怀疑得出这些发现的行为遗传学研究,但是其他的佐证也证实了这些发现。移民的子女最后学会的是同伴而非父母的语言、口音和习俗。当控制其他变量时,子女养育方法的巨大差异——日托父母对比全职在家父母、单人照顾对比多人照顾、同性父母对比异性父母——也产生不了长期的效应。出生顺序和独生子女状态对家庭之外的行为也没有什么影响[27]。一个检验儿童是否可能被父母对待方式的独特方面所塑造(对比父母用相似的方法对待自己的子女)的扩展研究发现,家庭内部的育儿差异是子女本身差异的结果,但不是原因[28]。

家庭影响局限性的发现不仅揭示了真相,还开启了一些重要的新问题。大部分人格、智力和行为的差异既不源于基因也不源于家庭环境,这就提出了一个问题:它从何而来?朱迪思·里奇·哈里斯(Judith Rich Harris)认为,所谓的社会化现象——习得在给定文化中生存所需的技能和价值——发生在同伴群体而不是家庭中[27]。尽管儿童预先不具备文化技能,但他们并没有被环境无差别地塑造。人性的某个方面引导儿童弄清楚了在其同伴群体——在此社会环境中,他们最终将争取地位和伴侣——中什么最有价值,而不是屈服于父母塑造他们的尝试[28]。

承认人性的这一特征又会引出另一个问题:相关的环境(本例中是同伴文化)是如何产生并延续的。同伴文化是从成人文化沿革而来的吗?它是否源于地位高的个体或群体,然后扩散到同伴网络?它是否以不同形式偶然地出现,当某些形式到达流行的引爆点时巩固自身?

重新理解儿童自身如何实现社会化还具有现实意义。理解青少年酗酒和吸烟如何成为同伴群体的地位符号,可以更好地解决这些问题,而不是督促父母多与其青少年子女谈话(当前由啤酒和烟草公司发布的广告如此宣传)。学业成功的主要决定因素也许是班级是否分裂成具有不同地位标准的同伴群体,特别是学业成功是被当作值得赞赏还是出卖自我的标志[29]。

人格——一个人的情绪和行为特质——的发展带来了一系列谜团,这些谜团与社会化过程出现的谜团不同。在同一个家庭长大的同卵双胞胎具有相同的基因、父母、兄弟姐妹、同伴群体和文化。尽管他们高度相似,但远远不是不可区分:在大部分指标中,其性状的相关性接近0.5。同伴影响无法解释这种差异,因为同卵双胞胎很大程度上共享同伴群体。相反,他们的人格中无法解释的差异集中体现了纯运气在发育过程中的作用:出生前血供和暴露于毒素、病原体、激素和抗体的差异;发育大脑的轴突生长或黏附的随机差异;经历中的随机事件;大脑对相同事件经历的随机反应所产生的随机差异。人们对行为的流行解释和科学解释都习惯于援引基因、父母和社会的作用,却很少承认不可预测的因素必定在个体的发育过程中发挥了巨大的作用。

如果可以用发育中的运气解释同卵双胞胎何以不完全相似,那么,它还凸显了总体发育过程中一种有趣的性质。人们可以想象在一次发育过程中,数百万的小随机事件彼此抵消,导致最终的生物体没有产生差异。人们可以想象在另一次发育过程中,某个随机事件使发育终止。这两种情况都没有发生在同卵双胞胎身上。在心理学测试和日常生活中都可以察觉双胞胎的差异,然而他们(通常)都是健康的人类。生物体的发育必定使用了复杂的反馈回路,而不是使用预先设定的模板。

随机事件可以改变生长的轨迹,但这些轨迹被限制在该物种功能性设计的范围之内。

这些深刻的问题与先天与后天之争无关。它们涉及的是后天与后天之争:人格和智力的非遗传性原因到底是什么。但如果研究者没能首先采取措施分离出先天的影响,证明父母与子女的相关性不能顺遂地归因于育儿方式,而应归因于共同基因,则这些谜团无法真相大白。这是引导他们从实证上衡量育儿方式的可能结果的第一步,而不是简单地假设父母必须为全知全能。原来,这种万物影响万物的图示不是成熟的方式,而是一种教条。那些从"父母""兄弟姐妹"和"家庭"放射出来的箭头是可检验的假设,不是显而易见的真理,而对其的检验可能会让我们大吃一惊,不仅是不应在那里的箭头,还有我们可能会忘记的标签和箭头。

人类的大脑被称为已知宇宙中最复杂的事物。毫无疑问,认为先天与后天对立的二分法假设,或者将基因或环境与行为联系却无视其间介入的大脑的假说,都显得过于简单化或错误。但这种复杂性并不意味着我们应刻意模糊这些问题,说它太过复杂,无法思考,或者某些假设应被先验性地视为不言而喻的真相、不言而喻的错误,或者太过危险而不谈为妙。就如同通货膨胀、癌症和全球变暖一样,我们别无选择,只能尝试理顺其间存在的多重原因[30]。

参考文献

1.Carl N. Degler, In Search of *Human Nature*: *The Decline and Revival of Darwinism in American Social Thought* (New York: Oxford University Press, 1991); Steven Pinker, *The Blank Slate*: *The Modem Denial of Human Nature* (New York: Viking, 2002); Robin Fox, *The Search for Society*: *Quest for a Biosocial Science and Morality* (New Brunswick, N. J.: Rutgers University Press, 1989); Eric M. Gander, *On Our Minds*: *How Evolutionary Psychology Is Reshaping the Nature-Versus-Nurture Debate* (Baltimore: Johns Hopkins University Press, 2003); John Tooby and Leda Cosmides, "*The Psychological Foundations of Culture*," in The Adapted Mind: Evolutionary Psychology and the Generation of Culture, ed. Jerome H. Barkow, Leda Cosmides, and John Tooby (New York: Oxford University Press, 1992).

2. Pinker, *The Blank Slate*; Gary F. Marcus, *The Birth of the Mind*: *How a 'Tiny Number of Genes Creates the Complexities of Human Thought* (New York: Basic Books, 2004); Matt Ridley, *Nature Via Nurture*: *Genes*, *Experience*, *and What Makes Us Human* (London: Fourth Estate, 2003); Robert Plomin, Michael J. Owen, and Peter McGuffin, "*The Genetic Basis of Complex Human Behaviors*," Science 264 (1994): 1733-1739.

3. John Tooby and Leda Cosmides, "*On the Universality of Human Nature and the Uniqueness of the Individual*: *The Role of Genetics and Adaptation*," Journal of Personality 58 (1990): 17-67.

4. Pinker, *The Blank Slates*.

5. Tooby and Cosmides, "*The Psychological Foundations of Culture*."

6. Ashley Montagu, ed, *Man and Aggression 2nd ed.* (New York: Oxford University Press, 1973).

7. Louis Menand, "*What Comes Naturally*," The New Yorker 25 November 2002.

8. R. C. Lewontin, Steven Rose, and Leon J. Kamin, *Not in Our Genes: Biology Ideology, and Human Nature* (New York: Pantheon Books, 1984).

9. Stephen Jay Gould, "*Biological Potential vs Biological Determinism,*" *in Ever Since Darwin: Reflections in Natural History*, ed. Stephen Jay Gould (New York: Norton, 1977).

10. Anne Fausto-Sterling, *Myths of Gender: Biological Theories about Women and Men* (New York: Basic Books, 198s).

11. David C Rowe, *The Limits of Family Influence: Genes, Experience, and Behavior* (New York: Guilford Press, 1994); Judith Rich Harris, *The Nurture Assumption: Why Children Turn Out the Way They Do* (New York: Free Press, 1998).

12. Martin Daly and Margo Wilson, *Homicide* (New York: A.de Gruyter, 1988).

13. David Lubinski and Camilla Benbow, "*Gender Differences in Abilities and Preferences Among the Gifted: Implications for the Math-Science Pipeline,*" Current Directions in Psychological Science 1 (1992): 61-66.

14. Avshalom Caspi, Karen Sugden, Terrie E. Moffitt, Alan Taylor, and Ian W. Craig, "*Influence of Life Stress on Depression: Moderation by a Polymorphism in the 5-HTT Gene,*" Science (2003): 386-389; Avshalom Caspi, Joseph McClay, Terrie E. Moffitt, Jonathan Mill, Judy Martin, and Ian W. Craig, "*Evidence that the Cycle of Violence in Maltreated Children Depends on Genotype,*" Science 297 (2002): 727-742.

15. Adele Diamond, "*A Model System for Studying the Role of Dopamine in the Prefrontal Cortex during Early Development in Humans: Early and Continuously Treated Phenylketonuria,*" in Handbook of Developmental Cognitive Neuroscience, ed. Charles A. Nelson and Monica Luciana (Cambridge, Mass.: MIT Press, 2001).

16. John T. Bruer, *The Myth of the First Three Years: A New Understanding of Early Brain Development and Lifelong Learning* (New York: Free Press, 1999).

17. Jonathan Glover, Humanity: *A Moral History of the Twentieth Century* (London: J. Cape, 1999); Peter Singer, *A Darwinian Left: Politics, Evolution, and Cooperation* (London: Weidenfeld & Nicolson, 1999).

18. Peter Singer, *The Expanding Circle: Ethics and Sociobiology* (New York: Farrar, Straus &Giroux, 1981).

19. Robert Wright, Non Zero: *The Logic of Human Destiny* (New York: Pantheon Books, 2000).20. Glover, Humanity; Philip G. Zimbardo, Christina Maslach, and Craig Haney, in *Obedience to Authority: Currant Perspectives on the Milgram Paradigm*, ed. Thomas Blass (Mahwah, N. J.: Lawrence Erlbaum Associates, 2000).

21. Marcus, *The Birth of the Mind*; Ridley, *Nature Via Nurture.*

22.Ridley, *Nature Via Nurture*; Richard Dawkins, *The Extended Phenotype: The Gene as the Unit of Selection* (San Francisco: W. H. Freeman & Company, 1982); Seymour Benzer, "*The Elementary*

Units of Heredity," in A Symposium on the Chemical Basis of Heredity, ed. William D. McElroy and Bentley Glass (Baltimore: Johns Hopkins Press, 1957).

23. Russell Fernald, "*How Does Behavior Change the Brain? Multiple Methods to Answer Old Questions*," Integrative Comparative Biology 43(2003):771–779.

24. Plomin, Owen, and McGuffin, "*The Genetic Basis of Complex Human Behaviors*"; Eric Turkheimer, "*Three Laws of Behavior Genetics and What They Mean*," "Current Directions in Psychological Science 9(5)(2000): 160–164; Thomas J. Bouchard, Jr, "Genetic and Environmental Influences on Intelligence and Special Mental Abilities," Human Biology 70(1998): 2S7–259.

25. Rowe, *The Limits of Family Influence*; Harris, *The Nurture Assumption*; Turkheimer, "*Three Laws of Behavior Genetics*"; Robert Plomin and Denise Daniels, "*Why Are Children in the Same Family So Different from One Another?*" Behavioral and Brain Sciences 10(1987):1–60.

26. Harris, *The Nurture Assumption.*

27. Ibid.; Judith Rich Harris, "*Context-SpecificLearning, Personality, and Birth Order*," Current Directions in Psychological Science 9 (2oo0): 174–177; Jeremy Freese, Brian Powell, and Lala Carr Steelman, "*Rebel Without a Cause or Effect: Birth Order and Social Attitudes*," American Sociological Review 64 (1999): 207–231.

28. David Reiss, Jenae M. Neiderhiser, E. Mavis Hetherington, and Robert Plomin, *The Relationship Code: Deciphering Genetic and Social Influences on Adolescent Development* (Cambridge, Mass.: Harvard University Press, 2000).

29.Harris, *The Nurture Assumption.*

30. The writing of this paper was supported by NH Grant HD–18381. I thank Helena Cronin, Jonathan Haidt, Judith Rich Harris, and Matt Ridley for comments on an earlier draft.

9 语言官能：有何特殊之处？

——与雷伊·杰肯多夫合著

诺姆·乔姆斯基是对我影响至深的知识分子之一，很多评论家都以为我是他的学生或门徒。我确实上过他的两门课程，一次是在哈佛读研时，另一次是在MIT当博士后时，而且我们在MIT做了21年同事（他在语言和哲学系，我在大脑和认知科学系）。身为认知科学家，我一些最深刻的信念源于他早期的著作：语言以及更高级的认知是心智计算形式，而不是结构化、符号化的表征；心智不是一块均质体，而是被组织成各个特化系统，包括了语言和其主要组件；人类儿童为习得语言做好了先天准备。

然而我总是对乔姆斯基的语言理论及其身边对其顶礼膜拜的学术崇拜氛围敬而远之。我发现其理论的技术架构太过于复杂和深奥，更多由乔姆斯基个人对语言理论的定义，而不是真实的语言现象所驱动。我更信服由琼·布莱斯南（Joan Bresnan，乔姆斯基的学生，我的博士后导师）和雷伊·杰肯多夫（乔姆斯基的另一个学生，我在《可学习性和认知》《思维的本质》以及本论文集第6章中采用的语义理论的构建者）提出的理论。

正如我与保罗·布卢姆（本论文集第5章）所著的论文所表明，我还不赞同乔姆斯基对以自然选择解释语言进化的敌意。或许并非巧合，我与左翼无政府工运主义的乔姆斯基持有不同政见，最终可能是因为我们对人性有不同的理解。简单来说，乔姆斯基是卢梭主义者（Rousseauean），而我是霍布斯主义者（Hobbesian）；更详细的讨论可见我的著作《白板》和《人性中的善良天使》（*The Better Angels of Our Nature*）。

乔姆斯基还以践行学术版本的继续革命理想而著称。每过大约10年，他就推倒自己的理论，并在不同假说的基础上构建新的理论。随着最新的名不副实的“最简方案”（minimalist program）的推出，这一事业终于走到了下坡路，在本文中，杰肯多夫和我将对此进行讨论。我们回应了乔姆斯基和生物学家马克·豪泽（Marc Hauser）及特库姆塞·菲奇（Tecumseh Fitch）于2002年在《科学》杂志上发表的一篇文章，乔姆斯基在文中修改了他关于人类语言特殊性的理论(将之削减为递归计算过程),并重申了他对语言是通过自然选择逐渐进化而来的达尔文式适应过程这一观点的怀疑。在我们的回应中,杰肯多夫和我认为,乔姆斯基削弱了自己的说服力(部分因为他对于最简方案的执着),我们还认为,语言是一种复杂的人类适应现象,语言的进化经历了知觉、运动和中央计算系统的若干饰变。

1. 语言特殊性的问题

人类语言官能研究的最基本问题是其在自然世界中的位置:它是何种生物学系统,它与本物种及其他物种中的其他系统如何联系。这一问题包含了若干更具体的问题(Osherson及Wasow,1976)。第一个问题是,语言官能的什么方面是从环境输入中学习而来,什么方面源于大脑的先天设计(包括学习语言官能中被习得的方面的能力)。举一个明显的例子,宠物犬在英语中被称为“dog”,但在法语中被称为“chien”——这一事实是能够被学到的,但词语可以被学习这一事实却依靠了儿童可将其他人发出的声音翻译为有意义信号的禀性。

第二个问题是,个体语言能力(习得或先天)的什么部分是语言特有,什么部分属于更普遍的能力。例如,词语是语言特有的部分,但肺和声道的使用尽管是口头语言所必需的,但并不限于语言。通常不能以简单的二分法回答这一问题。例如,声道显然并不专门用于语言,但人类在进化过程中,可能以损害其他功能(如呼吸和吞咽)为代价,将声道调整为有助于语言的形式。

第三个问题是,语言能力的哪些方面是人类特有,哪些方面与其他动物种群共有——这种共有要么是同源性地通过共同祖先的遗传,要么是类似性地通过对一种共同功能的适应。这一维度涉及了其他的维度。在人类语言中发现的声音区分系统既是语言特有也是人类特有(部分因为人类声道的独特解剖学结构)。语言学习的敏感期可能是语言的特定方面所特有的,但在整个动物界中也普遍存在类似的发育现象,最著名的是鸟鸣现象。形成概念的能力是语言所必需,因为这种能力提供了用语言表达意义的系统,但它并不是语言所特有的:它还被用于对世界的推理。而且,因为其他的灵长类也会进行这种推理,所以它也不是人类特有的(不过有一些部分可能是的)。就如同前两个问题一样,对这一个问题不能进行二分式回答。要回答这个问题,通常要说明共有和独有属性的混合性,这种混合性反映了在人类的进化过程中,祖先灵长类的设计在人类世系中的保留、饰变、增强或丢失。

回答这一问题对于语言的进化具有显而易见的意义。如果语言官能具有很多语言本身特有的特征,那么就提示了它是自然选择的目标。但是如果它代表的是祖先灵长类世系已有的某种能力的较小扩展,那么它可能是一种随机突变的结果,该随机突变通过漂变或其他的非适应性进化机制被固定在了物种中(Pinker及Bloom,1990)。

豪泽、乔姆斯基和菲奇(2002)最近在《科学》杂志发表了一篇文章,提出了一种关于语言特殊性的假说,并对其进化起源进行了反思。该篇论文(后称HCF)同时引起了大众媒体(Kenneally,2003;Wade,2003)和语言科学家的极大关注。HCF区分(和我们一样)了语言中语言特有的方面[“狭义语言官能”(Narrow Language Faculty)或FLN]和整体的语言官能[“广义语言官能”(Broad Language Faculty)或FLB],后者包括其他心理能力共有的部分。HCF论文的摘要十分肯定地认为狭义语言官能“只包括了递归,并且是语言官能中仅有的人类独有部分”。(递归指的是一种回溯自身的程序,或者指一种包含同一种成分的成分。)[1]论文的正文也只是稍微缓解了该假说生硬刻板的程度。作者提出“绝大多数FLB基于与非人类动物共有的机制……相反,我们提出FLN——递归的计算机制——最近才进化出来,并为我们这一物种所特有”(1573页)。同样(1573页),“我们在该假说中提出,FLN只包含了核心递归计算机制,因为它们出现在狭义句法和对接口的映射中”(如,与言语知觉、言语生成、概念知识和目的的机制对接的接口)[2]。

换句话说,HCF认为,递归机制可以解释语言与人类的其他能力以及与动物能力的所有区别。(这些断言很大程度上是独立的:就算狭义官能是唯一的人类特有部分,狭义语言官能除递归外仍可能存在其他的部分;并且就算广义官能有若干部分是人类所特有,狭义官能也可能只包含递归。)作者继续推测,这种定义了语言特殊性的递归机制,其进化甚至可能不是为了语言本身,而是为了其他的认知能力,比如导航、计数或社交关系。HCF假说似乎极大地偏离了乔姆斯基的早期观点:语言是一种人类大脑(并且仅是人类大脑)专有的复杂能力:

> 人类语言是一种极为复杂的系统。学会一门人类的语言,对于一种不是被专门设计来完成这一任务的生物来说是一项极不寻常的智力成就。一名正常儿童只用接触较少的语言,无须专门训练,就能习得这种知识。然后他还能轻而易举地利用一种由特殊规则和指导原则组成的精致结构,向其他人表达他的思想和感觉,在他们心中激发新的思想以及微妙的知觉和判断。(乔姆斯基,1975,第4页)

同样,乔姆斯基对“语言官能”和“心理器官”概念的频繁使用[3],也强调了他相信语言异于其他的认知能力,因此也异于共有这些认知能力但缺乏语言习得能力的物种的能力。例如:

> 如果我们发现支配(语言)现象的原则也能用于其他认知系统,那将是不

> 可思议的事情，不过或许在图形和背景方面，或记忆的性质方面，可能存在某些大致类似的原则。这些例子说明……有理由认为语言官能的运行由该领域特有的特殊原则所指导……（乔姆斯基，1980，44页）

实际上，这一“语言并无多少特殊性以及语言的特殊性是其他认知过程的小修改”的观点，正是乔姆斯基的强烈批评者多年来所持有的对立立场。不出意料，很多人将《科学》杂志上发表的这篇论文视为乔姆斯基的严重倒退（如，Goldberg，2003）。

这篇HCF论文给我们提供了一次重新检验语言特殊性问题的机会。正如HCF论文所言（1572页），本论文的两位作者提出了一个与HCF截然不同的立场，即，语言官能就像其他表现出复杂适应设计的生物学系统一样（Dawkins，1986；Williams，1966），是一种通过自然选择进化的共适应性状系统（Jackendoff，1992，1994，2002；Pinker，1994b，2003；Pinker及Bloom，1990）。具体而言，在人类世系中，语言官能的进化是为了适应复杂命题交流的需求。HCF论文的递归唯一假说与本理论相悖，该假说“一个有趣的效应就是废除了设计说的论点，从而使得FLN作为一种适应现象的说法有待商榷”（1573页）。

在本文中，我们分析了HCF论文的递归唯一假说，并得出了该假说很难成立的结论。我们将证明语言存在更多的特殊性，不过我们认为其仍是进化过程的产物。我们将检验关键的证据，从与HCF论文不同的角度进行解读，并思考他们如何得出自己的观点。

尽管我们不同意这一递归唯一假说，但该论文中有很多内容我们仍表赞同。我们同意：在广义和狭义上区分语言官能；将广义语言官能分解为感觉运动、概念和语法组件；分辨共有能力与独有能力、渐变与骤变进化以及进化功能的连续性与变化——这些做法具有概念上的用途。对其他物种的语言同源物和类似物的严格实验室研究是豪泽和菲奇的标志性成果，我们同意他们的研究使我们对语言进化的理解前进了一大步。我们的异议确切地说集中在下列这一假说：递归是语言唯一的特殊方面，递归的进化是为了适应语言之外的功能，以及这废除了将语言视为适应现象的“设计说论点”。

HCF在推出观点时十分拐弯抹角，他们可能会争辩，他们不是真的支持这个递归唯一假说，而只是猜测长期来看该假说可能被证明是正确的。不过我们对谁相不相信什么并不是很感兴趣，我们只是如HCF所求，认真思考一下该假说本身。

2. 特殊性:证据略考

我们按照HCF论文的结构组织了我们的讨论,依次辨析了语言官能的概念性、感觉运动性和特定的语言学方面。

2.1 概念性结构

我们的讨论起点是语言所表达的信息:以概念性结构为形式的心理表征(或者,如HCF论文所提出的,"概念—目的性系统"的输出)。HCF论文所透彻分析的灵长类文献让我们有充分理由相信,人类概念系统的某些基础已存在于其他灵长类当中,比如处理空间、因果和社会推理的主要子系统。如果黑猩猩可以说话,它们所谈论的东西人类也能识别。

HCF论文还认为,人类概念系统的某些方面,比如"心理理论"(Theory of Mind)(直觉心理学)和直觉物理学,猴子是缺乏的,黑猩猩是否具有也存在疑问,即使有也至多是原始的版本。它们为人类所特有,不过不是语言所特有。我们补充认为,人类的言语互动中显然还另有很多认知系统,它们尽管尚未在非人灵长类动物中得到系统研究,但很难在灵长类的自然行为中找到。这些认知系统包括本质(直觉生物学和化学的主要部分)、所有权、多部分工具、父权、浪漫之爱和大多数道德及道义概念。有可能,其他灵长类动物缺乏这些能力(如心理理论),或这些能力仅以原始形式存在。这些能力可能是广义上的语言官能的人类独有方面,但也可能作为一个系统的一部分,被用来对世界进行非语言推理,而非用于语言本身。

此外,人类概念中有一些领域在没有语言的情况下可能是无法学习的(Jackendoff,1996)。例如,"星期"的概念取决于对无法被一次全部感知的时间周期的计数;我们怀疑,如果没有语言的介导,这种概念无法被发展出来或被学习。更令人惊讶的是,数字本身(超过感数范围的数字)可能也寄生在语言上——数字取决于对数字词语序列、数字短语句法的学习(Bloom,1994a;Wiese,2004)(不过Grinstead、MacSwan、Curtiss及Gelman,1997,2004,提出了相反的观点)。人类理解力的广阔领域,包括超自然和神圣领域、民间科学和形式科学的细节、人类特有的亲属体系(比如交表亲和平表亲的区别),以及社会角色(比如"治安法官"和"财务主管"),只能在语言的帮助下被习得[4]。总的情况是,黑猩猩中存在一种概念结构的底物,被某些人类独有但不一定基于语言的子系统所覆盖,其又被依赖于语言表达预先存在的子系统所覆盖。所以这里我们差不多赞同HCF论文的观点,同时我们也认识到了一种更复杂的情况。

2.2 言语知觉

HCF论文毫无保留地驳斥了利伯曼的"言语特殊性"(Speech is Special, SiS)假说。根据SiS假说,言语识别是一种异于我们遗传自灵长类的听觉分析器的知觉模式,因为它适应的是重现人类说话者语音意图的需求(Liberman, 1985, 1991; Liberman、Cooper、Shankweiler 及 Studdert-Kenendy, 1967; Liberman 及 Mattingly, 1989)。SiS引证的第一批证据之一可以追溯到20世纪50年代,当时发现了范畴性音素知觉现象(Liberman等,1967),在这种现象中,人们对清浊特征不同(如p和b)的成对音素的辨认,要比对具有相同物理差异(本例中,是嗓音起始时间)但属于同一音素范畴(全为浊音或清音)的成对刺激的辨认更准确。这一证明人类独特性的证据被20世纪70年代发现的毛丝鼠的类似辨认能力所否定(Kuhl及Miller, 1975)。HCF引用这一点作为辩驳SiS的证据,同时还引用了其他三个发现:某些动物可以基于共振峰频率区分听觉信号,绢毛猴可以学会分辨不同语言的总体韵律,猴子可以感知本物种嗓音的共振峰。

这些现象提示,言语知觉能力至少有一些方面在语言出现很久之前就已存在。当然,由此不可避免地会推导出下面这一结论:人类祖先最先具有的是灵长类的听觉系统,适应的是对听觉世界实施复杂分析的需求,而且,难以想象人类言语知觉的系统是从头进化而来。HCF论文更进一步,提出哺乳动物的听觉系统并没有为了适应人类言语知觉的需求而发生进化变化。他们认为这一零假设承受住了所有的批判。我们表示怀疑。

大部分利用非人类动物检验人类言语知觉的实验设计,通常都是在对动物进行大量的操作性条件反射训练之后(监督学习),让动物分辨成对的言语声。以此方式,某些动物可以分辨出声音,甚至其知觉界限类似于人类,就不足为奇了,因为就算与人类使用的分析器不同,适于分辨非言语声的听觉分析器也可能足以分辨出言语声(Trout, 2001, 2003b)。例如,利用起始异步性将两个重叠听觉事件与一个具有复杂音色的单个事件区分开来的哺乳动物神经回路,也许足以区分清音和浊音丛(Bregman及Pinker, 1978)。但是人类不仅能区分成对的单位音素,还能处理连续性的、含有丰富信息的言语流。如此,他们能在缺乏音素和词语界限的听觉信号时快速区分单个词语与成千上万个干扰项,同时实时地补偿由协同发音(coarticulation)和说话者的年龄、性别、口音、身份和情绪状态所导致的失真。所有这一切都是作为非监督学习的产物,由儿童完成。猴子受训后区分成对音素的能力不能作为其听觉系统可以完成人类所能完成任务的证据。目前要设计一个公平比较灵长类的能力与人类能力的实验,以全面检验这一零假设,极为困难。

此外,有很多证据令人对该零假设产生了怀疑(Anderson, 2004; Liberman,

1985,1991;Remez,1989,1994;Trout,2001,2003b)。首先,言语和声音是不同的现象:在特定条件下,一个给定的声音可以被同时感知为一个音节的一部分和一个非言语的叽喳声(Liberman 及 Mattingly,1989),换句话说,一段声音可以被听成是性质完全不同的言语和非言语声(Remez、Pardo、Piorkowski 及 Rubin,2001)。

其次,人类对言语的知觉与对听觉事件的知觉在很多方面没有关联(后者可能使用了我们与其他灵长类共有的分析器)。神经成像和大脑损伤研究提示,处理言语和非言语声音所使用的脑区有部分的不同(Hickok 及 Poeppel,2000;Poeppel,2001;Trout,2001;Vouloumanos、Kiehl、Werker 及 Liddle,2001)。一个典型的例子是纯词聋,这种疾病的患者失去了在识别其他环境声时同时分析言语的能力(Hickok 及 Poeppel,2000;Poeppel,2001)。失乐感症和听觉失认症病人可以理解言语但不能欣赏音乐或识别环境声(Peretz、Gagnon 及 Bouchard,1998;Poeppel,2001),这证明言语和非言语的知觉实际上没有关联。

再次,很多言语知觉的复杂性标志出现在婴儿期早期(Elimas 及 Miller,1992;Miller 及 Eimas,1983)。最近的研究提示,早期婴儿(包括新生儿在内)喜欢言语声更甚于具有相似频谱性质和时间性质的非言语声。这些声音还包括了在子宫内辨别不出的声音,所以这种喜好无法被子宫内学习所解释(Vouloumanos 及 Werker,2004a,b)。此外,新生儿对言语的敏感性似乎依赖于其大脑中成年后主管语言的部分:最近一项使用了光学断层成像技术的研究发现,新生儿大脑的左半球颞侧区域对正常言语声的反应比对频谱相似的逆放言语声的反应更大(Pen-a 等,2003)。

又次,灵长类动物间的比较研究发现,它们感知言语的能力与人类的能力具有显著差异。例如,猴子无法只使用共振峰迁移根据发音的位置对辅音进行分类(Sinnott 及 Wiliamson,1999)。它们分辨"/ra/"和"/la/"所用到的界限与人类的界限不同(Sinnott 及 Brown,1997)。它们在补偿音素区分的音节长度时,无法将初始辅音与元音分开(Sinnott、Brown 及 Borneman,1998)。它们在感知辅音丛内的闭塞辅音时,无法对安静间隔(silent gap)的时长与共振峰迁移进行取舍(Sinnott 及 Saporita,2000)。它们无法表现出婴儿在辨别与原型元音具有不同声学相似性的言语声时特有的非对称"磁铁效应"(Kuhl,1991)。而它们的元音间主观相似度空间(以通过多维标定分析的区分反应时进行测量)与人类非常不同(Sinnott、Brown、Malik 及 Kressley,1997)。黑猩猩也具有与人类不同的元音主观相似度空间,如猕猴就很难区分舌体位置不同的元音对(Kojima 及 Kiritani,1989)。受训分辨人类言语声的鹌鹑(Trout,2003a)[5]和虎皮鹦鹉(Dooling 及 Brown,1990)也表现出与人类不同的分辨和概括模式。最近一篇对人类、毛丝鼠、虎皮鹦鹉和鹌鹑的言语知觉研究的综述发现,在超过三分之一的研究中,人类的音素界限与动物是不同的(Sinnott,1998)。这些发现必须受限于下列这一事实:人类的言语知觉必须反映了聆听某特定语言的经验效应,而且,将人类与其他动物的这种经验相提并论是很困难的。然而,如果发现人类与接受人类言语对比训练的动物之间具有相似性可以证明灵长类听觉足以完成人类的言语知觉,那么,发现人类与接受完该训练的动物具有差异也必须被视为削弱了该结论。

2.3 言语的生成

HCF论文引用了两大论据来反驳言语的发音是人类世系对语言需求的进化适应。一个论据是,某些鸟类和灵长类能通过操控上喉声道来产生嗓音中的共振峰(随时间变化的发声能量带),这一能力之前被认为是人类所独有的。然而,众所周知,这种操作只占据了所有人类语言的说话者所实施的嘴唇、软腭、喉部以及舌尖、舌体和舌根的精细动作的极小一部分(Browman及Goldstein,1992;Hauser,1996)。非人灵长类出了名地不愿配合说话训练(Hauser,1996),如HCF论文所指出的,它们没有表现出通过模仿而学习说话的能力。HCF论文试图通过指出发音模仿不是人类独有来削弱人类与灵长类的差异。但这与发音模仿是否是人类世系为了适应语言的需求而进化无关。其他也进化出相应天赋的物种(即某些鸟类和鼠海豚)并非人类的祖先,它们必然独立于人类的进化过程而进化出了自己的天赋。

还有一些HCF未提及的证据也提示声音生成能力的进化是为了适应人类言语的需求。与现存猿类和前智人人科动物相比,现代人类的脊椎中控制言语生成所需呼吸的自主控制中枢的区域更大(MacLarnon及Hewitt,1999)[6]。与其他灵长类的大型亚皮层控制相比,人类表现出对发音和呼吸更强的皮层控制(Deacon,1997)。正如达尔文所言,人类婴儿天生就会的牙牙学语显然表明"人类有本能的说话倾向"。

为了调和递归唯一假说与"(在灵长类中)发声学习和模仿是人类所特有的能力"这一事实,HCF论文提到了一种"发音模仿能力",并将其划为包括了非语言特有能力的"广义语言官能"。但这种做法未必准确。人类总体上并不善于发音模仿,人类只是善于模仿言语声(或许还有旋律)。例如,大部分人类缺乏惟妙惟肖地模仿环境声的能力(某些鸟类具有这种能力)。甚至惟妙惟肖地模仿国外或地方口音的能力在人类成人中也很罕见,绝非常态,而且成人出了名地不善于模仿第二语言的发音。因此人类的"发音模仿能力"也许更应该被描述为一种学习如何生成言语的能力,这与认为"语法递归是语言官能中唯一的人类特有和语言特有部分"的理论相矛盾。

HCF论文第二个反驳人类言语生成进化说的论据是,人们发现在某些哺乳动物物种中也可以找到类似人类的下沉喉部(产生了巨大的可区分元音空间,却损害了其他功能),进化出这种结构可能是为了夸张感知规模(perceived size)[①]。HCF论文提出,尽管下沉的喉部“毫无疑问在现代人类的言语生成中扮演了重要角色,但其最初的进化不一定是为了适应该功能的需求”,而可能只是“前适应”(preadaptation)的一个例子(在前适应中,某个性状最初是为了适应某个与其当前所服务功能不同的功能的需求而被选择)。但这一观点就算正确,也无法说明人类的声道是否被进化性地塑造为有利于人类语言这一问题。功能的饰变在自然选择中普遍存在(例如,灵长类的手、熊爪和蝙蝠翅膀是通过自然选择从鱼鳍进化而来的适应现象),所以某个性状最初是为了适应某个功能的需求而被自然选择塑造,并不能说明其后来又为了适应另一个功能的需求而被自然选择塑造。因此,即使喉部最初是为了适应夸张感知规模的需求而下沉,也不能说明是否其目前的解剖位置后来被选择压力为了增强言语而维持、扩展或改变。

此外,支持喉部是最近才适应于言语的需求的证据比支持其最初是适应夸张感知规模的需求的证据更强。人类女性、儿童和3月龄婴儿的喉部会发生永久性的下沉(Lieberman,1984),他们全都能说话或学习说话,而且,与陷身同性竞争的成人男性相比,他们并没有什么夸张感知规模的进化动机,何况这样做还会付出其他功能的代价。比较一下一种明显适应于同性竞争中夸张感知规模的需求的相关性状,即嗓音基频的降低。不出所料,只有繁殖期的男性才具有这一性状。此外,即使具有下沉的喉部,人类的上喉声道也不比一头与人类大小相仿的灵长类动物的声道更长,因为人类的口腔在进化中已经缩短,原因是人类不像黑猩猩一样具有吻部(Lieberman,2003)。这进一步提示,声道最初不是为了适应感知规模夸张的需求而塑造。最后,下沉的喉部是人类进化过程中一整套声道饰变的一部分,这些饰变包括舌头和颌骨形状的变化,它们扩展了可区分言语声的空间,却损害了其他的机体功能,如呼吸、咀嚼和吞咽(Lieberman,1984,2003)。然而HCF论文未能讨论声道解剖学的这些方面。

2.4 音系学

具有发出言语声的潜力——也就是说,具有正确形状的声道,并能以正确方式控制——并不等同于能生成某种语言的声音。控制声道以生成言语的发声命令有其独特的组织方式。从有限音素库中抽取的言语音段,每一音素都被一系列离散的发音或声学特征值如嗓音、发音位置和起始及释放模式所确定。言语音段被拼接为模式化的节律性成分,如音节、音步和韵律短语,其上又叠加了系统性的重音

---

①使竞争对手或敌人以为自己体形很大——译者注。

与音调模式。合成这些音段后又根据其上下文以受规则支配的方式进行修饰(如"walked""jogged"和"patted"中的三种过去时态后缀读音)。不同的语言具有不同的言语音段库,不同的音节和语调模式库,限定某个声音如何影响其他声音的发音的本地和非本地制约因素也不同。这一由模式和制约因素组成的系统是音系学的主要内容。

语言的音系学结构集形成了一种"离散的无限性",HCF论文将句法中的这种性质视为语言的标志之一。就如同每一种语言都具有无限数量的利用有限语素集构建的句法结构一样,每一种语言都具有无限数量的利用有限音段库构建的音系学结构。人们总是可以将音段拼接为越来越长的、结构良好的音系学序列(无论是否有意义)。我们认为,尽管音系学结构的音段和音节具有离散的无限性和层级结构,在技术上却是不可递归的。递归包含的是一种成分在另一种同类型成分之内的嵌套,例如,关系从句中的关系从句("a book that was written by the novelist you met last night"),其能自动传递这种任意操作的能力(如,a book[that was written by the novlist [you met on the night [that we decided to buy the boat [that you liked so much]]]])。在音系学结构中不存在这种情况:例如,一个音节无法被嵌套在另一个音节内。完整的音节只能被拼接,这一操作不需要指针栈(pointer stack)或相似的装置来实现真正的递归[7]。

音系学结构是语言特有的吗?还是服务于其他更普遍的目的?动作的层级化和特征化组织是运动控制其他领域(如手部操作)的特点。但是,音系学中的成分种类、组合原则以及调整过程的本质似乎为语言所特有。而且与运动程序不同的是,音系学结构是一种被同时关键性地用于知觉和生成过程的表征层次[8]。此外,每一种语言都含有一系列部分任意的、可学习的惯例,这些惯例准许特定种类的发声捷径却禁止其他的捷径(这就是不同口音产生的原因),而不是进行实时调整以易化发音或增加清晰度。

节律组织与音乐中出现的更高级音系学结构的节律组织相似,但实现时略有一些不同。两种节律组件的同源性类似于手指和脚趾;两者的混合体出现在诗歌、歌曲和吟唱中(Jackendoff,1989;Lerdahl及Jackendoff,1983)。我们不知道人类是否还有其他能力也反映了这种形式化组织,不过这是一个有趣的开放性问题。

音系学是不是人类独有?音系学的某些组合性质似乎在某些种类的鸟鸣声中有类似物,或许在某些鲸歌中也有,但在任一灵长类中都没有;若是如此,它们就必须独立地在人类中进化出来。语言和音乐的节律性质可能也是人类独有:非正式的观察表明,人类之外的灵长类无法被轻易地训练到可跟着听觉的节拍运动,如行军、舞蹈、踏脚或拍手(Brown、Merker及Wallin,2000,12页)。这无疑是人类节律反应最基本的特征之一,也是幼童自发表现出来的特征之一。而且,受规则支配的声调组合可以出现在人类的音乐、声调语言中,也更微妙地出现在语言语调的升降中,但就我们所知,其在其他灵长类中没有类似物。所以总的来说,主要的音系学特征为语言特有(或者语言和音乐特有)、人类独有,具有离散的无限性,并且不是递归式的。因此,音系学是递归唯一假说的重要反例。

我们认为,一个不同层次的组合性音系学结构有充分的适应性理由进化成为语言官能的一部分。霍基特(Hockett,1960)早就指出,“双重结构性”(duality of patterning)——双层的受规则支配组合性结构,一层将无意义声音合并为语素,另一层将有意义语素合并为词语和短语——是人类语言普遍的设计特征(design feature)。组合性声音系统是下面这一问题的解决方案:将大量的概念(数万种)编码为数量少得多的可区分言语声(几十个)。一个固定声音清单上的声音在被合并为声音串时,数量可以倍增,以编码大量的词语,无须要求听者越来越细微地区分物理上相似的声音。最近,诺瓦克(Nowak)和其合作者通过语言进化的计算机模拟证明了这一推测(Nowak及Krakauer,1999)。

音系学调整规则还有一个易于理解的根本原因。音系学家很久之前就指出,他们的很多工作是为了使发音更圆润,或者增加可区分性。因为这两个要求常常目的相反(含糊的言语容易产生,但很难区分;做作的清晰发音与之相反),所以,描述在某个言语社群内必须做出哪些强制性调整的固定规则集,满足的可能是语言的“奇偶性”要求(Liberman及Mattingly,1989;Slobin,1977),即,该语言代码可被说话者和听者同时使用。

无论这些关于音系学适应性功能的假设是否正确,不可否认的是,音系学在所有人类语言中都被视为一个独特的组织结构。令人惊讶的是,HCF论文没有提及音系学,只提到了知觉和发音。

2.5 词语

我们现在来讨论语言非常关键的一个方面:词语。在最简单的情况下,某个词语是一段音系学结构和一段概念性结构的某个任意联系,其存储在说话者的长时记忆中(词库)。某些词语,如“hello”“ouch”“yes”和“allakazam”,不会与其他词语合并(除了在直接引语中)。但是大多数词语(以及更小的语素如词缀)可以根据形态学的原则,合并为复杂的词语,如复合词(如“armchair”)和其他的派生形式(如“squeezability”)。形态学与句法一道组成了HCF所言的经典递归领域。

正如HCF论文顺带承认的一样,词语具有几种似乎为人类独有的性质。第一种性质是,词语的数量如此之多——一个普通说话者的词库有50 000个,比受过语言训练的猿类或野生猿类的呼叫系统最乐观估计下的词汇多100倍(Wallman, 1992)。第二个性质是词语表达的概念范围和精确性,其可以表达所有从具体到抽象的概念("百合花""搁栅""电话""特价品""冰川的""抽象""从""任何")。第三,所有词语都必须被习得。如同HCF论文所指出的一样,做到这一点当然需要人类精通发音模仿。但它也需要人类具备一种基于语言和非语言的上下文构建恰当意义的惊人能力。儿童在其生命的第二年就能预计其他人发出的声音可以被用作符号;语言学习的大部分任务就是弄清楚这些声音是什么概念(或世界的事物集合,取决于你对语义的看法)的符号。

HCF论文观察到,"儿童建立词库的速率与非人灵长类的差异如此之大,以至于人们必然会想到可能存在一种独立的进化机制"。他们还观察到,"与假定参考信号(putatively referential signal)的最佳动物示例不同的是,人类语言的大部分词语都与特定的功能无关"(1576页),并且也许"脱离了当下情境",这是词语另一个"人类独有"的特征。但是,这些观点与他们主张的狭义语言官能"仅包括递归并是语言官能的唯一人类独有组件"相矛盾。为了调和这一矛盾,他们保留了狭义语言官能仅包括递归的理论,但弱化了仅有狭义语言官能为人类独有的理论;具体来说,他们将词语学习降低为广义语言官能。为了实现这一目的,他们提出词语学习不是语言所特有,引用了他们认为是布卢姆(1999)和马克森(Markson)及布卢姆(1997)提出的假说:"人类儿童可能使用'领域一般'(domain-general)机制习得和回想词语。"实际上,尽管马克森及布卢姆确实反对词语学习需要一个专用系统,但他们也没有得出词语是通过领域一般机制习得的结论。相反,他们认为,词语学习是通过儿童的"心理理论"完成的,"心理理论"是直觉心理学领域特有的机制,可能也是人类所特有的。

无论如何,得出不存在词语特有的学习或表征机制的结论也许是草率的做法。HCF论文引用的马克森和布卢姆所做的实验证明,儿童在单独暴露在一个新词语或一个新事实(如"My uncle gave it to me")后,表现出相同水平的再认记忆。但是在合理解释的范围内,词语和事实的储存使用的都是同样的存储、保留和遗忘神经机制。一个证明词语学习和事实学习共有这一性质的实验,并不能证明两者共有全部的性质。

马克森和布卢姆所言的词语学习可被简化为一种"心理理论"机制的情况,对于"名词是可感知物体的标签"这一基本学习行为来说,是最能站得住脚的。但词语不仅只是事物的名字(见Bloom,1999),它们还被标记上了句法范畴(动词、介词等等)、强制性语法编码论元(施事、主题、路径等等)以及对其补语的句法性质的选择限制(如,每一个词语是以介词、限定动词还是非限定动词开头)。每一个词语的此类信息都具有部分的特异性,所以必须被存储在词库中,这些信息决定了词语进入语法递归组件(形态学和句法)中的方式;并不能认为其等同于组成总体世界知识的概念数据库。

此外,功能性语素如冠词、助动词和词缀也是词库的一部分(因为每一功能性语素都涉及一个声音与另一信息的配对,两者都是该特定语言所特有),然而其编码的信息(格、一致关系、有限性、嗓音等等)是句法编码信息的延续部分。脱离了某种句法上下文,这些词语就不能使用,很可能也无法被习得。而且,动词与功能性语素的情况很相似,因为动词编码了相似的语法和语义信息(Gentner,1981;Pinker,1989;Talmy,1985),与句法的语言学、心理学和神经学联系的密切度也很相似(Gentner, 1981; Pinker, 1989; Shapiro、Pascual-Leone、Mottaghy、Gangitano 及 Garamazza,2001),并且,至少是部分地需要习得句法分析(Gleitman,1990;Pinker,1994a)。所以,除了习得醒目事物的名字这一过程,很难明白怎么将词语从狭义语言官能中凿走,并将其降级为一种从人们的目的中学习事实的一般机制。

即使在学习名词的情况中,也有理由怀疑儿童用不同方式对待事实和词语。这些不同的方式反映的是词语异于其他种类的事实性知识的标志。其中一个标志是,词语是双向和任意性("索绪尔式,Saussurean")的信号:儿童在听到一位说话者使用了一个词语时,可以推断社群中的其他说话者以及其本人可能也以同样的意义使用了这个词语,并预计其可以被理解(Hurford,1989)。这一假设使得婴儿能使用其听到的词语,而不是需要让婴儿的发声输出被父母的反馈所塑造或强化。迪森德鲁克(Diesendruck)和马克森(2001)(也见Au及Glusman,1990)证明,幼童心照不宣地假设说话者共享一种代码。如果一名说话者在第二名说话者的听力范围之外将一个新物体标记为"mep",而接着第二名说话者问到了"jop",则儿童会理解第二名说话者指称的是另一个物体。很可能,这是因为他们将一个名称(mep)的公共知识归属于那位说话者,即使他们从未目睹该说话者学习过这一名词。相比之下,如果一名说话者在第二名说话者的听力范围之外提到了关于一个物体的一个事实(如"My sister gave it to me"),而接着第二名说话者询问了被另一个事实描述的一个物体(如"dogs like to play with it"),那么他们不会理解成第二名说话者指称的是另一个物体。很可能,这是因为他们没有如他们对待词语时一样,将事实的公共知识归属于一个说话社群的所有成员。迪森德鲁克和马克森得出了有些出乎他们意料的结论,"有趣的是,当前的发现间接支持了这一理论:在某些方面,词语学习是特殊的"(639页)。

词语的另一个标志是,它们的意义不仅被该词语与某个概念的关系所定义,还被词语与词库中其他词语的关系所定义,从而形成了一些组织化的集合,如上义词

(superordinate)、反义词(antonym)、部分(meronym),并避免了真同义词(true synonym)(Clark,1993;Deacon,1997; Miller, 1991; Miller 及 Fellbaum, 1991)。贝朗和合作者(Behrend, Scofield及Kleinknecht, 2001;Scofield及Behrend, 2003)改良了马克曼(Markman,1989)的实验,证明两岁大的儿童更愿意将新词语分配给他们不熟悉的物体,而不是他们熟悉的物体(很可能是为了避免同义词),但对于新事实却没有这种效应。

词语的另一个特异性特征是(除了专有名词,专有名词在很多方面都更像短语而非词语;见Bloom,1994b),它们具有类属性质,指代的是物体和事件的种类,而不是具体的物体和事件(di Sciullo及Williams,1987)。韦克斯曼(Waxman)和布鲁思(Blooth,2001)以及贝朗(Behrend)等(2001)证明,儿童会将一个新学习到的名词概括到同一种类的其他物体上,但不会将一个新学习到的事实(如,“my uncle gave it to me”)概括到同一种类的其他物体上。同样,格尔曼(Gelman)和海曼(Heyman,1999)证明,儿童会假设一个被词语“carrot-eater”(吃胡萝卜者)标记的人喜欢吃胡萝卜,而假设被描述为正在吃胡萝卜的人(关于此人的一个事实)只是至少吃了一次胡萝卜。

我们对这种情况的评价是,词语作为音系学、概念性和语法结构的共享、组织化联系,是人类知识中一个特殊且语言特有的部分。在社交场景中,儿童似乎会预期其他人发出的声音由词语组成,这使得词语学习在多个方面都与事实学习不同。此外,人们的词语知识中有很大一部分(特别是动词和功能性语素)恰好包含了由递归句法操控的信息,这种信息也是组成狭义语言官能的组件。这使人很难相信,表征和学习词语的能力是独立于语言的需求而进化的通用知识系统的一部分。

2.6 句法

我们终于转向了句法结构——将词语和语素拼接成句的原则。以我们的观点,句法在整个语言系统中的功能是一种调节器:它有助于确定如何将词语的意义合并为短语和句子的意义。每一位语言学家都认识到(至少是表面上),句法至少使用了四种组合机制。第一种机制有层次地将词语汇编为句法短语,此处的句法短语对应(在原型情况中)的是意义的成分。(例如,词语串如“Dr Ruth discussed sex with Dick Cavett”是模糊的,因为其中的词语可被以两种不同的方式组成短语。)这就是HCF所指的递归组件。第二种机制在一个短语内给词语或短语排序,例如,指定一个句子的动词应置于特定的位置如第二位,或指定作为主题的短语位于首位。世界上大部分的语言对于词序都没有英语那么严格,而且通常短语排序的操作原则关注的是主题和焦点,而这是英语语法中相当不重要的问题。第三个主要的句法机制是一致性关系,动词或形容词凭此机制被对应了数字、人、语法性别或句法相关名词的其他分类学特征的屈折变化所标记。第四种机制是格标记,名词短语凭此被屈折变化(主格、宾格等)所标记,其取决于该短语相对于一个动词、介词或另一个名词的语法角色。

语言通过这些机制表达"谁对谁做了什么事情""什么东西在什么地方"以及其他的语义关系,不同的语言对这些机制的依赖程度不同。英语极大地依赖词序和结构成分性(constituency),但还残留着一致关系,而且只有代词有格。澳大利亚的语言Warlpiri语具有真正自由的词序,以及一种丰富的格和一致关系的系统;俄语和古典拉丁语也紧随其后。很多语言冗余性地使用这些系统,例如,德语具有丰富的性别和格系统,中等程度地使用一致关系,并且对于短语顺序具有相当强的制约因素。

而这还只触及了问题的最表面。语言充满了各种机制,如代词和冠词,其有助于表示说话者预计哪些信息对于听者来说是旧或新;量词、时态和体标记、标句词(complementizer)和助动词,其可以表达时间和逻辑关系;限定性和同位性修饰(如关系从句中);以及疑问句、祈使句、陈述句和其他种类的以短语顺序、形态学或语调表示的言语意图(illocutionary force),它们之间的语法区别。最后一种重要的机制是长距离依存性(long-distance dependency),其可以将一个疑问词或关系代词与一个远处的动词联系起来,如句子"Which theory did you expect Fred to think Melvin had disproven last week?"中,"which theory"被理解为"disprove"的宾语。

所有这些机制都是语言特有的吗?鉴于它们是约束声音和意义关系的专用机制,这似乎是可能的。它可能服务于其他的人类能力或非人类能力吗?然而除了短语结构(在短语结构中,例如,一个名词短语可以包含一个名词短语,或者,一个句子可以包含一个句子)以及或许长距离依存性[9]之外,这些机制本质上并没有牵涉到递归。格标记不可以包含格标记的另一个实例;冠词不可以包含一个冠词;代词不可以包含一个代词,助动词、时态特征等也是如此。HCF论文没有将上述任一机制作为语言的一部分引用,然而每一种机制都会削弱"狭义语言官能只由递归组成"这一假说。

实际上,至少有一种语言似乎完全依赖于这些机制,完全没有用到句法的递归力量。在经过对亚马逊河流域的Pirahã语的30年研究后,埃弗里特(Everett,2004)声称,这种语言缺乏任何的递归证据。在Pirahã语中,所有在我们更熟悉的语言中通过从句或NP嵌套进行表达的语义关系,例如制约性、目的、关系从句、言语的报告(report of speech)和心理状态,以及递归式所有权("my father's brother's uncle"),都是通过并列连接的单句句式进行表达的(即无嵌套)。但是,Pirahã语明显具有音系学、形态学、句法和句子,并且毫无疑问是一种人类语言,与动物中发现的任何现象都具有质性差异。

HCF论文确实讨论了这种学习线性排序的递归短语结构的能力。在一个聪明的实验中，菲奇和豪泽(2004)证明，绢毛猴与人类不同，它无法学习简单的递归语言 A^nB^n[所有的序列都由符号A的n个实例后接符号B的n个实例组成；这种语言可以被递归规则S→A(S)B生成]。但是这一结果对HCF论文观点的意义尚不明确。尽管人类的语言是递归式的，而且 A^nB^n 是递归式的，但 A^nB^n 不是一种可能的人类语言。自然语言的句式中并无这种短语，其违背了作为主流普遍语法理论核心的X杠原则(Chomsky，1972)[10]。如果结论是人类的句法能力只包含一种学习递归式语言的能力(这囊括了各种类型的形式化系统，包括计算机编程语言、数学表示法、所有的回文以及其他的无限可能)，那么就无法解释"真正的人类语言只是递归语言中一个极小且结构良好的子集"这一事实。

2.7 递归唯一假说的证据汇总

HCF论文认为只有递归是语言特有，此假说的证据如下：

- 概念结构。HCF貌似合理地指出，人类概念结构与其他灵长类的概念结构部分重叠，并且部分整合了新近进化的能力。
- 言语知觉。HCF指出这只是通用的灵长类听力知觉。但猴子面对的任务与人类言语知觉的伟绩不可同日而语，而且利伯曼的"言语特殊性"假说的大部分证据，以及较新的言语知觉人-猴差异实验的结果，则未得到讨论。
- 言语生成。HCF的递归唯一假说暗示，人类世系中不存在言语生成的选择压力。但是人类语言中上喉声道控制的复杂性非其他灵长类的发声可以比拟。在灵长类中，发音模仿和发音学习是人类所独有的能力(这是只在言语中稳定表现的能力)。而且人类的婴儿可以自发出现音节性的牙牙学语。HCF进一步指出，人类特有的声道解剖学结构是适应规模夸张的需求而选择，而不是适应了言语的需求。然而前者在人类中的证据很薄弱，也无法解释声道上喉部分的特殊解剖学结构。
- 音系学。HCF未能讨论。
- 词库。HCF讨论了两种情况，词语是人类特有的能力，可能为我们这一物种所独有。但他们将词语划为广义语言官能，由人类其他认知能力所共有，却未能讨论词语似乎被定制为适于语言的方式，即，它们包含了部分的(有时是大部分的)语法信息，而且它们是双向、共有、组织化的，并且指代具有类属性，这些特征在幼童的词语学习行为中得到了实验证实。
- 形态学：HCF未能讨论。

● 句法:格、一致关系、代词、谓语—论元结构、主题、焦点、助动词、疑问标记等等,HCF论文都未能讨论。其将递归说成是人类特有,却未能区分任意的递归数学系统和人类语言中发现的特定种类的递归短语结构。

我们的结论是,递归唯一假说的实证证据极为薄弱。

2.8 一些遗传学证据

遗传学领域最近的发现令人对递归唯一假说产生了更强烈的怀疑。人类有一种罕见的遗传性语言和言语障碍,由单基因FOXP2的一个显性等位基因所导致(Lai、Fisher、Hurst、Vargha-Khadem及Monaco,2001)。对该基因的测序比较分析发现:该基因的正常版本在人群中普遍存在;其迥异于人与大猩猩的进化分离之后的灵长类的同源体;其是自然选择的目标,而不是遗传漂变或其他随机进化过程的产物(Enard等,2002)。该基因的表型很复杂,尚未得到完全描述,但人们普遍认为,患者的吐词发音、言语生成、理解和多个语法领域的判断存在缺陷,且在产生颌面部运动方面存在困难(Bishop,2002;Gopnik及Crago,1991;Ullman及Gopnik,1999;Vargha-Khadem、Watkins、Alcock、Fletcher及Passingham,1995)。不存在患者只在递归方面存在缺陷的可能性。这些发现否定了下列这一假说:人类世系中语言的唯一进化变化是把句法递归嫁接到无变化的灵长类输入—输出能力上,并增强人类对事实的学习。相反,这些发现支持下列这一理论:语言在人类世系中是在自然选择的影响下逐渐进化的,被选择的基因具有能逐步改善多个语言部分的多效性作用。

此外,FOXP2只是大量导致语言障碍或相关障碍(如口吃和诵读困难)的基因位点中鉴定最准确的基因(Dale等,1998;Stromswold,2001;The SLI Consortium,2002;van der Lely、Rosen及McClelland,1998)。这些障碍中没有一种只有递归发生缺失或损害。甚至在言语知觉领域,遗传学证据可能也指向了语言的适应。最近一项小鼠、黑猩猩和人类的基因组比较研究发现了大量在听觉系统发育中表达的基因,这些基因在人类世系中都经历了正向选择(Clark等,2003)。既然言语是区分人类和大猩猩的自然听觉环境的主要特征,作者由此推断这些进化变化的作用是增强言语知觉。

随着更多的影响言语和语言的基因被鉴定、测序,并被在个体和种族间进行比较,后续将出现对比语言进化假说和递归唯一假说的补充实验。后一种假说预测存在可完全或部分敲除掉递归能力、却可保留与大猩猩类似的言语知觉和言语生成能力的可遗传性障碍。但是,我们对语言障碍文献的解读却是,这种预测不可能正确。

3. 最简方案是递归唯一假说的理论基础

鉴于递归唯一假说与语言事实之间的分歧,加上其与乔姆斯基早期的复杂性和模块性语言观点的分歧,人们可能会好奇是什么推动了这一假说的产生。我们相信其起因于乔姆斯基当前用来研究语言官能的总体方法,即最简方案(Minimalist Program,MP)(Chomsky,1995,2000a,b;Lasnik,2002)。这一方案是乔姆斯基为获得统一语言理论努力了长达十年的结果,其基于下述的愿景。既然语言是声音和意义之间的映射,那么只有声音的表征(语音形式)和意义的表征(逻辑形式)才是真正不可或缺的。除了这两种表征外[在乔姆斯基的术语中,这是"真正的概念必要性"],其他的所有语言结构及应用于其上的原则在概念上都不必要,所以应当被淘汰。这些结构包括享誉已久的深层结构(或d-结构)和表层结构(s-结构)。语言现象的细节应当被词语的细节(其毫无争议是某一特定语言所特有,必须被学习)和应用在意义与声音之间映射上的特定"经济"原则所解释。通过这种方式,语言的核心可以被描述为一种最优或"完美的系统",只包含了概念上必要的内容。语言现象凌乱的复杂性来自其对接声音和概念系统的需求,这些系统必然体现了人类思维和言语器官的复杂性。

既然语言可以将词语组合成层次化的树形结构,那么语言官能(至少)有一部分是对项目进行组合操作。在最简方案中,这一机制被称为"合并"(Merge),其递归式地将两个元素(词语或短语)连接为一棵带有两者之一的标签的二叉树。最简方案的必要性宗旨导致了下列这一猜想的产生:"合并"是创造语言系统的唯一必要元素。使用"合并"机制在逻辑上可能会构建出大量的错误派生体,这种情况则通过几条经济原则进行控制,例如,这些原则强制规定,某些操作在派生体中的执行要靠后而非靠前,元素间的本地关系比远距离关系优先,或者,简单的操作比复杂的操作优先。

最简方案似乎简洁而优美,避免了之前的生成语法中出现的华而不实的机制和原则,如"扩展标准理论"(Extended Standard Theory)和"支配—约束理论"(Government-Binding Theory)(Chomsky,1972,1981)。而且其对于语言进化的意义也很明显。如果语言本身不包含很多内容,那么人类就不需要做出很多进化:之前已有的听觉、发音和概念系统必须被添加的唯一东西就是"合并"。这一饰变甚至可能只被单个的遗传变化影响,通过漂变或其他随机过程固定在种群中。所以,调用自然选择解释语言的适应复杂性(类似于其被调用以解释脊椎动物眼睛或蝙蝠的回声定位的适应复杂性)也不再必要(Boeckx 及 Piatelli-Palmarini,2005;

Hornstein,2002;Piatelli-Palmarini及Uriagereka,2004)。实际上,HCF论文本身就指出了递归唯一假说与最简方案之间的联系:

> 最近对于FLN的研究提示,至少狭义句法组件可能在前所未料的程度上满足了高效计算的条件……语言系统的生成过程可以提供一种接近最佳的解决方案,满足了对接FLB的条件。语言研究传统上关注的很多语言细节……可能相当于该解决方案的副产品,由FLN之外的神经/计算制约因素和FLB-组件的结构自动生成。

乔姆斯基(2000b,124页)自己也承认,最简方案的主要困难是"所有的语言现象似乎都在否认它"。他马上又安慰读者,"……就如同所有宇宙现象似乎都在否认哥白尼学说一样。问题在于这是不是真正的否认"。之后他延伸讨论了科学如何决定哪些证据有价值,哪些需要抛弃。他的主要论点无可挑剔,但并没有提供多少依据让人相信他正讨论的理论是正确的。毕竟,如果选择忽略足够的麻烦现象,任何理论都可以通过证伪来拯救(还可见Newmeyer,2003)。在乔姆斯基的最初设想中,最简方案选择忽略了:

- 所有的音系学现象。
- 大部分或全部的派生形态学现象,如复合词和复杂屈折形式。[11]
- 大部分的屈折形态学现象:乔姆斯基理论框架的最重要理论是哈雷(Halle)和马兰士(Marantz)的分布式形态学(Distributive Morphology),其没有自然地遵从最简方案的原则(Halle及Marantz,1993),而且,要调和两者需要大量的工作。
- 很多基本的短语结构,例如修饰中涉及的结构[12]。
- 很多短语和词序现象,比如主题和焦点、图形和背景,以及邻接性和线性的效应[13]。也没有解释自由词序现象,这是世界上很多语言的特点。
- 词库词条的来源和本质,其在理论中具有很多重要作用(定义短语结构,触发移位),因此也比单纯的声音—意义配对远更抽象、更为语言所特有。
- 语法与加工的联系(也是乔姆斯基理论之前版本共同的困难)。
- 语法与习得的联系,特别是儿童如何识别大量的语言特有,但不具有可感知相关性的抽象特征和构型(见Culicover,1999;Pinker,1984,1987)。

实际上,乔姆斯基范式前25年研究工作的大部分技术成就都必须被推倒,而早已被抛弃的20世纪50年代的理论以及一直被批判的20世纪70年代的竞争理论则必须被恢复(Pullum,1996)[14]。

我们并非不同意乔姆斯基的下列看法:一种新理论如果在简约性或解释力方面具有前景的话,不应对其太过苛责。但实际上,最简主义宣称的优雅、经济和概念必要性似乎并没有那么明显。例如,当乔姆斯基说最简方案不需要深层和表层结构时,他的意思只是,这些结构不应被挑选为制约因素如“投射原则”(Projection Principle)或“格过滤器”(Case Filter)所应用的表征。这一理论仍然认为,每一个句子的派生句都牵涉到一个抽象句法树序列,与移位操作或相似的操作有关。此外,这些树形结构一点也不简单。它们包含的完整分支结构,对应了几乎每一个语素(包括冠词和标句词)、每一个屈折特征如“时态”和“一致关系”,以及语素注定会移向或加同标的大量空节点。例如,在乔姆斯基1995年的理论版本中(1995),句子“John saw Mary”的树形结构具有6层嵌套、4个语迹(4次移动操作的结果)和5个需要被比较以确保满足其中一条经济要求的替代派生句(Johnson及Lappin,1997)。此外,词库不仅是由可识别词语的声音—意义对组成的概念必要性清单:词库还塞满了抽象的语素和特征(例如一致关系的“强度”),其主要的原理是触发正确的句法现象,从而解除句法组件的负担,并保留其“最简性”本质。

就如同最简句法远非最简一样,约束这些派生体的“经济原则”也并不特别经济。正如几位批评者所指出(Johnson及Lappin,1997,1999;Lappin,Levin及Johnson,2000;Newmeyer,2003;Pullum,1996),这些原则的独立动机并不是物理学的最小作用原则、认知信息加工的资源限制或者某些形式记法中的机械式符号计数或步骤技术(某种意义上而言,上述任一条都是“免费的”)。相反,它们是涉及速度、难易度、成本和需求的隐喻与拟人化特质如“自私”“延迟”和“无奈”(last resort)的混合体。只要它们对语言结构产生的预期效应明白清楚,这些效应就必须被明确地规定,也必须在任何明确的实施过程中,被清楚地当作操作的复杂条件进行说明。(也就是说,它们不能像“水会自己变平”这样的朴素物理学原理可从能量最小化原则进行推导一样,可以在数学上从深层原则进行推导。)此外,执行这些条件要求处理器从一系列可能性中选择最佳的派生体,这一要求在计算上远比现存其他语法理论的实施更复杂,在后者的实施过程中,条件可以在单次派生内用每一步可用的信息进行本地检查(Johnson及Lappin,1997,1999)[15]。

公平地说,最近的最简主义研究试图填补这些空白,并解决乔姆斯基最初设想版本的问题。然而同样清楚的是,这些研究不应被视为在实证上确证了最简方案关于语言经验本质的假说,而应被视为执行实现这一乔姆斯基远景的命令。我们很同意拉平(Lappin)等人(2000)的困惑,他们写道,“从纯粹的科学视角看,让人感到迷惑的是,大量研究者本来非常支持‘支配—约束理论’框架,却在一夜之间如此迅速地抛弃了这一框架及其概念清单。取而代之的是,他们应用了一种依我们看在预测能力或解释力方面完全不占优势的方法”(667页)。大部分研究进行了理论重构,以满足理论内的迫切需要,而不是接受竞争性假说的实证检验,这种简单化付出的代价是将数量不断增长的现象降低为未知的“接口现象”。文献中对最简方案理论的大量批判性分析(Johnson 及 Lappin, 1997, 1999; Lappin 等, 2000; Newmeyer, 2003; Postal, 2004; Pullum, 1996; Rochemont 及 Culicover, 1997; Seuren, 2004),礼貌程度不一,但实质内容很相似。

最简主义的猜想性不仅为批评者所诟病,实践者们自己也一直对此很重视。库普曼(Koopman,2000,2页)写道,最简主义“对于我们理解90年代前半部分的现象没有提供多少真知灼见。这可能是因为,其没有生成新的分析工具,因此既不能产生审视知名范式的新视角,也不能扩展并解决旧问题,这在当前是做出进展的关键之处”(2页)。拉斯尼克(Lasnik)最近的教程(Lasnik,2002)承认,在超过12年后,“最简主义仍只是一种‘方法’,一种关于语言如何(完美地)运行的猜测,以及一种探索并发展这一猜测的一般方案”(436页)。博埃克斯(Boeckx)和霍恩斯坦(Hornstein,2007)在热情洋溢的阐释中,曾告诫(对乔姆斯基),“唯一值得铭记在心的警告是,最简方案可能尚不成熟”(18页)。

我们的结论是,在实证和理论方面,最简方案仍需要漫长的努力。这不是说,我们相信所有的生成语法都应该被抛弃。实际上,我们两人都对这一总体方案撰写过热情洋溢的阐述,辩护了其核心假设,例如语言是一种组合性、生成性和部分天生的心理系统(Jackendoff,1994,2002;Pinker,1994b)。但是,有必要评估生成语法当前的主流版本中哪些值得保留,哪些需要替代[评估见(Culicover及Jackendoff,2005;Jackendoff,2002)]。

回到我们的主要问题——语言有哪些特殊性:在HCF的观点(语言唯一特有的方面是递归)背后隐藏着一个推定,即最简方案最终将被证明正确。他们忽略的语言现象(在第2部分列出)也在MP总体愿景所忽略的现象之中(本部分列举了这些现象)。鉴于MP的实证性尚不明确,在对语言的进化下结论时,冒昧地相信MP或其变体,似乎显得不太牢靠。

4. 语言、交流和进化

HCF论文反对自然选择可能是语言官能进化的关键原因,其反对依据不只是直觉上认为最简主义减少了必须进化的语言机制数量。他们提及了另外三个主题,构建了一个关于语言的总体愿景。这三个主题是:

- 语言的“目的”不是交流,而且对于交流来说其设计可能很糟糕(因此“废除了设计论的观点”)。
- 语言是声音和意义之间的“最佳”或“完美”映射,因这种完美性,其与别的生物学系统不同。

- 狭义语言官能非因适应语言的需求而被选择,而是源于某种其他的认知能力。

这些假说挑战了传统的语言进化观点,根据传统观点,语言官能的逐渐进化,响应的是在一种知识运用性、社交依赖性的生活方式中进行更精确和更有效交流的适应价值(Nowak及Komarova,2001;Nowak及Krakauer,1999;Nowak、Plotkin及Jansen,2000;Pinker,1994b,2003;Pinker及Bloom,1990;Tooby及DeVore,1987)。语言的逐渐显现意味着,后期阶段的语言必须以一种自然选择特有的应变方式建立在前期阶段的基础上,导致形成了一个优于之前的系统、但基于先前原则不一定为最优的系统(Bikcerton,1990;Givon,1995;Jackendoff,2002)。我们依次思考了HCF关于语言功能的主张。

4.1 对于交流来说语言的设计很糟糕

HCF论文的相关原文如下:

> 问题是FLN运行系统的特定组件是不是对语言的适应,具体来说,是否由自然选择所作用——或者,更广义地来说,FLN是否为了交流之外的理由而进化。(1574页)

这一段话间接提及的立场,乔姆斯基在其他论文中进行过更冗长的阐述:

> ……语言被不恰当地视为一种交流系统。它是一种被用来表达思想的系统,是相当不同的东西。它当然能被用来交流,人们做的任何事情都可以——比如,走路姿势或衣服款式和发型。但是从这个概念的任何有用意义上来说,交流不是语言的功能,交流对于理解语言的功能和本质甚至可能没有什么独特的意义。(乔姆斯基,2000b,75页)
>
> 语言设计本身似乎在很多方面都“功能失常”,产生了一些不能良好适应于语言被要求实施的功能的性质……我们似乎发现了语言设计的某些神秘和意外的特征……(这些特征)在自然世界的生物学系统中显得与众不同。(Chomsky,1995,162页)

可以这么说,这些观点令人惊讶。至少从巴别塔故事的年代起,每一位思考过语言的人都曾指出语言强大的交流能力和在人类生活中不可或缺的作用。人类可以使用语言表达一切事物,从流言蜚语、食谱、狩猎技巧和互惠承诺到宇宙起源和灵魂不灭的理论。这种强大的表达力显然契合智人另外两个在动物学上不寻常的特征:对可习得技能知识的依赖以及非亲属间的高度合作(Pinker,1997;Tooby及DeVore,1987)。此外,语言的设计——意义和声音之间的映射——完全符合人们对一个适应命题交流需求而进化的系统的期望。我们无法通过"走路姿势或衣服款式和发型"传递食谱、狩猎技巧、流言蜚语或互惠承诺,因为这些行为形式缺乏使命题以可复原方式被编码在该行为细节中的语法机制。尽管乔姆斯基否认"语言被恰当地视为一种交流系统"这一自明之理,但他没有提供令人信服的质疑理由,也没有解释交流系统必须是什么样子才能比人类语言更"有用",或者更不"功能失常"。

乔姆斯基的正论(语言的"目的"不是交流)是,"语言运用主要是适应人自身的需求:成人的'内部言语'(inner speech),儿童的自言自语"(乔姆斯基,2000b,77页)。HCF在上面引用的段落中间接说明了这一点。在某种程度上,他们不愿意直接声称语言是灵长类呼叫声的同源物,这一点我们表示同意。但是就算要说明这一点,人们也不需要否认语言的进化是为了适应交流的需求,或声称其可被同样容易地视作为了适应内部言语的需求。

首先,在人们内心流动的内部言语的残缺片段很可能与推动乔姆斯基提出了语言能力理论的结构良好句子非常不同。除非是作为说和写的准备动作,否则内心的独白似乎不包含完全合乎语法的词语序列(连同功能性语素),例如"The teachers asked what attitudes about each other the students had noticed",而只是不完整的短语片段。无论内部语言的基础机制是什么——很可能是构成工作记忆主要部分的语音回路(phonological loop)——它都不是任何常见语法能力理论的主题内容。

此外,在描述一种生物学功能时,关键问题不是在生物学家的感觉里某个性状的典型用途是什么,而是其为了适应何种需求而设计——也就是说,什么假定功能可以预测该性状具有的特征。众所周知,与抓握动作相比,手被更频繁地用来做小动作,但这不会使得小动作成为手的生物学功能。原因是,手所具有的不可思议的解剖学特征,是抓握所必需,但不是小动作所必需。按照同样的逻辑,一种适应"自言自语"需求的系统可能不需要将音系学或语音学组件调整为适于人类声道的性质,它可能不需要线性顺序、格或一致关系,也不需要主题和焦点的机制,所有这些都预先假定信息必须被编码为一种串行、可感知的信号,以利于目前缺乏该信息且必须利用已知信息逐渐将该信息整合的听者。总之,当大脑的一个部分与另一部分"交谈"时,它无须将该信息编码为一种适于声音—听觉通道的串行格式:大脑内部的交流依靠的是大量的并行传输。例如,视觉系统无须为了与海马体或额叶交流,而将视网膜图像编码为某种类似有序音素序列的东西。

实际上,如果语言不是为了适应交流的需求而设计的,那么,最简主义的关键宗旨——语言由意义到声音的映射组成——可能就不是如乔姆斯基反复声称的那样,是一种"真正的概念必要性",而是一种难以理解的巧合。人类拥有一种映射意义和噪音的方法——唯一可以理解这一事实的方式就是,这种方法使得一个人可以通过他或她的声道制造声音,将一种意义传递到第二个人的脑中。

我们另行指出,语言官能的先天部分适应的是从社群中学习语言的需求,而不是发明语言的需求。没有词语,人就无法产生内部言语,最重要的是,所有词语都是被学习到的。(当然,人们时常发明新词语,但这不是他们词库的主要来源。)此外,聋人歌手的内部言语由手势而不是声音构成——这一事实所遵循的假设是,内部言语的基础是被学到的外部语言。如果内部言语是原生的,那么,这也可能是一种难以理解的巧合。确实有一些发明语言的例子,例如尼加拉瓜手语,但我们发现其产生的语境是一个寻求交流的社群(Senghas 及 Coppola,2001)。同样,创造家用手语的隔离群聋童也是在与其他人交流的语境中创造了他们的手语。我们没有发现耳聋的个体为了与自己说话而发展出复杂词库和语法的情况。毫无例外,其他的语言隔离群完全没有发展出言语(Pinker,1994b)。

这不是否认内部言语可以增进思维(Jackendoff,1996),也不是否认这种增进作用对文明的发展具有重大影响。但是鉴于内部言语依赖的是在一种交流性情境中习得的外部言语,我们倾向于认为,如果这里有任何东西是一种副产品(或"拱肩")的话,那就是内部言语。原生的适应需求是交流,增进思维是额外的好处。

4.2 语言的"完美"论

接下来我们思考一下最简方案的一个中心猜想:语言尽管对于交流来说功能失常,但对于声音和意义间的映射而言是"完美"或"最优"的,因此,鉴于其所必须桥接的内容,其形式在结构上不可避免。如 HCF 原话所言,"对于链接感觉—运动系统和概念—目的系统这一问题,FLN 可能近似一种'最优解决方案'"(1574 页)。评估这一猜想不太容易,因为任何东西都无法做到全盘"完美"或"最优",只能在某些想要的方面做到如此。我们来思考一下乔姆斯基最近在其他论文中辩护的标准。

语言(基本上)类似人发明的形式化符号系统。在某篇论文中,乔姆斯基如此解释他的完美标准:"关于缺陷(不完美),一种具有指导意义的良好直觉是,将自然语言与发明的'语言'、发明的符号系统进行比较。当你看到差异时,你就会怀疑自己是不是看到了某种初步认定的缺陷。"(Chomsky,2000b,109 页)但是,这假设了人们设计发明式符号系统是为了满足与人类语言相同的迫切需要。我们没有理由相信这一点。与发明式符号系统不同的是,人类的语言必须被实时使用,且被具有有限知识和计算能力的主体使用。语言在一个经历过变化无常历史的社群中自发地产生,而不是被正统的权威所规定。而且,语言必须被所暴露的实例所催生,而不是被用来明确遵从公开的标准。上述任一差异都可以解释为什么人类的语言与发明式符号系统不同,更不用说所谓的“不完美”了。

在其他地方,乔姆斯基对“完美”符号系统下的定义涉及对意义与声音相互映射时的经济性的直觉[例如,“逻辑式”(Logical Form)中不留无意义的语法元素;短派生体比长的更好;在音系学“拼读”(Spell-Out)之后操作移位规则,而不是之前]。然而我们已指出过,以另外的标准(这一标准可能被视为描述了设计良好的形式化系统)来判断,语言(以最简主义者的视角来看)一点也不最优。语言在计算方面似乎很低效,因为处理器必须对所有句子或在局部的选择点评估多个可能的派生句(Johnson及Lappin,1997,1999,第3章)。鉴于最简方案的树形结构被塞满了抽象和空的元素(实际上这些元素比词语更多),从结构的简洁性来说,语言也远不是最优的。

此外,即使按照乔姆斯基自己的标准,语言也充满了“明显的缺陷”,他视之为在未来将被最简方案框架内的研究所攻克的挑战。(很可能这些研究将证明它们是语义学和音系学接口所强加的迫切需要。)一致关系和格被称为“明显缺陷”,而不是语言的基本设计特征(Chomsky,2000b,111页);其在自由词序语言中的优点则被忽略。另一个“缺陷”是下列这一事实:短语有时候被从其标准位置移开,如在疑问句或被动句中。称此事实为“缺陷”就忽略了另一个事实(乔姆斯基在别处也指出过):移位使得句子可以使用词序的某些方面表达主题和焦点,并使用其他方面表达“谁向谁做了何事”(Chomsky,2000a,13页)。功能性系统必须在相互冲突的需求间进行取舍,这个原则在这一推理过程中也没有被使用;就好像“完美”的小汽车被定义为可以尽可能快行驶的汽车,而对车重、刹车、转向、安全性、里程油耗和成本的取舍都是“明显缺陷”。更过分的是,“这整个音系学系统看起来就像一个巨大的缺陷,它具有所有你能想到的糟糕性质”(Chomsky,2000b,118页)。而且“世界上不止一种语言,这也是一种缺陷”(Chomsky,2000b,109页)。的确如此:对于声音与意义的映射问题,存在数千种不同的解决方案,这些方案不可能全都是最优。

或许“最优”意指派生解决方案的总体风格。但是,正如我们所指出的,语言使用了四种不同机制来传递语义关系:短语结构、线性顺序、一致关系和格,这些机制的部署通常是冗余性的。在此意义上,语言让人联想到其他的认知系统,如深度知觉。在深度知觉中,多个机制计算同一个输出——物体在视野中的相对距离——在某些场合中是冗余性地计算,在某些场合中不是。似乎进化发现了几种正常时可以彼此加强的解决方案,但某些方案在特殊情境下要占主导地位;在语言的例子中,这些方案的平衡取决于该语言的历史、句子的上下文,或两者皆有。如果这样,格和一致关系就完全不是“缺陷”,而是与短语顺序和层级结构具有相同目的的替代机制。

我们的结论是,认为语言是“完美”或“最优”的总体观点是个人对于语言应当被如何描述的一种愿景,而不是一种关于语言本身的实证发现。正因如此,这一观点无法被用来论断语言的进化方式。

语言以唯一可能的可用形式存在。人们可能会问语言可能的“完美性”对于其进化有什么意义。这一思想似乎是认为,系统只要不完美就一点用都没有,所以如果当前的语言官能是完美的话,人们就无法将语言的进化解释为是对早期设计的渐进饰变。因此,乔姆斯基(2000b,58页)问道:“对于人类语言要有用就必须满足的设计条件,语言这一系统有多接近于最佳解决方案?”这呼应了早前的一个观点,“如语言或翅膀这样的系统,即使是想象一种可能会创造它们的选择过程都不容易。例如,原始翅膀不像是能‘用’来运动,而更像是运动的障碍。那么为什么这一器官会在进化早期阶段出现?”(Chomsky,1988,167页)

神创论者很久之前就提出疑问,“百分之五的翅膀有什么好处?”人们的回答是在每一个翅膀实例中证明中间结构实际上都有用途(Dawkins,1986;Pennock,2000)。在语言的情况中,皮钦语(pidgins)是一个关键的证据源。皮钦语同样是音系学结构对意义的映射,但缺乏固定词序、格和一致关系。它们还缺乏从句,而从句是递归的标准标志,它还可能完全缺乏短语结构。然而它们绝对可用,不过不如充分发展的语言可靠。比克顿(1990)、吉冯(Givon,1995)和杰肯多夫(2002)提出,现代语言建立在与皮钦语相似的进化早期系统的基础上。编码意义的四种主要句法机制可被视为一种渐进的改善过程,每一种机制都使得该系统更加可靠。语言功能的发展过程是渐进的,不是在一种“完美”系统和其他“完全无用”的系统之间进行二选一。

语言无冗余。乔姆斯基确实提出过一种十分明确因此更易评估的“完美性”标准,即,语言无冗余:

> 总的结论是……语言被设计为一种“漂亮”但总体来说不可用的系统。它为优雅性而设计,而不是为了用途,不过具有使其能被充分用于正常生活目的的特征……只要这是事实,那么这虽是个优雅的系统,但它的设计没什么用处。一般来说,生物学系统与此完全不同。生物学系统具有高度的冗余性,能可信地从功能上进行解释……为什么语言就应与别的生物学系统如此不同呢,这是一个问题,甚至可能还是一个谜。(Chomsky,1991)

这一认为语言没有或很少有冗余的断言令人感到疑惑。就言语的波形而言,人们可以在各种截点上对言语进行高通、低通或带通处理,丢弃非重叠的信息池,而留下完全易懂的言语;没有这一性质,电话就无法工作(Green,1976)。至于对词语和句子意义的复原，人们可以“去掉元音(rxmxve thx vxwxls)”、“去掉每一个辅音(rexove exery xecoxd xonxonaxt)”、打乱词语的顺序(order the scramble words the of)或者省略功能性语素(functional morpheme)，但仍能保留部分(有时候是完整)的易懂性(Miller，1967)[16]。至于将意义编码为词语和句子，有几种方法可以做到，人们可以通过多种方法完成这一任务，可用的方法不止一种。①

乔姆斯基曾间接提到记忆词汇存储的所谓非冗余性：“试想一下一个词项在词库中被表示的方式，没有冗余，只包含了不可通过规则预测的内容”(Chomsky，2000b，118页)。至少从《句法理论的若干问题》(*Aspects of the Theory of Syntax*)(Chomsky，1965，214页)时起，乔姆斯基就接受了这个观点；其思想是，人们应该将语言化为一组捕获所有冗余性的规则，以及一种存储于记忆中的不可再分的残留物。但似乎该思想与其说是一种实证发现，还不如说是一种方法论宣言，根据这一宣言，对语言的刻画，须以一种尽可能压缩的形式进行陈述。心理语言学实验已经发现了大量冗余信息存储于记忆中的例子。例如，尽管规则屈折变化词项可以被规则所构建，但人们可以证明至少某些规则形式是与其词干一道被冗余性地存储的(Baayen，Schreuder、de Jong及Krott，2002；Pinker，1999，第5章；Ullman，1999)。

但即使在语言学理论本体的层次(不考虑实验)，语词条目(lexical entry)似乎也具有显著的冗余性。一种真正没有冗余性的语言该是什么样子？很可能它只包含索绪尔式的、任意的词项，如“red”和“coat”，以及一些按需创造组合结构的规则，如“a red coat”，避免了存储的需要。但试想一下具有离心结构(exocentric)的复合词(讨论见Jackendoff，1997)。人们拥有的一部分语言学知识是：“redcoat”是18世纪70年代一位穿着红色大衣的英国士兵，“yellowjacket”是一种身着黄色“夹克衫”的大黄蜂，“redhead”是一个发色微红的人，“blackhead”是带黑“头”的粉刺。这类形容词-名词复合词的一般规则是，其意义形式为“X有一个是Z的Y”(X with a Y that is Z)，Y是名词的意义，Z是形容词的意义，而X必须被逐项地学习②。语词条目“redcoat”中的“red”显然是语词条目“red”的冗余，后者可以与名词短语自由组合：它们的发音一样，都是形容词，两者指称的是相同范围的颜色。“coat”的两种用法也是如此。此外，说话者意识到，词语“redcoat”不是一个任意的英语语素串，而是指代了某个特征性地穿着红色大衣的人(也就是说，“redcoat”不被感知为一种任意性、非冗余性的声音—意义配对，如“soldier”)。与此同时，这一词语也无法由“red”和“coat”通过某条通用的复合词规则合成，因为说话者还认识到，“redcoat”不是随

① 注意本段的描述方式，巧妙运用了其所表达的方法——译者注。

②比如旧时英国士兵（redcoat，X）有一件红色（red，Z）的大衣（coat，Y）——译者注。

便一个身着赤褐色风衣的人，而专指19世纪末的英国士兵。同样，说话者知道“redhead”专指红发者，而不是大红色的脑袋。这种不可再分的冗余性在人类语言中很普遍，例如惯用语、半成品的派生形态学和不规则形式家族(Jackendoff，1997；Pinker，1999)。如果这个词库非冗余性的观点有任何实证内容(而不是数学真理：冗余表征总是能被压缩，然后被算法重组)的话，英语中的事实似乎驳斥了这一观点。

乔姆斯基认为语言(假定)的非冗余性为现代生物学制造了一个“谜”的看法是一个更大观点的一部分，这一更大的观点认为，当代生物学应被改进以顺应最简方案语言学的发现：

任何朝向这一目标(证明语言是一种“完美系统”)的进展都将恶化一个不小的生物学问题：语言系统是如何从心智/大脑中产生的？或者就此而言，是如何从有机界产生的？人们在有机界中似乎找不到任何东西类似人类语言的基本性质。这一问题有时候被佯装为认知科学的一大危机。担忧是合理的，但关注点弄错了：它们主要是生物学和脑科学的问题，而这两个学科就目前来看，没有为人们对语言下的看似公认的结论提供任何基础。(Chomsky，1995，1—2页)

鉴于生物学和语言学之间相对的严格性和累积性，这个观点给我们的印象是有点自负(尤其既然最简方案“仍只是一种‘方法’，‘一种关于语言如何运行的猜想’”)[17]。对于生物学和最简主义之间的明显不兼容性，存在一种更简单的决议，即，乔姆斯基关于语言的最新观点是一种倒退。语言并不是无用但完美，而是有用但不完美，就如同其他生物学系统一般。

4.3 为了语言之外的理由而进化的狭义语言官能

HCF推测，作为狭义语言官能的定义性特征，递归可能是“为了语言之外的理由而进化出来的”。具体来说，在其他动物中，递归可能是“为了解决其他计算问题如导航、数字量化或社会关系”而进化出来，其所在的进化模块“相对于其他系统具有非渗性(impenetrable)。在进化过程中，这个具有模块性和高度领域特定性的递归系统可能变得可渗透，并具有领域一般性。这为人类打开了将递归的力量应用到其他问题上的途径(或许是人类独有)”(HCF，1578)。

我们认为，这一认为“递归是适应导航(或其他认知领域)而不是语言的需求而进化”的观点，就像之前认为“声道是适应规模夸张而不是言语需求而进化”的观点一样，假设了一个虚假的二元论：如果一个系统起初经历了针对一种功能的选择过程，则其后续就不会经历针对另一种功能的选择过程。就像前肢最初是适应水中稳定性的需求而被选择，接下来适应了飞行、有腿移动或抓握的需求而被选择一样,某种神经回路可能被适应导航需求的选择所塑造,接下来又被适应语言需求的选择而重塑。

但是,即使我们允许选择可能发生在某次功能变化的发生之前、其间和之后,这一认为“语言递归系统是导航系统的微小饰变”的观点仍值得怀疑。虽然乔姆斯基频繁地将语言递归描述为具有“离散的无限性”,但在非人类动物中发现的两个主要导航系统(Gallistel,1990),都没有表现出这种性质。航位推算法(dead reckoning)无限但非离散;地标识别法离散但非无限。

至于认为“语言中的递归是从数字认知中的递归进化而来”的观点,如果这牵涉到了共选择(co-opting)(如有疑问,见Grinstead等,1997,2004),那么HCF的假说中所假定的方向似乎正好相反(Bloom,1994a;Dehaene、Spelke、Pinel、Stanescu及Tsivkin,1999;Wiese,2004)。递归语言是一种人类共性或近似共性,在个体发生学意义上能稳定而自发地出现。递归数字认知则不然。大部分的人类文明,就像所有的动物物种一样,都不具有递归数字系统(或至少是在近代西方文明将其引入之前),相反,他们使用一种估计类似物数量的系统和一种给有限的小数量分类的系统对物体计数(Dehaene,1997;Wiese,2004)。那些在其文明历史中发展出递归数字系统的文明,可能是通过对语言的递归性质的扩展适应而获得了这一系统,而不是与之相反。

我们确实同意HCF认为“递归不是语言独有”的观点。实际上,语言需要递归的唯一理由是因为语言的功能是为了表达递归思维。如果不存在任何递归思维,那么表达的方法也不需要递归。所以我们和HCF一道呼吁对动物认知和其他人类能力进行详细的正式研究,以确定哪些能力需要递归心理表征,哪些不需要。可信的候选能力包括音乐(Lerdahl和Jackendoff,1983)、社会认知(Jackendoff谈到了此事,1992,2007)、在视觉中将物体分解为各部分的能力(Marr,1982),以及构造复杂动作序列的能力(Badler等,1999;Jackendoff,2007;Miller、Galanter及Pribram,1960;Schank及Abelson,1975)。

这里的问题不是进化学上的候选前发事件太少,而是太多。正如赫伯特·西蒙(Herbert Simon)所指出的(Simon,1969),可能所有的复杂系统都具有层级组织的特征。所以,如果“递归”等同于层次化分解,并被用作将某种预先存在的认知功能视为语言的扩展适应源的标准,那么我们可以做出无限的推测。

我们还希望指出,语言不是普通的古老递归系统,其还体现了至少四种额外的设计制约因素。首先,语言的递归产物具有时间顺序,这与社会认知或视觉分解不同。其次,句法树具有一种特征性结构,在此结构中,每一种成分都包含一个重要成员,即中心语。中心语决定了该成分的范畴和语义指称物,而且围绕中心语,其他元素被分为论元和修饰成分(这是短语结构X杠理论的基础)。再次,句法不仅是一种外化的递归式表征系统。它还多方向地(在产生和理解过程中)映射了多个系统:递归语义表征、递归交流目的和层级音系学信号。又次,递归结构的细节具有很大程度的任意性,而且是被学习到的,符合该语言社群的词语和句式,而不是被直接现实世界的制约因素所支配,如场景如何布置或哪些动作序列能从物理上影响一个目标。因此,语言不可能只是对单个预先存在的递归系统如视觉认知、运动控制或社交关系的直接扩展适应。相反,它似乎是部分预先存在的递归系统间的一种接口或结缔组织,以一种进化学上新颖的方式在它们之间进行映射。

总之,我们发现HCF认为“语言不是对交流需求的适应”这一观点的论据不能令人信服。假设最简方案能得出“语言过于简单而不需要援引自然选择”的结论,这种观点是一种循环论证,因为这是MP希望能实现的愿望(不顾大量的反面证据),而不是一种公认的发现。认为“语言的设计还不如发型的设计能适应交流的需求”的观点,与语言极为强大的表达能力以及这种能力依靠的是使语言如此不同寻常的语法机制这一事实不符。认为“语言被设计来进行内心独白而不是交流”的观点,则未能解释为什么语言将意义映射到声音上,以及为什么它们必须在社交语境中被学习。认为语言“完美”或“最优”的观点从未得到过清楚阐述,并且,乔姆斯基自己也承认,这一观点显然被很多“缺陷”所驳斥。认为语言具有非冗余性的观点在每一个可以对其评估的领域都是错误的。最后,认为“语言的递归能力是其他认知系统如导航或计数中的递归的简单共选择”的观点面临了很多问题:导航不具有离散的无限性;递归数字认知寄生于语言而不是相反;语言是递归系统间的映射,而不是单个递归系统的直接外化。

而认为“语言是对知识和目的交流的适应”这一观点则不存在这些问题。这一观点与行为学和遗传学证据一致,这些证据发现,为完成这一任务,语言表现出多个“部分特化”的迹象,而不是将一个组件(递归)嫁接到一个完全不变的原始基础上。这一观点的基础是关于语言本质的合理结论,而这些结论的确立依靠的已有的语言学研究,不是某个公认与事实不符的空头方案。它不需要有倾向性的主张,如语言非冗余、完美、不适于交流,或适应美观而不是使用的需求而设计。它充分融合了人类心理中使我们这一物种从动物界脱颖而出的特征,即,对可习得技能知识及广泛非亲属间合作的依赖。而且,这一观点没有暗示语言学制造了生物学的危机,而是在帮助两者达成一致。

致谢

感谢斯蒂芬·安德森、保罗·布鲁姆、苏珊·凯里、安德鲁·卡斯泰尔–麦卡锡、马特·卡特米尔、诺姆·乔姆斯基、芭芭拉·西科、彼得·库里科弗、丹·丹尼特、特库姆塞·费奇、兰迪·加利斯特、大卫·加里、蒂姆·格曼、亨利·格雷特曼、莱拉·格雷特曼、阿黛尔·戈德堡、马克·豪瑟、格雷格·希科克、大卫·凯莫勒、帕特里夏·库尔、沙洛姆·拉平、菲利普·利伯曼、亚历克·马兰兹、马丁·诺瓦克、保罗·波斯特、罗伯特·普罗文、罗伯特·雷米兹、本·谢诺伊、伊丽莎白·斯佩克、林恩·斯坦、J. D.特劳特、雅典娜·沃卢马诺斯以及《认知》期刊审稿人给出的宝贵评议意见。本研究由NIH基金HD 18381 (Pinker)和DC 03660 (Jackendof)赞助支持。

注释

1. 理论计算机科学家通常会区分尾递归(tail recursion)和真递归(true recursion)。大致上,在尾递归中,程序调用自身的另一个实例作为最后一步(或者,在语言的情况下,一个成分在自身边缘处包含了一个同种类成分)。在真递归中,程序在计算中期调用自身的一个实例,然后必须从其中断的位置继续执行原来的程序(或一个成分内部嵌套了一个相同种类的成分)。真递归需要一种具有指针栈的计算机制(或相当的机制),以在一个嵌套程序被执行后,追踪回到何一位置。尾递归可以通过一种执行简单迭代的计算机制进行模仿(至少是模仿输入—输出行为或"弱生成能力"),在该机制中,一个程序的某个实例可以在下一个实例开始时被完成并遗忘。然而,当涉及需要超出复制输入—输出行为("强生成能力")范围的计算时(如取决于分组和成分标记的推理),尾递归无法被迭代所模仿。

2. 可以这样对这个句子进行句法分析:FLN包含了递归,另外还包含了对这些接口的映射,但没有包括出现在这些映射中的递归。但这种解释更勉强,且与之前的两段引文不一致,这两段引文直接认为狭义语言官能等同于递归。

3."我们可以针对性地认为语言官能、数字官能以及其他官能是'心理器官',类似于心脏或视觉系统或运动协调和计划系统。"(Chomsky,1980,39页)

4. 是否这些概念在无语言的情况下直接就不可能存在?或者,是否它们就在概念系统的表达能力之内,但需要语言作为支撑才能获得?对于这两个问题,我们没有定论。这些概念当然无法通过明示进行共享,所以在任一情况下,对它们进行文化传播都需要语言。

5. R.雷米兹(R. Remez)在引述克林特(Kluender,1994)的研究时,指出克林特的受训鹌鹑没能区分出唇音和颚音。他还指出,鹌鹑区分其他的发音位置差异的能力可能依赖于其能感测到启动闭塞辅音的明显舌尖爆裂音,而不是感测到人类在做这种区分时所需的共振峰迁移。

6.直立人具有类似其他灵长类的脊椎,这一事实排除了下面这个替代假说:这种变化是对双足行走的适应。

7.音节有时候可以通过非音节材料的有限补充进行扩展:例如,词语长度在某些理论中被作为具有$[_{syl}(_{syl}\text{length})s]$的音节结构而分析(Halle 及 Vergnaud,1980)。但是没有音节是从两个或更多完整音节的组合构建而来,这是真递归的重要例子。

8.猴子具有镜像神经元(Rizolatti、Fadiga、Gallese 及 Fogassi,1996)(在执行特定动作和观察这一动作时,这种神经元都会被激活),这提示,某种由知觉和言语生成过程所共有的表征是人类语言进化的前发事件。但是,由这类神经元编码的信息似乎在两个方面与音系学表征不同。首先,它们是动作的语义目标(如获得一个物体)所特有,而不是其物理地形学特有,然而音系学结构与发音的构型有关。其次,如HCF所言,它们不支持知觉到言语生成过程的迁移,因为猴子的模仿能力非常原始或者缺乏,而人类学习发出言语声基于的是其所听到的内容。

9.长距离依存可以涉及扩展到递归式嵌套结构内的依存关系,而且在某些情况下,还会涉及最前面的短语通过短语结构树往上的递归式移位。

10.还不清楚学习这些人工语言的人类对象是否使用了A^nB^n语法的强生成能力。每一个刺激都由一个由女性嗓音说出的无意义音节的序列组成,后接由男性嗓音说出的相同数量的音节。音系学内容无关紧要,并且这一学习可以通过从每一个子序列的第一个音节开始计数来完成(高:1—2—3;低:1—2—3)。这与递归式嵌套短语的语法所支配的分析是不同的,即,[高—[高—[高—低]—低]—低]。

11.“我从来没有讨论过造词法理论的其他主要部分:复合形式、黏着结构(agglutinative structure),等等。”(Chomsky,1995,241页)

12.“对于这么简单的问题,如定语形容词、关系从句和很多不同类型的附加语,我们仍然没有好的短语结构理论。”(Chomsky,1995,241页)

13.“我在解决具有重要意义的隐藏问题,尤其是在之前的框架内进行解释时被称为‘表面效应’的问题。这些问题多种多样,包括主题—焦点和主题—述题结构、图形—背景性质、邻接和线性效应,等等。”(Chomsky,1995,200页)

14.“最简方案寻求的是证明已根据(深层和表层结构)解释的一切都被进行了错误的描述……这指的是投射原则、约束原则、格原则、链条件(chain condition),等等。”(Chomsky,2000a,10页)

15.约翰逊(Johnson)和拉平(Lappin,1999)证明,“经济原则”不仅在乔姆斯基最初的构想中存在问题——在最初构想中，全部的派生体都要进行比较——而且在后续的基于"局部经济性"的版本中也存在问题，所谓的局部经济性指的是在一次派生的单个步骤上对原则进行评估。

16. 下面这一段文字最近在互联网上很流行："Acocdrnig to an elgnsih unviesitry sutdy the oredr of letetrs in a wrod dosen't mttaer, the olny thnig thta's iopmrantt is that the frsit and lsat ltteer of eevry word is in the crcreot ptoision. The rset can be jmbueld and one is stlil able to raed the txet wiohtut dclftfuiiy."

17. 我们同意，语言确实向神经生物学发起了挑战，尤其是神经网络如何实现在语言以及其对接的认知部分中发现的这类计算过程，特别是递归式的符号拼接和变量的实例化（Jackendoff, 2002, 第3章；Marcus, 2001；Pinker, 第2章）。但是，乔姆斯基的引语特指的是这一观点——"语言类似于一种'完美系统'"（第1页）。

参考文献

Anderson, S. R. (2004). *Dr. Dolittle's Delusion: Animal Communication, Linguistics, and the Uniqueness of human language.* New Haven: Yale University Press.

Au, T. K., & Glusman, M. (1990). *The Principle of Mutual Exclusivity in Word Learning: to Honor or not to Honor*. Child Development, 61, 1474-1490.

Baayen, H., Schreuder, R., de Jong, N. & Krott, A. (2002). *Dutch Inflection: the Rules that Prove the Exception.* In S. Nooteboom, F. Weerman, & F. Wijnen (eds.), Storage and Computation in the Language, Faculty. Boston: Kluwer, 61-92.

Badler, N. I., Bindinganavale, R., Allbeck, J., Schuler, W., Zhao, L., Lee, S., et al. (1999). *Parameterized Action Representation and Natural Instructions for Dynamic Behavior Modification of Embodied Agents.* American Association for Artificial Intelligence.

Behrend, D. A, Scofield, J. & Kleinknecht, E. E. (2001). *Beyond Fast Mapping Young Children's Extensions of Novel Words and Novel Facts.* Developmental Psychology, 37(5), 698-705.

Bickerton, D. (1990). *Language and Species.* Chicago: University of Chicago Press.

Bishop, D. V. M. (2002). *Putting Language Genes in Perspective.* Trends in Genetics, 18, S7-59.

Bloom, P. (1994a). *Generativity Within Language and Other Cognitive Domains.* Cognition, S1, 177-189.

Bloom, P. (1994b). *Possible Names: The Role of Syntax-semantics Mappings in the Acquisition of Nominals.* Lingua, 92, 297-329.

Bloom, P. (1999). *How Children Learn the Meanings of Words.* Cambridge, MA: MIT Press.

Bloomfield, L. (1933). *Language.* New York: Holt.

Boeckx, C. & Hornstein, N. (2007). *The Varying Aims of Linguistic Theory.* In J. Franck, &. J. Bricmont (eds.), Cahier Chomsky. Paris L'Herne.

Boeckx, C. & Piatteli-Palmarini, M. (2005). *Language as a Natural Object; Linguistics as a*

Natural Science. Linguistic Review, 22, 447–466.

Bregman, A. S. & Pinker, S. (1978). *Auditory Streaming and the Building of Timbre.* Canadian Journal of Psychology, 32, 19–31.

Browman, C. P. & Goldstein, L. E. (1992). *Articulatory Phonology: an Overview.* Phontica, 49, 155–180.

Brown, S., Merker, B. & Wallin, N. (2000). *An Introduction to Evolutionary Musicology.* In N. Wallin, B. Merker, & S. Brown (eds.), The Origins of Music. Cambridge, MA: MIT Press.

Chomsky, N. (1965). *Aspects of the Theory of Syntax.* Cambridge, MA: MIT Press.

Chomsky, N. (1972). *Studies on Semantics in Generative Grammar.* The Hague: Mouton.

Chomsky, N. (1975). *Reflections on Language.* New York: Pantheon.

Chomsky, N. (1980). *Rules and Representations.* New York: Columbia University Press.

Chomsky, N. (1981). *Lectures on Government and Binding.* Dordrecht, Netherlands: Foris.

Chomsky, N. (1988). *Language and Problems of Knowledge: The Managua Lectures.* Cambridge, MA: MIT Press.

Chomsky, N. (1991). *Linguistics and Cognitive Science: Problems and Mysteries.* In A. Kasher (ed.), The Chomskyan turn. Cambridge, MA: Blackwell.

Chomsky, N. (1995). *The Minimalist Program.* Cambridge, MA: MIT Press

Chomsky, N. (2002). *New Horizons in the Study of Language and Mind.* New York: Cambridge University Press.

Chomsky, N. (2000b). *On Nature and Language.* New York: Cambridge University Press.

Clark, E. V. (1993). *The Lexicon in Acquisition.* New York: Cambridge University Press.

Clark, A. G., Glanowski, S., Nielsen, R., Thomas, P. D., Kejariwal, A., Todd, M. A., et al. (2003). *Inferring Nonneutral Evolution from Human-chimp-mouse Orthologous Gene Trios.* Science, 302(5652), 1960–1963.

Culicover, P. W. (1999). *Syntactic Nuts: Hard Cases, Syntactic Theory, and Language Acquisition.* New York: Oxford University Press.

Culicover, P. W. & Jackendoff, R. (2005). *Simpler Syntax.* New York: Oxford University Press.

Dale, P. S., Simonff, E., Bishop, D. V. M., Eley, T. C., Oliver, B., Price, T. S., Purell, S., Stevenson, J. & Plomin, R. (1998). *Genetic Influence on Language Delay in Two-year-old Children.* Nature Neuroscience, 1(4), 324–328.

Dawkins, R. (1986). *The Blind Watchmaker: Why the Evidence of Evolution Reveals a Universe Without Design.* New York: Norton.

Deacon, T (1997). *The Symbolic Species: The Coevolution of Language and the Brain.* New York: Norton.

Dehaene, S. (1997). *The Number Sense: How the Mind Creates Mathematics.* New York: Oxford University Press.

Dehaene, S., Spelke, L., Pinel, P., Stanescu, R. & Tsivkin, S. (1999). *Sources of Mathematical Thinking: Behavioral and Brain-imaging Evidence.* Science, 284, 970–974.

Diesendruck, G. & Markson, L. (2001). *Children's Avoidance of Lexical Overlap: A Pragmatic Account.* Developmental Psychology, 37, 630–644.

di Sciullo, A. M. & Williams, E. (1987). *On the Definition of Word.* Cambridge, MA: MIT Press.

Dooling, R. J. & Brown, S. D. (1990). *Speech Perception by Budgerigars (Melopsittacus unduldtus): Spoken Vowels.* Perception and Psychophysics, 47, 568–574.

Eimas, P. D. & Miller, J. L. (1992). *Organization in the Perception of Speech by Young Infants.* Psychological Science 3(6), 340–345.

Enard, W. Przeworskd, M, Fisher, S. E, Lai, C. S, Wiebe, V, Kitano, T, Monaco, A. P. & Paabo, S. (2002). *Molecular evolution of FOXP2, a Gene Involved in Speech and Language.* Nature, 418, 869–872.

Everett, D. (2004). *Cultural Constraints on Grammar and Cognition in Piraha: Another look al the Design Features of Human Language.* Unpublished manuscript, University of Manchester.

Fitch, W. T. & Hauser, M. D. (2004). *Computational Constraints on Syntactic Processing in Nonhuman Primates.* Science, 303, 377–380.

Gallistel, C. R. (1990). *The Organization of Learning.* Cambridge, MA: MIT Press.

Gelman, S. A. & Heyman, G. D. (1999). *Carrot-eaters and Creature-believers: the Effects of Lexicalization on Children's Inferences About Social Categories.* Psychological Science, 10 (6), 489–493.

Gentner, D. (1981). *Some Interesting Differences Between Verbs and Nouns.* Cognition and Brain Theory, 4, 161–178.

Givon, T. (1995). *Functionalism and grammar.* Philadelphia: John Benjamins.

Gleitman, L. R. (1990). *The Structural Sources of Verb Meaning.* Language Acquisition, 1, 3–55.

Goldberg, A. (2003). *Constructions: A New Theoretical Approach to Language.* Trends in Cognitive Sciences, 7(5), 219–224.

Gopnik, M. & Crago, M. (1991). *Familial Aggregation of a Developmental Language disorder.* Cognition, 39, 1–50.

Green, D. M. (1976). *An Introduction to Hearing.* Hillsdale, N: Erlbaum.

Grinstead, J. MacSwan, J, Curtiss, S, & Gelman, R. (1997). *The Independence of Language and Number.* Paper presented at the Twenty-Second Boston University Conference on Language Development.

Grinstead, J. MacSwan, J. Curtiss, S. & Gelman, R. (2004). *The Independence of Language and Number.* Unpublished manuscript, University of Iowa, Cedar Fall, IA.

Halle, M. & Marantz, A. (1993). *Distributed Morphology and the Pieces of Inflection.* In K. Hale, & S.J. Keyser (eds), The View from Building 20: Essays in honor of Sylvain Bromberger. Cambridge, MA: MIT Press.

Halle, M. & Vergnaud, J. R. (1980). *Three-dimensional Phonology.* Journal of Linguistic Research, 1, 83–105.

Hauser, M. D. (1996). *The Evolution of Communication.* Cambridge, MA: MIT Press.

Hauser, M. D. Chomsky, N. & Fitch, W. T (2002). *The Faculty of Language: What Is It, Who Has It, and How did It Evolve*? Science, 298, 1569–1579.

Hickok, G. & Poeppel, D. (2000). *Towards a Functional Neuroanatomy of Speech Perception.* Trends in Cognitive Sciences, 4(4), 131–138.

Hockett, C. E. (1960). *The Origin of Speech.* Scientific American, 203, 88–111.

Hornstein, N. (2002). *The Minimalist Program and the Evolution of Language.* Paper presented at the "*The structure of the innate mind*," AHRB Project on Innateness and the Structure of the Mind, Baltimore.

Hurford, J. R. (1989). *Biological evolution of the Saussurean sign as a component of the Language Acquisition Device.* Lingua, 77, 187–222.

Jackendoff, R. (1989). *A comparison of rhythmic structures in music and language.* In: P. Kiparsky & G. Youmans (eds.), Phonetics and phonology (VoL 1) New York: Academic Press.

Jackendoff, R. (1992). *Languages of the Mind.* Cambridge, MA: MIT Press.

Jackendoff, R. (1994). *Patterns in the Mind: Language and Human Nature.* New York: Basic Books.

Jackendoff, R (1996). *How language helps us think.* Pragmnatics and Cognitiomn, 4, 1–34.

Jackendof, R. (1997). *The architecture of the language faculty.* Cambridge, MA: MIT Press.

Jackendoff, R. (2002). *Foundations of Language: Brain, Meaning, Grammar, Evolution.* New York: Oxford University Press.

Jackendoff, R. (2007). *Language Culture, Consciousness: Essays on Mental Structure.* Cambridge, MA: MIT Press.

Johnson, D. & Lappin, S. (1997). *A CITIUE of the Minimalist Program.* LNGUISTCS and PHILSOPTY, 20, 273–333.

Johnson, D. & Lappin, S. (1999). *Local Constraints vs. economy.* Stanford, CA: CSLI Publications.

Keneally, C. (2003). *The Human Factor. Boston globe.* JAN. S, 2003 (p.D1–D3)..

Kluender, K. (1994). *Speech perception as a tractable problem in cognitive science.* In M. Gernsbacher (Ed), Handbook of psycholinguistics. San Diego: Academic Press.

Kojima, S. & Kiritani, S. (1989). *Vocal-auditory Functions in the Chimpanzee: Vowel Perception.* INTENUATIONAL Journal of Primatology, 10, 199–213.

Koopman, H. (2000). *The syntax of SPECIFERS and heads*, New York: Routledge.

Kuhl, P. K. (1991). *Human Adults and Human Infants Show a "Perceptual Magnet Effect" for the Prototypes of Speech Categories, Monkeys Do Not.* PRREPTION and Psychophysics, S0(2), 93– 107.

Kuhl, P. K. & Miller, J. D. (1975). *Speech perception by the Chinchilla: Voiced-Voiceless Distinction in Alveolar Plosive Consonants.* Science, 190, 69–72.

Lai, C. S.L, Fisher, S. E, Hurst, J. A, Vargha-Khadem, E. & Monaco, A. P. (2001). *A Novel Forkhead-domain Gene Is Mutated in a Severe Speech and Language Disorder.* Nature, 413, 519–523..

Lappin, S, Levine, R. D. & Johnson, D. (2000). *The Structure of Unscientific Revolutions.*

Natural Language and Lingustic Theory, 18, 665–671.

Lasnik, H. (2002). *The Minimalist Program in Syntax.* Trends in Cognitive Sciences, 6(10), 432–437.

Lerdahl, E. & Jackendoff, R. (1983). *A Generative Theory of Tonal Music.* Cambridge, MA: MIT Press.

Liberman, A. M. (1985). *The Motor Theory of Speech Perception Revised.* Cognition, 21, 1–36.

Liberman, A. M. (1991). *After thoughts on modularity and the motor theory.* In I. G. Mattingly, & M. Studdert-Kennedy (Eds.), Modularity and the Motor Theory of Speech perception. Mahwah, NJ: Elbaum.

Liberman, A. M. Cooper E. S, Shanloweiler, D. P. & Studdert-Kennedy, M. (1967). *Perception of the Speech Code.* Psychological Review, 74, 431–461.

Liberman, A. M, & Mattingly, I. G. (1989). *A Specialization for Speech Perception.* Science, 243, 489– 494.

Lieberman, P. (1984). *The Biology and Evolutin of language.* Cambridge, MA: Harvard University Press.

Lieberman, P. (2003). *Motor control, speech, and the evolution of language.* In M. Christiansen, & S. Kirby (Eds.), Language Evolution: States of the Art. New York: Oxford University Press.

MacLarmon, A. & Hewitt, G. (1999). *The evolution of human speech: the role of enhanced breathing control.* American Journal of Physical Anthropology, 109, 341–363.

Marcus, G. F. (2001). *The Algebraic Mind: reflections on Connectiouism and Cognitive Science.* Cambridge, MA: MIT Press.

Markman, E. (1989). *Categorization and Naming in Children: Problems of Induction.* Cambridge, MA: MIT Press.

Markson, L. & Bloom, P. (1997). *Evidence against a Dedicated system for Word learning in children.* Nature, 385, 813–815.

Marr, D. (1982). *Vision.* San Franisco: W. H. Freeman.

Mille, G. A. (1967). *The psycholinguists.* In G. A. Miller (Ed.), The Psychology of comunication. London: Penguin Books.

Miller, G. A. (1991). *The Science of words.* New York: W.H. Freeman.

Miller, G. A. & Fellbaum, C. (1991). *Semantic Networks of English.* Cognition, 41 (1–3), 197–229.

Miller, G. A. Galanter, E. & Pribram, K. H. (1960). *Plans and the Structure of Behavior.* New York: Adams–Bannister–Cox.

Miller, J. L. & Eimas, P. D. (1983). *Studies on the categorization of Speech by infants.* Cognition, 13(2), 135–165.

Newmeyer, E. J. (2003). Review Article: Chomsky, "*On Nature and Language*"; "*Anderson and Lightfoot*," The Language Organ; Bichakjian, "Language in a Darwinian perspective." Language, 79 (3), 583–599.

Nowak, M. A. & Komarova, N. L. (2001). *Towards an Evolutionary Theory of Language.* Trends in Cognitive Sciences, 5(7), 288–295.

Nowak, M. A. & Krakauer, D. C. (1999). *The Evolution of Language.* Proceedings of the National Academy of Science USA, 96, 8028–8033.

Nowak, M. A. Plotkin, J. B. & Jansen, V. A. (2000). *The Evolution of Syntactic Communication.* Nature, 404, 495–498.

Osherson, D. N. & Wasow, T. (1976). *Task–specificity and species specificity in the study of language: a methodological note.* Cogntion, 4, 203–214.

Perna, M. Maki, A. Kovacic, D. Dehaene–Lambertz, G. Kiozumi, H. Bouquet, F, et al. (2003). *Sounds and Silence: An Optical Tomography Study of Language Recognition at Birth.* Proccedings of the National Academy of Science USA, 100(20), 11702–11705.

Pennock, R. T. (2000). *Tower of Babel: The Evidence Against the New Creationism.* Cambridge, MA: MIT Press.

Peretz, L. Gagnon, L. & Bouchard, B. (1998). *Music and Emotion: Perceptual Determinants, Immediacy, and Isolation After Brain Damage.* Cognition, 68, 111–141.

Pitlli–Palmarini, M. & Uriagereka, J. (2004). *The immune syntax: the evolution of the language virus.* In L. Jenkins (Ed), Variation and Universals in Biolinguisics. Oxford: Elsevier.

Pinker, S. (1984). *Language learnability and Language Development.* Cambridge, MA: Harvard University Press.

Pinker, S. (1987). *The bootstrapping problem in language acquisition.* In B. MacWhinney (Ed), Mechanisms of Language Aquisition. Hillsdale, NJ: Erlbaum.

Pinker, S. (1989). *Learnability and Cognition: The Acquisition of Argument Structure.* Cambridge, Mas: MIT Press,

Pinker, S. (1994a). *How Could a Child Use Verb Syntax to Learn Verb Semantics?* Lingua., 92, 377–410.

Pinker, S. (1994b). *The Language Instinct.* New York: Haper Collins.

Pinker, S. (1997). *How the Mind Works.* New York: Norton.

Pinker, S. (1999). *Words and Rules: the Ingredients of Language.* New York: Harper Collins.

Pinker, S. (2003). *Language as an adaptation to the cognitive niche.* In M. Christiansen. & S. Kirby (Eds.), Language Evolution: States of the Art. New York: Oxford University Press.

Pinker, S. & Bloom, P. (1990). *Natural Language and Natural Selection.* Behavioral and Brain Sciences, 13, 707–784.

Poeppel, D. (2001).*Pure Word Deafness and the Bilateral Processing of the Speech Code.* Cognitive Science, 21(5), 679–693.

Postal, P. M. (2004).*Skeptical Linguistic Essays.* New York: Oxford University Press.

Pullum, G. K. (1996). *Nostalgic Views from Building 20.* Journal of Lingustic, 32, 137–147.

Remer, R. E. (1989). *When the objects of perception are spoken.* Ecological Psychology, 11(2), 161–180.

Remez, R. E. (1994). *A guide to research on the perception of speech. Handbook of psycholinguistics*.New York: Academic Press, 145-172.

Remez, R. E. Pardo, J. S. Piorkowski, R. L. & Rubin, P. E. (2001). *On the Bistability of Sine Wave Analogues of Speech.* Psychological Science, 12(1),24-29.

Rizolatti, G. Fadiga, L. Gallese, V. & Fogassi, L.(1996).*Premotor cortex and the recognition of motor actions.* Cognitive Brain Research,3, 131-141.

Rochemont, M. S. & Culicover, P. W. (1997). *Deriving dependent right adjuncts in English.* In D. Beerman, D. LeBlanc, & H. Van Riemsdijk (Eds.), Rightward movement. Amsterdam: John Benjamins.

Schank, R. & Abelson, R. (1975). *Scripts, Plans, Goals, and knowledge.* Mahwah, J.: Erlbaum.

Scofeld,J. & Behrend, D. A. (2003). *Two-year-olds differentially Disambiguate Novel Words and Facts.* Unpublished manuscript, University of Arizona.

Senghas, A, & Coppola, M. (2001). *Children Creating Language: How Nicaraguan Sign Language Acquired a Spatial Grammar.* Psychological Science, 12, 323-328.

Seuren, P. (2004). *Chomsky's Minimalism.* New York: Oxford University Press.

Shapiro, K. A, Pascual-Leone, A, Mottaghy, E. M, Gangitang M, & Caramazza, A (2001). *Grammatical Distinctions in the Left Frontal Cortex.* Journal of Cognitive Neuroscience, 13 (6), 713-720.

Simon, H. A. (1969). *The architecture of complexity.* In H. A. Simon (eds.) The Sciences of the Artificial. Cambridge, Mass: MIT Press.

Sinott, J. M. (1998). *Comparative Phoneme Boundaries.* Curruntt Topics in Acoustical Research, 2, 135-138.

Sinott, J. M. & Brown, C. H. (1997). *Perception of the American Engish liquid/ra-la/ contrast by Humans and Monkeys.* Journal of the Acoustical Society of America, 102(1), 588-602.

Sinott, J. M. Brown, C. H. & Borneman, M. A. (1998). *Effects of Syllable Duration on Stop Glide Identification in sylable-initial and syllable-final position by humans and monkeys.* Percption and Psychoplhysics, 60(6), 1032-1043.

Sinott, J. M., Brown, C. H, Malik, W. T, & Kressley, R. A. (1997). *A Multidimensional Scaling Analysis of Vowel Discrimination in Humans and Monkeys.* Perception and Psychophysics, 59 (8), 1214-1224.

Sinott, J. M. & Saporita, T. A. (2000). *Differences in American English, Spanish, and Monkey Perception of the Say-stay Trading Relation.* Perception and Psychophysics, 62(6), 1312-1319.

Sinnott, J. M. & Williamson, T .L. (1999). *Can Macaques Perceive Place of Articulation from Formant Transition Information?* Journal of the Acoustical Society of America, 106(2), 929-937.

Slobin, D.1 (1977). *Language change in childhood and in history.* In J. Macnamara (eds.), Language Learning and Thought. New York: Academic Press.

Stromswold, K. (2001). *The heritability of Language: a Review and meta-analys's of Twin and Adoption Studies.* Language, 77, 647-723.

Talmy, L.(1985). *Lexicalization patterms: semantic structure in lexical forms.* In T Shopen (eds.),

Language Typology and Syntactic description. (Ⅷ). New York: Cambridge University Press.

The SLI Consortium. (2002). *A Genomewide Scan Identifes Two Novel Loci Involved in Specific Language Impairment.* American Journal of Human Genetics, 70, 384–398.

Tooby, J. & DeVore, L. (1987). *The reconstruction of hominid evolution through strategic modeling.* In W. G. Kinzey (eds.), The Evolution of Human Behavior: Primate Models. Albany, NY: SUNY Press

Trout, J. D. (2001). *The Biological Basis of Speech: What to Infer from Talking to the Animals.* Psychological Review, 108(3), 523–549.

Trout, J. D. (2003a). *The Biological Basis of Speech: Talking to the Animals and Listening to the Evidence.* http://www.columbia.edu/–remez/27apr03.pdf

Trout, J. D. (2003b). *Biological Specializations for Speech: What Can the Animals Tell Us?* Current Directions in Psychological Science, 12(5), 155–159.

Ullman, M. T. (1999). *Acceptability Ratings of Regular and irregular Past–tense Forms: Evidence for a Dual–system Model of Language from Word Frequency and Phonological Neighborhood Effects.* Language and Cognitve Processes, 14, 47–67.

Ullman, M. T. & Gopnik, M. (1999). *Inflectional Morphology in a Family with Inherited Specifc Language Impairment.* Applied Psycholinguistics, 20,51–117.

Van der Lely, H. K. J. Rosen, S. & McCelland, A. (1998). *Evidence for a grammar–specifc deficit in children.* Current Biology, 8, 1253–1258.

Vargha–Khadem, F. Watkins, K. Alcock, K. Fletcher, P. & Passingham, R. (1995). Praxic and Nonverbal Cognitive Deficits in a Large Family with a Genetically Transmitted Speech and Language Disorder. Proceedings of the National Academy of Sciences USA, 92, 930–933.

Vouloumanos, A. Kiehl, K. A. Werker, J. F. & Liddle, P. F. (2001). Detection of Sounds in the Auditory Stream: Event–related FMRI Evidence for Differential Activation to Speech and Nonspeech. Journal of Cognitive Neuroscience 13(7), 994–1005.

Vouloumanos, A. & Werker, J. F. (2004a). A Neonatal Bias for Speech that is Independent of Experience. Paper presented at the Fourteenth Biennial International Conference on Infant Studies, Chicago.

Vouloumanos, A. & Werker, J. F. (2004b). *Tuned to the Signal: The Privileged Status of Speech for Young Infants.* Developmental Science, 7,270–276.

Wade, N. (2003). *Early Voices: The Leap to Language.* New York Times, July 15, D1–D3.

Wallman, J. (1992). *Aping Language.* New York: Cambridge University Press.

Waxman, S. & Booth, A. (2001). *On the insufficiency of domain general accounts of Word–learning: A Reply to Bloom and Markson.* Cognition, 78, 277–279.

Wiese, H. (2004). *Numbers, Language, and the Human Mind.* New York: Cambridge University Press.

Williams, G. C. (1966). *Adaptation and Natural Selection: A Critique of Some Current Evolutionary Thought.* Princeton, NJ: Princeton University Press.

10　心智是如何运作的?

哲学家杰里·福多尔是我研究生时期的老师,还和我在MIT共事三年,他对我影响甚深。他清晰地阐释了心智的计算理论、认知的先天性逻辑以及人类的心智是一种模块系统的理论,让我受益匪浅。

委婉一点说,我们也有意见不同的时候。在《思维的本质》一书中,我向他声名狼藉的假说开了刀——他认为人类心智先天就配备了50 000个概念,包括了"门把手""长号"和"化油器"。这一假说源于福多尔一个与事实不符的前提(我是这么认为):词语意义的心理表征具有原子性,即,不能被分解为更基础的语义概念,如"致使"和"移动"。而且,他在2000年出版的书《心智不是如此运作的》(*The Mind Doesn't Work That Way*)剑指我在1997年出版的书《心智探奇》(*How the Mind Works*)。本文是我对福多尔的回应,文章辩护了我迥异于福多尔的解释心智计算理论、心智模块性以及心智进化理论。

2000年,杰里·福多尔出版了一本名为《心智不是如此运作的》(*The Mind Doesn't Work That Way*)(后文称TMDWTW)的书。据福多尔所言,"心智不是如此运作的"指的就是我的书《心智探奇》(HTMW)[1]中所介绍的心智运作方式。这篇文章是对福多尔的回应,有人可能会认为题目应该是"不,它就是这样运作的!"(Yes, It Does!)。但是,基于接下来很快就要阐明的理由,更适合的题目应该是《没人说过它是如此运作的》(*No One Ever Said It Did*)。

福多尔称《心智探奇》中的理论是一种"新综合论"(New Synthesis)。这一理论融合了20世纪50年代和60年代的认知进化学的核心思想——心智是一种计算系统——以及20世纪60年代和70年代的新进化生物学的核心思想——自然世界的设计现象是可复制实体(即基因)自然选择的产物。这种综合论有时候被称为进化心理学,通常还整合了第三种思想,即,心智不是单个的实体,而是由许多专门解决不同适应性问题的官能组成。总之,心智是一个由计算器官构成的系统,此系统使得我们的祖先能在人类物种进化史大部分时间的物理世界和社会世界中生存和繁殖。

熟悉福多尔对认知科学所作贡献但还未阅读TMDWTW一书的读者,如果知道福多尔如此断然地表示不同意见，也许会心生不解。HTMW一书的第一个重要主题是计算，而福多尔对心智的计算理论(思考是一种计算形式)的维护超过任何人。第二个重要主题是特化，而福多尔最具影响力的书叫作《心智的模块性》(*The Moduality of Mind*)，该书辩护的是这一思想：心智由不同的官能构成，不是单一的多用途学习机制或智能算法。第三个主题是进化，先天生物学系统之源，而福多尔就像很多进化心理学家一样，乐于假定心智这一生物学结构的先天性远远超过当代哲学和心理学的共识。所以福多尔坚称HTMW大错特错，实在令人大跌眼镜。福多尔和我的分歧一定在于：应当如何用计算的概念、官能心理学(特化)和先天性生物学组织解释心智。本文将按此进行组织。

《心智探奇》中的计算概念

根据HTMW(24—27页；第2章)，心理生活(mental life)由信息加工或计算构成。信念是一种信息，思考是一种计算，而情绪、动机和愿望是一种反馈机制，通过此机制，主体(agent)感知当前状态与目标状态的差异，并执行被设计减少这一差异的操作。在这一语境中，"计算"指的不是商业数字计算机所做的事情，而是一种更通用的机械理性概念，福多尔本人做了大量的工作阐述这一概念(Fodor，1968；1975；1981；1994)。

在此构想中，通过所谓的计算系统，知识和目标被表示为物质位元(bits of matter)中的模式("表征")。计算系统的设计初衷是：一个表征可以导致另一个表征的形成；并且这种变化反映了某些规范系统(如逻辑学、统计学)的规律，或世界中的因果规律。因此该系统的设计可以确保如果旧表征精确则新表征也一样精确。为了追求目标而从旧的精确信念中衍生新的精确信念——对"智能"下的这一定义还不错，所以心智计算理论(the computational theory of mind，CTM)的主要优势在于，它可以解释一大块物质(大脑或计算机)如何能产生智能。

CTM还有其他的卖点。它桥接了心智与物质的世界，解决了这个古老的悖论：如推理、目的、意义和信念这般看似缥缈虚无的实体，如何能与物理世界发生相互作用。它推动了认知心理学学科的产生，实验者们在这一学科中描述了心智的信息结构和过程(表象的阵列、句子的树形结构、长时记忆网络，等等)。既然计算系统能具有可产生微妙、情境合理行为的复杂条件、回路、分支和过滤器，那么CTM使得心智可以被描述为一种生物学机制，就不会让人想起那些本能的反应和粗俗的欲望及命令(drive and imperative)，从而对这一思想退避三舍。最终，心理生活——内部表征和过程——似乎比因环境而异的显性行为更为规范和普遍。这一观点也是乔姆斯基下列这一理论的基础：只有一种普遍语法可以忽略显性词语和句式的差异，适用于世界上所有的语言。HTMW的大部分内容将这一思想扩展到了人类心理学的其他领域，例如情绪、社会关系和性关系，以及幽默。

我承认，福多尔抓住了“计算”的要义，在此意义上，可以理智地认为心智是一种计算机，从这一点来说，福多尔理应获得认可。这一意义——系统的状态转换映射到了逻辑关系上，或如同福多尔经常所说的，该系统的组件同时具有因果和语义性质——一字都没提到二进制数字、程序计数器、寄存器操作、存储程序，或者那些处理我们邮件或计算我们税金的机器的任何细节，这些不可能是人类大脑的表征。福多尔的原创构想的美妙之处在于，它包含了各种我们可能称之为具有“计算性”的系统，包括可以实施并行计算、模拟计算（计算尺和加法机）以及模糊计算（在这种计算中，分级的物理变量代表了某件事为真的程度，或某件事为真的概率，并且这种物理转换被设计为映射了概率理论或模糊逻辑学、而不是经典逻辑学中的操作）的系统。任何对“计算”概念的充分描述都应包含这些可能。总之，“数字计算机”这一术语并不累赘，而“模拟计算机”和“并行计算机”的术语也不自相矛盾。

与此同时，心智计算理论绝不空洞，也不具有必然性。它可以与认为智能来自非物质实体（灵魂）的传统观念加以区分。它异于认为智能只可能通过神经组织的特定生化性质而产生的观点。它异于认为心理生活只能根据第一人称现在时态的主观体验来理解的观点。而且，它异于认为智能只能通过考虑心理状态在世界中的指称物或检验嵌入物理和社会语境中的化身人进行理解的观点。福多尔强调了这一思想——计算系统中的表征具有句法性：它们由各个部分按照某种排列组成，而且，该系统的因果机制对这些部分的身份和排列、而不是其在世界中的指称物敏感。

《心智探奇》中的特化概念

HTMW没有试图用少量的通用原则（例如大脑容量、文化、语言、社会化、学习、复杂性、自组织或神经网络动力学）解释人类的所有行为。相反，书中说道，心智由专用于特定种类推理或目标的子系统构成（27—31页）。例如，人类的智能包含了各种官能，专用于进行与空间、数字、概率、逻辑、物理客体、生命体、人造物体和心智有关的推理。我们的情感库由关于物理世界的情绪（例如恐惧和厌恶）以及关于社会和道德世界的情绪（如信任、同情、感激、罪恶感、愤怒和幽默）构成。我们的社会关系可以根据各种应用在我们的子女、父母、同胞手足、亲属、配偶、性伴侣、敌人、竞争对手、贸易伙伴和陌生人身上的心理学进行划分。我们还配备了很多交流接口,最为突出的是语言、手势、呼喊和面部表情。

我们想要类比的对象是身体,身体由系统组成,系统又可分成器官,器官由组织聚合,组织由细胞构建。因此,我们的“计算器官”不是摆在一块板子上的碎片,几次焊接就能将其连接。就像某些组织(如上皮组织)(经过修改后)可用在很多器官中,以及某些器官(如血液和皮肤)能在广泛的界面中与身体其他部分产生相互作用一样,某些种类的特化思维和情绪也可以作为成分被合并到不同的组件中去。例如,人工制品的概念(由智能主体为了实现一个目标而制造的物体)就合并了来自直觉物理学中的物体概念和来自直觉心理学中的目标概念。同胞关系心理学包含了情感中的情绪(还指向了配偶和朋友)、由感知到的亲缘关系触发的额外团结感以及对与同胞发生性关系的想法的厌恶感。

这种官能心理学有很多优点。它符合需要特化机制的认知官能模型(如语言、空间认知和听觉的认知官能模型,其特化机制分别为名词和动词、非自我中心和自我中心参照系,以及音调和音色)。它获得了证据的支撑,人类存在一些可以片面影响这些官能的神经和遗传障碍,如有些神经障碍患者识别面部(以及类似面部的形状)有困难,但识别其他物体没有问题,或者,推理心理状态有困难,但推理物体或图像则无问题。最后,我们需要用官能心理学解释人类思维和情绪中诸多复杂而系统的模式。我们爱自己的兄弟姐妹,但不想与其发生性关系,我们可能想要与有魅力的陌生人发生性关系,但不必爱上他们——用社会心理学理论无法解释这些事实,因为它没有区分人类关系的种类,而只是诉诸整体性的欲望,如“正向情感”。

《心智探奇》对进化思想的推崇

进化是HTMW中的第三个关键思想(21—24页;第3章)。组成人类心智的计算器官并不适于解决任意的计算问题,而只能解决那些增加了我们的觅食者祖先在史前社会繁殖概率的问题。

援引进化的一大优势在于,它为心理学提供了解释充分性。它有助于解释为什么我们拥有现在的特化结构:为什么儿童能直觉性地学习口语,却只能靠教导和后天努力学习书面语言,为什么人类的回忆系统满足一种最优信息检索系统的很多技术要求,为什么我们偏好的性伴侣是散发健康和繁殖力信号的非亲缘关系者。更普遍的是,它解释了为什么人类心灵具有的特定特征无法仅从大脑参与计算的命题进行预测。

进化心理学还有助于解释很多与错误、非理性和幻觉有关的实例——我们为什么会赌博、吃垃圾食品、产生视幻觉、对名人着迷,并且,怕蛇和怕高更甚于惧怕浴缸旁的电吹风或不系安全带驾驶。这一解释的本质在于,我们的心智经过进化而适应的祖先环境与我们现在所处的环境可能并不匹配。

认知科学和进化心理学的综合论最广泛的吸引力在于,它继续推进了假定不可通约的形而上学领域的统一过程,这是四个世纪以来科学的主要推动力(Tooby和Cosmides,1992;Wilson,1998)。牛顿统一了天和地,赖尔(Lyell)统一了形成性的过去和静止的现在[①],魏勒(Wöhler)统一了生命组织和无生命化学[②],而达尔文、孟德尔和沃森及克里克则将生物体中貌似具有目的性的设计与正常的正向因果过程进行了统一。同样,“人类心智是一种进化而来的计算机”这一思想旨在桥接人类知识最后的鸿沟:物质与意识、生物学与文化、自然与社会、自然科学与人性。这种知识大融通不仅有望获得一种更简约的形而上学,还能为研究心智及其产物的学科提供更佳的深度和解释力。对心理学功能的假设不能来自异想天开,而是必须与进化生物学兼容,某些情况下还可能从中演绎得来。

现在我将转向福多尔在批评HTMW时对这些主题的看法。

《心智不是如此运作的》中的计算概念

在TMDWTW中,福多尔争论道,他的意思从来不是所有的心智都可以被解释为一种计算。与之相反,有一件关键的事情人类心智可以做到但计算系统无法做到。我将很快讨论这种据称是人类所特有的能力,但如果HTMW和TMDWTW连对“计算”这个词语的定义都不同的话,这一辩论就无从继续。

况且,两书的定义确实不同。在TMDWTW中,福多尔偏离了他在之前的论文中对计算的通用描述,假想了一种远比之特殊并且心理学可信性更低的版本。他现在将“心智的计算理论”定义为“(人类)认知的体系结构是否有趣地类似于图灵计算机的体系结构”(105页,注3)。同样,他评估了下列这一思想,“认知体系结构是‘经典图灵’体系结构;即,心智有趣地类似于一种图灵机”(30页)[2]。

图灵机的设计目标是一种假想计算机,艾伦·图灵(Alan Turing)想证明部分递归函数可以被形式化指定的机械系统计算,他发现用这种假想计算机证明会很方便。图灵机由一个控制单元和一条无限纸带构成,纸带被划分为很多方格,方格可以印上固定数量符号中的任一个符号。纸带可以作为图灵机的输入、输出和工作

①均变论的古今一致思想——译者注。

②合成尿素,第一次由无机物合成有机物——译者注。

记忆;控制单元可以一次"看"一个方格。控制单元可以处于有限数量的状态,并被一个有限的转移网络所控制,该网络可以感知机器的状态和纸带上的可见符号,响应性地改变状态,打印或擦除一个符号,并向左或向右将纸带移动一格。图灵机可以计算任何部分递归函数、任何由重写规则构成的语法,而且,人们普遍认为,任何以离散符号为基础且在有限步数内获得答案的可物理实现机器所能计算的东西,它也可以计算。

没人制造出来过图灵机(除了教学目的外),因为它的编程难度令人抓狂,运行效率低得骇人听闻。它的发明初衷只是作为一种方便的数学构造,而不是一种可用计算机的原型,当然也不是人类心智功能的模型。没人真的认为"认知的体系结构是一种经典图灵机体系结构",所以TMDWTW的核心前提——图灵机不适于解决人类心智可以轻易解决的特定种类问题——其实离题万里。此前提与HTMW决然没什么关系,因为后者煞费苦心地将图灵机及当代电子计算机与通用的计算概念进行了区分(26—27页,64—69页)。

很难相信福多尔真的认为人类的记忆就像一条可被划分为很多方格的纸带,即使是在那些他相信真实存在CTM的领域(如语言分析)。尽管福多尔明确指向了计算体系结构,但有没有可能他心里想的是更抽象的东西?他的确提出了更弱的"心智是图灵等价"理论(105页,注3;还可见33页),以及"心智是图灵机的'输入—输出等价'"理论。但也没人会辩护这一版本的"心智计算理论"。图灵机可计算的函数类包括了每一种你有理由考虑的计算机程序(计算圆周率、安排公司的工资表),以及无数种人们没有理由去考虑的程序。在福多尔认为最适于计算分析的领域——语言领域中,语言学家认为下面这一点不证自明:可能的人类语言的集合要远远小于图灵机可产生的语言集。如果不是这样,对普遍语法的描述就会变得琐碎不堪,而语言也将不可学习(Pinker,1979)。所以"图灵机等价"理论是"图灵机体系结构"理论的障眼法。

在一处地方,福多尔概述了"有趣地类似于"图灵机的计算体系结构的性质。他认为有一种版本的CTM属于图灵机,在此种CTM中,"心理过程是在很像句子的句法结构化心理表征上定义的运算(4页)"。这一描述同样让人感到迷惑。首先,图灵机从设计上来说就对表征的结构不敏感:它们一次只能"看见"一个符号,顶多能被编程模拟对结构敏感的系统。图灵本人也从未谈论过与结构化或类句子表征有关的东西[3]。原则上,人们可以给一台图灵机编程,模拟一种对结构敏感的体系结构,但是另一方面,人们也可以给一台图灵机编程,模拟一种联结主义的体系结构(使用近似到某个任意精度的模拟值)。至于真实的计算机,本身就会利用多种表征格式,这些格式大部分都并不特别像句子(关系数据库、图像文件、递归列表结构等等)。除了乔姆斯基的"逻辑式"和句法中其他的语义相关信息表征可能为例外,人类心智的计算模型罕有"很像句子的心理表征"。例如,可以观察一下可视表面阵列(又名2又1/2维草图理论,2½-D sketches)、语义网络、心理模型、短语—结构规则和模拟表象表征。

有时候,福多尔会援引一种仍然更弱的("最低限度")CTM形式,即,"认知过程中心理表征的角色总是依随于句法事实"(29页),也就是说,心理表征通过其组成符号的身份和排列来影响认知加工。他称这种系统具有"经典"的计算体系结构(31页),他将其与联结主义和联想论的替代形式(只对特征集敏感,并缺乏句法组织)对比,并承认此系统具有图灵机的计算能力(30页)。在一段深奥和混乱的讨论(28—33页)中,福多尔似乎以如下方式将最低限度-CTM与他的强"图灵机体系结构-CTM"进行了对比。图灵机只可以处理本地信息,例如,一个命题内部的信息,因此无法对整个命题集的总体性质进行响应,如其总体是否具有简约性,或其是否彼此相关或一致。相比之下,最低限度-CTM计算机一次能处理任意大的命题集,包括有助于确定剩余命题是否满足某个总体性质的命题。福多尔警告读者,为了实现这一目的,最低限度-CTM计算机就必须一口吞下大得令人难以置信的数据库,或许是该系统全部的知识。

通过所有这些描述,福多尔在接近于黑客所言的"裸机"(bare metal)层次描述了一种计算系统:直接内置于硬件中的基本信息加工运算。这导致他反复强调计算系统有多短视和僵化,后面会提到,他不恰当地将之与人类心智进行了比较。福多尔从未承认,真实的计算机会用多个软件层覆盖裸机,正是这些软件使计算机获得了更广阔的适用范围和更灵活的能力;他也没有承认,正是这种程序员和用户可见的"虚拟机"指定了计算机系统在实践中的能力。一个明显的例子是互联网的搜索引擎,搜索引擎在万维网上反复检查网页,并构建一个数据库,收集哪些词语在哪些文件中出现,哪些文件与其他文件有关联。通过处理这一数据库,而不是直接处理整个互联网,搜索引擎可以对总体性质产生响应,例如网上的哪一个网页可能与搜索请求最为相关。一个只通过TMDWTW了解计算本质的人,无法知道计算机能完成这一壮举。

同样奇怪的是,福多尔只字未提那些被提议作为心智真实模型的计算体系结构。TMDWTW中没有提到生成系统、语义网络、知识表征语言、合一系统(unification system)、动态绑定网络(dynamic binding network)、大规模并行体系结构和联结主义—符号混合系统。上述所有体系结构都具有福多尔最初提出的普遍意义上的"计算性"(也就是说,它们含有同时具有语义性和因果性的符号),也都具有句法性(而不是联结主义或联想论),因此,至少它们的某些运算取决于其表征中元素之间的内部关系。然而,它们的运作方式并不类似于福多尔视之为心智计算理论核心的图灵机或其变种,而且,福多尔在讨论中也没有提到它们。后面我们将看到,这是重大的遗漏。

福多尔对计算心理学局限性的看法

福多尔相信他发现了人类心智可以做到但图灵机及其同类无法做到的能力[4]。他称这种能力为"外展"(abduction)、"全局性"(globality)、"框架问题"(frame problem)和"得出最佳解释的推理"。

令人沮丧的是,福多尔从未清晰定义过他所说的外展,也没有用实例来剖析计算系统(图灵机或其他)到底如何不能做到人类可以轻易做到的事情。他似乎常常使用"外展"及其关联物来涵盖所有的认知学难题,就好像这本书的真正名字是《我们还未理解心智的一切》(*We Don't Understand Everything About the Mind Yet*)。但福多尔的主旨大意是,当人们解决一个问题时,他们拥有一种不可思议的能力,能用与该问题最为相关的信息对该问题施加影响。此外,人们可以吸收某些新事实或新结论的后果,并能意识到一个信念系统的总体简约性和一致性,无须穷举搜索记忆内容,也无须用他们的一切知识检验某个事实的后果。

福多尔认为外展超出了经典计算系统的能力,因为经典计算系统只能根据匹配和错配符号的本地条件将规则应用到外接符号串上。这对于使用一个语法规则集来对句子进行句法分析或者使用肯定前件(modus ponens)从一个前提集中推导出一个结论来说,也许已经足够。但如果一个信念是整个信念集的一个间接后果,它却不允许系统对其进行修正。这种情况没有可以制造这些后果的简单"if-then"规则。

福多尔举了一个常识推理的例子。他声称,在下列情境中,用经典计算机实现的推理系统会违背人类的推理过程:

> 如果你打算乘帆船去芝加哥,明天将是无风天气的想法会将你的安排弄得非常复杂,但如果你的计划是坐飞机、驾车或步行去那里,则不会。不过,当然,无论你的计划是什么,表达"明天将无风"想法的心理表征的句法是不变的。总而言之,想法的复杂性并非固有:其取决于内容。(26页)

这个例子完全没有说服力。就算是最愚蠢的推理系统也可以通过编程来在航行前检测风况,根据风况结果选择一个合适的行动步骤,但在驾车或步行前不进行这一检测。或许是认识到了这一点,福多尔大部分时候都在讨论科学史上的例子。例如,他谨慎地说,经典计算机无法理解:在牛顿力学中,更重的物体不一定会下落得更快;在现代化学中,金属不一定是固体。福多尔提到了奎因(W. V. O. Quine)和皮埃尔·迪昂(Pierre Duhem)的名字但没有解释;这很可能是在间接引述他们的观点:一个人的整体信念集形成了一个互相联系的整体;证明某个特定信念是否正确的唯一标准是其对整个信念系统的连贯性和简易性的影响。例如,一个人对艺术的定义可能依赖其对于全人类文化艺术普遍性的假设,这种普遍性假设又依赖人类在史前时期创造的艺术文物古迹,而文物古迹可能依赖洞穴壁画的放射性碳定年。所以物理学家修正对放射性衰变的理解可能会改变我们对艺术的定义,尽管任何物理学正典都不会谈及艺术,反之亦然。

总之,福多尔的观点是,人类的外展能力和计算系统的能力之间,存在一条无法逾越的鸿沟。这是认知科学的危机,而不仅是HTMW的危机:"我倾向于认为'四眼天鸡'(Chicken Little)做得对。外展真的是认知科学的严重问题,一个我们目前所听过的任何理论都不可能解决的问题(41页)。"在卷尾的老套结语中,福多尔提出,在这一领域,无须做更多研究。"对于外展什么都不要做,"他建议,"直到某个人想出一个好主意"(52页)。到那一天时,认知科学应该能集中关注心智中那些与知识进行全局互动最少的部分,如视觉、言语和句法分析。

福多尔对计算心理学的批判存在的问题

但是福多尔所认为的鸿沟可以从两边填补。我们从人类心智的外展能力开始。为了说明这种独特的认知能力,福多尔依赖于科学史上的例子,这存在一个显而易见的问题:两者的运作方式非常不同。特定科学推理的完成者是一个由数以千计的科学家组成的社区,这些科学家在数个世纪里,使用成熟的数学和技术工具,将他们的研究结果汇集在科学期刊和学术会议里,并通过经验性的假设检验和同行评判滤除掉虚假结论。并且,他们的成就还在事后经过了由胜利者书写的历史的认可,错误的理论开端则会被删除(燃素说、N射线、拉马克学说、冷核聚变)。相比之下,某个常识推理由单个人在几秒钟内完成,资源有限,还要被认知科学家实时进行细致审查。就算几千年的西方科学给我们提供了涉及各理论间迂回联系的非显性事实,但某位人类个体想出的理论为什么就要以同一标准对待呢?一个普通人独自主动研究,能否外展得出:在现代化学中,固态不一定是金属的必然性质,或者地心说难以解释行星的回归?这些绝对不是一目了然的东西。

福多尔曾短暂承认他的观点存在一个问题。如他所言,人们可以辩称"日常认知过程貌似的非局域性某种程度上是一种幻觉……科学推理有时候可能真的具有外展性;但另一方面,科学具有社会性,而心理学家关心的日常认知是在个人大脑里被执行的。总之,心理学不是科学哲学的缩影”(52页)。的确如此。他如此回应了这一反对意见:“令我感到不可思议的是,人类认知的结构在几百年前发生了巨变。”(53页)这句话不是摘要或总结;而是他的全部回应。这是一个令人咋舌的不当推论。福多尔论点的问题不在于心智今天的运作方式与几百年前运作方式不同,而在于单个心智的运作方式与西方科学体系的运作方式不同。

心智模型与计算模型间的鸿沟还可以从另一边进行填补。福多尔认为认知科学完全不知道如何解决被他涵括为外展的问题。“实质问题是理解(甚至是达到初步近似)认知科学在目标是容纳外展的情况下应当切换到何种体系结构。但是,就我所知,人们一点头绪也没有。”(47页)他写道,作为特别致命的败笔,“这一框架问题(甚至)在平克书中的索引部分都没被提到”(42页)。事实是,框架问题出现在了HTMW的索引中(639页,第4个条目)。与福多尔所认为的相反,认知科学家确实大概知道何种认知体系结构可以解释(至少是初步近似)外展推论。

回想一下,福多尔衡量外展问题的标准是奎因对知识互连性的分析。奎因(1960)写道:

> 我们所谓的知识或信念的整体,从地理学和历史学的最偶然事件到原子物理学甚至是纯数学和逻辑学的最深刻定律,是一个人造的编织物,其只能沿着边缘同经验紧密接触。或者,换一个比喻,总体科学就像一种力场,其边界条件是经验。(42页)

奎因将知识总体比喻为纤维和力场,边缘分布着可传播到其表面的约束,这令人联想到了一种有时候被称为皂膜或皂泡的计算系统,认知科学家称之为约束满足网络(constraint satisfaction network)(Attneave,1982;Marr和Poggio,1976;Rumelhart等,1986;Waltz,1975)。其主要思想是,一种全局性质(在皂膜的例子中,是曲面的最小面积)可以通过成分(在本例中,指的是邻近分子间的表面张力)之间大量的局部相互作用涌现,无须总体规划。在HTMW中(103—109页;还可见233—236页、242—255页),我给出了一个约束网络中的皂膜计算例子(见图10.1,原始出处是Feldman和Ballard,1982):该网络位于一个由局部模糊的二维等值线所定义的全局三维形状上,本例中指的是纳克方块(Necker Cube)的等值线。这些单元代表的是局部特征的可能解释。单个三维形状中相互一致的解释彼此激活(箭头),而不一致的解释则彼此抑制(点)。

总体来说,约束满足网络由大量的可能事态表征(节点)和一个将其互联的信息通路密集阵列(联系或通路)构成。每一个节点一般具有一个表示其代表命题为真的可能性的标量值,而通路则编码各命题间的一致性关系。将表示相互一致命题的节点(一个节点的真值会增加另一个节点的置信水平)连接起来的通路,为第一个节点赋一个高置信值,以增加第二个节点的置信水平;将表示不一致通路的节点(其中一个节点的真值会导致其怀疑另一个节点)连接起来的通路则具有相反的效应。这种网络中的计算过程包括:为某些节点设置初始值、让约束通过该网络并行传播,以及使网络逐渐进入一个新值的稳定集——其代表了一种新的知识状态。这些通路的值(可以通过先天调整、与真值间相关性有关的经验或演绎法的不同组合进行设置)如此设计是为了让该系统整体上倾向于往全局性标准的方向运动,例如一致性和简洁性标准。

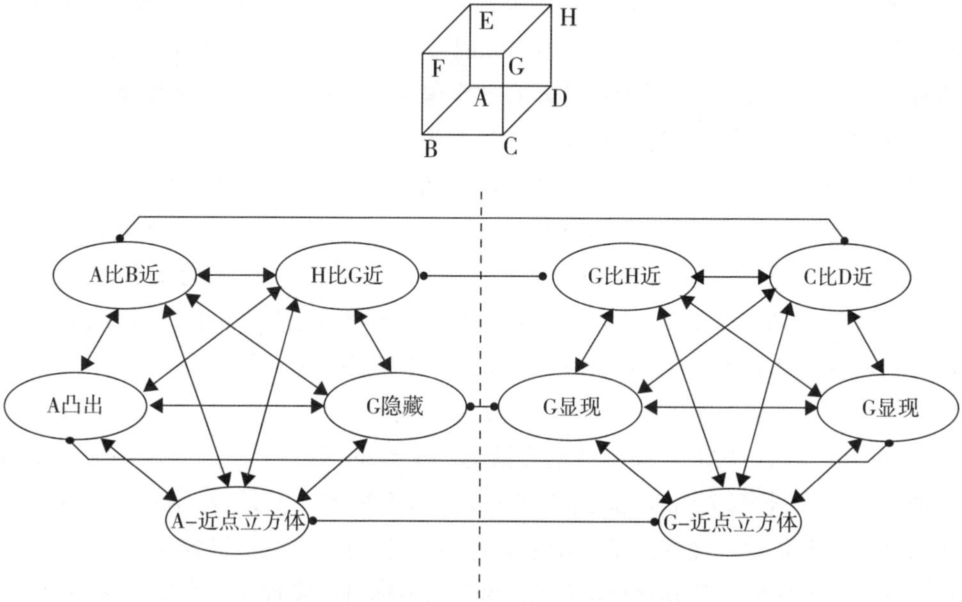

图10.1 纳克方块的皂膜计算(改编自Feldman和Ballard,1982)

根据我在HTMW中的解释(103—109页),约束满足网络具有大量的性质有助于解释常识推理,就如同有助于解释知觉一样。其中一种性质是内容—可寻址性(content-addressability)。我们知道人类的记忆既不能通过固定物理地址或文件名(如常规计算机),也不能通过离线编纂的巨大索引(如搜索引擎)被穷举搜索。相反,一个信念集中的一个概念可以在单个计算步骤中激活另一个信念集中的对应概念。这个特征脱离了约束网络的并行、密集互联的体系结构。第二个相关优势是模组完成(pattern completion):当一个由彼此相关的信念构成的集合的某个子集被激活时,剩下的子集就被自动填充。约束满足网络至少原则上允许分布广泛的信息基于重叠内容被应用到一个当前问题上。例如,水银的液体状态可以令人想起水的液体状态;液态不是水的不变性质,而是取决于其温度——这一联想知识也可以被应用到水银,使得此人外展得出:液态不是金属的必然性质,而是一种依赖于温度的性质。

那么,约束网络的设计目的就是完成福多尔所声称(他关注的图灵机)无法完成的任务:维持一个通过严格局部计算来满足某个全局性质(如一致性或简洁性)的信念系统。虽然约束网络很难以标准的编程语言和计算体系结构实现(更不用说图灵机),但它们令人联想到人类大脑的并行式、密集互联性和分级信号—加工式的体系结构,完全有理由认为这不是巧合。

最著名的约束满足网络是联结主义学派开发的网络,在这种网络中,节点往往代表某个简单特征,被传播的约束是标量激活水平(scalar activation levels),而调整则包括总合或其他某种简单聚合(如Rumelhart等,1986)。福多尔讨厌联结主义,他称其"简直令人绝望",因为在认知心理学家中最流行的联结主义模型很难表示命题的逻辑结构(Fodor和Pylyshyn,1988)。我认为福多尔对于这类模型的看法是对的(Pinker,1999;Pinker和Prince,1988),但早在联结主义风靡于世之前,符号式的约束满足网络就已存在(Waltz,1975),现在有人直接把符号加工体系结构的结构敏感性和联结主义体系结构的内容-可寻址性及模组完成能力混合在了一起(Hummel和Biederman,1992;Humme和Holyoak,1997;Marcus,2001;Shastri,1999)。除非这种混合体在原则上不可能——福多尔没有证明这一点,否则其关于图灵机及其他串行体系结构的局限性的观点就无关紧要。

试图就人们对当前认知模型诸多缺陷的批判进行辩护,也许是一场徒劳无功的游戏。或许,长远来看,所有这些理论最后都会失败。但是,在用水晶球预测未来时争论要做乐观主义者还是悲观主义者,完全没有意义。关键在于,对于为什么计算式方法不能胜任认知建模的问题,福多尔声称自己发现了一个原则性理由,而他未能考虑到体系结构(如约束满足网络)中,计算未必为串行式、离散式或只对表征的局部性质敏感[5],这削弱了他的论点。

约束满足网络处理的是分级置信水平的表征和涉及概率推理的计算。因此,它们属于广义的启发式推理,这种推理倾向于获得可能的解决方案,而不是保证方案正确。福多尔唯一提及认知科学家尝试过处理外展的地方就是他对启发式方法的评估。"或许,"福多尔写道,"在真实头脑中进行的真实认知,是通过对全局过程的局部近似获得了表面上的外展成功;或许这个计算这些近似过程的问题是被启发式、一件一件解决的"(42页)。但他很快放弃了这一反对意见,他不是非常令人信服地声称,"完全有理由认为","弄清楚利用哪种局部启发法所需要的推理[通常]本身就具有外展性"(42页)。

> 如果在解决一个问题时,很难对全局因素的影响进行建模,那么在决定如何解决一个问题时,通常同样很难对全局因素的影响进行建模……假设总体

> 来说,我不清楚在当前的市场状态中我投资西红柿期货是否合适。那么,总体来说,我可能同样不清楚如何决定在当前的市场状态中我投资西红柿期货是否合适……人们告诉我,琼斯建议买入西红柿;那么,出于实际目的,我自己买入西红柿是否明智的问题就被简化为我按照琼斯的建议去做是否明智的问题。但是,我应当给琼斯的建议附加多少权重则很大程度上取决于其建议的内容是什么。例如,如果这个人是道·琼斯(Dow Jones),那么此内容为金融性内容时就很有意义。从各方面来看,决定是否采纳琼斯的建议取决于我之前对琼斯的信念,就如同,从各方面来看,决定是否买入西红柿取决于我之前对市场的信念。当人们顺着这一决策层级爬升时……没有任何迹象表明,可靠认知加工的决定因素变得越来越不具有全局性。(42—43页)

这里的关键词是可靠。福多尔此处假设:人们在不确定的情况下会始终如一地做出可靠的决策,例如是否投资西红柿期货。但真实的人类决策没有这么可靠,并且它们看起来会"没有这么可靠",就如同人们在基于少数易得线索应用启示法时所预期的那样。正如最近的互联网泡沫所示,真实的人类(尤其)倾向于基于他们所听到的其他所有人的作为、其连襟的建议、信誓旦旦的陌生人打来的推销电话,以及大投资公司花言巧语的小册子的推荐,来做出投资决策。换句话说,人人爱用启发法。现成的线索能给出统计学上有用但经常犯错的信息,这正是常识推理(以及福多尔偏爱的视觉知觉和句子加工的例子)的本质。福多尔没有提供证据证明:人类拥有一种优于启示法的可靠外展推理能力,由此推论,这种能力超出了以计算框架建立的认知理论的范围。

《心智不是如此运作的》中的"模块性"概念

在HTMW中,约束满足体系结构是外展问题解决方案的一部分,但人们仍然需要一些原则的指导,将这种网络组建成彼此相关的知识集合。这是本书第二大主题——特化或领域特异性——的动机之一。人类心智并没有可全盘应用在记忆中所有命题上的单个规则集,而是将其对现实的理解组建成数个领域,如物理对象、生物、其他心智和人造物体。每一领域都围绕指导各领域中推理过程的核心直觉而组建。物理对象占据空间,在时间中持续,并受制于物理力。生物因其隐藏本质而具有自驱动力和自组织性。心智由非物质的信念和目标构成。人工物品是心智为实现一个目标而塑造的物体。

一个以此方式组建的推理系统实际上可以修剪形成所谓框架问题的推理组合树。要理解石头是如何落下又弹起,看看它的大小和形状。要理解一株植物有什么用,测测它的果汁和纤维。要弄清楚其他人可能会做什么,问问他们的意见和愿望。要破解一个小玩意,试试弄清楚它的发明者当时在想什么。这些原则禁止了该系统通过询问石头的意见来推理石头,通过将一片椅子碎片放到显微镜下来推理椅子,以及其他种种导致外展问题如此之难的虚假线索。

大多数情况下,福多尔将HTMW中的特化概念同化为他自己的模块性思想。在1983年的经典著作《心智的模块性》(*The Modularity of Mind*)中,福多尔辩解了将心智模块视为一种信息封装处理器的构想。他在TMDWTW中如此解释:"特定的一条信息……或推理规则,原则上与一个生物同时在来自A领域的任务和来自B领域的任务上取得的成功有关。但是,尽管此生物可靠地使用该信息执行了一种任务,但当它被要求执行另一种任务时,却似乎做不到这样。"(62页)下列这种情况是其的一个范例:意识到某种视幻觉是一种幻觉并不能让该幻觉消失;这提示视知觉的某个方面具有模块性。另一个例子是,如果一个人的句法分析机制不能正确地分析一个句子,则其无法获得对这个句子的正确理解。例如,"Ashley said that Sue will leave yesterday"(阿什利昨天说苏将离开/阿什利说苏昨天将离开)这句话似乎有矛盾之处,尽管这句话具有合乎语法的可信解释,即,阿什利在昨天说了这句话。这提示句子的句法分析具有模块性[6]。

福多尔承认,原则上,具有某种模块设计的心智能满足外展的要求。但他立刻试图推翻这种认为人类推理系统实际上具有此种设计的观点。他声称,句法和视觉可能是模块,但推理领域不可能是。

如同计算概念一样,模块性概念也具有多种意义,理解这一概念在HTMW中的作用很重要。HTMW努力地区分了福多尔的强"封装处理器"意义的模块和一种弱得多的"区域特异性功能组织"意义的模块(30—31页,314—315页)。HTMW并没有绝对地把这些子系统与可能相关的信息隔绝,反而还假定它们不仅能被用作输入信息的邮件路由器,还能规定该信息应该触发何种推理和目标。例如,性引诱的模块不仅能让人们注意手足关系,它还明确地说,"不要认为你的兄弟姐妹具有性吸引力"。

公平地说,在TMDWTW中,福多尔的确区分了他自己的封装处理器和我的功能性特化机制(第4章)。但区分之后,他再次模糊了两者的界限。他将HTMW的核心论题视为"大规模模块性",其意思是,"对于每一种能解决的问题,或多或少都存在一种封装处理器"(64页)。但如前所述,在HTMW中(30—31页,314—315页),这些特化无须被严格封装(不过它们偏向于先考虑某些种类的信息),而它们的数量一点也不"大规模"。鉴于人类行为的复杂性,一种假定了二十几种情绪和推理官能(例如,区分恐惧和性嫉妒心或数感)的理论远远谈不上浪费(特别是与福多尔对下面这一可能性的宽容相比：人们生来就有50 000个概念）。

我相信，福多尔将他的模块性版本归属于HTMW是一种好意。他承认，如果这是真的，那么大量的封装模块可以迎接外展性的挑战，因为它会将一种推理引擎限定在与解决一个问题相关的信息上。他继续论证道，但实际上，这不是真的，所以这一选项不存在。他对多推理系统的反对基于的是他在反对启发法时援引的同一种回归诊断。福多尔声称将信息发送给合适推理系统的问题——例如，为了激活一种骗子侦测机制发现一个事件是一种社会交换——所需要的正好就是一套解决外展问题的完整方案，导致我们回到了起点：“需要何种大脑技能才能弄清楚哪种远端刺激是社会交换，人们对此一点头绪也没有。”（76页）

实际上，心理学家在半个多世纪前就有了头绪，至少是从弗里茨·海德（Fritz Heider）（Heider和Simmel，1944）时起。他证明人们自动地将移动圆点的特定模式解读为企图彼此帮助和彼此伤害的主体——恰好是与社会交换有关的概念元素。福多尔从未提到这一现象，不过他确实下过一个奇怪的论断，对认为“领域特异性推理系统可能被心理物理学信号触发”的一般观点表示了反对。福多尔写道，任何将认知限制在感觉中的尝试无异于英国经验主义，而进化心理学家（以及区域特异性其他的支持者）都宣称不要当经验主义者。这一论断奇怪是因为，它是类型批评的一种形式：把人们硬塞入正统观念，还批评他们没能坚持这一观念。

当然，时空轨迹并不是人们识别认知领域（如社会交换）的唯一，甚至是主要的方式。假定并非所有的知觉信息都被某种可被用来将其转至最相关推理系统的心理物理学信号所标记。比如一个系统的输入可以来自另一个系统的输出。或许社会交换系统的输入是一种从人的行为推断其目标的直觉心理学。或许社会性情绪系统的输入有一部分是一个推断谁与自我相关的系统。或许这些输入系统中，某些系统相对于推理系统具有领域一般性，向其输入了关于对象或物体或动作的信息。这也许不利于“心智是封装模块集”的说法（每一模块直接连接到了眼球）。但它没有妨碍“心智是一种由子系统构成的网络”的观点，这些子系统以纵横交错但容易理解的方式向彼此输入信息——这正是作为HTMW一书基础的“器官系统”隐喻[7]。

TMDWTW对进化的摒弃

福多尔认为进化不能增进我们对心智运行方式的理解，他提出了四个论点。

1.适应与真相。福多尔声称，将心智视为一种终极功能是提高达尔文式适应度的器官，与粗糙的生物学观点——心智是一种功能为获取真相的器官——相比，没有任何优势。“在‘进化学’‘生物学’或‘科学’世界观中,并无任何东西显示,甚至是提示,认知的恰当功能是除了真信念的固化之外的东西”(68页)。他声称,提出其他观点是一种“新达尔文式的反智主义”。

撇开这一反智主义指控中的范围错误不谈,福多尔的观点“真相是认知专属的美德”,面临着一个显而易见的实证问题:很多人类信念都是系统性的错误。比如,我们这一物种中的很多成员普遍相信:若未被推动,物体天然处于静止状态;断开的绳球会以螺旋形轨迹飞出去;一位年轻又阳光的活动家更可能是一位女性银行出纳,而不是一位银行出纳;他们自身的每一种好性状都高于人群平均值;他们在电视直播上目睹了肯尼迪刺杀事件;幸运与霉运都源自可被贿赂的鬼神意志;磨成粉的犀牛角可以壮阳。认为“人类的心智为了真理而设计”的理论显然不符合这些事实。

福多尔声称进化论世界观中没有任何东西“甚至提示”认知的功能是“相信真实事物”以外的东西。与之相反,下面五件事情恰恰提示并非如此。

第一,计算真相需要耗费时间和能量,所以一种以实用近似为目的而设计的系统(“满足”或表现出有限理性的系统),也许胜过一种以任何代价获得精确真相为目的而设计的系统。例如,花20分钟时间找出一条能节省你10分钟时间的近路,毫无道理。

第二,在数学和逻辑王国之外,并没有万能真信念固化器之类的东西。演绎推理系统必须对世界做出易错的假设,例如,大部分表面都具有黏着性,人类语言遵从一种普遍语法,与你一起长大的人是你的生物学同胞。如果该系统为之设计的世界发生了改变,那么,这些信念可能就是系统性的错误。视幻觉就是一个典型例子。换句话说,被设计来在祖先世界里固化可能信念的系统与被设计来固化当今世界的真信念的系统,完全不同。

第三,信念具有一种社会功能以及一种推理功能:它们反映了向盟友承诺的忠诚和团结。人们因其信念被接受或谴责,所以心智的一种功能可能是持有能给持有者带来最多盟友、保护者或门徒的信念,而不是持有最可能为真的信念。宗教和意识形态的信念就是典型例子。

第四,公开表达的信念传扬的是信念持有者的智慧水平,这为人们精心炮制聪明而浮华的信念创造了动机,而不只是真信念。这解释了学术界的大部分现状。

第五,最好的骗子连自己的谎言都相信。这有利于一些涉及关乎自身的信念的自我欺骗。

认为心智为真相而设计的思想并不完全错误。对于身边中等大小物体的分布以及亲友的平常信念和愿望,我们确实拥有一些可靠的概念。但对于过去五十年的人类推理研究来说,“心智被设计来‘发现真相’”的断言是一种相当具有误导性的总结。

2. 知识大融通(**Consilience**)。福多尔对下面这一观点感到困惑:心理学也许会因其与进化生物学的联系而受益,他称这一观点“有点奇怪。毕竟,新综合论愿意承认,例如,心理学和植物学实际上彼此之间并无多少联系;其他后果就随它去吧”(80—81页)。同样,他还认为,天文物理学的理论对于植物学没有什么影响,量子力学与人口学无关,月球地理学影响不了细胞有丝分裂。为什么“你钟爱的心智运作理论和你钟爱的进化机制理论”(82页)就应该有任何不同呢?

原因如下所述。心理学的主题是大脑的功能。植物学的主题是植物。大脑不是植物。然而,进化生物学的主题是生物。大脑是一种生物类物质。因此,心理学和进化的关系与心理学和植物学的关系不一样(或月球地理学和细胞有丝分裂的关系,等等)。如果真有什么“有点奇怪”,那也是福多尔未能区分主题为超集—子集关系的成对学科和主题不相交的成对学科。福多尔重复了他的不当结论,他写道:“认为所有学科都彼此相关,完全就是错误的。”当然,眼下的问题不在于是否所有的学科都彼此相关,而在于进化生物学和心理学(以及别的主题重叠的成对自然科学学科)是否彼此相关。

更有甚者,福多尔将他的论点从“并非全部”扩展到了“大部分都不”。“恰恰相反,”他写道,“大部分学科都惊人地彼此不相关……让不同学科的理论对彼此产生影响通常是一件难事”(83页)。在我看来,这是对科学现状的重大误解。找一份大学便览或基金资助项目清单看一眼,就能找到数十个例子证明存在很多彼此相关的成对学科:天文物理学、天体生物学、大气化学、生物化学、生物地理学、生物物理学、化学生物学、地球物理学、地球化学、分子生物学、分子遗传学、物理化学,等等。科学和学术政策的制定者们越来越感叹,学术分科是19世纪知识组织方式的化石,已是科学进步的阻碍。

3. 目的论。福多尔声称,在心理学解释中援引功能,逻辑上与援引自然选择无关。福多尔写道,进化心理学中,功能和选择史之间的强联系是:

> ……达尔文主义的目的论诠释有一个令人不适的特征,使人很难相信这可能是生物学/心理学解释的要求。想象一下,就当作一个思想实验,假设达尔文对物种起源的解释完全错误……那么能由此得出结论,心脏的功能不是泵出血液吗?甚至,心脏就像阑尾一样没有功能?(85页)

但是,生物学功能性与自然选择之间的逻辑无关性,非但远不是一种“令人不适”的特征,反而还给达尔文学说赋予了实证内容。人们对自然选择理论的一种普遍(及懒惰)的批评是,它是一种循环论证。根据该批评,达尔文学说意味着“最适者生存”,但“最适者”却被定义为“生存者”。或者,自然选择只是在说,那些被选择的东西被选择了。值得赞扬的是,福多尔指出生物学功能性可以不经援引自然选择而被识别,以此证明为什么这一论点是错误的。自然选择是一种可证伪的科学解释(解释了生物学功能性如何产生),不是功能性这一概念本身的一部分。

另一方面,从科学家的角度看,缺乏自然选择的功能性很不完整。适应性器官如眼睛或心脏是概率极低的物质排列事件,它们如何产生,我们需要一个解释。面对这一个谜团,仅有的几种替代自然选择的解释是:神或外星人的有意制造;某种神秘的目的论力量允许未来效益影响现在的设计;直接不关心。最后一点似乎为福多尔所偏爱,不过没有理由认为其他的科学家也应当如此漠不关心。

此外,自然选择不单解决了生物学功能性如何产生的谜团。其还可以反馈性地修正和约束我们对某种功能本身的描述。例如,如果根据自然选择对生物学功能性进行解释是正确的,那么我们可以排除掉以“物种更大的利益”、“生态系统的和谐”、“为了美观而美观”、“使创造这些适应现象的复制体之外的实体受益(如进化出马鞍的马)”、“缺乏复制优势的功能复杂性(如利于圆周率计算的适应现象)”等为方向的适应,以及使生物在其进化的环境之外的环境中受益的时间错配适应(如,先天性的阅读能力,或先天性的“化油器”或“长号”概念)。

自然选择在科学发现方面还有一种正面功能,促使心理学家检验一些与之前看似无功能的心理学方面的可能功能性有关的新假说。HTMW 中记录了很多成功的故事,如下列这些假说:社会情绪(同情、信任、罪恶感、愤怒、感激)是一种利于在非零和博弈中管控互惠行为的适应,审美眼光是一种利于查明潜在配偶的健康和繁殖力的适应。相比之下,其他心理学性状,如音乐和宗教,坚决不愿接受任何进化生物学意义上的严格适应性分析;它们被解释为适应的副产品更合理。如果心理学家满足于幼稚的功能概念,而不是现代生物学许可的概念,那么这一切研究都不可能存在。

4. 复杂性。福多尔对进化的最后摒弃,包括反对适应复杂性需要求诸自然选择:

> ……人类的心智或者行为的复杂性与人类的认知体系结构是否在选择压力下而进化无关(87 页)……完全有可能,微小的神经系统重构影响了人类的心智与祖先猿类的心智之间巨大的心理学不连续性。(87—88 页)

这一论点的问题在于它混淆了复杂性与适应复杂性,即,罕见的功能性。福多尔也许说对了,脊椎动物大脑发育程序中发生了至今未知的改变,可能通过增加神经元数量、更复杂的神经连接或更曲折的三维形状,增加了大脑的复杂性。但这完全不同于,通过使其更适于解决如配偶选择、建立联盟或避开毒素之类的问题,而增加其功能性。原因在于，组成人类神经发育程序的最近似物理机制——轴突引导信号、神经生长因子、细胞黏附分子等等——无法“看到”它们对生物整体在社会和物理环境中的功能性产生的影响。而自然选择可以看到这些影响，因此可以经过数代时间恰好塑造那些使之增强的发育变异。

讽刺的是，福多尔承认了一种相关论点：

> ……难以想象，大脑结构中相对微小、偶然的变化应大量增加某个生物储存的真实、应变信念……除了最罕见的事故，完全难以想象，由偶然形成的逻辑独立、应变性的信念组成的巨大数据库（如，大脑结构随机改变造成的后果）最后却是普遍的事实。打一个比方，这就好像剪碎曼哈顿地区的电话号码簿，然后将所有的人名与电话号码随机配对。你猜号码恰好对上号码原来主人的概率有多大？（93—94页）

福多尔认为信念在一种环境中为真具有偶然性，但是这一论点同样适用于偶然适应一种环境的生物学机制，即，能获得某种增加该生物体繁殖概率的罕见状态的机制。如理查德·道金斯（1986）所述，“无论活着的方式有多少种，可以肯定的是，死亡（或者不活）的方式要多得多。你可以随机地把细胞组合在一起，一次又一次地玩上十亿年，但你永远得不到一种能飞、能游、能钻洞或能奔跑，或者能做任何事情的聚集物，更糟糕的是，你得到的东西远达不到生物的标准，它没法维持自身的生存”（9页）。

概要与结语

在HTMW中，我辩护了一种心智运作理论，该理论的基础是计算、特化和进化的概念。具体来说，它支持心智是一种计算器官的自然选择系统。福多尔声称“心智不是如此运作的”，是因为（1）图灵机无法外展，（2）大规模模块化系统可以外展但不可能为真，（3）进化无法增进我们对心智的理解。在本文中，我提出了四点理由，证明福多尔的论点行不通。

首先，认为心智是一种计算系统，不等于认为心智具有图灵机或其他某种串行、离散、局部处理器的体系结构。因此，图灵机的实证局限性与此无关。

其次，外展——被认为是科学界千年以来累积的成就——与人类的常识推理不同。因此，福多尔所言的人类认知与计算模型之间的缺口可能并不存在。

再次，生物学特化（如器官系统中的）与福多尔式的封装模块不同。因此，福多尔式模块的局限性与此无关。

又次，福多尔对进化在心理学中意义的摒弃是错误的。人类的认知并没有被专门设计为获得真信念。进化生物学对心理学的意义比植物学对天文学的意义更大。缺乏自然选择的生物学功能可悲得不完整。适应复杂性如同真信念一样，需要一种非随机解释。

最后一些思考。不言而喻，我们还未完全理解心智的运作方式。我们尤其缺少一种解释心智如何完成常识推理和科学推理的完整理论。科学心理学还未完结。另一方面，福多尔未能证明人类认知的事实与生物学可信的计算系统间存在某种已知的原则性鸿沟。《四眼天鸡》错了，我们需要完成更多而非更少的研究。

注释

1. 本文由NIH基金HD 18381资助。感谢克拉克·巴雷特（Clark Barrett）、亚瑟·查尔斯沃思（Arthur Charlesworth）、海伦娜·克罗宁（Helena Cronin）、丹·邓内特（Dan Dennette）、丽贝卡·戈尔茨坦（Rebecca Goldstein）和约翰·图比的宝贵意见。在讨论HTMW时，福多尔还一道讨论了另一本书——Henry Plotkin的《心智中的进化》（*Evolution in Mind*）（Plotkin，1997），两者方法上很相似。但福多尔的关注重点是HTMW，我也是如此。

2. 这不是福多尔在TMDWTW中唯一一处将计算等同于图灵机的地方。例如，他在另一处提出，“我们都必须放弃将图灵机作为心智运作方式的普遍解释，因此，更不用说，我们必须放弃（HTMW中计算与进化的综合论）的普遍性”（46—47页）。

3. 尽管福多尔在TMDWTW中频繁援引了图灵和奎因，但他其实没有引用任何原话。我假定福多尔心中所想的论点来自图灵的《计算机器与智能》（*Computing Machinery and Intelligence*）（Turing，1950）和奎因的《经验主义的两个教条》（*Two Dogmas of Empiricism*）（Quine，1960）。

4. 实际上，尚不清楚福多尔这里是不是给出了数学上的强观点，认为他发现了一种完全无法被图灵机计算的函数，或者，他只不过发现了一种图灵机无法用类人的速度与效率计算的函数。后者可能是他讨论的“最小”心智计算理论的要点。

5. 对另一种认知的计算体系结构的讨论见Barrett，2005，该体系结构避开了图灵机及相关设计的局限性。

6. 无独有偶，很少有心理语言学家相信句法分析具有如福多尔所认为的模块性，不过我相信他在这一点上可能并不完全错误；见平克，1994，第7章。

7. 相似的观点见Barrett，2005，该观点用“酶”而非器官系统作为核心比喻。

参考文献

Attneave，F.（1982）*Pragnanz and soap bubble systems：A theoretical exploration.* In J. Beck (ed.), Organization and Representation in Perception. Mahwah, NJ: Erlbaum.

Barrett, H. C. (2005) *Enzymatic Computation and Cognitive Modularity.* Mind & Language, 20, 259–287.

Dawkins, R. (1986) *The Blind Watchmaker: Why the Evidence of Evolution Reveals a Universe Without Design.* New York: Norton.

Feldman, J. & Ballard, D. (1982) *Connectionist Models and their properties.* Cognitive Science, 6, 205–254.

Fodor, J. A. (1968) *Psychological Explanation: An Introduction to the Philosophy of Psychology.* New York: Random House.

Fodo, J. A. (1975) *The Language of Thought.* New York: Crowell.

Fodor, J. A. (1981) *Representations: Philosophical Essays on the Foundations of Cognitive Science.* Cambridge, MA: MIT Press.

Fodor, J. A. (1983) *The Modularity of Mind.* Cambridge, Mass.: MIT Press.

Fodor, J.A. (1994) *The Elm and the Expert: Mentalese and Its Semantics.* Cambridge, Mass.: MIT Press.

Fodor, J.A. (2000) *The Mind Doesn't Work That Way: The Scope and Limits of Computational Psychology.* Cambridge, MA: MIT Press.

Fodor, J. A. and Pylyshyn, Z. (1988) *Connectionism and Cognitive Architecture: A Critial Analysis.* Cognition, 28, 3–71.

Heider, F. and Simmel, M. (1944) *An Experimental Study of Apparent Behavior.* American Journal of Psychology, 57, 243–259.

Hummel, J. E. and Biederman, I. (1992) *Dynamic Binding in a Neural Network for shape recognition.* Psychological Review, 99, 480–517.

Hummel, J. E. and Holyoak, K. J. (1997) *Distributed Representations of Structure: A Theory of Analogical Access and Mapping.* Psychological Review, 104, 427–466.

Marcus, G. F. (2001) *The Algebraic Mind: Reflections on Connectionism and Cognitive Science.* Cambridge, MA: MIT Press.

Marr, D. and Poggio, T. (1976) *Cooperative Computation of Stereo Disparity.* Science, 194, 283–287.

Pinker, S. (1979) *Formal models of Language Learning.* Cognition, 7, 217–283.

Pinker, S. (1994) *The Language Instinct.* New York: Harper Collins.

Pinker, S. (1997) *How the Mind Works.* New York: Norton.

Pinker, S. (1999) *Words and Rules: The Ingredients of Language.* New York: Harper Collins.

Pinker, S. and Prince, A. (1988) *On Language and Connectionism: Analysis of a Prallel Distributed Processing Model of Language Acquisition.* Cognition, 28, 73–193.

Plotkin, H. (1997) *Evolution in Mind.* London: Allen Lane.

Quine, W. V. O. (1960) *Two dogmas of empiricism.* In From a Logical Point of View. New York: Harper Collins.

Rumelhart, D. E., Smolensky, P, McClelland, J. L. & Hinton, G. E. (1986) *Schemata and sequential thought processes in PDP models.* In J. L. McClelland & D. E. Rumelhart (eds.), *Parallel Distributed Proessing: Explorations in the Microstructure of Cognition: Psychological and Biological Models.* (Vol. 2). Cambridge, MA: MIT Press.

Shastri, L. (1999) *Advances in SHRUTI: A Neurally Motivated Model of Relational Knowledge Representation and Rapid Inference Using Temporal Synchrony.* Applied Intelligence, 11, 79–108.

Tooby, J. and Cosmides, L. (1992) *Psychological foundations of culture.* In J. Barkow, L. Cosmides and J. Tooby (eds.), The Adapted Mind: Evolutionary Psychology and the Generation of Culture. New York: Oxford University Press.

Turing, A. M.(1950) *Computing Machinery and Itelligence.* Mind, 59, 433–460.

Walt, D.(1975) *Understanding line drawings of scenes with shadows.* In P. H. Winston (ed.), The Psychology of Computer Vision. New York: McGraw–Hill.

Wilson, E. O.(1998) *Consilience: The Unity of Knowledge.* New York: Knopf.

11 生命与心智的深刻共性

我讨厌纪念文集：为了向一位年长学者致敬，受委托而写的原创文集。我讨厌它的理由与经济学家讨厌圣诞礼物的理由一模一样：它们都摧毁了价值，因为相对于礼物赠送方付出的成本，圣诞礼物对礼物接收方产生的效益是不变的。根据德语词源学，纪念文集(festchrift)可以追溯到早先的学术年代，当时某个领域出版的书数量太少，以至于任何新书都会被人注意到。可当今的一本纪念文集，在每时每刻都不断喷涌的书籍、杂志和网络论坛组成的信息洪流中，就像个一起一伏的小瓶塞。尽管我相信被致敬者会很愉快，但其获得的精神效益与人们为之付出的人力时间不成比例。就像婚纱和圣诞礼物一样，纪念文集之所以还能继续存在，是因为没人敢置身事外，成为这位被致敬者唯一的一位不感恩、不忠诚或不大度的朋友、同事或学生。呸，都是骗子！

虽然我大部分的纪念文集稿都是(抱歉，伙计们)我在其他地方发表的文章的再利用，但本篇纪念理查德·道金斯的文章与众不同。我利用这次邀请的机会，认真思考了生命与心智间的深刻共性，道金斯的作品激发了我的灵感，特别是那些貌似不可或缺的目的论概念，如“目标”和“目的”。实际上，我对道金斯的某些思想进行了更深刻的发散，我想，比他自己的意愿走得更远。道金斯坚称，他那本在1976年出版的畅销书的名字[①]是严格意义上的隐喻。但当本文发表在《时代》(*The Times*)杂志上时，编辑为之标上的题目却是“没错，基因可能是自私的”(Yes, Genes Can Be Selfish)。

我是一位认知科学家，认知科学家研究的是智能的本质和心智的机制。然而在科学上影响我至深的人之一理查德·道金斯，却是一位进化生物学家。他对我的影响远远不止下面这一事实：心智是大脑的产物，而大脑是进化的产物；毕竟这会影响到所有研究生物和生物器官的人。对于我和很多人来说，道金斯思想的重要性可以追溯到他对生命本质的描述，以及贯穿他所有作品的主题：生命与心智可能存在深刻的共性。

①即《自私的基因》——译者注。

与文学家不同,科学家通常不是训诂分析和专题分析的适宜对象。科学家的写作应该是透明的,直接揭示事实和解释。然而,我发现道金斯的思想拥有精心检验的价值,不仅因为他是善于抛出发人深省的神秘宣言的大师,还因为他一直在涉猎生物学中最深刻的问题,持续地挑战我们的认知。

当第一次读到道金斯时,我立刻被他的作品中对生命的关切所深深吸引,这些关切比我自己的思考更丰富。我们的相似之处在于我们都同时很关心相关学科的内容和实践。

道金斯作品的第一个重要主题是关注适应复杂性,将之视为急需解释的首要现象,这一点在《盲眼钟表匠》(*The Blind Watchmaker*)和《攀登不可能山峰》(*Climbing Mount Improbable*)中得到了有力的表达。在生命的例子中,我们观察到了生物惊人的适应现象:回声定位、伪装、脊椎动物的眼睛,以及无数的"极端完美和复杂的器官",用道金斯的话说,它们代表了对可怕的工程学问题的解决方案。在心智的例子中,我们观察到了人类心智惊人的能力:识别物体和材料、计划和执行运动、推理和记忆、说话和理解。

此外,我与道金斯一样感到厌烦的是:同行科学家们为其研究主题的相对边缘方面提供过得去的解释,但在涉及适应复杂性的机制解释时,却太容易满足于口头套话和马虎分析。道金斯没有掩盖他对斯蒂芬·杰伊·古尔德的恼怒,古尔德声称自己用诸如间断平衡、物种选择和扩展适应这样的补遗理论变革了进化论。道金斯指出,这些补遗并没有解决生命适应复杂性的主要问题,因此没有触及自然选择理论(其的确解决了这一问题)的核心。我也常常抱怨,很多认知科学家满足于用套话代替解释性机制,比如"策略""普遍智能""可塑性",或"提取规律性"。

关键的现象却没有得到充分的解释,这种不安引发了另一种共鸣——坚信在某些科学领域中,对理论及其逻辑充分性和解释力的探索具有不可或缺的作用,而不是将科学等同于偏执的数据收集工作。今天的生物学,尤其是分子生物学极为侧重实验研究,任何对理论的暗示都被视为卖弄学问或陈旧过时。这种观念是一种失忆症,在分子生物学的例子尤其如此,因为在20世纪40年代该领域的黎明时期,人们还痴迷于寻找那些约束任何假定候选生命机制的理论前置条件[例如,理论物理学家埃尔温·薛定谔(Erwin Schrödinger)在著名的专著《生命是什么?》(*What Is Life?*)中表达过这一思想]。

道金斯无可辩驳地坚称,一种完备的生物学必须安排好其理论的意义,或许最有力的表达是在他的文章"宇宙达尔文主义"(*Universal Darwinism*)中,此文大胆地主张,自然选择不仅是解释地球生命进化的最佳理论,还几乎肯定是解释全宇宙生命进化的最佳理论。我相信,认知科学对充分性理论的需求如此迫切,以至于必须为理论分析开辟出一个关键的地位。在道金斯的例子中，这鼓励他模糊了为同行科学家所写的内容与为有见识的非专业人士所写的内容之间的界限：他的畅销书绝不能被视作“科普作品”，他最具技术性的书《延伸的表现型》(*The Extended Phenotype*)也并不限于专业人士。他是我试着模仿的榜样。

在道金斯关于生命与心智相似性的作品中，第二个主题是对信息的聚焦。道金斯在《盲眼钟表匠》中写道，“如果你想要理解生命，不要思考生机勃勃、跳动的胶状体和淤泥，思考一下信息技术”。道金斯不厌其烦地强调了信息在生物学中的中心地位——储存在DNA中的遗传信息、体现在转录和翻译中的计算，以及构成自然选择本身核心机制的控制论反馈回路，在此回路中，看似以目标为导向的设计起源于某个过程由其最近后果引导的定向调整。道金斯有一本书，名叫《伊甸园外的生命长河》(*River Out of Eden*)，书名中的隐喻就表达了信息的中心地位，而隐喻中的长河指的是从复杂生命的起源开始，一代又一代复制的遗传材料中的信息流。这一地位也体现在他的《盲眼钟表匠》对进化过程的模拟，这是蓬勃发展的人工生命领域的一个早期例子。信息的中心地位还支撑着他影响深远的模因(meme)理论，该理论认为自然选择的逻辑适用于任何携带具有特定最小保真度信息的复制子。在生物学被具体分子机制统治的时代，道金斯对这一被称为“信息”的虚幻概念的看重是又一种无畏的姿态。当然，根据信息内容理解一个系统与根据物质底物理解一个系统，并无冲突。但是，当下探到最深层次的理解时——生命是什么、生命如何运作，以及生命在宇宙其他地方可能会是何种形式，道金斯暗示，位于这一理解根部的正是信息、计算和反馈这些抽象概念，而非核酸、糖类、磷脂和蛋白质。

所有这一切都与人类对心智的理解极为相似。20世纪50年代的认知革命将心理学与初生的信息论、计算科学、生成语言学和人工智能领域联系了起来，其核心前提就是下面这一思想：知识是一种信息形式，思维是一种计算形式，而组织化行为是反馈及其他控制过程的产物。这产生了一种今天仍在统治心理学的崭新学科——认知科学。认知科学信奉认知的计算机模拟是一种基础理论工具，并将关于计算体系结构的假说框架(串行处理对比并行处理、模拟计算对比数字计算、图形表征对比列表表征)视为实验预测的基本来源。就如同生物学一样，对信息的强调使人们可以在比恰好只容纳了地球上所发现物种的框架更宽广的框架下讨论认知：这一框架可能包含了全宇宙所有智能过程的本质。并且，如同在生物学中一样，对信息的强调不幸必须抵挡住物理性机制实验研究(本例中是脑生理学)的潮流，这一潮流伴随着对理论和分析的不信任。再一次，研究信息加工系统与研究其物理实现并无冲突，但近来有一种贬低前者的倾向，付出的代价是解释充分性。

生物学和认知科学(特别是语言学)都用到了信息—理论化概念，这当然不是秘密,我们可以很明显地从遗传学借用了诸多语言学词汇看出来。人们说DNA序列包含了字母和标点符号,可以具有回文结构,可以无义、同义,被转录和翻译,甚至被储存在文库里。生物学家偶尔将发育和生理学描述为遵循规则,最有名的是免疫学家尼尔斯·热尔纳(Niels Jerne)提出的"免疫系统的生成语法"概念。

生命和心智最后一个因道金斯作品而出名的共有主题是心理学概念在生物学中的使用,最大胆的例子是他的书名《自私的基因》。这个表达方式引发了不少谩骂,最有名的是哲学家玛丽·米奇利(Mary Midgley)宣称的"基因不可能自私或无私,就像原子不可能嫉妒,大象不可能抽象,饼干不可能有目的性"。(这是向那个时代的倒退:当时的哲学家认为他们对科学的贡献是教育科学家不要犯语言使用不当导致的基本逻辑错误。)道金斯的主要论点是,人可以想象基因是执行复制更多自身的策略的主体,以此来理解自然选择的逻辑。这完全不同于想象自然选择是一种朝着该群体或物种的生存、生态系统或地球的和谐方向努力的过程。实际上,正如道金斯在《延伸的表现型》中所言,对于理解自然选择,自私基因观点所提供的视角在很多方面都比逻辑上等价的替代观点所提供的视角更清晰、扭曲程度更小,后者将自然选择视为最大限度地增加个体的广泛适应度。道金斯的目的化、心理化表达方式延伸到了他后来的作品中,他暗示动物能意识到或记起其物种世系过去的环境,比如可以将动物的伪装说成它的皮肤显现了祖先环境的知识。

有人可能会想,人类心智才是适合使用心理学语言的领域,但这也并非没有争议。在行为主义统治心理学的20世纪中叶,人们认为将信念、愿望和情绪归属于人类,就如同将其归属于基因、原子、大象或饼干一样,都是错误的做法。不可观察且主观的心理学概念被视为如鬼魂和精灵一样不科学,为了便于直接根据生物的当前刺激情境及其过往的刺激与回报间的联系史来解释行为,需要回避这些概念。认知革命开始后,这一禁忌已经被解除,心理学卓有成效地根据信念和愿望解释了智能行为。这使其契合了民俗心理学的世界(在涉及日常行为时,其仍然比任何科学心理学体系更具预测能力),同时仍能将其建立在计算理论的机制解释上。

在辩护自己将心理学语言用于生物学解释的做法时,道金斯细致地解释道,他没有把意识意图(conscious intent)归结于基因,他也没有将其归结于人类身上我们熟知的这种远见卓识和灵活机智。他指出,他对"自私""利他主义""怨恨"和其他常用于人类的性状的定义完全是行为主义式的,并且,如果人们记住这些术语只是技术概念的助记词以及产生预测的启发法,而不是人类性状的直接属性,那也不会有什么坏处。

不过,有时候我会思考,"要警惕将心理学词汇用在生物学中"这样的说法是否有点言过其实——是否存在一种抽象的意义,在此意义上,我们可以真正地说,基因是自私的,它们试图进行复制,它们知道自己过去所处的环境,等等。当然,现在我们没有任何理由相信基因真有意识经验(conscious experience),但现代科学有一个肮脏的小秘密,那就是我们也没有办法解释人类具有意识经验这一事实[原始的第一人称主观意识意义上的意识经验(意识和无意识过程的区别)以及自我意识的本质,是易于处理的日常科学主题]。从来没人真正解释过,为什么意识感觉就像是一大块以某种复杂模式加工信息的神经组织。所以,即使在人类的例子中,我们对心理学概念的使用也不取决于承诺如何去解释相关状态的主观方面,而只取决于其在一条计算链内的功能角色。

我们来给心智的计算理论下一个逻辑结论。对我来说,如果信息加工能够很好地解释被称作人类大脑的物质块中具现的知道和欲望(knowing and wanting)状态,那么就没有原则性的理由拒绝将知道和欲望状态归属于其他的物质块。具体来说,没有什么能阻止我们给“知道”寻求一种通用的描述(根据可用信息的存储),能同时包含人类知道事物的方式(在人类的情况中,是以脑组织突触连接的模式)和基因知道事物的方式(很可能是以其DNA中的碱基序列)。同样,我们可以根据负反馈回路来表达对“试图”(trying)的抽象描述,即,一种由重复或连续操作构成的因果关联,一种对这些操作对该环境的某种状态产生的效应敏感的机制,以及一种改变下一迭代操作的方向的调整过程,从而增加使该环境的该方面进入给定状态的概率。在人类心智的例子中,操作是肌肉运动,效应由感官所检测,而调整则由编程该运动下一迭代的神经回路所完成。在基因进化的例子中,操作是延伸的表现型,效应则被感知为有差异的死亡率和繁殖力,而调整则是下一代的后代数量。

根据信息化身而不是物理化身来描述信念和愿望的做法,可能不但主导着生命和心智,还主导着其他的智能系统,如机器和社会。由于相同的原因,这种描述可以包括隐含在动植物体内的各种智能形式,我们既不想将其归属于完全的类人思想,也不想归属于基因特有的偏执复制倾向。当副王蛱蝶通过模拟某种有毒君主蝶的色彩而欺骗了捕食者时,它表现出了一种智能。但其直接目标是欺骗捕食者而不是复制基因,而其近似机制是该生物的总体发育计划,而不是单个基因的转录。

换句话说,心理状态(如知道和试图)的属性可以是层次式的。为了实现复制自身的目标,基因可以协助构建一种目标为欺骗捕食者的器官。人类的心智是另一种作为基因智能代理人的一部分而构建的智能机制,而且它还是第三层次(也是最令人熟悉的)的智能:对可能行为及其预期后果进行内部模拟。正是这一智能使人类比基因或动植物身体隐含的有限智能形式更灵活和强大。

在心智内部,我们也发现了一种子目标层次结构。(为了泡一杯咖啡,将咖啡粉放入咖啡机;为了得到咖啡粉,研磨咖啡豆;为了得到咖啡豆,找到咖啡豆袋子;如果没有咖啡豆袋子,去商店;依次类推。)计算科学家通常将目标层次形象地表示为栈(stack),在栈中,一个被设计来实现某个目标的程序通常必须先完成子目标,将其作为实现最后目标的手段,随后它"下推"(push down)至一个合适的子例程,然后当该子例程完成这一子目标时"上托"(pop up)回去。该子例程继而可以调用自己的子例程,以完成一个更小更专门的子目标。("栈"的形象源于一种记忆结构,其追踪记录了哪个子例程调用了另外哪个子例程;其工作方式就像一个弹簧负载的餐盘栈。)我在这里尝试给你描述的形象中,最周详的安排设计位于该栈的底层。其上是其身体和基因内含的智能。最高目标是基因的复制,这是自然选择的精髓。

可能需要一位优秀的哲学家才能对"智能""目标""想要""尝试""知道""自私""思考"等进行刀枪不入的描述,这些描述应包含心智、机器人、活体、基因和其他智能系统。(当涉及人类和动物的心智时,可能需要一位更优秀的哲学家才能弄清楚如何将主观经验再引入这一理论描述。)但可能存在这一描述的希望——我们可以明智地将心理学概念应用到生物学中,无须胆战心惊地引用——是道金斯的贡献。如果这样,我们也许能实质性地和深刻地解释我们自己的心智,在此解释中,本位活动如我们自己的思考和欲望将被视为更普遍更抽象现象的表现形式。

生命和心智某种程度上是一个通用原则集的不同表现形式——这一思想可以充实人类对两者的理解。但这也要求我们严格警惕不要混淆两种表现形式——不要忘记是什么(一个基因?一整个生物体?一个人的心智?)知道某事,或尝试某事,或想要某事,或者行为自私。我怀疑让人们接受用进化生物学思想理解人类心智的最大障碍就是,人们倾向于混淆某个给定心理学解释可能适用的不同实体。

一个例子是人们普遍倾向于假定道金斯描述的"自私基因"暗示的是一般的生物体,而人类尤其地自私自利。实际上,自私—基因观中并没有任何内容提示事情应该如此。自私基因与无私生物完美兼容,因为基因自私地复制自身的目标可以通过构建天生就无私的生物这一子目标来实现,如善待亲戚、在特定状况下广行善事、在另一些状况下炫耀自己的慷慨,等等。(实际上,《自私的基因》大部分内容都是解释生物的利他主义是其基因自私性的结果。)这种混淆的另一个例子是一个常见的观点,该观点认为社会生物学可以被人类众多无助于基因传播的行为所反驳,例如领养儿童或使用避孕措施。在此例中,人们混淆了基因复制自身的动机(确实存在)与人类传播自身基因的动机(不存在)。基因通过让人先天配备特定自身目标的子目标来实现它们的复制目标,但复制本身不需要在这些子目标中:人们能寻找性伴侣和抚育自己子女就已足够。在我们的祖先被选择的环境中,追求这些目标的人类自动地帮助相关基因追求了自己的目标(因为性往往会产生婴儿),但当环境变化(例如当我们发明了避孕措施),这一在过去使得子目标产生子例程目标的因果链不再生效。

我怀疑这些常见谬误源自人们将弗洛伊德思维用到了进化心理学上。人们将基因视为一个人最深刻、最真实的本质,是人类怀有最深愿望的部分,并将意识经验和外显行为视为隐藏这些隐秘动机的表面虚饰。这是一种谬误,因为基因的动机完全不同于人的动机——它们是戏中之戏,而不是演员们的内心独白。

更普遍地看,我认为,人们很容易将一个层次的智能与另一个层次的智能混淆,这才是导致人们排斥行为主义中的心理学概念并害怕生物学将生物(以及后来的基因)人格化的原因。但只要我们小心谨慎地将基因、生物和大脑分清楚,那么没有任何理由回避使用常见的解释机制(如目标和知识),如果它们能提供真知灼见和解释的话。

我想,将常见工具应用到生命和心智上的希望,以及未能区分任何特定解释的适用目标的危险,也可能见于讨论模因对心智和文化的意义时。道金斯提出,他对模因的讨论很大程度上是打算揭露自然选择机制的信息—理论化本质——它并非地球上的DNA或碳基生物或生命所特有,而是可以用到任何种类的复制子上。别人却将他关于模因的观点视为文化变迁的真实理论,一些人坚持将基因的选择严密类比为模因的选择,另一些人探索了更大范围的文化进化、流行病学、人口统计学和基因—文化共进化模型。我认为模因理论中固有的心智—生命相似性提供了以新方法理解文化和历史变迁的前景,但同样也产生了一种危险。

道金斯认为自然选择在解释生物复杂设计时具有不可或缺性,很多理论家以此为部分的理论基础,认为自然选择在应用到模因而不是基因上时,似乎是人类文化成就中复杂设计的唯一充分性解释。为了将文化带入生物学范畴,他们推论,人们必须证明文化如何通过自身版本的自然选择而进化。但这不合逻辑,因为进化的产物不必看起来像进化的过程。在文化进化的例子中,它们当然看起来不像——人类的文化产物不是错误复制累积的结果,而是聪明设计者们一拨拨的脑力劳动共同创造的成就。道金斯的宇宙达尔文主义观点并没有质疑这一事实。尽管地球上的复杂设计的起源仍然需要援引自然选择(鉴于缺乏足以完成这一任务的替代机制),但在文化复杂设计的例子中,我们确实有一种替代机制,即人类大脑的创造力。终极而言,我们必须根据遗传选择来解释大脑本身的复杂性,但之后我们就可以踢开这把梯子,不带偏见地研究真实的文化创造和传播过程。

最后一点联系。宗教是道金斯最近作品的重要主题,生命和心智也能以相关方式切入。复杂设计出现在生物世界,当然是历史上信神者们的主要论点,在被自然选择可以无须设计者就能导致设计涌现的能力削弱之前,这一论点合乎情理。正如道金斯在《盲眼钟表匠》中所言,“尽管利他主义可能在查尔斯·达尔文之前是合乎逻辑的,但达尔文使其成为了一种智识上令人满足的无神主义”。我相信人类关于心智的信念也发生了相似的进步。就如同生命复杂性被视为设计者存在的证据一样,人类智能的复杂性让很多人相信这是灵魂存在的有力证据。既然可以用物质概念解释智能,将其视为一种神经回路的信息加工(而回路本身可用自然选择进行解释),那么支持灵魂存在的第二个直觉来源就被削弱了。就如同进化生物学无须神创论就能产生智识上的满足感一样,计算认知科学也无须心物二元论就能产生智识上的满足感。

12 间接言语的原理

——策略性说话者理论

与詹姆斯·李(James Lee)合著

尽管我常被当作一位进化心理学家,但本文是我仅有的一篇明确应用进化论解决具体研究问题的实证性论文。这个研究问题属于心理语言学和社会心理学的交叉领域,即,为什么人类的对话充满了暗讽、委婉语、礼貌语,以及其他形式的支支吾吾。为什么人们不直抒胸臆?

这个疑问压在我心头的时间可以追溯到我所在大学的"发展办公室"(不错的委婉语)开始邀我充当筹款晚宴诱饵的时节。人们在晚宴上热情款待挥金如土的校友或慈善家,然后恰如其分地引出大笔捐赠的问题,这种问题通常隐含在"远见"和"领导力"这样的委婉语中。精心策划的欢宴气氛中隐含着一个恰当的主题,像极了一次激情的约会。我内心的心理学家部分不由好奇为什么这两个场景如此相似。我在《思维的本质》中曾就此概述过一个理论,詹姆斯·李(现在是行为遗传学和进化心理学领域的新星)刚到哈佛大学读研究生时,我问他是否愿意与我一起研究,想办法更明确地提炼这一问题,并对其进行实证检验。研究的结果就是本文。除了为这一项目付出了智识和实践的努力外,本文开头和结尾中的文学典故也是詹姆斯的功劳。

在电影《辛德勒的名单》(*Schindler 's List*,Spielberg,1993)中,辛德勒在他的犹太工人被驱逐到奥斯维辛后,与一名纳粹党卫军指挥官谈判,想要释放他们。指挥官说:"我从不干涉这里的作业过程。为什么你认为我可以帮助你?"辛德勒回答,"请允许我解释一下原因",并把一袋钻石倒在了桌上。指挥官说:"我可以下令逮捕你。"辛德勒说:"你知道我有强大的靠山。"这让指挥官不知所措。最后他说:"我可没说我就一定能够帮你。我只是觉得这东西放在桌上令我不舒服。"说完指挥官收起钻石,塞进了自己的口袋。

凡观看过这段对话的人都不免会将贿赂、威胁、诱惑和拒绝的潜台词填充进人物之间的对话中。然而这些潜台词的概念并未被明白表达出来。辛德勒没有说"如果你释放我的工人,我将给你这些钻石"或"如果你逮捕我,我将让你受到惩罚”。指挥官也没说“如果你给我好处,我会释放这些工人”或“我接受你的好处,但绝不能让第三方知道”。

语言学家把这类暗讽语称为“非公开间接言语行为”(off-record indirect speech acts)(P. Brown及Levinson,1987)。它们与“公开”(on-record)间接言语行为如“Can you pass the salt?”(你能把盐递给我吗?)不同,后者已经变得十分常规化,听者很少只按照其字面意义进行理解(Gibbs,1983;Holtgraves,1995)。下面是非公开间接言语另外一些公认的例子:

- “I hear you're the foreman of the jury in the Soprano trail. It's an important civic responsibility. You have a wife and kids. We know you'll do the right thing.”(a threat)

  “我听说你是Soprano trial的法官。这是非常重要的民事责任。你有妻子和孩子。我们知道你会做正确的事情。”(威胁)

- “Gee, officer. I was thinking that maybe the best thing would be to take care of the ticket here, without going through a lot of paperwork.”(a bribe)

  “哇,警官。我刚刚在想,也许我们最好在这里把罚单解决了,不用走太多文书流程。”(贿赂)

- “Would you like to come up and see my etchings?”(a sexual advance)

  “你想上来看看我家里的蚀刻画吗?”(性引诱)

- “We're counting on you to show leadership in our Campaign for the Future.”(a solicitation for a donation)

  “我们仰仗你在我们的未来事业中表现出领导力。”(引诱捐赠)

非公开间接言语是一种既有科学意义又有实践意义的现象。从社会心理学和心理语言学的角度来看,令人疑惑之处在于为什么人们如此频繁地用看似低效且易错的方式交流,而不是简明、清楚且不含糊地表达自己的意图。实践意义则体现在很多依赖于间接言语解读的法律案件上。例子包括:1991年为最高法院大法官提名人克拉伦斯·托马斯(Clarence Thomas)召开的参议院听证会,辩论的是他对受督导者安妮塔·希尔(Anita Hill)开的黄色玩笑是否为性骚扰;2008年马萨诸塞州参议员黛安娜·威尔克森(Dianne Wilkerson)的被捕案,她接受了2000美元“奖励她努力”为一名委托人获得酒类营业执照,这一行为被视为受贿;以及2009年罗伯特·霍尔德曼(Robert Halderman)向戴维·莱特曼(David Letterman)兜售描述后者与女员工间绯闻的剧本,导致霍尔德曼因试图敲诈而被捕。间接言语的含糊性还是个人关系中误解和冲突的主要来源(Tannen,1991)。

语言学家和哲学家很久之前就开始研究间接言语(Cole及Morgan,1975;Grice,

1975;Horn,2003;Lakoff,1973),他们记录了说话者的话语形式与有意表达的意义之间的关系,以及说话者编码和听者复原这些意义的过程。有一种广为流传的假设认为,人们心照不宣地遵守格赖斯(1975)的“合作原则”(cooperative principle):说话者和听者一起合作将对话往前推进——说话者试着遵守充分、真实、清楚和关联的准则,听者自动填充保护这一假设所需的任何命题。

这篇文献没有解释这一社会心理学问题——既然间接言语从定义上来说就无视了合作原则中的清楚、准确、真实和关联准则,那为什么说话者一开始就要遮遮掩掩地说话? P.布朗(P. Brown)和莱文森(Levinson,1987)和克拉克(Clark,1996)的重要综合性研究探索过间接言语背后的社会动机。P.布朗和莱文森在他们提出的礼貌理论中,将合作原则扩展到了说话者与听者维护面子[来自俚语“留面子”(save face)]的合作行为——一个人在社交互动中可以获取的认可度与自主度(Goffman,1967)。因为说话者对注意力或好处的请求是对听者颜面的威胁,所以说话者利用几种礼貌手段软化了其请求。包括对同情的保证(积极礼貌,如称赞和表示亲近与熟悉的词语)以及对尊重的承认(消极礼貌,如道歉、拐弯抹角和疑问语气)。根据该理论,可以将礼貌策略按照留存面子力度的大小排列成一个连续体:积极礼貌、消极礼貌、公开间接言语和非公开间接言语。

克拉克的联合行为理论(Joint action theory)也将合作置于语言运用(language use)的核心位置。他这样介绍了这一理论:

> 语言运用确实是一种联合行为。联合行为指的是由一系列人物彼此合作所完成的行为。简单的例子如二人华尔兹舞,二人皮划艇、钢琴二重奏或者做爱。(Clark,1996,3页)

在这一理论中,间接言语的关键原理是对话双方联合努力获得平等。如果成本和收益对于说话者或听者来说未能平衡,则会威胁他们的面子,导致痛苦产生,从而设立了一个共同目标:通过补偿行为或言语或者重新解读受威胁事宜来纠正这一不平衡(Walster、Walster及Berscheid,1978)。克拉克给出过一个例子,

> 艾伦给芭芭拉点了一杯曼萨尼亚雪莉,她欣然接受。当艾伦提出要送酒时,他就将自己的面子置于了危险之中。如果她拿走这杯雪莉后却未提供足够回报怎么办? 当芭芭拉接受了他的好意后,她也将自己的面子置于了危险之中。如果她无法回报这份好意怎么办?(Clark,1996,294页)

克拉克指出芭芭拉可以通过说“那就麻烦你了”(Yes please)(尊重了他的自主性)或“那真是太好了”(That'd be lovely)(增加了他的自我价值)来保留颜面。在礼貌理论中,上述回答分别被归类为消极礼貌和公开间接言语的范例。

尽管这些纯合作理论取得了很多理论性和实证性的成就,但它们未能成功解

释非公开间接言语的特定方面。初步来看,纯合作理论似乎不符合下列这一事实:非公开间接言语通常伴随着显著的个体间冲突,如托马斯、威尔克森和莱特曼的法律案例中所见。水乳交融的联合行为(如华尔兹、皮划艇和性行为)似乎也不是被紧张和误解所围绕的间接言语的恰当类比。你可以想想那种通常发生在性行为之前的谈话,即,被用来诱惑和求欢的紧张、试探性和警惕的话语。研究合作理论的文献很少讨论充满不愉快情绪且具有潜在冲突性的主题,如贿赂、威胁和性引诱,尽管这些主题是非公开间接言语的主要使用场景。这些劝诱行为可能是高度间接的行为,但它们不大可能被掩盖在那种在其他请求中保护听者颜面的句式中,如"Please"(请……)、"Do you think you might"(你能……)或"I'm sorry to have to ask but"(不好意思请你……)。

设计来检验礼貌理论的实证研究也令人对该理论的下面这一前提产生了疑问:非公开间接言语位于策略连续体最具礼貌性的一端(Dillard、Wilson、Tusing及Kinney,1997;Holtgraves及Yang,1990)。评分者通常认为间接言语比消极(尊重)礼貌更不礼貌,有时候甚至认为其十分粗鲁。[如,"Didn't I already ask you to empty the dishwasher?"(我不是已经让你清空洗碗机了吗?)]

纯合作理论的第二个实证麻烦是,人们发现,积极和消极礼貌以及需要用到两者的面子威胁不仅有程度的差异,还有种类的差异。积极礼貌(同情)往往伴随了对团结的威胁,如批评朋友,而消极礼貌(尊重)则往往伴随了对权力的威胁,如一个麻烦的请求。克拉克理论(1996)忽视了关系种类间的质性差异,也令人对其诉诸平等的做法产生了疑问。如果,在一次晚宴中,艾伦给芭芭拉点了雪莉之后,她打算通过付酒钱来恢复平等,或者如果他打算要求她以一个性感之吻的形式进行回报,这种交换不仅不会减少紧张的情绪,反而还会导致紧张度的上升,让人产生疑惑、尴尬和震惊的体验。

我们认为,可以用进化生物学的两条洞见改进解释非公开间接言语行为的传统合作理论。第一条是,同种动物间的社交关系从来就没有完全的利益重叠(以及因此产生的完全合作),反而始终存在至少是部分的利益冲突(Trivers,1985)。这转而以可能会无视合作原则的方式影响它们的交流模式[1]。道金斯和克雷布斯(Krebs,1978)提出,动物发出信号通常是试图操纵接收者的行为,以使发送者获益。这使得信号发送成了策略性信号发送者和多疑的接收者之间军备竞赛的产物,接收者反过来试图推断发送者的状态来使自己获益。但是,在自然选择的压力下达到平衡后,发送者和接收者有可能同时从该交换中受益;否则该信号系统就应该停止存在(Maynard, Smith及Harper,2003)。因此我们可以预计在活生物体中会出现一个长期的交流系统,以反映合作与冲突的复杂混合。

第二条洞见是，同种动物间的关系预计可以归属于不同的种类，其中，二元关系根据其遗传关系、历史、性别和相对权力的不同，参照的策略集也具有质性差异。这些具有生物学意义的关系类型包括优势度、互利共生、父母教养、相互利他主义、短期交配和长期配偶连结。认为人类的关系可分化为不同种类的假说被称为关系模型理论（relational models theory）（Fiske，1991，1992）和关系特异性社会心理学（relationship-specific social psychology）（Wilson 及 Daly，1997）。该假说对交流具有深远意义，表明言语行为所引发的关系紧张状态可能不分布在单个连续体内（如面子威胁或平等失衡的连续体），而是可能牵涉到一种不确定情况：在几种可能的关系模型中，哪一种应该生效？这里面，每一种模型解决的都是不同程度和种类的合作。

在这些因素的推动下，我们简述了一个理论，从说话者在不确定条件下谈判关系类型时所使用策略的角度来解释非公开间接言语（Pinker、Nowak 及 Lee，2008），博弈论者称之为"识别问题"（identification problems）（Schelling，1960）。本理论没有预先假定说话者和听者间存在完全合作，而是认为双方使用间接言语是为了谈判双方是否应当实施合作以及实施何种合作。这种"策略性说话者理论"（strategic speaker theory）的逻辑（间接言语在识别问题中提供了可信的可否认性），在说话者的预期成本与收益可量化的场景中，最易得到解释。例如，当一位被警察抓住的司机打算行贿以逃掉罚单时，就会发生这种场景。对于间接言语成为说话者在这种场合中最佳解决方案的条件，可以用将直觉式的"可信的可否认性"形式化的简单博弈论模型加以说明。

关键的是，同样的博弈论逻辑也适用于纯社交场合，如调情或贿赂饭店领班，这些场合中可能不存在法律危险或可量化的动机。我们认为，对"何种关系模型应当生效"这一问题的谈判定义了一个支付矩阵（payoff matrix），其与支配贿赂场景的支付矩阵同构，但其成本是情绪性的而非财务或法律性的。间接言语使得人们对某种关系类型的破坏行为亦存在可信的可否认性，因此避免了可能被这种破坏行为触发的令人厌恶的社交或情绪后果。

最后，在沿用到更高阶的可否认性时，策略性说话者理论可以解释为什么甚至当说话者的意图或者听者对于此次关系改换的价值观不存在不确定性时，也会用到间接言语。通过将关系类型间的质性差异与语言的数字本质联系，该理论解释了为何一种谁都骗不了的稍加掩饰的请求比直白表达的同内容请求具有更好的社交接受度。在本文中，我们详尽阐述了这一理论，推断了其心理学意义，并报道了几个检验其预测结果的研究。

第1部分:间接言语是与礼貌不同的策略

纯合作理论尽管能成功解释礼貌和公开间接言语,但解释非公开间接言语却没那么成功——通过证明这一点,我们推动了对策略性说话者理论的需求。这沿用了早期研究得出的结论:非公开间接言语似乎并不是一种极端形式的礼貌,反而具有非常不同的作用(Dillard等,1997;Holtgraves及Yang,1990)。

在礼貌理论中,任何潜在面子威胁的大小是下面三个因素的单调递增函数:(a)说话者与听者间的社会距离(social distance),(b)听者相对于说话者的权力,及(c)说话者的请求内在的强迫程度(degree of imposition)。这三个因素中任何一个的增加都会导致说话者使用礼貌策略消除由此产生的面子威胁。如前所述,礼貌理论认为共有四种属于同一个连续体的礼貌策略:积极礼貌(同情、关切或友情);消极礼貌(尊重或顺从);间接言语(其使用措辞的字面意思不等于请求),其又可进一步分为公开请求(惯用语或套话)和非公开请求(新造而拐弯抹角)。微小的面子威胁也许只需要积极礼貌,严重的威胁则可能需要饰以间接言语。根据这一逻辑,间接言语行为为非公开时更为礼貌,因为只有此时,说话者才能可信地否认他刚提出了一个请求。

我们现在介绍一个研究,证明人们有时候更喜欢使用直接(但礼貌)的请求,甚至是在社会距离、权力差距和强迫程度被控制为与那些更偏好间接请求的场景水平相当时也是如此。这些结果提示,言语的礼貌性和间接性不在同一体系中,两者是由不同类型的社会遭遇所引发的不同机制。

实验1

礼貌理论认为,一旦一次总的面子威胁超过了特定阈值,提出请求的说话者就应当从偏好直接(但礼貌)切换为偏好间接。为检验这一预测,我们控制了面子威胁的三个影响因素,证明它们确实影响了言语的礼貌性,但未能促使说话者转用间接请求。相反,造成识别问题的社交场景(尤指听者是否愿意切换当前关系的质性本质)会引出言语的间接性,而不是礼貌性。

方法

参与者:在无实验人员监督的情况下,参与者在家里填写通过“亚马逊机械土耳其人"(Amazon Mechanical Turk)①(www.mturk.com)发放的问卷[2]。参与者年龄必须大于18岁,且英语流利。128名参与者填写了问卷;114名完成。参与者得到了5美元作为报酬。

材料:问卷包括4个虚构场景:(a)一个男人在约会结束时向一个女人求欢(引诱),(b)一名司机为了逃避罚单试图贿赂一名警官(贿赂),(c)一名教授威胁一名有天分的学生,如果她不去他的实验室工作的话,就会丢掉奖学金(威胁),(d)一家金融公司的一名新雇员请求一名同事或主管帮忙做一次困难的统计分析(求助)。所有四个场景都记录在附录A中。

求助场景被设计为可以直接控制面子威胁变量。在一个被试内设计(within-participant design)中,每一名参与者都会看到该场景的8个不同版本。这8个方格源于3个因素和2个水平的交叉:(a)听者是另一名新雇员还是说话者的主管(对权力的控制),(b)听者是说话者的大学三年室友还是说话者不认识的人(对社会距离的控制),及(c)说话者需要听者10～15分钟时间还是超过3小时(对强迫程度的控制)。

每一场景后跟几个问题。前三个问题要求参与者从1分到5分评估该场景的下列几个方面:(a)其中一个人物相对于另一人物的权力地位,(b)人物间的社会距离有多远,及(c)说话者的请求的强迫程度是多少。最后一个问题除了从1到5的评分外,还给参与者提供了"不知道"的选项。

接着实验给参与者提供了5种不同的言语行为,并要求他们从1分到7分评估说话者使用每一种言语行为表达请求的可能性是多少。这5种言语行为被设计为,(a)直白,(b)积极礼貌,(c)消极礼貌,(d)有点间接,及(e)非常间接。在每一个场景内,参与者始终以这一顺序对这些言语行为进行评分。积极和消极礼貌言语行为的措辞依照的是由P.布朗和莱文森(1987)记录的判别要素。直白言语行为使用了最低限度的礼貌性。直白和礼貌的言语行为都毫不含糊地表达了说话者请求的本意。相反,两种非公开间接言语行为的字面意思上不等同于请求。下面我们给出了在求助场景中使用的言语行为:

- "Please help me out with this analysis."(blunt)
  "请帮我做一下这个分析。"(直白)
- "So, [hearer], one workaholic to another. I, uh, was thinking that it would be really good for the whole company if I got this report done on time. Could you

① 一种众包网络集市,能使计算机程序员调用人类智能来执行目前计算机尚不足以胜任的任务——译者注。

please help me with it?"(positively polite)

"呃,(听者),我们两个工作狂交流一下。我,呃,在想如果我能及时完成这个报告,对整个公司都有好处。你可以帮我吗?"(积极礼貌)

- "I'm really sorry to bother you, and I wouldn't ask this if it wasn't hugely important. But do you think it might be possible to step through this analysis with me? It would be a real life-saver."(negatively polite)

"真的很抱歉要麻烦你,如果不是非常重要,我也不会找你帮忙。你能不能和我一起完成这个分析?如果可以,就真是救了我一命。"(消极礼貌)

- "I really admire you, (hearer). You have the perfect background for this. I wish someone could have told me in school that this stuff would be really invaluable in my work."(somewhat indirect)

"我真的崇拜你,(听者)。你在这上面有丰富的经验。我真希望在学校的时候有人告诉我这东西在我的工作中非常重要。"(有点间接)

- "Oh, I can't believe this. I'm probably going to miss the deadline because of this problem."(very indirect)

"哦,我不敢相信。我可能会因为这个问题错过截止时间。"(非常间接)

在完成每一个言语行为的评分后,参与者必须选择他们认为与说话者真会使用的言语行为最接近的选项,如有必要,他们还可以选择用自己语言重新组织这一最接近的选项。这是为了确保该选择不会被我们选用的特定措辞所过度影响。

程序:这11个场景(引诱、贿赂、威胁和8种求助)被组织为32种不同的顺序。求助场景的各版本始终相邻。求助场景作为一个区组与贿赂、引诱和威胁场景在一个拉丁方中进行分配。对于这4种可能顺序中的每一种顺序,不同的求助场景在一个拉丁方中进行分配。求助场景有8种类似顺序,导致总共产生了32种顺序。最多允许4个参与者完成每一种顺序。

结果

我们首先检验了参与者对面子威胁评分的有效性,方法是看求助场景的每一个评价量表受材料部分的设计中对应控制的影响是否最为强烈。对权力差距评分影响最强烈的是我们对权力差距因素的控制[效应量=1.6李克特分(Likert points),为次强控制的4倍],不过它们也受到了其他控制的影响($p<0.01$)。对社会亲密性的评分只受到了社会亲密性本身的显著影响($p<0.001$)。对强迫性的评分影响最强的是对强迫性的控制(效应量=1.1 李克特分,为次强控制的3倍),不过它们也受到了其他控制的影响($p<0.001$)。因此,这些对面子威胁变量的评分对于底层构念具

有敏感性。

我们接着检验了在求助场景中控制面子威胁因素是否会影响礼貌理论所预测的语言。我们通过约束最大似然法(restricted maximum likelihood，REML)评估了参与者对每种言语行为的支持度受每种面子威胁控制的影响，将参与者的变异度视为随机效应(见表12.1)。最后三列中的每一个数据反映的是增加面子威胁因素的大小对该行言语行为的吸引力产生的影响。

表12.1 实验1的结果:参与者组内控制

言语行为	斜率[a]	权力差距	社会距离	强迫性
直白	4.52	−0.37***	−1.17***	−0.03
积极礼貌	3.11	−0.25**	−0.09	0.03
消极礼貌	4.58	0.20*	0.54***	0.12
有点间接	3.51	0.28**	−0.02	0.26**
非常间接	3.67	−0.46***	−0.07***	0.26**

a对该说话者在权力差距、社会距离和强迫程度都被设置为最低水平时有多大可能性使用该言语行为的平均李克特评分。

*p<0.05，**p<0.01，***p<0.001

直白言语行为令人惊讶地受欢迎。实际上，当所有的面子威胁因素理论上都偏好最小限度的礼貌性时，直白和消极礼貌的言语行为得到了几乎相等的平均评分。当面子威胁因素被控制以偏好更多礼貌性时，这两种言语行为的评分完全以礼貌理论所预测的方式精确分化，消极礼貌言语行为变得更受欢迎，而直白言语行为较为逊色。控制强迫程度产生的效应对于直白或消极礼貌言语行为都无显著意义，但这些效应的信号都被准确预测。

积极礼貌言语行为令人惊讶地不受欢迎，而且对于控制相对不敏感。这可能是因为积极礼貌固有的友好性和共同目标假设给这种场合的参与者留下了操纵性或专横的印象。这证实了之前的观点：积极和消极礼貌策略可能并不总是沿着单一维度排列(Holtgraves，2002；Lim及Bowers，1991；K. Tracy，1990)[3]。

正如礼貌理论所预测，有点间接的言语行为随着权力差距和强迫程度的增加得到了更高的评分。但是，这一言语行为的评分从未接近消极礼貌言语行为获得的评分；参与者们始终如一地表示，消极礼貌言语行为在这一场景中最为恰当。随着面子威胁因素被控制为偏好礼貌性，变得不再受欢迎的正是间接言语行为。参与者的必选式回答(forced-choice response)也与其评分一致：消极礼貌言语行为在所有8个方格中最受欢迎，其占比范围为从要求最低礼貌性的方格的34%到要求最高礼貌性的方格的60%。这种对间接言语行为的厌恶提示，礼貌理论尽管能解释对话中消极礼貌的使用，但不能解释非公开间接言语的使用。

第二个关键检验来自引诱、贿赂和威胁场景，这些场景包含了识别问题。我们发现了一种与求助场景中对消极礼貌的偏好截然不同的模式：参与者偏好两种间接言语行为，而不是三种直接言语行为。为了定量这一效应，如果每一个必选式回答选择了间接言语行为，我们就将其记为1分，否则记为0分。我们将引诱、贿赂和威胁场景中每一场景的回答与求助场景（所有的面子威胁因素都偏好最大程度的礼貌性）方格中的回答进行比较，对配对二分数据的McNemar检验发现，参与者在所有三个非偏好场景中都更可能支持间接言语行为——引诱：$x^2(1,\ N = 114) = 57.1$，$p<0.001$；贿赂，$x^2(1,\ N = 113) = 15.3$，$p<0.001$；威胁，$x^2(1,\ N = 114) = 52.7$，$p<0.001$。在引诱场景中，91%的参与者选择了间接言语；在贿赂场景中是58%；威胁场景是86%。相比之下，在求助场景的各方格中，支持间接言语的回答只占21%到34%。李克特评价量表收集的回答也表现出了相同的模式。

当然，关键是证明参与者在引诱、贿赂和威胁场景中偏好间接言语不仅是因为这些场景比求助场景造成了更高程度的面子威胁。事实上不是。与偏好最大礼貌性的求助场景各方格相比，参与者对这三种场景的三种面子威胁因素的评分与之相当或更低（见表12.2）。一般来说，在表12.2的一列内，任何超过0.3的两两比较差异，在α =0.05时都具有显著的统计学意义。唯一在面子威胁因素评分上与求助场景相当或超过的场景是贿赂场景。但是，在所有三个非求助场景中，参与者压倒性地偏好间接请求而不是直接请求，而且，在非求助场景中，事实上正是贿赂场景最可能引出对直接请求的支持。

另外一个发现突出了礼貌理论和涉及社交识别问题的场景的不相容问题。直觉上，“男人向女人发起性求欢时需要多大程度强迫性”这样的问题是不正确的。如果这个女人不想与这个男人发生性关系，那么场面会很令人憎恶，以至于“强迫性”似乎是一个不适当的概念；如果她确实有意愿，那么这就完全不是“强迫”。在较小程度上，这适用于很多涉及识别问题的场景：一名警官可能或腐败（并接受贿赂）或正直（并拒绝受贿）；受威胁的目标角色可能发现屈服于威胁是权宜之计，或者他可能蔑视这个威胁者（要么是为了将实施威胁的罪责推给他，要么是为了制止未来的相似威胁）。因此，在要求参与者给强迫程度评分时，我们给其提供了“不知道”的选项。在求助场景的各方格中，选择“不知道”选项的参与者占比范围为2%到8%。相比之下，在引诱场景中，48%的参与者选择了“不知道”的选项；在贿赂的场景中，12%选择了该选项；而在威胁场景中，19%的参与者选择了该选项。McNemar检验发现，求助场景的最大限度方格中选择“不知道”回答的数目与引诱和威胁场景中的数目具有显著差异,分析结果分别为$x^2(1, N = 114) = 38.9$,$p<0.001$和$x^2(1, N = 114) = 5.76$,$p<0.05$。

表12.2 实验1的结果:所有场景的面子威胁程度

场景	权力差距	社会距离	强迫性[a]
求助[b]	4.29	4.22	4.14
引诱	1.73	2.64	4.49
贿赂	4.68	4.49	4.08
威胁	3.89	2.92	3.60

a在计算这些平均值时忽略了选择“不知道”的参与者。b该方格的权力差距、社会距离和强迫度都被设置为最高水平。

讨论

我们证实了礼貌理论的预测,人们在求助时选择直白还是消极礼貌(尊重)言语存在相对的偏好性。增加三种面子威胁因素(权力差异、社会距离、强迫程度)导致参与者将其对说话者求助时措辞的预测从直白切换到了消极礼貌。但是,无论对面子威胁因素的评分变得多高,参与者也没有进一步将消极礼貌言语行为切换到任一种间接言语行为。但事实上,在某些方格,对面子威胁因素的评分相当于或超过了引诱、贿赂和威胁场景中的对应评分,后三种场景的参与者强烈偏好间接言语行为。

我们得出结论,这些场景的区分点在这三种面子威胁因素之外。我们认为,参与者在评分强迫程度时对“不知道”选项的偏好揭示了这一关键差异。当一个能力稍弱的人向一位能力更强的人求助时,他或她总是会表现出一定程度的强迫性。但是,引诱(以及其他的说者不知听者价值观的互动)时的请求却没有这一特点。例如,在度过一个愉快的夜晚后,女人也许完全愿意与男人发生性关系,只要她能确定他所请求的到底是什么。

因此,在求助场景中,听者的价值观被“识别”是因为说话者知道这一请求存在一定的强迫性。然而,在其他场景中,不同听者对说话者的请求持有的态度也许会有质的不同。本研究的结果提示,在说话者想要的合作程度和合作性质不确定的条件下使用间接言语,所需要的解释超出了礼貌理论以及其他纯合作理论的解释能力。

第2部分:可信可否认性作为识别问题的一个解决方案

为了说明间接言语在识别问题中的吸引力,我们以一个成本和收益可量化的对话子类型作为出发点。假设一名司机因为超速被拦停,他正在考虑两个选项:接受罚单或贿赂警官。哪一种选项能提供更好的预期回报?答案取决于他所遇警官的价值观。贿赂是一种犯罪行为,其受到的惩罚远比交通违规严厉,所以如果这名警官是一位审慎正直的执法者,那么贿赂行为会导致司机受到比罚单更严重的惩罚。说话者因此面临了一个识别问题:存在两种类型的听者,合作者和对抗者。试图与一名对抗者启动一种联合行动,会事与愿违地导致最差的结果,而说话者无法区分这两种类型。

假设贿赂场景中的司机不得不遵从格赖斯(1975)的合作准则:信息充分、简洁、真实、相关和清楚。司机因而会以直接言语进行贿赂,公然将其作为交换条件。表12.3中前两行的支付矩阵描述了这样一名司机所面临的识别问题形式。司机要么接受罚单,要么进行直接贿赂,如"If you let me go without a ticket, I'll give you fifty dollars"(如果你给我免除罚单,我会给你50美元)。然而,鉴于向一位正直警官行贿这一行为固有的巨大潜在成本,司机可能会尽量不行贿,而吞下罚单这一更小的成本。

但是假设现在允许司机无视这些准则,以一种隐晦、含糊或不相干的话语实施贿赂,如"So maybe the best thing would be to take care of that here"(也许我们最好在这里把事情解决了)(表12.3第三行所示)[4]。假设一位不正直的警官可以利用语言学家记录的隐含意机制(P. Brown 及 Levinson, 1987; Clark, 1996; Grice, 1975; Holtgraves, 2002; Horn, 2003; Searle, 1975)领会到这一暗讽语中的贿赂意图。又假设一位正直的警官在听到同样的暗讽语后,无法毫无疑义地以高标准证据将行贿指控递上法庭。那么,这一间接言语可能就使司机在获取行贿一位不正直警官的巨大受益的同时,只付出行贿一名正直警官相对较小的成本。

尽管间接言语在获得可信可否认性方面的吸引力看似一种常识,但更严格的检验发现,言语的间接性在整体上并无优势,只能获得一种特定配置的预期回报。将间接言语作为最优方案的环境可从一种简单的博弈论模型(Pinker等,2008)推导得出。设y为司机承担的期望成本。这一成本取决于:(a)q,正直警官的比例;(b)c_0,行贿的成本;(c)c_1,罚单的成本(必须大于行贿成本,否则人们就永不会行贿);(d)c_2,因行贿而被捕的成本(必须大于罚单成本,否则人们就会一直行贿);及(e)p,警官将把司机的话语解读为企图行贿并采取相应行动的概率——接受贿赂还是逮捕司机,取决于该警官是合作(腐败)还是对抗(正直)。p随着司机话语的直接性(d,这是关键语言变量)而单调递增。它反映的是从句子字面内容获得说话者真实意图这一隐含意过程必须被执行的推理步数。关键的是,直接性这一语言变量必须相当于“一个信号反映其中一种事务状态的概率”这一决策理论变量。

表 12.3 超速司机的支付矩阵

司机的策略	警官类型	
	不正直警官	正直警官
不贿赂	交通罚单	交通罚单
直接贿赂	放行	以行贿逮捕
间接贿赂	放行	交通罚单

可以证明,如果腐败的警官和正直的警官在针对司机的话语采取行动时,都使用同样的决策函数,那么间接言语就绝不是最优选择。正直警官的比例很大,$q_c = (c_1-c_0)(c_2-c_0)$,这样如果$q>q_c$,则司机的最优策略是永远不要尝试行贿($p = 0$),如果$q<q_c$,则司机的最佳策略是以清楚无误的措辞直接行贿($p = 1$)。因此,在这些假设条件下,该模型预测,间接言语对于说话者应当毫无吸引力。如果对抗性听者的比例很高,则他应当保持沉默;如果很低,则他应当公然行贿。

然而,存在一组条件,在此之下间接言语是最优选择:当两种类型的听者对于说话者第一步行动的回应存在概率上的差异时。假设一名腐败的警官在收下贿赂金并将司机放走之前必须满足一个确定性阈值(比如80%),确定司机说出的话是在尝试行贿。现在,如果一位正直警官在以行贿罪逮捕司机前必须满足更高的阈值(比如99%),那么一位理性的司机应当提高话语的直接性,有目的性地在听者耳中诱发80%和99%之间的确定性水平。(当然,司机无须意识到其措辞背后的原理。[5])

关键假设是,在言语直接程度的某一范围之内,对抗性听者对说话者设置的行动阈值比完全合作的听者设置得更高。这在企图行贿的例子中是可信的,因为即使一名正直警官如同其腐败同行一样强烈地相信某段话语是在行贿,但由于成功起诉的可疑前景、误捕带来的诉讼风险、额外的文书工作以及其他成本,他可能不愿意基于这一信念实施行动。这些应变条件可以轻易在听者的支付矩阵中建模。

注意这一模型与认为间接言语适用于纯合作的传统假设的不同之处:策略性说话者使用间接性言语不是为了与听者合作追求一个联合目标(本例中是执法),而是为了破坏这一目标。

该理论的中心概念"可否认性"与研究隐含意(implicature)的语言学文献中的"可取消性"(defeasibility)(Grice,1975;Horn,2003)有关系,但并不等同。人们认为,隐含意如果逻辑上没有被话语正式表达,就具有可取消性,可以不引发冲突地被取消或作废。例如,"Some men are chauvinists"(一些男人是大男子主义者),会自然导致听者推导出说话者的另外一个意思是一些男人不是大男子主义者。但这一隐含意逻辑上并没有被正式表达,而且可以被取消,如句子"Some men are chauvinists; indeed, all are"(一些男人是大男子主义者;实际上,所有男人都是)一样,[同样:"They got married and had a baby, but not in that order"(他们结了婚并生了个小孩,但次序有所不同)]。尽管可否认性需要可取消性,但反过来并不成立;可取消性并不要求听者有一个自利的理由在面对对抗性听者时取消这一隐含意,而对合作性听者则不。在语言学的标准例子中,可取消性纯粹是用于修辞学目的,而对应的话语应该被所有听者以同一方式理解。

可信的可否认性还与礼貌理论中的"提供选项"(provide options)准则不同(P. Brown及Levinson,1987;Lakoff,1973),后者是一系列恭敬式礼貌句式的基础,如"If you please"和"Do you think you might"。这一准则的目的是缓解向合作性听者提出请求所造成的面子威胁,以免产生策略性后果;它不是一种被设计在面对潜在对抗性听者时保护说话者利益的策略。实际上,实验1给参与者提供了在"提供选项"句式(Do you think it might be possible)和间接请求之间选择的选项,结果发现参与者分别偏好这两种选项的情境具有互补性。

策略性说话者模型具有可检验的意义。首先,言语的间接性不仅应该被视为一种补救听者面子的社交动作(例如使用类似"Please""Can you"及其他礼貌反应的句式),还应被理解为单调影响听者解读和决策过程的社交动作。也就是说,人们应当意识到,言语直接性这一抽象语言学变量(其是一系列无限范围措辞的基础)对应的是听者的行动概率,而且他们应当策略性地部署这种对应性,以便根据该场合隐含的支付矩阵将他们的可量化成本降到最低。因此,言语中直接性的使用应当对进入该支付矩阵的变量敏感,例如人群中合作性和对抗性说话者的比例,以及完成或未能完成一段合作性关系的成本,但是,那些假设说话者和听者间的关系具有普遍合作性的间接言语理论却忽视了这一点。因此,即使在礼貌理论所强调的面子威胁变量(权力、距离和强迫性)保持不变时,直接性也应当有所不同。相反的是,如果说话者只根据面子威胁而不根据回报和概率来校正其语言的直接性,那么,就会损害下列这一假说:人们在合作性不确定的情况下会策略性地运用间接性言语。

第二个关键预测是,当说话者的确偏好间接言语时,他们还应当认识到,相较于不合作的听者(本例中是正直的警察),合作性听者(本例中是不正直的警察)在面对连续分布的言语直接程度时,具有更低的行动阈值。如果不存在这种差异,那么,策略性说话者理论将被清楚地证伪,因为只有在这些情境中,间接言语才是最优的方案。

实验2

为了在一种可精确说明成本、收益和决策的场景中检验这一策略性说话者理论,我们要求参与者想象他们很想去贿赂一名警官。当然,该理论并没有声称说话者为了可以用现金贿赂警官专门开发了间接言语,相反,该理论认为,说话者能轻易地将他们在日常对话中使用的间接性策略推广到这些更特别(以及,为了我们的目的,可量化)的场合。

方法

参与者:从哈佛大学的本科生群体中招募了51名流利的英语使用者,要求他们无偿填写一份在线问卷;26名学生完成了问卷。

材料:问卷托管在www.survey-monkey.com网站,由参与者在无监督情况下在家填写。参与者被要求想象自己正在公路旅行,穿越虚构的国家。问卷第一部分的目的是让参与者熟悉该场景和支付结构(payoff structure)。

一段旅游指南的摘录告知参与者,因为当地的腐败和贿赂行为猖獗,旅行者必须明白在遭遇警官时该如何行事。接着,旅游指南给出了一个场景的4个版本,参与者想象自己在该场景中被一名警官拦停,该警官不实地声称参与者超速。每一版本的不同之处在于下列据预测与最佳言语行为选择相关变量的值:(a)该区域正直警官的比例,(b)预期贿赂的成本,(c)罚单的成本,(d)因行贿而被捕的成本(见表12.4)。在每一种情况下,场景结束时都要求参与者思考一下自己为了摆脱困境将会如何组织语言实施行贿[6]。

在熟悉每一个场景后,参与者从5个选项的选单中选择其中一种言语行为,并收到3种可能反馈后果中的一种。收到哪种反馈取决于根据该场景参数值预测参与者的回答会产生哪种后果:

表12.4 实验2中的实验因素水平

环节[a]	%诚实(q)	贿赂(c_0)	罚单(c_1)	罚款(c_2)
熟悉1	0.75	$40	$280	$400
熟悉2	0.25	$40	$280	$400
熟悉3	0.25	$10	$280	$290

续表

环节[a]	%诚实(q)	贿赂(c_0)	罚单(c_1)	罚款(c_2)
熟悉4	0.50	$50	$350	$500
实验A	1	$50	$450	$500
实验B	1	$20	$40	$200
实验C	0	$40	$80	$400
实验D	0	$70	$630	$700
实验E	0.90	$50	$100	$500
实验F	0.10	$30	$60	$300
实验G	0.90	$30	$60	$300
实验H	0.10	$40	$360	$400

a实验环节的执行并没有按照所列顺序，而是根据拉丁方的顺序。

- 你遇到了一名乐意的警官，但他还是给你开了张罚单。
- 你遇到了一名乐意的警官。他收下你的贿金然后开车走了。
- 你遇到了一名不乐意的警官。他因你企图行贿而处罚了你，而且你必须支付(罚金)。

参与者被要求想象自己在开始时身上有2000美元，并在每一次损失(罚单、成功贿赂、企图行贿受罚)之后记录总额。问卷中提供了地方给参与者记录其金额总数。

实验环节从此处开始。参与者被告知，他们沿路会经过8个不同的县，每一个县都会遇到一名警察，该名警察的身份为腐败警官(合作者)还是正直警官(对抗者)属于未知信息。

实验环节中用到了8种赋值组合，见表12.4。在半数条件中，贿赂金额:罚单金额:罚款金额的比值为1:9:10;另一半条件中，该比值为1:2:10。其他一切条件都相同，前一半条件下，罚单给司机带来的损失更大，所以这些条件应当会促使参与者倾向于使用更多的直接言语行为。标量差异不会影响这些预测。此外，更高比例的正直警官应当会促使参与者倾向于使用更少的直接言语行为。这些数字的字体被加粗，以提醒参与者注意。

在每一个实验环节结束后，以随机顺序向参与者显示下列4种言语行为：

- "I'm very sorry, officer. If I give you a fifty, will you just let me go?"(overt)
  "非常抱歉，警官。如果我给你50美元，你可以放走我吗？"(直白)
- "I'm very sorry, officer. But I'm actually in the middle of something right now, sort of an emergency. So maybe the best thing would be to take care of this here...

without going to court or doing any paperwork."(nearly overt)

"非常抱歉,警官。但我现在真的不便,有紧急事务。所以也许最好的办法是在这里解决这件事……不用上法庭或做任何文书工作。"(几乎直白)

● "I'm very sorry, officer. I know that I'll have to pay for my mistake."(indirect)

"非常抱歉,警官。我知道我必须为自己的错误买单。"(间接)

● "I'm very sorry, officer. I've really learned my lesson."(very vague)

"非常抱歉,警官。我真的得到教训了。"(非常含糊)

参与者被要求将100分的"概率分"分配到这4种言语行为上,每一份额对应的是参与者对该言语行为的喜好程度。每一种言语行为的措辞都异于在熟悉环节中使用的所有措辞:这是为了确保参与者并非只是学到了将奖励及惩罚与特定的语言公式或句式联系在一起。参与者被告知在确定自己理解之前不要执行这一分配任务。在参与者给出判断之后,不提供任何反馈。

实验环节中用到的言语行为是以下列方式挑选的。在一个前导性研究中,30名哈佛大学的学生被要求从0分到100分给8种行贿措辞的直接性评分。从这8种措辞中,我们选择了4种在平行箱线图中显示彼此分离的措辞(Wilcoxon符号秩检验,$p<0.01$),并相应地将其标为非常含糊、间接、几乎直白和直白。(两种中等间接性措辞与实验1中的贿赂场景使用的措辞相同。)

为了额外检查参与者是否将说话者的直接性解读为一种提示了意图概率的信号,我们要求他们评估一名腐败警官将这4种措辞的每一种措辞解读为企图行贿并同意交易的概率。并且,为了检验"合作性和对抗性听者具有不同阈值"这一关键性预测,问卷要求参与者评估一名正直警官以企图行贿罪名逮捕司机来对语句进行回应的概率。

程序:所有的参与者都以相同顺序完成熟悉环节。在实验环节开始前,要求参与者在一个以随机排序的数字1到8显示的下拉式选单中,选择最顶上的选项。接着用链接让参与者跳转到该数字对应的实验环节序列。这些序列是以拉丁方生成的。

结果

我们总结了每一名参与者在实验环节的回答,将分数的分配视为在4个句子上的概率分布。接着我们以直接性递增的顺序给这4个句子赋上1、2、3和4的值,并计算了期望值。这一量化指标可以被解读为参与者行贿言语的期望直接性。我们将其视为以REML估测的混合线性模型中的结果变量,将参与者的变异合并为随机效应,而罚单的相对成本和正直警官的比例合并为固定效应。罚单的相对成本被二值化为1/0。

有3名参与者在不小于4轮的连续实验环节后给出了相同的刻板回答(所有选项权重相同或所有权重给了一个选项),因而被从数据库中剔除,剩余23名参与者留待分析。至少有2名参与者完成了每一个方格。

图12.1显示了方格平均值。罚单成本的固定效应具有统计学的显著意义,$t(18) = 2.19, p<0.05$。正直警官比例的固定效应,相对于非正直警官的基线水平,也具有显著意义,$t(18) = 4.77, p<0.001$;$t(18) = 14.25, p<0.001$;$t(18) = 15.88, p<0.001$。这些结果与策略性说话者模型的预测一致。

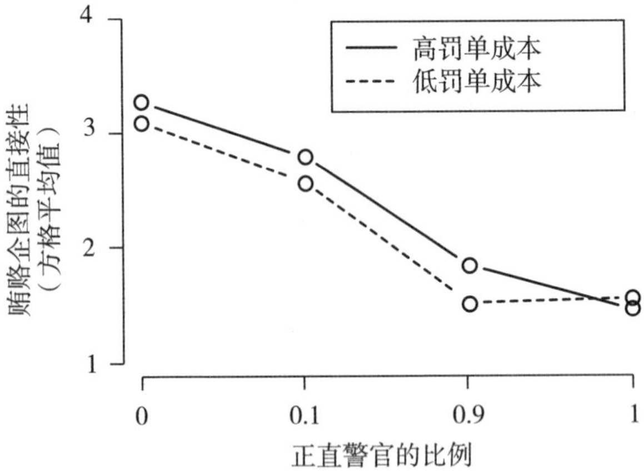

图12.1　实验2中贿赂企图的平均偏好直接性。X轴的增量表示的是序数

图12.2显示的是参与者感知两种类型的警官对不同直接性的言语行为进行反应的概率,检验的是间接言语被策略性使用的假说。除了几个离群值外,我们看到,人们相信直接行贿要么会导致确定性的被捕,要么会导致成功交易。对于这3种间接性不同的言语行为,参与者倾向于相信:相较于腐败警官会接受含蓄的贿赂,正直警官更不可能以企图行贿罪名逮捕司机。符号秩检验发现这些倾向具有统计学显著意义($p<0.01$)。这些结果证明,区分“含糊”和“直白”语句的语言变量(前导性研究中的参与者判断得到)与人们对假想说话者将该语句解读为真实请求并照此行动的感知概率相关,预计这一语言变量在合作性说话者和对抗性说话者之间具有不对称性。

本研究证实了策略性说话者模型的两个预测。第一个预测是,人们对言语中直接性的选择不仅受到了传统的权力、地位和强迫性变量的影响,还受到了听者可能做出的不同解读和行为所固有的支付结构的影响。注意参与者从未被要求注意回答选项的直接性;熟悉环节也没有让他们接触这些措辞。他们不得不推理得出言语的直接性方面与收益有关，并将其扩展到了他们对新措辞的选择上。参加者在不确定的情况下利用语言的直接性获得最大收益——这一发现与下列这一假说一致：言语行为的直接性是对博弈论识别问题的适应性反应。

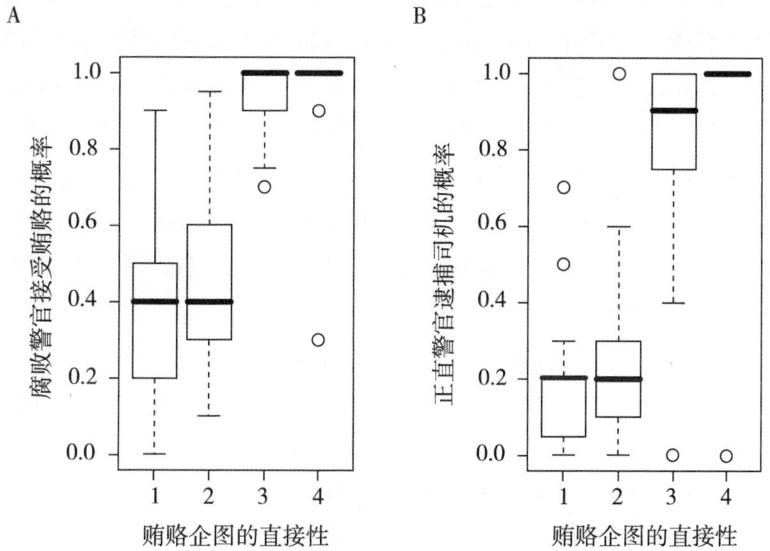

图12.2 实验2中参与者估测的下列事务发生概率的平行箱线图：(A)腐败警官将该言语行为理解为行贿并收下贿金，(B)正直警官将该言语行为理解为企图行贿并逮捕司机

策略性说话者模型第二个被证实的预测是，人们假设对抗性听者为适当行动设置的阈值要高于合作性听者为之设置的阈值。这一条件使得非公开间接言语成为了识别问题的最佳解决方案。

当然，在实验涉及的场景中，听者对言语的解读，其成本和收益可量化，但这些场景并不是间接言语最普遍的使用语境。在日常生活中，我们可以预计无形的社交和情绪成本（而不仅是金钱）也定义了需要间接言语的支付矩阵。本实验的一个结果强调了这一预期。图12.1显示，当条件偏好直白的命题（0%的警察是正直的）时，参与者通常不会遵从似乎理性的反应，去完全选择最直接的言语行为，而是选择相对含糊的言语行为。这一偏倚不能归咎于实验噪声或参与者避免极端反应的倾向。当收益有利于另一个极端，并完全排除行贿企图（100%的警官是正直的）时，言语反应更加集中在含糊的一端。该模型（至少是在应用于美元值时）没有预测到这种不对称性。参与者一定是感觉到，与一位警官不愉快地遭遇，除了可能的法定处罚外，还会招致某种情绪成本。我们现在转向无形社交和情绪成本，它们对于策略性说话者来说是更典型的收益。

第3部分:关系谈判

虽然日常社交生活可能缺乏可以对可信可否认性进行量化的正式规范,但我们通常会以不适情绪货币(the currency of emotional discomfort)作为类似的应急方案。试想一个类似向警官行贿的例子:在没有订座的情况下为了马上就座贿赂饭店领班。没人会因为企图贿赂领班而被处罚或入狱,不过现实中有一个生动的例子,有一名作家被杂志编辑布置了这一任务,他报道自己总是间接("Is there any way to shorten my wait?"有什么办法可以让我少等一会吗?)而不是直接地实施贿赂["I will give you $20 if you seat me immediately"(如果你给我马上安排座位,我会给你20美元);Feiler,2000]。同样,人们普遍预计,男人在晚餐后向女人求欢时会使用间接["Would you like to come up for a cup of coffee?"(上来喝杯咖啡吧?)]而不是直接["Would you like to come up and have sex?")(上来做爱吧?)]的引诱语。再一次,如果这个女人拒绝他的求欢,没人会用手铐把这个男人带走,然而他表现得就像有人会这么做一样,就如同那个司机和警官的场景。

为了将策略性说话者模型应用到缺乏有形(可量化)成本的情况,我们必须识别出定义此必须支付矩阵的无形成本。一种可能的无形成本是克拉克(1996)提及的隐性社交平等货币(the implicit currency of social equity),他指出,导致说者和听者之间平等失衡的行为促使他们用补偿行为或口头语言来进行纠正。这种解释的问题在于,如果双方达成一致的话,贿赂或性恩惠会提供完全平等的机会,但仅仅是引入这种可能性都会导致严重的情绪紧张状态。这提示情绪紧张不仅仅是平等失衡的问题。并非所有关系都受平等的支配,而且那些受平等支配的关系在"哪些资源可以被合法录入这一资产负债表中"的问题上也有差异。我们认为,正是那个促使两个人选择进入(或不进入)一段平等关系的过程产生了相关的情绪成本。

关系类型间的质性差异,以及对于何种类型关系适用的不确定性所产生的情绪成本,已经由菲斯克(Fiske)和其合作者在跨文化研究中进行过探索(Fiske,1991,1992;Fiske及Tetlock,1997;Haslam,1994a,1994b)。他们提出人类只使用四种离散的关系模型来支配所有的互动行为。每一种模型都由不同的资源分配计算方法所定义,每一种模型都有不同的进化基础。人类将每一段关系和每一种资源都分配给其中一种模型,但分配的方式可以随文化而异,有时候个别的二元关系还可以就此灵活地重谈判。

第一种模型是集体共享。该模型源自亲缘选择(Hamilton,1964;Maynard Smith,1964)和互利共生(Tooby及Cosmides,1996)的进化动力,适用于家庭成员间、配偶间以及具有强利益重叠的密友间的关系。处于集体共享关系的同伴通过物理结合的信号进行联结,如身体接触和共餐,或宗教仪式,这种关系的标志是资源的免费共享,极少顾及平等的平衡问题。

第二种是权威排序,该模型支配的对象是处于某种优势等级的不同层次的个体。该模型以大小、力量和特权为信号,授权一位优势个体随心所欲地占据资源(Maynard Smith,1982),同样很少虑及平等的问题。

第三种模型是对等互惠,施行的是互惠利他行为(Trivers,1971)的进化逻辑以及其他的平等分配资源的方式。此模型支配的是熟人、邻居和贸易伙伴间的关系,由近乎明确的确保平等的机制定义,而且可经口头协议进行谈判。

菲斯克的分类还包括了第四种模型,叫作市场定价(market pricing),适用于现代货币经济中买方、卖方、贷方间的交易。与其他三种关系类型不同的是,市场定价不是人类社会的普遍特征(D. E. Brown,1991),而且甚至复杂现代经济的参与者也不会自然地将其想到(Caplan,2002)。相反,人们倾向于退回到对等互惠模型,因为它可以面对面地交易有形资产。因此,我们没有区分对等互惠和市场定价。

当两个人认为其中一种关系模型适用于他们在给定语境中的互动行为时,每个人都会心照不宣地承认这种被指定的交易具有社交合理性。相反,如果交易适于套用其他模型却仍套用该模型,则会让人产生尴尬的感觉,或者,如果其故意且持久的话,还会引发道德上的愤怒感(Fiske及Tetlock,1997;Tetlock,2003)。例如,丈夫可以从他妻子的餐盘里取用开胃小菜,反之亦然(集体共享),但雇员不能从主管的餐盘里取开胃小菜(违反了权威排序)。同样,陌生人或熟人之间的汽车或房子买卖让人感觉很自然(对等互惠或市场定价),但如果在密友间进行则会变得令人尴尬(违反了集体共享)。如这些例子所示,在给定的文化中,关系模型并不是整体被指定给二元关系,而可能是根据资源进行了区分。教授和研究生可以在大部分社会资源上(如,自助食堂的排队优先权)应用集体共享模型,但在专业资源(如,实验室设备的使用)上应用权威排序模型;柏拉图式的异性朋友可以在除性之外的大部分资源上遵从集体共享模型。

当其中一方违反了当前生效的关系模型时,结果就是产生了"自我意识性情绪",如尴尬、窘迫或耻辱(Haidt,2003; J. L. Tracy、Robin及Tangney,2007)。这些负面情绪令当前的说话者感到痛苦,促使他们避免在未来遭遇类似的侮辱。因此,脸红、不安的眼球运动、结巴、困窘以及其他的无意识耻辱信号可以作为说话者懊悔同时决定在未来避免类似冒犯的诚实信号(honest signal)(Hauser,1996;Maynard Smith及Harper,2003)。这种解释符合下列这一事实:人们只会在有他人在场时表现出耻辱和尴尬感,而且这种感觉往往在错误的人在场时尤为明显。

当对某种关系模型的违反并非意外或暂时而是故意且持久时,这些行为不但令人尴尬,还会被责难为禁忌,可能还会被正式地罪刑化。当一个人提议将正常情况下被集体共享或权威排序支配的资源按照对等互惠或市场定价的规则分配时,可能会发生这种情况。例子包括卖淫;要求回报的性恩惠;出卖选票、器官或抚养权;出钱逃避陪审义务或兵役(Fiske及Tetlock,1997;Kristel、Elson、Green及Lerner,2000)。人们非常关心关系模型的规定,因为这些模型是人们借以商定如何分配其社群所有成员为了生存和繁殖所需资源(物质、情绪和性)的手段。

我们现在可以描述一下这些可驱使策略性说话者使用间接言语的无形成本。很多命题都会假设有一种关系模型在支配命题所涉及的资源:苛刻的命令假设的是权威排序模型;交易提议假设的是对等互惠模型;自愿性行为的求欢假设的是集体共享模型;等等。当言语行为所假设的关系模型与说话者和听者当前持有的模型冲突时,说话者会诉诸间接言语,以避开尴尬或耻辱的危险,与行贿者避开被捕风险的做法一样。

现在看一下那名被布置任务去贿赂领班的作家。他报道,这一任务让他充满了恐惧感,他止不住地"想象某个愤怒的领班可能会怒斥:'你以为这是一家什么饭店?''你竟敢侮辱我?'"(Feiler,2000)。我们认为,产生这种焦虑的原因在于,领班按照惯例对就餐者假设的关系是权威排序,根据此关系,他按自己的意愿安排就餐者,但这名作家正在提出一种对应于对等互惠模型的互惠交易,根据此关系,领班在受贿后有义务去给他安排座位。

现在这一情景与警官—司机场景中的识别问题同构,但现在的动机不是金钱或法律性的动机,而是情绪性的动机,表现为关系模型错配所触发的尴尬感。表12.5显示的是新的支付矩阵。如果一名正直的领班为自己对行贿行为的反应设定了更高的证据标准,那么就餐者的最佳策略是利用间接言语,如"Is there any way to shorten my wait?"(有什么办法可以让我少等一会吗?)——这实际上就是那名杂志作家自发所说的话(Feiler,2000)。

一名正直领班会为自己公开拒绝贿赂的反应设定更高的证据标准(相较于一名腐败领班会为接受贿赂设定的标准)的原因也与正直警官的例子类似:他的支付矩阵与他腐败同行的支付矩阵不同。具体来说,他必须预见到,如果一名就餐者坚决且可信地捍卫自己的清白,饭店就会失去该顾客和旁观者的生意。在第4部分,针对对抗性听者所要求的这一更高标准,我们探索了一个更通用的解释。

注意,菲斯克的关系模型理论有助于解释实验2中发现的人们避免言语直接性的总体趋势(叠加在应对金钱收益时的策略性使用上)。警官对被拘留者运用的是非常强势的支配关系(远远超过领班和就餐者间的关系)。即便假设所有警官都是腐败分子,而且金钱成本本就鼓励使用直接性言语,但挑战这一关系的情绪成本可能足以阻止某些参与者支持直接的行贿方式。

表12.5　无订座就餐者的支付矩阵,括号内为说话者和听者假设的关系模型

就餐者策略	领班类型	
	不正直领班	正直领班
不贿赂	长久等待 (权威/权威)	长久等待 (权威/权威)
直接贿赂	立即就座 (对等/对等)	尴尬 (对等/权威)
间接贿赂	立即就座 (对等/对等)	长久等待 (权威/权威)

第4部分:高阶可否认性

在进一步用实验检验策略性说话者理论前,我们先处理非公开间接言语的另一个令人费解的现象。一个命题被拒绝后,无论是产生了一种有形成本(第2部分),还是产生了一种由关系模型错配触发的情绪成本(第3部分),策略性说话者模型都要求说话者一方不确定听者的价值观,且听者一方不确定说话者的意图。但是实验2证明,即便对于听者的价值观不存在不确定性,说话者都倾向于使用间接言语(如,当已知所有警官都会收受贿赂时)。而且,在日常对话中,很多间接言语行为如此惯常或透明,以至于说话者的意图无可置疑。如果对于说话者的意图或听者是否站在说话者一边,上述任一点都不存在不确定性,那么间接言语行为又如何能将说话者的预期成本降至最低?那么,剩下的谜团就是,为什么人们即使在可否认性似乎既不可信也非必需时,还要使用间接言语行为?

我们认为,关系模型的一种特殊性质与语言的一种特殊性质结合后,使间接言语生成了高阶的可否认性。菲斯克和合作者主张关系模型是离散系统,而且,对于任何给定的资源和语境,一对个体只会遵从其中一种模型(Haslam,1994a,1994b)。长久以来语言都被看作是一种数字介质:这种介质以离散的、上下文无关、全或无的方式,而不是混合式或分级的方式传递信息(Pinker,1994,1999,2007)。语言的离散性体现在词语和音素的独特性以及两者与意义的任意性关系上:人们无法用介于"bat"和"pat"之间的声音来表达介于"batting"和"patting"之间的动作,也无法预先用音节"twalking"表达边走边谈的动作。

更普遍而言，我们认为人们默认直接言语能不含糊、无损且递归地表达意图——这些都是数字信息传输的特征。这些特征反过来使得间接言语可以在一系列缺乏简单可信可否认性的场合，提供各种形式的关于关系模型选择的高阶可信可否认性。注意，该假说不是说语言在传输上真的具有上下文无关性或确定性（语言的间接性和模糊性表明它不是），而只是说直接言语被人们这样默认，而这影响了人们去调整自己所说言语的直接性。

这种数字语言假说的第一个推论是，直接言语被人们认为具有确定性。如果如菲斯克所认为的那样，关系模型是离散系统，那么人们在相互之间传递关于“何种模型适用”的信号时，就必须将连续性的上下文领域映射到离散性的关系模型范围上。换句话说，尽管关于说话者意图的确定性程度可以连续性地变化，但两个体间的主要关系模型却只能是二者择一。两个人是如何心照不宣地同意哪种模型适用于他们的互动行为的？

这是博弈论者所谓的协调博弈（coordination games）的一个例子，在此博弈场景中，一对主体有几个选项可供使用，如果两人对其中一个选项取得一致意见，则无论该选项是什么，双方都处于最佳境况（Clark，1996；Schelling，1960）。在协调博弈中，主体通常使用地标（landmark）或焦点（focal points）作为解决方案。一个例子是人们在谈判价格时通常会在各自最初的价位之间折中成交，或商定一个整数。在人们心照不宣地谈判一个关系模型的情况中，直接言语的确定性可以类似地充当一个标志性地标，用余下的间接性范围作为彼此进行“无罪推定”（the benefit of doubt）的基础。例如，在收到传递性意图的信号时，只要信号还属于概率性范围（身体接近、暗示性语言、相对回避等），女人仍可以继续将这段关系视作柏拉图式关系，直到明确的性求欢信号出现为止。只有在此时她才必须做出选择，要么拒绝求欢，保留已有的关系类型，要么就接受。在这一推论下，只要允许存在可能的可否认性，间接言语就有它的用处，就算这一可否认性并不可信也是如此。

第二个推论是，人们认为语言能无损地传递信息。就如同含有文本、音乐或图像的数字文件可以无损失地传递和复制一样，直接言语传递的信息可能也被认为能在闲言链（chains of gossip）上保真传递——不像间接言语的底层意图是不确定的，可能需要语境、历史和私人细节才能将它复原（Clark 及 Schaefer，1992）。闲言被公认是人类合作的进化过程的一个重要部分（Nowak 及 Sigmund，2005；Ohtsuki 及 Iwasa，2006），其在现代社交生活中的普遍性为说话者保护自己的名声提供了动机。处在这些遭遇中的听者可能也有相似的动机，因为对跨关系交易的集体反对通常会扩散到双方。因此，即便说者几乎肯定地知道听者乐意合作，听者可能也更愿意说者间接地提出请求，以维持对外人或权威的可信可否认性。（回想一下，在《辛德勒名单》的那段对话中,同意了辛德勒请求的指挥官听者即使在说话者在场的情况下也要向第三方维持可信或可能的可否认性。)在这一推论下,间接言语是一种保护自身名声不受虚拟听众损害的手段。尽管听者可能几乎能确定隐含义,甚至照此行动,但第三方所能获取的传闻证据本质上会逐渐损坏,这可能会中和掉交易双方名声上的任何下降。也就是说,有了间接言语,可否认性对于虚拟听众来说就是可信的,即使它对于说话者和听者来说都不可信也无所谓。

高阶可信可否认性的第三种形式源于下列这一事实——语言的句法规则定义了一种递归系统:一个句子可以包含一个同一种类的句子(如,"She thinks that he knows that she likes him";Chomsky,1957;Pinker,1994)。这使得说话者可以表达递归式命题,在这种命题中,一个想法(她喜欢他)被嵌套在了另一个想法(他知道她喜欢他)的内部。当双方或多方将彼此关于某个命题的知识状态(state of knowledge)进行了递归式表征时,他们的理解就被称为互知识(mutual knowledge)、共同知识(common knowledge)或共同基础(common ground)(Chew,2001;Clark 及 Marshall,1981;Lewis,1969;Smith,1982)[7]。也就是说,两个主体A和B拥有命题x的共同知识是指A知道x、B知道x、A知道B知道x、B知道A知道x,依次类推。值得一提的是,焦点能解决协调问题的原因在于其能轻易地变成共同知识。

逻辑学家已经证明,共同知识和仅被共享的个人知识之间存在很多逻辑差异,但最简单的例证是皇帝的新衣这个故事。当小男孩喊出皇帝光着身子时,他并没有告诉在场的旁观者任何他们用自己的眼睛没有看到的东西。但他还是改变了他们的知识状态,因为现在每个人都知道其他人都知道皇帝光着身子,这促使他们通过笑声挑战了皇帝的权威。更精确地说,如果我们用x表示命题"皇帝光着身子",那么我们可以看到,男孩的那声惊呼用命题y将x增加到了每名听者的知识基础中,我们用y表示"每个人都知道x和y"这个命题,而y被递归式地嵌套在了自身内部(Clark,1996)。就我们的目的而言,这个寓言有两个寓意:直接性语言是共同知识的有效共享基础,以及共同知识是提议改变一个关系模型的有效方法。共同知识甚至可以无可避免地许可这样的提议,否认任何相反的意图。无论皇帝的臣民对他多恐惧——因此无论他们假装自己没有注意到这一明显事实的动机有多强——一种共同知识的状态不允许他们维持这种假装,除非放弃对理性和诚实的默认承诺。

那么,根据这一推论,是直接言语(而不是间接言语)生成了共同知识,而关系则由关系模型特有意图的共同知识所维护或废除。从这个角度思考一下那个例子:一个男人邀请他的约会对象去看他的蚀刻画,但她表示反对。她可能近乎肯定地相信这一邀请是一种性引诱,而他可能同样强烈地相信她拒绝了这一邀请。换句话说,一阶(first-order)知识或个人知识出现了。但她有多确定他理解了她的拒绝里面心照不宣的意思呢?她可能会怀疑他过度乐观而没办法领会暗示。另一方面,他有多确定她注意到他理解了她心照不宣的拒绝呢?"也许她认为我很迟钝。"他可能会这样跟自己说。说者和听者双方就这样交替放出这一递归结构更深的层次,每一层次都继承了前一层次的不确定性,还引入了自身的一些不确定性。这一过程可以迅速在给定的共同知识层次引发巨大的不确定性,即便第一层次的信心很足也无济于事。

创造高阶不确定性可能是间接言语的重要目的。尽管我们的道德心理学要求我们谴责人们对关系模型的公然违反行为,但还是存在与承认这种违反有关的成本,尤其是在说者和听者所陷入的情境会将他们自己送入一段持续关系的情况下。此外,为了保留在未来重商这一关系的可能性而避免承认这一违反行为,可能是出于双方的利益。这样的动态可能有助于解释一种由达尔文(1872/1998)指出的现象:脸红以及其他的尴尬感征候通常会导致旁观者也感到尴尬。笨拙的直接请求会置听者于不受欢迎的执行者位置,并限制了她的未来选项,从而让其也感到窘迫。因此,人们可能不愿意轻易承认对关系的违反行为,而间接言语可以通过削弱这一共同知识(该共同知识使人们不可能假装自己忽视了这种违反行为)来迎合这种不情愿。

因为共同知识的缺位提供了这种"托词",所以不乐意的听者在必须给出恰当的对抗性回应前,可以提高自己的关于"提议必须与直接请求有多接近"的标准。在对抗性听者必须斥责对方违反前一关系模型的行为之前,这可能为他们自己所要求的更高的确定性标准提供了一个足够普遍的理由,即使在缺乏惩罚"草率揭发"的有形支付结构的情况下也是如此。

这些关于焦点和互知识的假设建立在克拉克(1996)对间接言语的解释上,不过有一个关键方面与之不同。克拉克证明了大量共同知识对推进交流过程的必要性,这些共同知识包括对物理世界和社会世界的常识性理解以及对语言的词汇和语法的精通(他称这类知识为共同基础)。对话中的每一种成功交流行为都会加入这一共同基础。在处理请求时,说者和听者做出承诺的一个前置条件就是关于每一方执行此联合行为的能力和意愿的共同知识。一个公开的请求前语列(pre-request)(被设计来将听者的能力或意愿加入双方的共同基础)可以充当此焦点请求本身的间接代理。[例如,因为一个人只有在物理上可以递盐的情况下才能同意递盐的请求,所以请求前语列"Can you pass the salt?"(你能把盐递给我吗?)将对这一能力的承认加入了共同基础,可以充当祈使句"Pass the salt"(把盐递过来)的代理。]接着,双方对此请求前语列的接受将自己锁定到了一个完成这一联合行为的扩展程序。不过，尽管这一解释能自然地应用到公开间接言语上，但我们认为非公开间接请求的关键特征就是起到不让说话者和听者的心理状态进入共同知识（共同基础）的作用，给双方提供以自得其所的方式对待这一提议并进行回应的自由，这种方式可能会恰好与关系模型所禁止的事项相矛盾[8]。

总之，由于关系模型选择所具有的定性性质以及语言被认为具有的数字本质，间接言语为人们对关系模型的挑战提供了高阶可否认性。这种高阶可否认性包括了可能的可否认性（即使不可信）、对于一名虚拟听众来说可信的可否认性（即使对于说者和听者来说不可信），以及共同知识的可否认性（即使不是个人知识的可否认性）。这样，说者和听者都能维护自己的面子——在这一语境中，面子包含了自我对理性、诚信和对关系模型及其他道德限制得体看法的投影。

实验3

本实验评估了人们对虚拟场景中的人物在生成及理解具有不同直接性的对话时所思所感的判断，以此来检验被应用到关系模型谈判和高阶可否认性上的策略性说话者理论。实验的关键预测如下。

第一，直接性这一语言学变量（由前导性研究中的评估者所评价）应与参与者对听者将一种间接言语行为解读为关系改变式请求的概率的评估相关。（这与实验2中的测试类似，但是从听者而不是说话者的角度看。）

第二，参与者认为对抗性听者会拒绝该请求并做出不利于说话者的行为的概率应随着直接性的增加而单调递增，但在某些水平，对抗性听者拒绝这一请求的概率必须比合作性听者答应这一请求的概率更低。（回忆一下，在策略性说话者模型中，要使间接言语成为最佳方案，就需要这种不平等；当成本不易根据金钱数额等类似指标进行量化时，这种不平等也应存在。）

第三，如果说话者预期听者在改变一个关系模型时会使用确定性作为焦点，因此使用间接言语以获得可能（但并不一定可信）的可否认性，那么，参与者应当明确地区分直接言语和高度暗示性的间接言语：判断前者意图的确定性应为100%，判断后者意图的确定性则应低于100%。

第四，如果说话者预期，若一个用间接言语表达的关系改变式命题比用直接言语表达时更不可能被闲言所成功传递（以及因此使用间接性以获得针对第三方的可信可否认性），那么，第三方对直接言语的解读应具有与听者一样的肯定程度（实际上是100%的确定），而人们对间接言语的解读会随着闲言链中外链的增加而逐渐降低肯定程度。

第五，如果说话者预期，直接言语会将一个改变关系的命题引入共同知识，并因此使用间接言语以获得该共同知识的可信可否认性，那么，参与者应判断人们以同样确定或几乎确定的肯定水平对直接言语进行了解读，不受该命题在说话者和听者的心理状态中嵌套程度的影响。

方法

参与者：31名哈佛本科生，每人填写一份纸质问卷，以获得学分或报酬（10美元）。

材料：问卷呈现了实验1中使用的贿赂、引诱和威胁场景，每一种场景的结尾都是说话者向听者提出请求。

问卷包含了全部3种场景，共分4个版本，通过被试内设计，每名参与者都会看到全部的4个版本。每一份场景文本的结尾都会提供4种请求措辞中的一种。在任何情况下，这4种措辞都选自实验2描述的前导性研究所征集评分的含8种措辞的原始清单。本研究4种措辞的选择标准是一致的：平行箱线图中具有分离性，符号秩检验发现相邻句子具有显著性差异。（因此，实验2和3的贿赂场景使用的措辞都相同。）场景文本后接一系列问题，引导参与者解读场景人物的所思和所感。

问题遵照的是下文阐述的简略大纲。（附加问题属于本文未讨论的假说，此处略去，但可以向作者请求获取。）说话者（S）通过一种间接言语行为向听者（H）提出请求。H拒绝。然后，H告诉第三方（T）S说了什么。

1. H理解S真正的意思吗？（确定性作为焦点）

2. 在本问题及后面的所有问题中，假设S的最后一句话的真正意思真的是非法请求，且H对这一请求不予理会。S会认为H理解了S真正的意思吗？（共同知识，一阶听者）

3. S所说的话中真正的意思有多清楚？（可靠性检查）

7. H认为S认为H理解了S真正的意思吗？（共同知识，二阶听者）

8. 假设S确实意识到H故意拒绝了他的请求。S认为H认为S认为H理解了S真正的意思吗？（共同知识，二阶说话者）

9. 假设H确定S知道H故意拒绝了该请求。H认为S认为H认为S认为H理解了S真正的意思吗？（共同知识，三阶听者）

10. T理解S真正的意思吗？（虚拟听众，第三方）

11. S会认为T理解S真正的意思吗？（虚拟听众，说话者的预期）

12. 场景特有的问题。

问题3检查的是参与者是否赞同我们的预实验样本人群对该言语行为的相对间接性的评估，回答该问题用的是从1分到7分的李克特（Likert）评分。对于其他问题,参与者需要在下列7个选项中圈出一个选项:0%、1%、2%~4%、50%、51%~98%、99%、100%。我们告知参与者,如果他们选择了2%~4%或51%~98%,则需要在给定位置写下具体百分比,从而生成了一个从0%到100%定量主观确定性的范围。

这些场景的真实措辞经过了精心设计,以增强场景的可信度,并一步一步地引导参与者进入解读这些共同知识问题所必需的知识状态。具体来说,参与者被要求代入说话者或听者的身份,并以第一人称回答问题,从而消除了与角色心理状态的疏离感。按顺序引入各成员命题,而不是以单个嵌套句子的形式。对于说者和听者的每一种心理状态,都使用了不同的动词(如,understand、think、know、realize),而不是重复使用。评分范围的每一个数字都用一个完整句(参与者可以同意或不同意)进行了解释,而不是让参与者自行复杂解读,再将自己的解读映射到该评分范围获得一个评分。例如,询问参与者对说话者二阶知识的判断的问题,措辞如下:

假设凯尔的确认识到警官有意拒绝了他的行贿企图。请代入凯尔的视角。下列哪一项是此时凯尔最有可能正在思考的事情?

0%:"警察认为我没有理解他拒绝了我的贿赂。我绝对确定这一点(或至少如同任何能确定他人想法的人一样确定)。"

1%:"警察几乎肯定地认为我不理解他拒绝了我的贿赂。"

2%~49%:"警察可能认为我不理解他拒绝了我的贿赂。"

50%:"警察知道我理解他拒绝了我的贿赂吗?还是认为我不理解?实际上,两者都有可能。"

51%~98%:"警察可能知道我理解他拒绝了我的贿赂。"

99%:"警察几乎肯定地知道我理解他拒绝了我的贿赂。"

100%:"警察知道我理解他拒绝了我的贿赂。我绝对确定这一点(或至少如同任何能确定他人想法的人一样确定)。"

原文的附录B附有贿赂场景中所有问题的完整文本。

程序:在受实验人员监督的1小时实验环节中,每次累计可以给3名参与者进行问卷调查。给每一受试者呈现的场景顺序是随机的,而每一场景内各版本的顺序是固定的。场景的各版本没有以言语行为直接性的递增或递减顺序呈现。在每一环节的最后,询问参与者是否理解所有问题。所有人的回答都是肯定的。

使用平行箱线图评估言语直接性的增加对结果变量产生的效应。使用线性混合模型拟合的方法对参与者的回答进行了正式统计学检验,回答为应变量,直接性水平为定量变量(水平之间的增量相等),采用REML将参与者的变异性作为随机效应。

结果和讨论

参与者在3种场景中的回答在性质上都很相似。在多数情况下，一个场景的结果就表现出了所有我们感兴趣的特征。表12.6报道了正式统计学检验的结果：所有的p值都小于0.001。表中的录入值是描述效应规模的回归系数；可以被解读为，提议的直接性每增加一个单位所导致的参与者的回答发生的期望变化。

表12.6　直接性对实验3中命题的解读的效应

问题[a]	假设	场景		
		引诱	贿赂	威胁
3		−1.40	−1.14	−1.74
12	可信可否认性的后果	−1.07[b]	16.9[c]	12.5[d]
1	确定性作为焦点	26.9	18.1	30.6
2	共同知识，一阶听者	23.5	22.3	27.7
10	虚拟听众，第三方	21.8	14.9	27.5
11	虚拟听众，说话者的预计	19.8	15.5	27.1
7	共同知识，二阶听者	21.3	17.0	25.6
8	共同知识，二阶说话者	16.7	14.0	21.0
9	共同知识，三阶听者	18.6	12.7	20.8

a表中的问题顺序与对应假设在文本中被介绍的顺序一致。b该问题要求参与者用1—7分的李克特评分评估该男人和其约会对象重续之前的非爱情关系的难易度。c该问题要求参与者估计司机在庭审中因企图行贿而被定罪的概率。d该问题要求参与者估计教授被大学纪律委员会制裁的概率。

违反关系模型的提议的可信可否认性。策略性说话者理论预测，直接性这一语言学变量与听者将该言语行为解读为别有用心之义的概率存在关联。参与者对第一个问题的回答证实了这一点（见图12.5），第一个问题要求参与者代入听者的视角，评估听者将这句话解读为贿赂、引诱或威胁的概率。

该理论还预测，这样的解读在说者和听者的大脑中应与不同的结果有关。

贿赂场景中的问题12要求受试者估计法官在庭审中裁定司机犯行贿罪的概率。威胁场景中的问题12要求受试者估计大学纪律委员会因威胁学生而制裁教授的概率。图12.3展示了参与者的回答。以第三人称视角，参与者显然感觉到了以间接方式组织一种禁忌言语行为的措辞的优势。

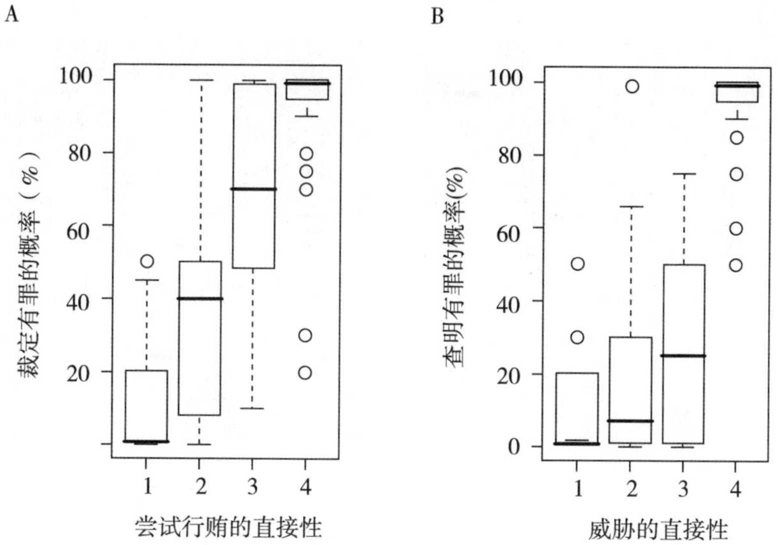

图12.3　实验3参与者评估的下列事宜发生概率的平行箱线图，(A)司机在庭审中因行贿警官而被定罪，(B)教授因威胁学生而被大学纪律委员会制裁

这些是形式成本，类似于实验2中的成本，因此不能证明决策阈值所必需的合作者—对抗者不对称性适用于由菲斯克的关系模型支配的纯非正式社交互动。引诱场景的一个修改版本提供了可能的关键检验。我们将该场景呈现给了一个由83名“机械土耳其人”调查对象组成的新样本人群，要求他们分别思考莉萨在两种情境下将会如何回应不同的言语行为：

(A)如果她被迈克尔所吸引，并接受与他上床的请求，或(B)如果她想维持一段职业或柏拉图式的关系，被他的求欢举动所触怒，并将拒绝他的追求，在未来躲开他，还说他的闲话(见附录A)。在两组项目中(代表的是莉萨的每一种可能的价值观，顺序经过了平衡对抗设计)，参与者评估了她会以指定方式回应4种言语行为中每一种言语行为的概率。如预测的一样，对于每一种间接言语行为，参与者都认为乐意的莉萨接受性求欢的可能性比不乐意的莉萨公开对抗的可能性更高(见图12.4；$p<0.001$)。

确定性作为焦点和可能的(相比于“可信的”)可否认性。在全部3种场景中，言语的直接性显然都影响了参与者所报告的听者对说话者意图的确定性(见表12.6)。但是，这些最优拟合直线的斜率没有反映全部情况。

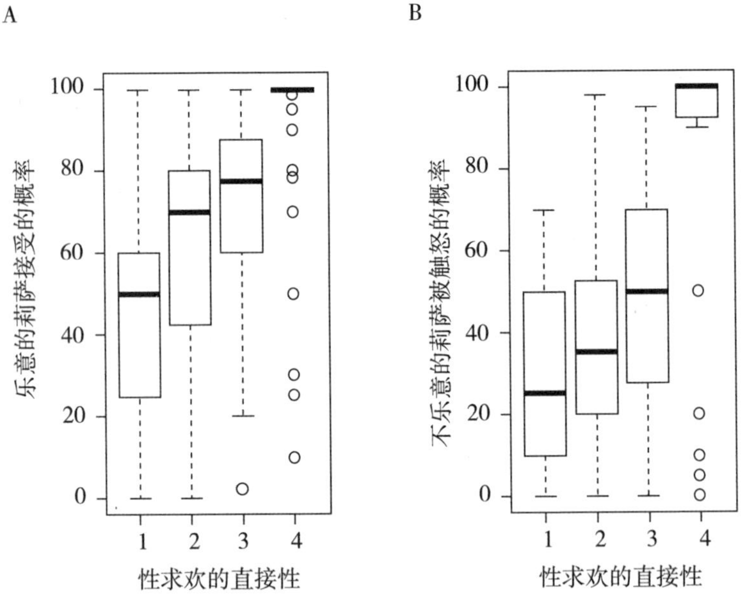

图 12.4 参与者对下列事宜概率的估计值的平行箱线图:(A)乐意的莉萨接受迈克尔性求欢,(B)不乐意的莉萨被触怒

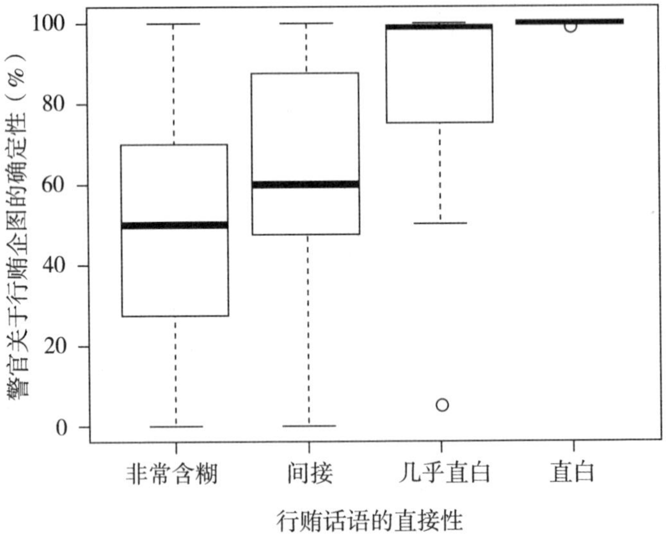

图 12.5 参与者对实验 3 贿赂场景中问题 1 的回答的箱线图:"警官有多确定该言语行为真的是一种行贿企图?"这些言语行为进行了明确标记,而不是以直接性递增的顺序编号

图 12.5 显示,除 1 人外,所有的参与者都判断,贿赂场景中的直接提议会被听者

解读为具有100%的确定性。参与者表现出这样的一致意见并选择量表中同一个极端值的现象,在行为学实验中极为罕见,也证实了人们对语言的数字本质的强认知——具体来说,指的是措辞直接的请求被广泛地理解为确定性地表达了说话者的意图。同样罕见的还有直接言语和间接言语之间质的差异:除1人外的全部参与者都判断直接贿赂言语具有100%的确定性,同时大部分的参与者也判断稍作掩饰的行贿言语与之相比确定性只低了1%:回答的众数、中位数和75百分位数正好是99%。这一惊人的现象提示,直接命题即使和意图最明显的间接命题相比,在心理学上也存在质的差异,这种现象还支持下列这一假设:间接言语的原理之一是一种高阶的可信可否认性,尤其是对确定性的可否认性。也就是说,说话者使用间接言语绕开确定性这一焦点,从而在不强迫双方改变其假定关系的情况下传递一个对关系产生威胁的请求。

如前所述,引诱场景因为缺乏法律或金钱的惩罚,可被用来单纯地检验下列这一假说:间接言语是关系模型谈判中的成本最小化策略。本实验为该场景设计了一个附加问题,以检验言语的直接性对说者和听者之间社会关系的影响。参与者被询问,在求欢的请求给出之后,此男和此女有多容易重续其正常友谊和日常互动?图12.6证实,参与者认为更多的间接命题可以让双方更易重续旧关系。尽管中间两个水平的中位数似乎与整体趋势矛盾,但这两个水平间的平均差异不具有统计学显著意义。

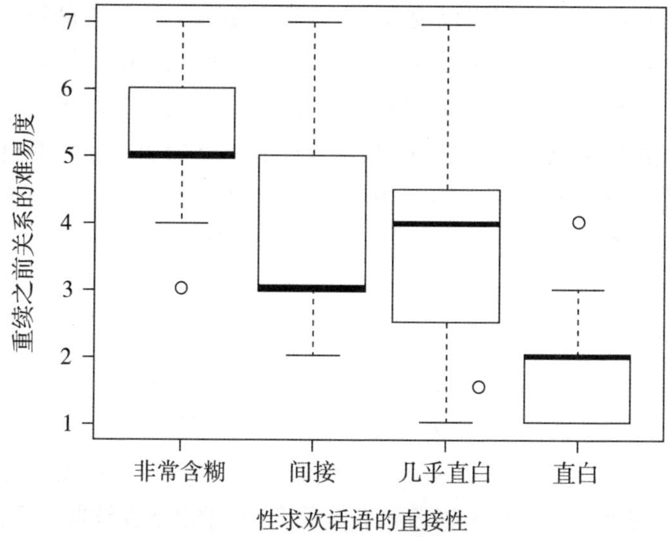

图12.6 参与者对实验3中引诱场景的问题12的回答的箱图:“该男人和该女人有多容易重续其正常友谊和日常互动?”

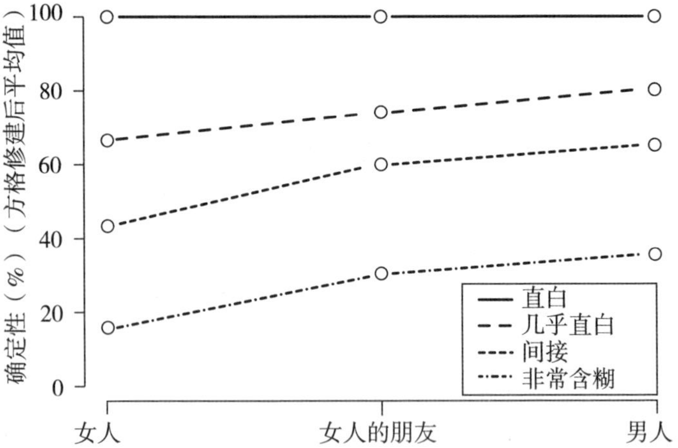

图 12.7　该线图描述的是实验3(引诱场景)参与者对于听者关于说话者意图、第三方关于说话者意图以及说话者关于第三方解读的确定性程度的回答。从左至右,X轴上的标记对应的是问题1、10和11。一个方格内顶部和底部的三个回答在计算该方格平均值前进行了修剪。X轴的增量表示的是分类

虚拟听众和针对第三方的可信可否认性。图12.7显示的是参与者在引诱场景中对此女相信此男的意图是性求欢的程度以及此女的朋友在听说这段遭遇后同样相信这一点的程度的平均评分。因为有意义的因素不是第三方会怎么解读说话者的意图,而是说话者对第三方解读的预计,所以我们也请求参与者判断此男子对此女子朋友的解读的预计。使用直接言语时,听者的解读、第三方的解读和说话者对第三方解读的预计全都固定在了100%的确定性水平。使用间接言语行为时,确定性水平在全部三种情况中都更低。注意,在使用间接言语时,增加与话语的真实发生时间和地点的距离会增加确定性:参与者认为此女的朋友比此女自己更确定此男说的话意为不雅之事,尽管实际上她(此女的朋友)并不在场,而男人认为该朋友实际上并没有那么确定。相似的趋势也体现在了另外两种场景中。这种相似性可能存在几种解释(或许说话者被即刻体验所误导,而中立的观察者不会),但这些解释对于检验下列这一假说来说并不重要:间接言语提供了针对第三方的可信可否认性。需要注意的是,在使用直接言语时,任何方向都不存在不确定性:在场和不在场的一方都完全确定该意图,而且说话者知道这一点。

互知识的可否认性。为了区分共同知识和个人知识,有必要区分说者相信听者相信某事的程度与听者真正相信此事的程度(对于以下连续的信念内信念嵌套,依此类推)。因此我们以特别的方式组织了问题7—9的措辞,以引导参与者在获知角色在之前所有嵌套层次上的确定性的基础上,判断该角色在某个嵌套层次上的

确定性。例如,如果A是警官认为司机的言语行为事实上是行贿的概率(在贝叶斯意义上,指的是主观相信的程度),而B为警官认为司机理解警官有意拒绝了他行贿的概率,那么,关于后一命题的问题实际上询问的是P(B|A)——警官的概率是在司机的言语行为确实为企图行贿的绝对确定性条件下发生的概率。利用基本的概率公式P(B∩A)=P(B|A)P(A),我们可以在宣传完参与者在之前所有递归层次上对不确定性的评估之后,计算出一个联合概率,表示参与者对人物角色在给定的共同知识层次上的确定性程度的判断。

例如,警官对于司机知道他将该言语行为理解为行贿的确定性程度(由参与者评估)既取决于警官对于司机的知识的信念(如果司机确实行了贿),也取决于警官对于司机的确在行贿这一行为的信念。因此,将参与者对于这两个信念的评估相乘就得到了参与者对于警官接受该高阶信念程度的估计值。注意,这一步骤并没有对可能的后果做出限制:参与者可以不受限制地指出一种本身存疑的条件信念具有确定性,或者反过来说也可以,以任意组合对直接和间接命题采取不同的方式。

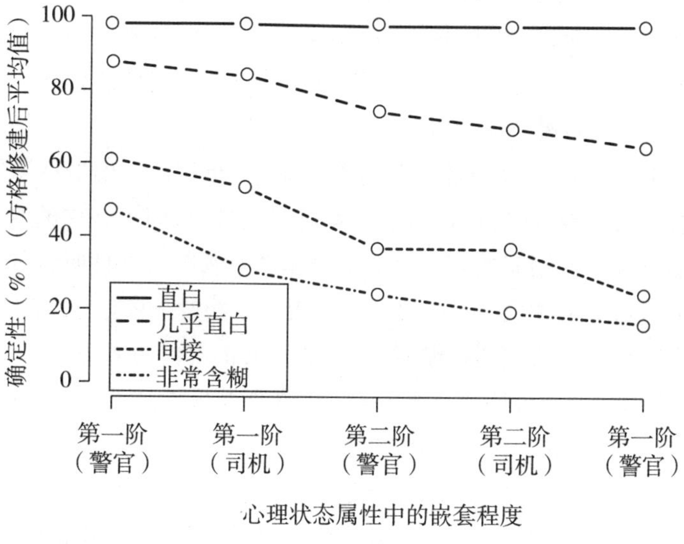

图12.8 对实验3中警官和司机所持一阶知识和共同知识程度的判断。从左至右,X轴上的标记对应的是问题1、2、7、8和9。对于问题7、8和9,图中展示了隐含的联合概率。一个方格内的顶部和底部三个回答在计算该方格平均值前进行了修剪。X轴的增量表示的只是分类

图12.8展示了心理状态嵌套对于直接性不同命题的解读的影响。每一条线的第一个点代表的是警官对"该句话是在行贿"的确定性程度,第二个点是司机对"警

官知道该句话是在行贿"的确定性程度,依次类推。注意,对于最直接的言语行为,不管心理状态属性中的嵌套程度是多少,参与者评估的概率估计值仍然基本上固定在了100%。相反,对于所有的间接命题,参与者对确定性的估计值随着每一层次的递归嵌套而减少,话语越含糊这种倾向越明显。引诱和威胁场景对应的图与之相似。参与者认为直接言语在所有的递归嵌套层次都具有确定性,鉴于嵌套命题带来的认知负荷,这种认知益发令人惊讶。尽管在使用间接言语的情况下解读信念嵌套程度的困难可能会减少参与者关于"说话者和听者持有这些信念"的确定性程度,但当同样的信念被直接言语所表达时,这种困难显然没有阻止他们。这证实了克拉克(1996)的发现:人们可以直接通过知觉和语言学的线索理解一种互知识状态,不用非得在意识中清晰地梳理这种多重嵌套命题。直接言语(而非间接言语)似乎就在这些线索之中。

综合讨论

我们提出了一个理论,解释为什么人们会经常间接地暗示一个请求,而不是直截了当地表达。这一策略性说话者理论基于一个前提:非公开间接言语不仅是一种社交礼仪,还是一种策略性原理;本理论还有一个前提:语言并不总是牵涉到说话者与听者间的纯合作,还会牵涉到合作与冲突的不确定性混合状态。非公开间接言语就被用来谈判这种不确定性。

策略性说话者理论的核心是一个简单的博弈论模型,该模型证明间接命题可以提供可信的可否认性:倾向该请求的听者可以接受它,而不合作的听者无法对其做出对抗性的反应。使用间接言语是对由合作性听者与对抗性听者的混合状态所定义的支付结构的策略性反应——这一假设得到了实验2的支持,该实验证明说话者更喜欢以更间接的形式表达贿赂意愿,因为他所面对的听者更可能是对抗者,并且,如果未能成功与合作性听者达成交易,代价会变得更高。实验2和实验3也得出了相似的结果,这些结果证明,命题的直接性不仅是控制推理步数(可推理出直白意义到隐含意义)的语言学变量,还能以之预测听者将该命题解读为其表达了隐含意义的估计概率。关键的是,两个实验都发现,与合作性听者相比,对抗性听者在根据自己的解读采取行动之前需要更多的直接性:此条件是"间接言语为识别博弈中最佳策略"这一假设的关键预测。

我们证明,本理论不仅适用于具有能以金钱或其他有形资源量化的成本的对话,还适用于可影响说话者与听者间所持关系(集体共享、权威排序、对等互惠)的对话。违反当前关系模型产生的情绪成本可创造出可信可否认性的需求,因此即使在没有明显成本时也会驱使说话者偏向使用间接性言语。日常生活尽管缺乏可量化的成本和回报，但广泛存在非公开间接请求——实验3中参与者的判断支持了这一非正式观察，该实验证明，在一个想象的性命题中，如果该命题被拒绝，人们认为间接言语更可能使得说者和听者重续关系，以及对抗性听者和合作性听者行动阈值的关键不对称性适用于社交活动，也适用于法律行为。

最后，本理论可以沿用到更高形式的可信可否认性，原因在于关系模型的离散性本质和语言在感知上的数字本质。这两种性质的结合，使得直接言语行为可以充当协调博弈中的焦点，生成共同知识，并沿着闲言链高保真度地传播信息。因此，即使在说话者高度确信听者的价值观或听者高度确信说话者的意图时，间接言语也与直接言语有质的差异。间接言语能避开改变关系的确定性焦点，这种能力得到了实验的支持，只有零散几个参与者判断间接性的话语确实在表达一个请求（确定性始终低于100%），这与他们几乎统一地判断直接性的话语100%确定地表达请求形成了鲜明的对比。此外，间接言语还能破坏改变关系的共同知识，这种能力也得到了实验结果的支持，我们发现，随着间接请求（而非直接请求）的意图被嵌套得层次越来越深，双方对它的确定性程度也在稳步降低——说话者不知道听者是否知道说话者对于听者的想法的想法，依次类推。

策略性说话者理论建立在纯合作理论的创见上，如P.布朗和莱文森的礼貌理论，以及克拉克的联合行动理论，不过其与这些理论的不同之处在于对非公开间接言语的解释。我们指出，两种理论都没有明确地解释充满情绪且具有潜在冲突性的口头交易，如贿赂、威胁和性引诱。而且，两者都用空间概念将社会交易概念化，如谈判一个标量的面子威胁或平等失衡。相比之下，策略性说话者理论认为间接言语是对说话者之间潜在利益冲突的解决方案，还认为人们用它可以通过谈判在具有质性差异和不可通约的关系类型间做出选择。从经验上来说，这些理论在两个方面存在差异。

根据礼貌理论，言语的间接性位于一种方法连续体（包括同情性礼貌、尊重性礼貌和传统的间接性）的最末端，说话者用之来缓解提出请求给听者带来的面子威胁。实验1证明，当听者对于请求的态度在由双方关系模型所设定的特定界限条件内被识别时，参与者会认为，增加由请求造成的面子威胁时需要用尊重性礼貌但仍直接的言语。只有在说者所面对的听者对于该言语行为的态度未被识别且介于由不同关系模型限定的两个极端之间时，参与者才会预期人们会使用非公开间接性言语。

根据联合行为理论，说话者致力于最大限度地增加双方对焦点的共同承认以及其他形式的共同知识（共同基础）。实验3证明，在需要非公开间接言语的情境中，说话者致力于避开焦点，并使特定的知识不进入共同基础。实际上，“不让知识进入共同基础"一目了然地解释了"off the record"这个短语:"record" 隐喻了共同知识或共同基础。

本研究的结果为菲斯克(1991,1992,2000)的理论提供了一种(来自认知语言学家的)新证据,菲斯克的理论是:人类期望其关系归属于离散数量的模型,某种给定的关系模型会许可符合该关系进化原理的资源转移,而禁止那些与之冲突的资源转移,将自我意识性情绪作为执行机制。共同知识和虚拟听众是标明这些关系存在的重要原理——这一发现突出了菲斯克观察的重要性:关系模型不由双方之间的谈判商定,而是取决于一种更大的隐含理解。也就是说,由集体共享、社会排序任务和互惠交换可行性的网络所表示的纳入和排除规则,非常依赖该社群的共识。一旦形成这一共识的机制被执行,一个违反了之前关系模型的请求可能会遭受人们出离的愤怒,接着助长先前就已存在的窘迫、尴尬或耻辱感。但是,由于人类社交动态的流动性,寻求从联合项目中获得最大可能利益的人们必须测试其名义关系类型的界限,并确定是否应该完成不同的关系类型。为了保护乐意合作者做出的这些临时调整,同时最大限度地降低被对抗者和闲言者羞辱的可能性,说话者采取了非公开间接言语行为。

关系模型间的质性差异与语言的数字本质之间的和谐,有助于解释为什么说话者即使在表达请求的委婉语显得不可信且无效的情况下还可以避免招来对抗者。公然的请求与稍加掩饰的暗讽语之间在初始清晰度上的差异可能很小,但两者间的差距可能足以导致听者做出决策:如果要为宣布违反之前关系模型的行为划定一个阈值,则直接请求是唯一符合逻辑的划定位置。语言的高保真度还确保了直白的命题(而非暗讽语)在沿着第三方和递归式理解的链传播时,能保留其清晰性。如果潜在对抗者不愿公开拒绝首先违反现存关系模型的一方,这一点会变得很重要,因为双方都不愿意将承认这一违反行为带来的社会后果和情绪后果坚持到底。通过故意制造共同知识的缺位,说话者和听者都可以测试对方改变现有关系或执行触犯该关系规则的小型权宜行为的意愿,所有人都不必被迫面对这一抹面子的推论:他们是机会主义者、虚伪、不理性,或容易被利用。

我们怀疑,策略性地使用间接言语是为了不让特定的麻烦事实进入共同知识,这一理论可以扩展解释各种充满情绪的社会现象,包括虚伪、禁忌、圆滑、暗讽、虔诚、假愤怒、假邀请、政治正确以及其他的"皇帝的新衣"和"客厅里的大象"例子。举一个例子,班杜拉(Bandura,1999)提出,使用暗讽语可能帮助人们在犯下残暴行为的同时还能保护自身作为道德主体的公认身份(还见 Orwell,1946)。当听到《辛德勒名单》中的那段对话时,人们震惊于那些用来描述集中营大屠杀的暗讽语:"特殊处理""发生在下面的流程",等等。电影的最后一幕,在德国宣布投降后,辛德勒向准备听令杀死身前上千犹太人的党卫军发表了演讲。“或者，”他说，“你们可以离开。回家去，做个人，而不是凶手。”在辛德勒剥光皇帝的衣服后，紧跟而来的是长久的沉默。最后，一名党卫军出列离开。然后是另一个。然后又是一个。

参考文献

Bandura, A. (1999). *Moral Disengagement in the Perpetration of Inhumanities.* Personality and Social Psychology Review, 3, 193–209.

Brown, D. E. (1991). *Human universals.* New York, NY: McGraw-Hill.

Brown, P., & Levinson, S. C. (1987). *Politeness: Some Universals in Language Usage.* New York, NY: Cambridge University Press.

Caplan, B. (2002). *Systematically Biased Beliefs About Economics: Robust Evidence Of Judgmental Anomalies from the Survey of Americans and Economists on the Economy.* Economic Journal, 112, 433–458.

Chomsky, N. (1957). *Syntactic structures.* The Hague, the Netherlands: Mouton.

Chwe, M. S. Y. (2001). *Rational ritual: Culture, coordination, and common knowledge.* Princeton, NJ: Princeton University Press.

Clark, H. H. (1996). *Using language.* Cambridge, England: Cambridge University Press.

Clark, H. H. & Marshall, C. R. (1981). *Definite reference and mutual knowledge.* In A. K. Joshi, B. L. Webber, & L. A. Sag (eds.), Elements of Discourse Understanding (pp. 10–63). New York, NY: Cambridge University Press.

Clark, H. H., & Schaefer, E. F. (1992). Dealing with overhearers. In H. H. Clark (ed.), Arenas of Language Use (pp. 248–297). Chicago, IL: University of Chicago Press.

Coen, E. (Producer), & Coen, J. (Director). (1996). *Fargo [Motion picture].* Universal City, CA: Polygram Filmed Entertainment & Working Title Productions.

Cole, P. & Morgan, J. L. (1975). *Syntax and Semantics VoL. 3: Speech Acts.* New York, NY: Academic Press.

Darwin, C. (1998). *The Expression of the Emotions in Man and Animals* (3rd ed.). New York, NY: Oxford University Press. (Original work published 1872)

Dawkins, R. & Krebs, J. R. (1978). *Animals signals: Information or manipulation?* In J. R. Krebs & N. Davies (eds.), Behavioural Ecology: An evolutionary approach (pp.282–309). Oxford, England: Blackwell.

Dillard, J. P. Wilson, S. R. Tusing, K. J. & Kinney T. A. (1997). *Politeness Judgments in Personal Relationships.* Journal of Language and Social Psychology, 16, 297–325.

Feiler, B. (2000). *Pocketful of Dough.* Goumnet, 99–101.

Fiske, A. P. (1991). *Structures of Social Life: The Four Elementary Forms of Human Relations.* New York, NY: Free Press.

Fiske, A. P. (1992). *The Four Elementary Forms of Sociality: Framework for a Unified Theory of*

Social Relations. Psychological Review, 99, 689–723.

Fiske, A. P. (2000). *Complementarity Theory: Why Human Social Capacities Evolved to Require Cultural Complements.* Personality and Social Psychology Revicw, 4, 76–94.

Fiske, A. P. & Tetlock, P. E. (1997). *Taboo Trade-offs: Reactions to Trans-actions that Transgress the Spheres of Justice.* Political Psychology, 18, 255–297.

Gibbs, R. W. (1983). *Do People always Process the Literal Meanings of Indirect Request?* Journal of Experimental Psychology: Learning, Memory, and Cognition, 9, 524–533.

G ofman, E (1967). *Interaction Ritual: Essays on Face-to-face Behavior.* New York, NY: Anchor Books.

Grice, H. P. (1975). *Logic and conversation.* In P. Cole & J. L. Morgan (eds.), Syntax and Semantics VoL 3: Speech acts (pp. 41–58). New York, NY: Academic Press.

Haid, J. (2003). *The moral emotions.* In C. L. M. Keyes, K. R. Scherer, & H. H. Goldsmith (eds.), Handbook of afective sciences (pp. 852–870). Oxford, England: Oxford University Press.

Hamilton, W. D. (1964). *The Genetical Evolution of Social Behaviour* Ⅰ *and* Ⅱ. Journal of Theoretical Biology, 7, 1–52.

Haslam, N. (1994a). *Categories of Social Relationship.* Cognition, 53, 59–90.

Haslam, N. (1994b). *Mental Representation of Social Relationships: Dimensions, Laws, or Categories?* Journal of Personality and Socal Psychology, 67, 575–584.

Hauser, M. D. (1996). *The evolution of communication.* Cambridge, MA: MIT Press

Holtgraves, T. M. (1994). *Communication in Context: Effects of Speaker stus on the Comprehension of Indirect Requests.* Journal of Experimental Psychology: Learning, Memory, and Cognition, 20, 1205–1218.

Holtgraves, T. M. (2002). *Language as social action: Social Psycholgy and Language Use.* Mahwah, NJ: Erlbaum.

Holtgraves, T. M. & Yang, J. N. (1990). *Politeness as Universal: Cross-cultural Perceptions of Request Strategies and Inferences Based on Their Use.* Journal of Personality and Social Pychology, 59, 719–729.

Horn, L. R. (2003). *Implicature.* In L. R. Hom & G. Ward (eds), Handbook of pragmatics (pp. 3–28). Malden, MA: Backoell.

Isaacs, E. A. & Clark, H. H. (1990). *Ostensible invitations.* Language in Society, 19, 493–509.

Kasher, A. (1977). *Foundations of philosophical pragmatics.* In R. E. Butts & J. Hintikka (eds.), Basic problems in methodology and linguistics (pp.225–242). Dordrecht, the Netherlands: Reidel.

Laof, R. (1973). *The logic of politeness; or minding your P's and Q's.* In C. Colum, T. C. Smith-Stark, & A. Weiser (eds.), Papers from the Ninth Regional Meeting of the Chicago Linguistics Society (pp.292–305) Chicago, IL: Chicago Linguistics Society.

Lewis, D. K. (1969). *Convention: A philosophical Study.* Cambridge, MA: Harvard Universty Press.

Lim, T. S. & Bowers, J. W. (1991). *Facework: Solidarity, Approbation, and Tact.* Human

Communication Research, 17,415–450.

Maynard Smith, J. (1964, March 14). Group Selection and Kin Selection. Nature, 201, 1145–1147.

Maynard Smith, J. (1982). *Evolution and the Theory of Games.* Cambridge, England: Cambridge University Press.

Maynard Smith, J. & Harper, D. (2003). *Animal Signals.* Oxford, England: Oxford University Press.

Nowak, M. A. & Sigmund, K. (2005, October 27). *Evolution of Indirect reciprocity.* Nature, 437, 1291–1298.

Ohtsuki, H. & Iwasa, Y. (2006). *The Leading Eight: Social Norms that Can Maintain Cooperation by Indirect Reciprocity.* Journal of Theoretical Biology, 239, 435–444.

Orwell, G. (1946). *Politics and the English Language.* Horizon, 13, 252–265.

Pinker, S. (1994). *The Language Instinct: How the Mind Creates Language.* New York, NY: Morrow.

Pinker, S. (1999). *Words and Rules: The Ingredients of Language.* New York, NY: Basic Books.

Pinker, S. (2007). *The Stuff of Thought: Language as a Window into Human Nature.* New York, NY: Penguin Books.

Pinker, S. Nowak, M. A, & Lee, J. J. (2008). *The Logic of Indirect Speech.* Procedings of the National Academy of Saences, USA, 105, 833–838.

Raggedclown. (2006, September 8). *Dave Allen on the vagaries of the English Language* [Video file]. Retrieved from http://www.youtube.com/watch? v–:4IfoUM6a 4bA

Sampson, G. (1982). *The economics of conversation.* In N, Smith (eds.), Mutual knowledge (pp.200–210). Orlando, FL: Academic Press.

Schelling, T. C. (1960). *The Strategy of conflict.* Cambridge, MA: Harvard University Press.

Searle, J. R. (1975). *Indirect speech acts.* In P. Cole & J. L. Morgan (eds.), Syntax and senantics VoL 3: Speech Acts (pp. 59–82). New York, NY: Academic Press.

Smith, N. (1982). *Mutual knowledge.* Orlando, FL: Academic Press.

Sperber, D.& Wilson, D. (1986). Relevance: Communication and Cognition. Oxford, England: Blackwell.

Spielberg, S. (Producer & Director). (1993). *Schindler's List* [Motion picture]. Universal City, CA: Amblin Entertainment.

Tannen, D. (1991). *You Just don't Undertand: Men and Women in Conversation.* New York, NY: Ballantine Books.

Tetlock, P. E. (2003). *Thinking the Unthinkable: Sacred Values and Taboo Cognitions.* Trends in Cognitive Sciences, 7, 320–324.

Tetlock, P. E. Kristel, O. V. Elson, S. B. Green, M. C. & Lemner, J. S. (2000). *The Psychology of the Unthinkable: Taboo Tradeofis, Forbidden Base Rates, and heretical counterfactuals.* Journal of Personality and Social Psychology, 78, 853–870.

Tooby, J. & Cosmides, L. (1996). *Friendship and the Banker's paradox: Other Pathways to the Evolution of Adaptations for Altruism.* Proceedings of the British Academy, 88, 119–143.

Tracy, J. L. Robins, R. W. & Tangney, J. P. (2007). *The self-conscious Emotions: Theory and reasearch.* New York, NY: Guilford Press.

Tracy K. (1990). *The many faces of facework.* In H. Giles & P. Robinson (eds.), Handbook of Language and Social Psychology (pp. 209–226). London, England: Wiley.

Trivers, R. L. (1971). *The Evolution of Reciprocal Altruism.* Quarterly Review of Biology, 46, 35–57.

Trivers, R. L. (1985). *Social Evolution.* Reading, MA: Cummings.

Walster, E. H. Walster, G. W. & Berscheid, E. (1978). *Equity: Theory and Research.* Rockleight, NJ: Ally & Bacon.

Wilson, M. & Daly, M. (1997). *Relationship-specific social psychological adaptations.* In G. Bock & G. Cardew (eds.), CIBA Foundation Symposium on Charaterizing Psychological Adaplations (pp. 253–268). Chichester, England: Wiley.

附录A 引诱、贿赂、威胁和求助场景

引诱

迈克尔和莉萨是同事,也是很好的朋友。迈克尔觉得莉萨很有魅力,但他不知道她是否也对他有浪漫的感觉。一天,迈克尔问莉萨是否愿意与他共进晚餐。莉萨同意了。迈克尔在八点接到莉萨,驱车到了当地一家饭店。晚餐的食物和酒都很棒,两个人聊得很开心。迈克尔付了账。

十点三十分,迈克尔开车送莉萨回她的公寓。在经过他的公寓大楼时,他放慢了速度,并谈起自己离她的住处只有10分钟的距离。

"哇。我很喜欢我们能这么尽兴地聊天,现在才十点半。"(非常含糊)

"我的朋友刚用电子邮件给我发了我和他在欧洲旅行的照片,就是我刚跟你谈论的那次旅行。你想上去看一下吗?"(间接)

"你知道,从我的阳台上可以看到美妙的风景。你可以看到整个城市、灯光、大海……你想上去看一看吗?"(几乎直白)

"我觉得你很有魅力,今晚我很享受和你一起的时光。你想上去和我做爱吗?"(直白)

贿赂

凯尔匆匆驱车从旧金山赶往洛杉矶。因为现在很晚了,而且5号州际公路上几乎没有车,所以凯尔将油门踩到底,恣意飞驰。但没过多久,凯尔就被高速公路巡警给拦停了。警官来到凯尔的车窗边,用刺眼的手电筒照在凯尔的脸上。警官说,"嘿,兄弟。你知道这段路的限速是70英里每小时吗?你的速度超过了90码。"凯尔说,"我刚才没意识到我开得这么快。"警官说,"好吧,你是超速了。请把你的驾照拿出来。"

凯尔以前也有过违章驾驶,所以他担心再来一张罚单会上调他的保险费,并导致他的驾照被吊销。他的钱包中微微露出了一张50美元钞票的一角。

"非常抱歉,警官。我真的得到教训了。你放心,从现在起我会更小心的。"(非常含糊)

"非常抱歉,警官。我知道我超速了,也知道我必须为我的错误付出代价。"(间接)

"非常抱歉,警官。但我现在真的不便,紧急事务。所以也许最好的办法是在这里解决这件事……不用上法庭或做任何文书工作。"(几乎直白)

"非常抱歉,警官。如果我给你50美元,你可以放走我吗?"(直白)

威胁

珍妮弗是一名准研究生,她申请了American Science Foundation Fellowship——极富声望的荣誉,每年有超过30 000美元的奖学金。珍妮弗本科时成绩全优,GRE获得了1 600的满分,还是开拓性论文的共同作者,这些论文发表在高影响力的*Nature Genetics*和*PLoS Biology*杂志上。简而言之,珍妮弗是一颗冉冉上升的新星,毫无疑问配得上奖学金。

一天,吉姆·欧文斯教授在生物学大楼的走廊里偶遇珍妮弗。珍妮弗是欧文斯教授教的很多课程中最好的学生,他们俩合作完成了她的毕业论文。今年夏天,珍妮弗得到了在约什·辛格(Josh Singer)实验室工作的录用通知,这给她提供了扩展经历并学习新研究技术的机会。

欧文斯教授问珍妮弗是否有时间,这样他可以和她在他办公室谈一谈。珍妮弗说没问题。欧文斯教授恰好是负责发放奖学金的委员会的顾问——珍妮弗深知这一点。

"珍妮弗,我之前在看你的ASF奖学金申请材料,我发现你的进化观点很有吸引力。我想知道你有没有兴趣今夏在我的实验室工作?我们可以做些芯片实验来检验你的想法。如果我们能得到好的结果,我确信我们可以合作写出一些很好的论文。"(非常含糊)

"珍妮弗,我刚审了你的AFS奖学金申请。我本人很愿意通过,但我怀疑委员会还是会仔细审查所有的出色候选者。我认为你需要做的是用更多经历充实你的申请——也许是作为另一篇大论文的共同作者。实际上,今夏我的实验室就有这么一个位置,如果你愿意的话。"(间接)

"珍妮弗,我刚审了你的AFS奖学金申请。说实话,你的资历还没有强到足够获得一个奖学金。但这里有条出路:为什么今夏不在我的实验室工作呢?

我们现在缺人手。有了这个额外的证明,我确定委员会更看好你的申请。”(几乎直白)

“听着,珍妮弗。我的实验室现在很缺人手,我需要你今夏在我手下工作,研究我最新的项目。否则,你就得不到奖学金。我保证委员会将淘汰你。”(直白)

求助

(注意:在此版本中,权力差距、社会距离和强迫度这些试验因素全都被设定在最高水平。)

威尔刚开始他作为金融分析师的高压力工作。他的首批工作之一就是分析最近几个季度的数据,并将他的发现写成一份报告。

威尔在报告的截止日当天,早早就来上班。上午大约7点钟,他突然想起来妥善分析这一时间序列数据还需要用到随机过程(stochastic process)的专业技能。威尔大学时只上过一天的随机过程课:在整堂课茫然地看着教授的数学板书后,他立马中断了课程。

威尔走到办公室外,想看还有谁这么早上班。他发现布赖恩在他的办公室里埋头苦干。

威尔是新人,所以他几乎不认识布赖恩。虽然布赖恩并没有比威尔大多少,但布赖恩是统计学博士,现在还是公司研究部门的主管。他是公司的三个创始人之一。

如果威尔接下来几个小时内不能完成报告,他就陷入大麻烦了。唯一完成报告的办法就是请布赖恩和他一起仔细查看分析过程。威尔知道这大约会花三个小时。布赖恩必须用整个早晨的时间帮助他,而这一报告并不会让布赖恩自己的部门受益。

威尔在洗手间拦住了布赖恩,友好地打招呼后,他快速解释了他的处境。

注释

本研究得到了NIH基金HD-18381的资助。感谢亚历克斯·莱文(Alex Levin)和珍妮弗·卡恩(Jennifer Kan)在实验2中帮助设计材料,以及组织参与者。

1. 其他对不依赖合作原则的间接言语的分析,参见卡舍尔(Kasher,1977)、桑普森(Sampson,1982)和施佩贝尔(Sperber)及威尔森(Wilson,1986)。

2. 所有实验的材料都可以申请从作者处获取。

3.在一个著名的系列笑话中(见Raggedclown,2006),爱尔兰喜剧演员戴维·阿伦(Dave Allen)指出,表示团结的词语如“chum”“amigo”和“buddy”经常被挑衅性地使用,如“Listen to me, pal”和“All right, mate, you want it, you can come and get it!”很可能这是因为当亲密不存在时,假定亲密是优势个体的特权。

4.本例取自电影《冰血暴》(*Fargo*)(Coen及Coen,1996)的一个场景。

5.平克等(2008)指出,如果听者服从其决策概率的连续函数,而不是具有离散阈值的阶跃函数,则保持同样的结果。该模型还可以扩展到一段由直接性不断提高的命题构成的话,这样一段话以更小的增量探查听者的决策函数。(如,“今晚真美。非常抱歉我超速了。我知道我必须为自己的错误付出代价。我很仰慕警官的工作。我可以为警察慈善会做点什么吗?我们有没有办法避免文书工作,在这里解决?”)

6.前导测试发现了参与者整体上偏好最间接言语行为的趋势。为了减少这种地板效应,我们增加了要求参与者想象前一天晚上他们在酒吧遭遇歇班警官的语境。

7.某些作者认为互知识与共同知识可以互换;另一些作者保留让其指代共享个人知识,将其与共同知识进行区分。我们使用无歧义的“共同知识”。

8.一种相关的言语行为是假意邀请(Issacs and Clark,1990),指的是说话者不真诚的邀请,听者也能识别这种不真诚,从而拒绝,双方心照不宣地理解说话者暗示他重视这段关系。艾萨克斯和克拉克(1990)指出,这里的邀请和拒绝是“公开”的,而说话者的动机是“非公开”的。我们会分别称之为共同和个人(第一阶)知识。我们指出,对于其他的非公开间接言语行为,假意邀请的措辞必须要留下解读的不确定性,留下听者会将其误解读的可能。

13 认知生态位

——智能、社会性和语言的共进化

2009年是查尔斯·达尔文(Charles Darwin)诞生200周年,也是《物种起源》出版150周年。作为那年举办的诸多科学庆祝活动之一,美国科学院(National Academy of Sciences)发起了名为“进化之光”(In the Light of Evolution)的系列会议,其中一次会议的主题是智人的进化。本文就在这次会议上发表,是我对自己的“万物理论”(Theory of Everything)最简练的陈述。本文还致敬了两位曾深刻影响我的人物——人类学家约翰·图比和心理学家莱达·科斯米德斯,以及他们对人类心智的进化相关观点的分析。

达尔文诞生200周年纪念和《物种起源》出版150周年纪念让全世界都在关注自然选择理论惊人的适用范围,尤其是其在人类心智上的应用。“心理学将建立在一个全新的基础之上,”达尔文在《起源》的结尾写了一句名言,“每一种心理能力将以此为基础逐步建立。人类的起源和历史终将得以阐明。”

很少有人注意到自然选择的共同发现者阿尔弗雷德·拉塞尔·华莱士(Alfred Russel Wallace),尽管他同样拥有惊人的科学才华,但他的200周年纪念(他出生于1823年)不太可能也会引发同样的舆论氛围。其中一个原因是,华莱士最后没有预见到自然选择解释生物世界适应复杂性的能力。更有甚者,华莱士臭名昭著地声称自然选择的进化论不足以解释人类的智能:

> 我们的法律、我们的政府和我们的科学持续要求我们透过各种复杂现象,推理出期望的结果。甚至我们的游戏,如国际象棋,迫使我们在极大程度上练习所有这些能力……一个只比大猩猩稍大的大脑……完全满足野人的有限心智发育;因此我们必须承认,只凭这些进化规律中的任何单独一种,无法发展出他实际上拥有的巨大大脑,这句话的本质是,这些规律所形成的组织程度与每一物种的需求精确适配,从不超过这些需求……

自然选择只能赋予野人一个比猿猴复杂了几度的大脑,尽管他实际上拥有的大脑比哲学家的大脑也差不了多少(1 340、1 343页)。

华莱士最后的结论是,“一种超级智能为了一个特殊的目的,引导着人类朝确定的方向发展”(1 359页)。

今天很少有科学家会接受华莱士的神创论、目的论或唯灵论(spiritualism)。然而,思考他提出的深刻疑问并无不妥;即为什么人类拥有追求抽象智力技能的能力,如科学、数学、哲学和法律? 考虑到作为人类进化环境的野外觅食生活方式中并没有练习这些才能的机会,而且即使存在这些机会,也不能带来生存和繁殖的优势。

我认为这一谜团可以用两个假说解决。第一个假说是,人类进化是为了填补“认知生态位”,一种以通过因果推理和社会合作操控环境为特征的生存模式。第二个假说是,人类为了在该生态位取得成功而进化的心理学能力可经过喻意型抽象化(metaphorical abstraction)和生产组合(productive combination)的过程被共选择(coopted)到抽象领域,这两个过程在人类语言中都有鲜明体现。

认知生态位

图比和德沃尔(DeVore)(2)为了在不诉诸怪异进化机制的情况下,解释现代智人一系列动物学上罕见的特征,而提出了认知生态位的概念。

他们的解释以生物学的常见现象开始,即生物的进化以彼此为代价。除水果外,一种动物的几乎每一种食物来源都是另一种生物身体的一部分,后者当然更愿保住自己的这部分身体。结果,生物进化出了防止被吃的防御手段。动物进化出了速度、隐身、盔甲和各种防卫策略。植物无法通过行为保护自己,所以它们求助于化学武器,并进化出了各种毒素、刺激物和苦味物质,以通过其构造中的设计吓阻食草动物。作为回应,食草动物进化出了穿透这些防御的手段,比如攻击性武器、更快的速度或更佳的隐形能力,以及像肝脏这样分解植物毒素的器官。这反过来为更佳防御提供了选择压力,为更佳进攻提供了选择压力,依此类推,这样一个共进化的军备竞赛会随着世世代代的自然选择逐渐升级。

图比和德沃尔(2)认为人类利用了世界生态系统中的一个认知生态位。在生物学中,“生态位”有时候被定义为“一种生物在一个生态系统中占据的角色”。认知生态位是这一概念的松散扩展,它基于这样一个想法:在任何生态系统中,都可能有一种生物通过因果推理和合作行为破解其他生物的固定防御——利用信息和推理,而不是特定的物理和化学特征,设法从其他生物那里得到资源,对抗其他生物为了保护资源发生的适应。因果推理在人类内心关于世界的心理模型中运行,受直觉性物理学、生物学和心理学概念的支配,也包括动物的心理学。认知生态位使人类发明工具、陷阱和武器,从动植物身上提取毒素和药物,组织协调行动,例如呈扇形散开驱赶集中猎物，实际上犹如一种巨型超级生物。这些认知策略在适于本地生态的无尽组合中被动态地发明。它们由心智设计产生，在个体的生命周期中被部署、测试和反馈调整，而不是由随机突变产生，通过缓慢的差异生存率和繁殖率的反馈花费数代时间进行调整。因为人类能实时开发其他生物只能以进化时间防御的进攻手段，所以人类在进化军备竞赛中拥有巨大的优势。甚至在当前的人为物种大灭绝之前，据信史前人类每新进入一个生态系统，都会造成大规模的大动物群灭绝事件。

认知生态位的理论有助于解释智人很多在动物学上罕见的特征：这些特征在人类各文明中普遍存在(3)，但相对于动物界的其他动物，要么是人类独有，要么就是得到了超常发展(特别是组合形式)。有三种特征尤其让我们这一物种脱颖而出。

技术性的专门知识。人类使用并依赖多种工具，这些工具牵涉到多个部分以及复杂的加工方法。工具被部署在扩展行为序列中，人类不管是通过个体发现，还是学习他人，都可以获得工具。工具被用来捕捉和杀死动物、加工食物(包括烹饪、发酵、浸泡、剥皮和粉碎以去除毒素并增加营养素的可利用性)，以及生产和施用药物(4,5)。这一推想得到了“直觉性理论”——对物理学(特别是物体、物质和施加于其上的力)、几何学(位置、路径和方向)、生物学(赋予生物形式并推动其生长、运动和生理学过程的本质)和心理学(内在的、非物质的信念和愿望)的民间认知——的支持(6—10)。

非亲属间的合作。人类与其他人类合作：他们交易货物、相互帮忙、交易专门知识和忠诚，并集体育儿、采集、狩猎和防御。通过转移伙伴关系、联盟和交易人际关系，这种合作可以扩展到与他们没有亲缘关系的人类，因此必须以互利论或互惠论而不是亲缘选择(kin selection)进行解释(11)。

互惠利他式合作的进化需要大量的认知适应，而实际上这种认知适应似乎在人类当中得到了充分发展(11)。它们包括：对个体的识别(12)；对个体行为的情景记忆(13)；以及根据是否违反互惠契约而分类这些行为的能力(14,15)；一系列的道德情绪，如同情、感激、愤怒、罪恶感和信任感，这些情绪驱使个体启动合作、奖励强互惠者(reciprocator)并惩罚欺骗者(11,16)；以及确定其他人的能力、品格和慷慨(通过闲言或其他的尽职调查形式)并提升自己在这些方面的名声的欲望(17,18)。

因为人类至少通过三种不同的关系实施合作，这些关系受互不相容的资源分配原则——互惠利他、互利共享、遵从权威——的控制，所以，二元关系可以根据其历史、亲属关系、社会支持、利害资源和所处语境在这些关系类型间切换(19)。对这种谈判的需求解释了人类社交生活中的诸多复杂方面，如礼貌、虚伪、仪式和禁忌(20,21)。

语法性语言。虽然很多动物都能交流,但似乎唯独人类使用了一种开放式组合系统——语法性语言。通过语法性语言,信号(词语)能任意性地与概念配对,并能以全新的层级配置重新排列(短语嵌套在短语中),以此方式可以从各个符号的意义和它们的排列方式计算得出整个符号序列的意义(22—24)。这些符号(名词、动词、介词、时态标记等等)的语义与定义直觉性理论的基础认知范畴有关:物体、物质、运动、因果性、主体、空间、时间(9,25)。句法排列的作用是表达这些概念之间的关系,如谁对谁做了什么、什么在哪里以及什么适用于什么(9)。尽管每一种语言都必须通过学习才能学会,但人类具有创造、收集和学习新词语和规则的能力,因此人类发展和使用语言不依赖于其他物种作为老师(如猿猴就依赖于别的物种),甚至不依赖于一个长久存在的语言社群(26)。

语法性语言在传递信息上具有明显的优势。因为它允许信息由元素构成,而不是从一个有限库中提取,所以它赋予了人类表达无限量新信息的能力(27,28)。记者们说狗咬人不是新闻,但人咬狗是新闻:语法的威力在于其使得我们能通过以新组合排列旧词语的方式传递新闻。就像生物学中其他的数字组合系统(RNA、DNA、蛋白质)一样,语言能生成海量的结构化组合。可能句子的数量(每一个句子对应一种不同的信息)与可以出现在一个句子中一个位置的词语数量的句子长度幂次方成正比。一个句子中每一个位置可用词语数量的近似几何平均值为10,人们可以估算出一名普通的讲英语者可以轻易生成或理解至少10^{20}个不同的句子(29)。这反过来使得语言使用者能共享无限数量关于特定事件(谁对谁做了何事,何时、何处以及为何)、一般专门知识(要完成此事,这样做)以及弹性社交契约(如果你为我做此事,我就会为你做彼事)的信息。

如果谁怀疑熟练推理、协作和交流不能给史前生活方式带来生存优势,只需阅读一下对当代游猎采集部落的游猎采集行为的人种学研究。人类学家拿破仑·沙尼翁(Napoleon Chagnon)曾描述过委内瑞拉雅诺马马人(Yanomamö)如何狩猎犰狳,从中可以看出游猎采集部落人民的聪明才智:

> 犰狳穴居在地下几英尺的地方,它们的洞穴可以延伸很多码,而且有多个出口。当雅诺马马人发现一个活动的洞穴时——判断活动性的根据是洞口周围有一群别处没有的昆虫,他们会动手用烟把犰狳熏出来。最好的燃料是一种取自旧白蚁巢的硬脆材料,可以缓慢燃烧,产生极热的浓烟。人们在洞穴的出口点燃一堆这种材料,把浓烟扇进去。他们很快就能通过升起的烟发现其他的出口,然后用泥土封住这些出口。接着人们匍匐着散开,贴靠着地面,侧耳倾听犰狳在洞穴里的动静。如果听到什么动静,他们就在当处开挖,一直挖

到洞穴,运气好的话,就能捉到那只动物。他们可能必须尝试数次,这是一个苦力活——他们必须往下挖两英尺,甚至更深。有一次,猎人们挖了几个洞,却一无所获……其中一人扯来一根大藤蔓,在末端打个结,把打结一端伸进洞口。他一边用双手轻轻转动藤蔓,一边缓缓地将藤蔓尽量推进洞中。他的同伴用耳朵贴紧地面,他则转动藤蔓,如果结头发出声响,就在此时做好标记。他在洞口掐断藤蔓,拖出洞内的部分,然后沿着洞穴长轴将其平放在地面上。其他人在他们听到结头声响的地方往下挖掘,他们第一次尝试就找到了被浓烟窒息的犰狳。(30,78—79页)

这次成功的捕猎是对非凡的民俗分类学、生理学、物理学和几何学推理技巧的奖励,一些技巧传承自祖先,一些是现场的临时发挥。而且这次捕猎依赖于众多个体之间由语言所协调的合作行为。

其他的极端人类特征。智人其他的动物学上罕见的特征也可以用认知生态位的理论解释。我们这一物种开拓的广阔栖息地和食物范围可能一部分是由本地群体中的基因对外界条件如太阳辐射、饮食和疾病的自然选择所推进(31,34)。但与人类技术带来的成就相比,这些本地遗传适应现象黯然失色。因纽特人在高纬度地区的定居可能获得了身体形状及皮肤色素沉着的适应性变化的帮助,但更多依赖于皮大衣、爱斯基摩划艇、海豹皮靴、圆顶冰屋和鱼叉。这凸显了认知生态位与生物学生态位的差异在于它不能被定义为特定的环境变量(温度、维度、栖息地类型等等)包络体(envelope),也不能被定义为其他生物的特定组合,而应被定义为通过对任何环境的因果应变条件进行内部建模而开发利用该环境的机会。

我们延长的儿童期也许就是人类这个靠智慧生存物种的学徒期,我们的长寿命也许反映了繁殖和体细胞维护之间的取舍朝向后者的倾斜,以实现儿童期投资回报的最大化。儿童期向成人期的过渡依赖于他们对本地文化和专业知识的掌握,这种依赖性可能也会改变男性育儿投资的决策平衡——是照顾已有的后代,还是寻求新的交配机会。这反过来可能导致了双亲照顾、长期配偶联结、复杂性行为(如与繁殖脱钩的女性性行为,以及易于变化和谈判的性关系),以及多代亲代投资等现象(35)。卡普兰(Kaplan)的研究(36)为这些假说提供了支持,他证明,在游猎采集部落人中,如果没有长寿命,延长的儿童期就得不到回报。这些人直到18岁前,生产的食物量都不会超过消耗的食物量;他们的输出峰值在32岁,一直平稳到45岁,然后缓慢下降直到65岁。这证明,狩猎是一种依赖知识的技能,要在长久的儿童期对其进行投资,才能在漫长的一生中获得回报。

最后,人类可划分为语言、风俗、习惯、饮食等方面各异的文明,也是人类对习得性信息(词语、配方、工具风格、生存技巧、合作协议和习俗)的依赖及人类的流动本性带来的结果。人群在分裂后久而久之失去了与祖先的联系,分裂出的两个人群各自积累的专业知识和习俗也会彼此偏离(37)。

人科动物的进化和认知生态位。既然这种利用技术和合作开发环境的机会与特定的生态系统无关,那为什么是上新世的人科动物进入了(或者,更准确地说,构建了)此认知生态位并进化出了成熟的认知、语言和社会性,而不是其他分类群或其他时期的群体?我们很难准确地回答这种历史问题(甚至不可能回答),因为智人的罕见性排除了对相关特征与环境的相关性进行跨物种统计学检验的可能。但如果我们将认知生态位视为一系列的相互强化的选择压,每一种选择压各自以更弱的形式存在于其他物种,那么,我们可以在更小范围内检验智能的个体间差异(同时考虑已灭绝人类祖先可能具有的特征)是否支持特定的猜想。

显然,任何认为"我们这一物种的出现是此进化过程的目标"的定向理论(如华莱士的理论)与已知的进化机制不符。同样明显的是,依赖于大脑容量的智能不是进化中的免费品(38)。它的成本包括昂贵神经组织的代谢需求、女性骨盆的解剖结构因孕育大头后代而受到的损害,以及如此复杂的器官因分娩、摔倒和突变以及寄生虫负担带来的伤害风险。要妥善表达这个问题,就必须问清楚是何种环境让智能的收益超过了这些成本。那么假说就是,人科祖先超过了其他任何物种,拥有一组将收益朝更多的智能投资倾斜的特征。

其中一个促成因素可能是适于抓握的双手(对树栖生活的适应)与双足行走方式(很可能是对行走的适应)的结合。我们从化石记录中知道适于抓握的双手和双足行走方式先于脑容量扩大和工具使用出现(39)。或许精确操作的可用性意味着,任何想象人可能会如何改造环境的增强能力都可能被成功利用到工具的生产和携带上。

第二个促成智能在人科祖先中的进化的因素可能是机会性的饮食,包括肉类和其他难获取的蛋白质来源(5)。肉类不仅对于饥饿的大脑来说是密集的营养素来源,而且可能继而为更高级智能提供了选择压力,因为在智力上胜过动物要比在智力上胜过水果或树叶需要更多的聪明才智。

第三个因素可能是群体生活,再一次,这里可能存在正反馈的作用:群体使被习得的技巧得以共享,还能为在不被利用的情况下以合作建立繁荣所需要的社交智能提供选择压力。

社会性和食肉行为促成了人类智能的进化——这一假说的间接证据来自一些比较性研究,这些跨动物物种的研究发现,更高级智能与脑容量、食肉性、群体规模以及延长的儿童期和寿命具有关联性(40,41)。我还没看到任何综述研究过适于抓握的附肢与智能的关联性,但有趣的是,章鱼具有很高的智能(42)。

认知、语言和社会性的共进化。很多生物学家认为生物构建了生态位,而不是直接进入其中(43,44)。生物的行为改变了周遭的物理环境,这影响了选择压力,继而为了利用这一被改变的环境而选择了更多的适应,依次类推。一个经典的例子就是河狸,河狸能产生一个水生生态位,为了在其中生存繁殖,又进化出了额外的适应。认知生态位的细节也被以类似的方式构建,从某种意义上来说,合作、交流或专门知识的启动增量改变了人科祖先的社会环境,从而也改变了选择压。那些作为技术性专门知识、开放交流方式和非亲属合作基础的心理能力都在同一物种中得到了充分发展,这肯定不是巧合:三者中的每一种都增强了其余两种的价值。(相似的反馈环路可以将智能与前面部分提到的生活史和行为生态学的变量联系起来。)

语言和专门知识之间存在一种明显的相互依存性联系。生存技巧学习的终产物是存储在人大脑里的信息。语言是将这种信息传递给另一个大脑的手段。通过语言共享信息的能力极大地提高了获取新知识和技能的价值。人们不再非得重复其他个体的试错过程、幸运意外事件或天才之举,而是可以依赖他们的发现,避免如谚语所言重新发明轮子的浪费。

语言不仅降低了习得一种复杂技能的成本,还使其收益倍增。人们不仅可以利用知识来操控环境,还能与亲属和其他合作者共享知识。实际上,在商品之中,信息非常有利于共享,因为它就是经济学家所称的“非竞争性产品”:它可以被无损地复制。如果我给你一条鱼(竞争性产品),我就不再拥有这条鱼:俗话说,没有吃了鱼又能留住它的道理(you cannot eat your fish and have it)。但如果我教你去打鱼,并不意味着我现在就会忘了打鱼的技能:这种宝贵的商品现在增加了一倍。语言可以成倍地放大这种激增过程:只需要几秒钟呼吸的成本,说话者就能让听者得到新知识带来的无价收益。关键的是,一种自己付出低成本却给其他人带来高收益的商品是进化出互惠利他合作的过程所必需的关键要素,因为长远来看双方都能从交易中受益(11)。因此,通过语言共享专门知识的能力可能是进化出合作的主要加速器,因为它同时给了人类合作的动机和手段。人们交易的不仅是商品,还有专门知识和相互间的帮忙,而且这种谈判不限于当时当地可以交易的东西,还有可在相隔甚远的时间点之间转让的商品和相互帮忙。

语言可以促进合作,但也依赖合作,因为与敌人共享信息可没有好处(正如我们在俗语“to be on speaking terms”中所见[①])。语言、智能、社会性、增强的父代和祖父代投资、延长的寿命和儿童期,以及多样的栖息地和食物来源,这些特征之间的

①此短语意思为“肯与某人说话”,表示关系好才愿意与人说话—— 译者注。

内在协同作用提示它们整体描述了认知生态位,每一个特征的增强就为其他特征充当了额外的选择压力。至于时间方面,我们预计相应的适应是逐渐共进化的,以第一个拥有某个前置条件组合(如,双足行走、群体生活、杂食性)的人科物种作为起点,经由表现出"工具使用、合作和对语言的解剖学适应"这些迹象的物种世系,逐渐增加复杂性,并在行为接近现代人的智人中爆发。

对认知生态位理论的评估

我相信,认知生态位理论在解释人类心智的进化时,具有几大优点。它整合了现代科学心理学发现的关于认知、情感和语言机制的事实,而不是诉诸模糊、前科学的黑箱理论,如"象征行为"或"文化"。具体来说:认知生态位理论所援引的认知适应包含了物理学、生物学和心理学的"直觉理论";对合作的适应包含了记忆个体及其行为所需的道德情感和机制;语言学适应包含了语法的组合性装置,以及其操控的句法和音系学单位。

该理论援引的选择压力简单直接,不依赖于某种高度特化的行为(如,使用投射武器,密切关注闲逛的儿童)或环境(如,特定的气候变化),因为这些行为和环境不可能在现代人类进化出巨大脑容量和复杂工具的数百万年间还一直保留下来。相反,它援引的是专门知识、合作和交流的固有优势,对此我们在当今世界能毫无争议地承认。很明显,科技、组织(如公司、大学、军队和政府)和交流媒体(如出版社、邮件、电话、电视、电台和互联网)分别是对认知、社会性和语言的练习,它们单独以及联合地使得人类没有它们就不可能取得这些成就。认知生态位理论直接在时间和规模上倒推出了这些优势。

此外,该理论不需要对进化论做出激进的修改:既不用华莱士的目的论和神创论,也不用怪异、极端或只适用于人类物种的机制。虽然语法性语言是人类独有,而且我们的智能和社会性也超级发达,但自然选择对独特或极端特征的偏好并不罕见,如大象的长鼻子、独角鲸的长牙、鲸鱼的鲸须、鸭嘴兽的鸭嘴以及犰狳的盔甲。鉴于推理、合作和交流无可否认的实践优势,在解释人类心理机制的进化时,把主要角色分配给宏突变、扩展适应、失控性选择(runaway sexual selection)、类群选择、模因、复杂性理论、文化进化(不同于我们所称的"历史")或基因—文化共进化(不同于老生常谈——一种生物的行为的产物是其选择环境的一部分)就显得有些多余。

此外,使用一系列检测人类基因组中"选择足迹"的较新技术(例如,在物种内或跨物种比较一个基因中同义和非同义碱基对置换的比例或变异数量)(32,45,

46)，可以更严格地检验这一理论。该理论预测有很多基因在现代人类的进化世系内接受了自然选择，它们的效应集中在智能、语言和社会性上。通过往后倒推，该理论还预测，任何在现代人类中发现的对智能、语言或社会性具有不成比例效应的基因(也就是说，不仅仅影响总体生长和健康)，都将被证实曾经是自然选择的目标。这一点让本理论不同于那些援引单个只影响大脑总体性质的宏突变或遗传变化(如总脑容量)的理论，也不同于将人类社会、认知或语言行为的所有复杂性和差异性归因于文化进化的理论。这些基因并不一定只影响一个性状，不一定是影响该性状的唯一基因("利他主义基因""语法基因"，等等)，也不一定是在人类进化过程中新出现的基因(相较于在其他哺乳动物中发现的基因发生功能性变化的情况)。唯一的要求是，它们对于这些性状的现代人类版本有一定贡献。实际上，这些基因可以被看作是导致认知障碍(如，智力低下、思维障碍、严重学习障碍)、社交障碍(如，自闭症、社交恐惧症、反社会人格障碍)或语言障碍(如，语言发育迟缓、语言受损、结巴、诵读困难——因为其是发声学受损的结果)的基因的正常版本。或者，它们可以被看作是一个等位基因家族，其变异体导致了智能、人格、情绪或语言的定量变异。

最近有几个发现支持了这些预测。转录因子FOXP2的基因在正常发育的人类中是单型基因，但当它发生突变时，会导致言语、语法和颌面部运动控制的损伤(47,48)。这一基因的人类版本与大猿类(great apes)中发现的版本存在两个差异，其中至少有一个差异具有功能性，猿类的同源体与老鼠中发现的版本只有一个非功能性的差异。这种保守变异模式被解读为人类世系中选择史的证据(49)。此外，有几个在听觉系统发育中表达的基因在人类和大猩猩间存在差异，表现出了人类世系中的选择迹象。因为人类和大猩猩具有相似的总体听觉需求，所以这些基因发生了选择，可能是为了让人类利用它们来理解言语(50)。还有人类的ASPM基因，发生变异时会导致小头畸形和智力低下，也表现出了在从我们与大猩猩的共同祖先算起的世代中经历选择过程的迹象(51)。未来几年可能还会发现更多具有认知、社交和语言效应的基因，而认知生态位理论预测，它们的大部分或全部将被证明是适应性进化的结果。

科学和其他抽象行为的出现

既然认知生态位理论可以解释语言和智能的进化，那么有人可能会像华莱士一样询问：最初适应物理和社交推理需求而被选择的认知机制，是如何让智人开始了现代科学、哲学、政府、商业和法律所需要的高度抽象推理？

实际上,答案的一个关键部分是,人类并没有轻而易举地开始进行这些形式的推理(9,10,52)。在进化的大部分时间、地点和阶段,人们的算术能力就只是用“1”“2”和“多”计数,以及近似地估计大数目(53)。他们的直觉物理学对应的是中世纪的冲力论,而不是牛顿力学(更不用说相对论或量子理论了)(54)。他们的直觉生物学是神创论,而不是进化论,是本质论,而不是群体遗传学,是活力论(vitalism),而不是机械生理学(55)。他们的直觉心理学是心身二元论,而不是神经生物学的还原论(56)。他们的政治哲学基于亲属、家族、部落和世仇而建立,而不是基于社会契约理论(57)。他们的经济学基于的是一报还一报和以物换物,而不是基于货币、利息、租金和利润(58)。他们的道德是纯洁、权威、忠诚、服从和互惠直觉的混合体,而不是我们在道德推理时认同的公平与正义的一般概念(16)。

然而,有些人类能够发明出不同的现代知识组件,而所有人类都有能力学会它们。所以我们仍然需要解释我们的认知机制如何能包含这种抽象推理。

关键可能在于一种被称为隐喻性抽象化(metaphorical abstraction)的心理语言学现象(9,59–61)。语言学家如雷伊·杰肯多夫、乔治·拉科夫(George Lakoff)和伦·塔尔米(Len Talmy)很早之前就注意到,与具体场景有关的句式通常会被类推式地扩展到更抽象的概念上。看看这些句子:

1. a The messenger went from Paris to Istanbul.
   b The inheritance went to Fred.
   c The light went from green to red.
   d The meeting went from 3:00 to 4:00.

第一个句子1(a)使用了动词“go”和介词“from”及“to”的正常空间意义,表示都是一个物体从源头到目标的运动。但在1(b)中,这些词语被用来表示一种隐喻性的运动,就好像财富在空间中从所有者向所有者运动。在1(c)中,这些词语被用来表达状态的改变:一种状态空间中的运动。而在1(d)中,它们传递的是时间的变化,就好像对一件事的日程安排在沿着时间线安置或运动。

还可以在表达力的句式中看到类似的扩展形式:

2. a Rose forced the door to open.
   b Rose forced Sadie to go.
   c Rose forced herself to go.

2(a)表达的是一个物理力的例子,但2(b)表达的是一种隐喻性的人际力(威胁或行使权威),而2(c)是一种内省力,就好像自我被分裂成了不同的主体,其中一个部分可以约束或驱使另一个部分。

牵涉空间和力的默示隐喻在人类语言中广泛存在。此外,它们还参与了语法的组合性装置，因此可以被组装成更复杂的单元。例如，许多论及交流的语言句式会用到一种复杂的隐喻：一个发送者（交流者）将一个物体（想法）放入一个容器（一段信息），并使其移动到一个接收者处（听者或读者）："We gather our ideas to put them into words, if our words are not empty or hollow, we might get these ideas across to a listener, who can unpack our words to extract their content."（我们收集了自己的想法，把它们放进了话语中，如果我们的话语不空洞或肤浅，那么我们就能把这些想法传递给听者，他能打开我们的话语，提取其中的内容。）(62)

当然，这些隐喻可能只是过去的说话者在罕见的创作行为中创造的模糊句式，又被现在的说话者茫然地记住。但是几种现象提示，它们反映了人类的心智具有一种能轻易将抽象思想与具体场景联系的能力。首先，儿童在自发言语中偶尔会犯错，这提示他们掌握了空间与其他领域的相似性，并将之扩展到了他们不可能从父母那里记住的隐喻中。例子包括，"I putted part of the sleeve blue"（位置改变→状态改变），"Can I have any reading behind the dinner?"（空间→时间）以及"My dolly is scrunched from someone...but nor from me"（运动的源头→因果的源头）(63, 64)。其次，有几个实验证明，当人们从事简单的空间推理时，会干扰他们对时间和所有权的思考(9)。再次，成人常会体验自发回想(reminding)的片段，在自发回想时，人们头脑中一个念头的激活仅仅是因为其与回想物共有一种抽象的概念结构，而非共有一个具体的感官特征。例如，理发师不给头发够短的人理发的片段可能会让他回想起妻子不再继续煎他那份够熟的牛排。在Photoshop软件中徒劳无功地试图涂黑一张照片的连续区域，可能会让人回想起徒劳无功地试图连续在每条桌腿上加垫片来摆平桌子(9, 65, 66)。这种类似性回想过程可能是使得代表空间、力和其他物理实体的认知结构被应用到更抽象主题上的实时心理机制。

隐喻性抽象化的价值不在于使人注意到富有诗意的相似性，而在于这一事实：应用于空间和力的特定逻辑关系可以被高效地延续到抽象领域。一个物体在空间中的位置与一个变量的值在逻辑上具有相似性，因此空间思考可以被共选择到命题推理上。在空间领域里，如果知道A从X移动到Y就能推出，A现在在Y处，但过去不在Y处。在所有权领域里也可以做出同构推理：如果A被迈克尔给了莉萨，则它现在归莉萨所有，但在过去不归她所有。

相似的同构性使得关于力的推理可被共选择到关于抽象因果性的推理上，因为两者都支持反事实推理。如果A用力使B从X移动到Y，那么，如果A没有用力，则B会仍然留在X处。同样，如果迈克尔迫使莉萨对山姆礼貌一点，那么，如果迈克尔没有强迫她，则她仍不会对山姆礼貌。

变量的值（类似于空间中的位置）和因果的变化（类似于力的施加）——这两个

概念是科学思维的基本元素。这提示,一种进化出可推理空间和力的认知机制的心智,一种支持将具体概念应用到具有相似逻辑结构的抽象概念上的类比性记忆,以及将它们组装成复杂层级数据结构的高效组合机制,可能参与了现代科学所需的心智活动(9,10,67)。在这一设想中,大脑进化出执行隐喻性抽象化的能力不是为了在语言中创造隐喻,而是为了增加在某个认知模型最初适应的领域之外的领域进行认知推理的机会。

科学教育和科学史的证据提示,结构化的类比和其他的心理重分配过程对科学和数学思想的发现和传播具有非常重要的作用(8,68—70),此过程让一个具体的认知领域与一个新的主题建立了联系。儿童学习通过感知近似数量的增加、直线上的位置以及计数序列中数字的顺序这三者之间的相似性,来扩展他们的原始数感,超越"一、二、多"的水平。为了学习化学,人们必须延伸他们的直觉物理学,不将一种自然物质视为具有某种本质,而是认为其由微观的物体和连接物组成。为了理解生物学,他们放弃了本质和活力的直觉概念,而用思考工具的方式思考活生物体,两者都具有功能和结构。为了学习心理学和神经科学,他们必须不将心智视为非物质的灵魂,而视之是活生物体的器官,是一种由自然选择设计的工件,也是一种物理性物体的集合(神经元)。

华莱士还对人类参与现代机构如政府、大学和公司的能力感到疑惑。但与人类从事科学的谜之能力不同的是,人类参加现代组织的谜之能力在某种程度上是一个假问题,因为现代机构的规则实际上并不是人类天生就会的东西。

自然环境中的社会性基于的是适应于亲属关系、权势、联盟和互惠的概念和动机。人类在自行其是时会倾向于将这些思维模式应用到现代组织的内部。结果就是任人唯亲、裙带作风、服从权威和礼貌共识——所有这些对于传统的小规模社会来说并无不当,却是对现代社会的腐蚀。

就如同成功的科学要求人们以前所未有的方式重新分配他们的认知能力一样,成功的组织也要求人们以进化上前所未有的方式重新分配他们的社交能力。例如,在大学中,集体共享的思维模式(其自然应用于家庭或村庄内部的食物分配)必须被应用到思想商品上,这种思想商品被视为共享资源,而不是让个人获利的特征,或者是朋友们若要维持关系就必须尊重的内在欲望。对思想的评估也必须赶走权威的思维模式:系主任可以要求更大的办公室或更高的薪水,但不能要求同事和学生顺从他的思想。这些崭新的、生物学上非自然的关系规则是学术公开辩论和同行评审的基础,也是其他现代机构中权力制衡和会计系统的基础。

结论

人类心智的进化极为奥妙，甚至成了自然选择理论两位共同发现者之间的争论焦点。在他们和我们的时代，它都是神创论和唯灵论的推动因素，也仍然是进化论的复杂化和细化的提议来源。达尔文理论最简洁的应用是解释人类的心智，即，就像其他的复杂器官一样，心智的起源和设计来源于自然选择。在庆祝达尔文诞辰和作品的这一年检验这种应用是否充分再适合不过。

我简述了一个基于认知科学和进化心理学的可检验理论，此理论提示事实正是如此。根据该理论，人科动物进化出了专门的认知生态位，它被定义为由“对世界因果结构的推理”“与其他个体的合作”和“以语言为媒介的知识共享及协议谈判”组成的三联体。这一适应三联体既彼此共进化，也与生命史和性特征共进化，如两性和多代的增强亲代投资、延长的儿童期和寿命、复杂的性关系，以及不同文明中积累的本地知识和社交习俗。

虽然对认知生态位的适应让人类在任何自然环境中都拥有明显的生存优势，但还不足以让人类在现代机构如科学和政府中进行推理。在历史的进程以及自身的教育中，人们凭借隐喻性抽象化的过程，让自己适应了这些新技能和知识体系，通过此过程，适应某个领域的需求而进化的认知模式和社会情绪可以被投入另一个领域中使用，并被组装为愈加复杂的心理结构。

参考文献

1. Wallace A. R. (1870) *The limits of natural selection as applied to man.* Contributions to the Theory of Nature Selection: A Series of Essays, ed. Wallace AR (MacMillan, New York).

2. Tooby J, DeVore I. (1987) *The reconstruction of hominid evolution through strategic modeling.* The Evolution of Human Behavior: Primate Models, ed Kinzey WG (SUNY Press, Albany, NY).

3. Brown D. E. (1991) *Human Universals.* McGraw-Hill, New York.

4. Kingdon J. (1993) *Self-Made Man: Human Evolution from Eden to Extinction?* Wiley, New York.

5. Wrangham R. W. (2009) *Catching Fire: How Cooking, Made Us Human* (Basic Books, New York) PPV.

6. Leslie A. M. (1994) *ToMM, ToBY, and agenoy: Core architecture and domain specifcity.* Mapping the Mind: Domain Specificity in Cognition and Culture, eds Hirschfeld LA, Gelman SA (Cambridge Univ Press, New York).

7. Spelke E. S., Breinlinger K. Macomber J. Jacobson K. (1992) *Origins of Knowledge.* Psychol Rev 99:605-632.

8. Carey S. (2007) *Origins of Concepts* (MIT Press, Cambridge, MA).

9. Pinker S. (2007) *The Stuff of Thought: Language as a Window into Human Nature* (Viking, New York).

10. Pinker S. (1997) *How the Mind Works.* Norton, New York.

11. Trivers R. (1971) *The Evolution of Reciprocal Altruism.* Q Rev Bio 46:35–57.

12. Kanwisher N., Moscovitch M. (2000) *The Cognitive Neuroscience of Face Processing: An Introduction.* CognNeuropsychol17:1–13.

13. Kein S. B., Cosmides L., Tooby J., Chance S. (2002) *Decisions and the Evolution of Memory: Multiple Systems, Multiple Functions.* Psychol Rev. 109:306–329.

14. Cosmides L., Tooby J. (1992) Cognitive adaptations for social exchange. The Adapted Mind: Eolutionary Psychology and the Generation of Culure, eds Barkow JH, Cosmides L., Tooby J. (Oxford Univ Press, New York).

15. Cosmides L, Tooby J. (2010) *Whence Intelligence?* Proc Natl Acad Sci USA.

16. Haidt J. (2002) *The moral emotions.* Handbook of Affective Sciences, eds. Davidson R. J., Scherer K. R., Goldsmith H. H. (Oxford Univ Press, New York).

17. Nowak M. A., Signund K. (1998) *Evolution of Indirect Reciprocity by Image Scoring.* Nature 393:573–577.

18. Ridley M. (1997) *The Origins of Virtue: Human Instincts and the Evolution of Cooperation* (Viking, New York) 1st American Ed, pp vil, 295.

19. Fiske A. P. (1991) *Structures of Social Life: The Four Elementanry Forms of Human Relations.* Free Press, New York.

20. Pinker S., Nowak M. A., Lee J. J. (2008) The Logic of Indirect Speech. Proc Natl Acad Sci USA 105:833–838.

21. Lee J. J. Pinker S. (2010) *Rationales for Indirect Speech: The Theory of the Strategic Speaker.* Psychological Review 117:785–807.

22. Pinker S. (1991) Rules of Language. Science 253:530–535.

23. Jackendoff R. (2002) *Foundations of Language: Brain, Meaning, Grammar, Evolutin* (Oxford University Press, New York).

24. Chomsky N. (1972) *Language and Mind.* Harcourt Brace, New York Extended ed.

25. Jackendoff R. (1990) Semantic Structures (MIT Press, Cambridge, MA).

26. Senghas A., Kita S., Ozyirek A. (2004) *Children creating core propeties of Language: Evidence from an Emerging Sign Language in Nicaragua.* Science 305:1779–1782.

27. Nowak M. A., Plotkin J. B., Jansen V. A. (2000) *The Evolution of Syntactic Communication.* Nature 404:495–498.

28. Pinker S. (1999) *Words and Rules: The Ingredients of Language.* Harper Collins, New York.

29. Miller G. A., Selfridge J. (1950) *Verbal Context and the Recall of Meaningful Material.* Am J Psychol 63:176–185.

30. Chagnon N. A. (1992) *Yanomamd: The Last Days of Eden* (Harcourt Brace, New York).

31. DiRienzo A. (2010) *Human Population Diversity.* Proc Natl Acad Sci USA.

32. Bustamente C. (2010) *Genomic Footprints of Natural Selection.* Proc Natl Acad Sai USA.

33. Jablonski N. (2010) *The Skin that Makes Us Human.* Proc Natl Acad Sci USA.

34. Tishkoff S. (2010) *Paleo-demography from Extant Genetics.* Proc Natl Acad Sci USA.

35. Hawkes K. (2010) *The Evolution of Human Life History.* Proc Natl Acad Sci USA.

36. Kaplan H., Robson A. J. (2002) *The emergence of humans: The coevolution of inteligence and longevity with intergenerational transfers.* Proc Natl Acad Sci USA 99: 10221-10226.

37. Richerson P. (2010) *How Cultures Evolve.* Proc Natl Acad Sci USA.

38. Wallace D. (2010) *Peopling the Planet: Out of Africa?* Proc Natl Acad Sci USA.

39. Wood B. (2010) *Evolution of the Hominids.* Proc. Natl. Acad. Sci. USA.

40. Lee J. J. (2007) *Ag beyond Homo sapiens? Some Hints and Suggestions.* Intelligence 35: 253-265.

41. Boyd R., Silk J. B. (2006) *How Humans Evolved.* Norton, New York, 4th Ed.

42. Mather J. A.(1995) *Cognition in Cephalopods.* Adv. Stud .Behav. 24:317-353.

43. Odling Smee F. J. Laland K. N., Feldman M. W. (2003) *Niche Construction: The Neglected Process in Evolution.* Princeton University Press, Princeton, NJ.

44. Lewontin R. C. (1984) *Adaptation. Conceptual Issues in Evolutionary Biology, ed Sober E.* MIT Press, Cambridge, MA.

45. Kreitman M. (2000) *Methods to Detect Selection in Populations with Applications to the Human.* Anmu. Rev. Genomics Hum. Genet. 1:539-559.

46. Przeworski M., Hudson R. R., Di Rienzo A. (2000) *Adjusting the Focus on Human Variation.* Trends Genet 16:296-302.

47. Vargha-Khadem E., et al. (1998) *Neural Basis of an Inherited Speech and Language Disorder.* Proc. Natl. Acad. Sci. USA 9S:12695-12700.

48. Lai C. S. L., Fsher S. E., Hurst J. A., Vargha-Khadem E., Monaco A. P. (2001) *A Novel Forkhead-domain Gene Is Mutated in a Severe Speech and Language Disorder.* Nature 413: 519-523.

49. Enard W., et al. (2002) *Molecular Evolution of FOXP2, a Gene Involved in Speech and Language.* Nature 418:869-872.

50. Clark A. G., et al. (2003) *Inferring Nonneutral Evolution from Human-Chimp-Mouse Orthologous Gene Trios.* Science 302:1960-1963.

51. Evans P. D., et al. (2004) *Adaptive Evolution of ASPM, a Major Determinant of Cortical Size in Humans.* Hum. Mol. Genet. 13:489-494.

52. Pinker S.(2002) *The Blank Slate: The Modern Denial of Human Nature.* Viking New York.

53. Carey S. (2009) *Origins of Concepts.* (MIT Press, Cambridge, MA).

54. McCloskey M. (1983) *Intuitive Physics.* Scientific American 248:122-130.

55. Atran S. (1998) *Folk Biology and the Anthropology of Science: Cognitive Universals and Cultural Particulars.* Bchav. Brain Sci 21:547-609.

56. Bloom P. (2003) *Descartes Baby: How the Science of Child Development Explains What Makes*

Us Human. Basic Books, New York.

57. Daly M., Wilson M. (1988) *Homicide.*Aldine de Gruyter, Hawthome, NY.

58. Fiske A. P. (2004) *Four modes of constituting relationships: Consubstantial assimilation; space, magnitude, time, and force; concrete procedures; abstract symbolism.* Relational Models Theory: A Contenporary Overview, ed Haslam N. Erlbaum Associates, Mahwah, N.

59. Lakoff G., Johnson M. (1980) *Metaphors We Live By.* University of Chicago Press, Chicago.

60. Jackendoff R. (1978) *Grammar as evidence for conceptual structure. Linguistic Theory and Paychological Reality, eds Halle M, Bresnan J, Miller GA.* MIT Press, Cambridge, MA.

61. Talmy L. (2000) *Force dynamics in language and cognition. Toward a Cognitive Semantics: Concept Structuring Systems.* MIT Press, Cambridge, MA.

62. Reddy M. (1993) *The conduit metaphor: A case of frame conflict in our language about language.* Metaphor and Thought, ed Ortony A. Cambridge University Press, New York, 2nd Ed.

63. Bowerman M. (1983) *Hidden meanings: The role of covert conceptual structures in children's development of language.* The Acquisition of Symbolic Skill, eds Rogers DR, Sloboda JA. Plenum, New York.

64. Pinker S. (1989) *Learnability and Cognition: The Acquisition of Argument Structure.* MIT Press, Cambridge, MA.

65. Hofstadter D. R. (1995) *Fluid Concepts and Creative Analogies: Computer Models of the Fundamental Mechanisms of Thought.* Basic Books, New York, ppix,518 PP .

66. Schank R. C. (1982) *Dynamic Menory: A Theory of Reminding and Learning in Computers and People.* Cambridge Univ Press, New York.

67. Gentner D. (2003) *Why we' re so smart. Language in Mind: Advances in the Study of Language and Thought*, eds. Gentner D., Goldin-Meadow S. MIT Press, Cambridge, MA, pp 195-235.68.

68. Gentner D., Jeziorski M. (1989) *Historical shifts in the use of analogy in science. The Psychology of Science Contributions to Metascience*, eds. Gholson B., Shadish W. R., Beimeyer R. A., Houts A.Cambridge University Press, New York.

69. Spelke E. (2003) What makes us smart? Core knowledge and natural language. Language in Mind: Advances in the Study of Language and Thought, eds. Gentner D., Goldin-Meadow S. (MIT Press, Cambridge, MA).

70. Boyd R. (1993) *Metaphor and Theory Change: What is "Metaphor" a Metaphor for?* Metaphor and Thought, ed Ortony A. Cambridge University Press, New York, 2nd Ed.

科学可以这样看

门外汉都能读懂的世界科学名著。在学者的陪同下，作一次奇妙的科学之旅。他们的见解可将我们的想象力推向极限！

1	语言、认知和人性	〔美〕史蒂芬·平克	88.00元
2	一元宇宙	〔德〕海因里希·帕斯	64.00元
3	生命之红：一部关于血液的全球文明史	〔英〕罗斯·乔治	64.00元
4	平行宇宙（新版）	〔美〕加来道雄	43.80元
5	超空间	〔美〕加来道雄	59.80元
6	物理学的未来	〔美〕加来道雄	53.80元
7	心灵的未来	〔美〕加来道雄	48.80元
8	超弦论	〔美〕加来道雄	39.80元
9	宇宙方程	〔美〕加来道雄	49.80元
10	骰子世界	〔英〕布莱恩·克莱格	41.80元
11	人类极简史	〔英〕布莱恩·克莱格	45.00元
12	量子纠缠	〔英〕布莱恩·克莱格	39.80元
13	量子计算	〔英〕布莱恩·克莱格	49.80元
14	量子时代	〔英〕布莱恩·克莱格	45.80元
15	麦克斯韦妖	〔英〕布莱恩·克莱格	49.80元
16	量子创造力	〔美〕阿米特·哥斯瓦米	39.80元
17	遗传的革命	〔英〕内莎·凯里	39.80元
18	修改基因	〔英〕内莎·凯里	45.80元
19	完美的波	〔德〕海因里希·帕斯	预估64.00元